機械設計

蔡忠杓・光灼華・江卓培・宋震國・李正國・李維楨
林維新・邱顯俊・絲國一・馮展華・潘正堂・蔡志成
蔡習訓・蔡穎堅・黎文龍・顏鴻森　編著

全華圖書股份有限公司

本書由國內十一所著名大學共十六位教學及實務經驗均相當傑出之教師和一位學驗豐富的產業界副總經理，依個人專長分工合作撰寫而成，是一本兼具理論與實務之機械設計教科書與參考書。

　　本書內容共分為五篇，第一篇為機械設計基礎，介紹機械設計之基本原理與概念，包括創意性設計、工程材料與選用、應力分析與破壞理論等；第二篇為軸與傳動，介紹軸與聯軸器設計、軸承與潤滑、齒輪、傳動與定位技術等，第三篇為機械元件設計，介紹機械常用之元件如皮帶、鏈條、彈簧、離合器與制動器等之設計；第四篇為機械系統設計，特別強調公差與配合、接合設計、疲勞設計及系統可靠度等；第五篇為機械設計案例，亦為本書之另外一個特色，以兩個產業實際之設計案例，由學驗豐富的產學界學者專家共同撰寫完成，可做為機械設計專題或專題實作課程的範例，供學生在修習機械設計課程後，進行機械系統設計的實務應用與練習，有助於學習機械設計實務經驗與自信心之建立。

　　本書所列舉之規範都是採用我國國家標準 CNS 規範，相關數據則採用國際單位系統(SI 制)，內容亦以淺顯易懂的方式加以編寫，由機械設計之基礎與元件設計理論之介紹到機械系統設計與實務設計案例演練，將理論與應用及實務之機械系統設計結合，確實是一本值得推薦做為專科及大學校院機械設計、機械設計專題或專題實作課程之教科書，也可做為產業界從業人員之參考書籍。

作者代表　蔡忠杓　謹誌

編輯部序

機械設計

「系統編輯」是我們的編輯方針，我們所提供給您的，絕不只是一本書，而是關於這門學問的所有知識，它們由淺入深，循序漸進。

本書內容理論與實務兼具，第一篇先由機械設計基礎談起，使讀者在進行機械設計時能具備完整的理論基礎。第二篇介紹軸的傳動，以軸為中心介紹周邊元件的設計；第三篇則談到了皮帶、鏈條等撓性元件與制動器的設計。第四篇就系統設計方面，有一番完整的闡述；第五篇為兩則實用案例，可作為理論與實務結合的參考範例。

為了使您能有系統且循序漸進研習相關方面的叢書，我們列出各有關圖書的閱讀順序，已減少您研習此門學問的摸索時間，並能對這門學問有完整的知識。若您在這方面有任何問題，歡迎來函聯繫，我們將竭誠為您服務。

編輯部　謹識

相關叢書介紹

書號：0287604
書名：材料力學(第五版)
編著：許佩佩.鄒國益
20K/456 頁/380 元

書號：0614304
書名：乙級機械加工技能檢定術科
　　　題庫解析(2017 最新版)
　　　(附術科測試參考資料)
編著：張弘智
菊 8K/144 頁/300 元

書號：0342302
書名：流體力學－原理與應用
　　　(第三版)
編著：黃立政
16K/536 頁/500 元

書號：0554903
書名：材料力學(第四版)
編著：李鴻昌
16K/752 頁/600 元

書號：05481017
書名：ANSYS 電腦輔助工程實務分析
　　　(附範例光碟)
編著：陳精一
16K/824 頁/650 元

書號：06112007
書名：ANSYS V12 影音教學範例
　　　(附影音教學光碟)
編著：謝忠祐.蔡國銘.陳明義
　　　林佩儒.林一嘉
16K/480 頁/480 元

◎上列書價若有變動，請以
　最新定價為準。

流程圖

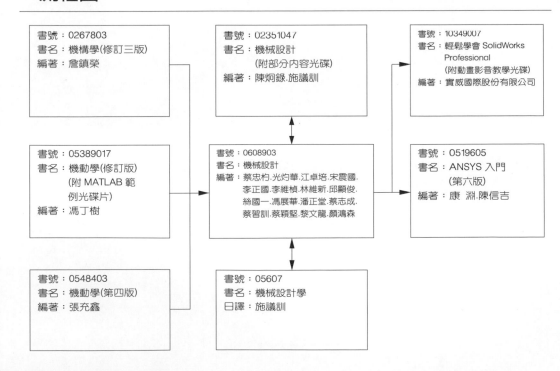

書號：0267803
書名：機構學(修訂三版)
編著：詹鎮榮

書號：02351047
書名：機械設計
　　　(附部分內容光碟)
編著：陳炯錄.施議訓

書號：10349007
書名：輕鬆學會 SolidWorks
　　　Professional
　　　(附動畫影音教學光碟)
編著：實威國際股份有限公司

書號：05389017
書名：機動學(修訂版)
　　　(附 MATLAB 範
　　　例光碟片)
編著：馮丁樹

書號：0608903
書名：機械設計
編著：蔡忠杓.光灼華.江卓培.宋震國.
　　　李正國.李維楨.林維新.邱顯俊.
　　　絲國一.馮展華.潘正堂.蔡志成.
　　　蔡智訓.蔡穎堅.黎文龍.顏鴻森

書號：0519605
書名：ANSYS 入門
　　　(第六版)
編著：康 淵.陳信吉

書號：0548403
書名：機動學(第四版)
編著：張充鑫

書號：05607
書名：機械設計學
日譯：施議訓

目　錄

第一篇　　機械設計基礎

第 1 章　　緒論

1.1　設計與機械設計之意義 1-2
1.2　設計程序 1-3
1.3　創意性設計 1-6
1.4　機械設計之考慮因子 1-11

第 2 章　　工程材料與選用

2.1　工程材料的種類 2-1
2.2　材料的機械性質 2-9
2.3　金屬強化的處理 2-17
2.4　材料規格及選用 2-19

第 3 章　　應力分析與破壞理論

3.1　平衡方程式 3-1
3.2　剪力及彎矩簡介 3-3
3.3　應力分析簡介－軸向應力、彎曲應力、剪應力 3-6
3.4　平面應力及平面應變 3-12
3.5　三維應力分析 3-16
3.6　撓度分析 3-16
3.7　靜態負載下針對延性材料之破壞理論 3-18
3.8　靜態負載下針對脆性材料之破壞理論 3-28
3.9　應力集中因數 3-33

第二篇　軸與傳動

第 4 章　軸及軸連結器設計

4.1　軸及軸連結器設計導論 4-1

4.2　撓度與扭曲 4-3

4.3　強度設計 4-4

4.4　聯軸器 4-13

4.5　臨界轉速 4-17

第 5 章　軸承與潤滑

5.1　軸承 5-1

5.2　軸承的種類 5-1

5.3　軸承的標準尺寸 5-6

5.4　滾動軸承壽命 5-9

5.5　軸承負荷 5-13

5.6　軸承的材料 5-16

5.7　滾動軸承的材料與潤滑劑 5-18

5.8　潤滑 5-18

5.9　黏度 5-19

第 6 章　齒輪

6.1　齒輪種類簡介 6-1

6.2　齒輪幾何參數與特殊名詞定義 6-5

6.3　正齒輪及螺旋齒輪幾何計算 6-10

6.4　齒輪破壞與強度計算 6-17

6.5　齒輪精度與量測 6-31

第 **7** 章　傳動與定位

7.1　概論 7-1

7.2　馬達 7-2

7.3　滾珠導螺桿 7-16

7.4　線性滑軌 7-30

7.5　位置感測器 7-41

第三篇　　元件設計

第 **8** 章　皮帶及傳動

8.1　皮帶傳動的特性、分類與應用 8-1

8.2　皮帶傳動分析 8-3

8.3　V 型皮帶傳動的設計與計算 8-17

8.4　皮帶傳動的調整裝置 8-35

8.5　同步皮帶傳動 8-37

第 **9** 章　鏈條與鏈條傳動

9.1　鏈條功能與分類 9-1

9.2　鏈條傳動分析 9-2

9.3　鏈條傳動的設計與計算 9-9

9.4　鏈條安裝與調整 9-13

第 **10** 章　彈簧

10.1　彈簧的種類及功用 10-1

10.2　螺旋彈簧 10-10

10.3　扭轉彈簧 10-24

10.4　板片彈簧 10-26

10.5　彈簧的選用方法 10-28

10.6　彈簧串聯與並聯使用之計算 10-28

第 11 章　離合器與制動器

11.1　前言 11-1

11.2　離合器設計 11-1

11.3　短來令塊制動器 11-7

11.4　長來令塊擴張型制動器 11-9

11.5　碟式制動器 11-11

11.6　對稱樞塊制動器 11-13

11.7　制動器之發熱量 11-15

第四篇　　機械系統設計

第 12 章　公差與配合

12.1　精密度、誤差、偏差與公差 12-1

12.2　公差與偏差制度 12-3

12.3　公差與配合 12-9

12.4　零件之組合公差分析 12-12

12.5　組合件之公差配置 12-18

第 13 章　接合設計

13.1　螺紋標準和定義 13-1

13.2　傳力螺桿力學 13-7

13.3　螺紋結件 13-12

13.4　拉力接頭剛性常數 13-14

13.5　螺栓強度 13-19

13.6　拉力接頭－靜負載 13-20

13.7 螺栓預負載與鎖緊扭拒 13-23

13.8 拉力接頭－疲勞負載 13-26

13.9 承受剪力之螺栓及鉚釘接頭 13-29

13.10 偏心負載所造成螺栓及鉚釘的剪切 13-31

13.11 銲接 13-34

13.12 對頭銲接與填角銲接 13-39

13.13 承受偏心負載之銲接接頭 13-42

13.14 銲接接合處強度 13-47

13.15 鍵和銷 13-48

第 **14** 章　疲勞設計

14.1 疲勞破壞與機件壽命之關係 14-1

14.2 疲勞極限與疲勞強度 14-6

14.3 不同週期性負載之疲勞設計累積疲勞........................ 14-17

14.4 赫茲接觸疲勞模式 14-21

第 **15** 章　系統可靠度

15.1 可靠度工程... 15-1

15.2 安全係數與可靠度之關係 15-1

15.3 可靠度與材料強度之關係 15-2

15.4 系統可靠度與組成元件可靠度之關係.......................... 15-14

第五篇　　機械設計案例

附錄 A　　設計案例一

A.1 題目分析 16-2

A.2 設計計算及元件決定 16-3

A.3　結語 16-23

附錄 B　　設計案例二

B.1　單軸滾珠螺桿定位平台應用案例 17-1

B.2　單軸線型馬達定位平台應用案例 17-11

B.3　案例比較檢討 17-18

第一篇

機械設計基礎

第 1 章　　緒論

第 2 章　　工程材料與選用

第 3 章　　應力分析與破壞理論

第 1 章
緒論

　　「設計」本來就是一非常廣泛的集合名詞，它不但牽涉到大腦的創思活動，也需要有相當的背景領域知識，如果能夠充分的發揮，它也應該會是我國面對二十一世紀的競爭主要手段之一。

　　不過，隨著時代的進步與演變，「設計」在不同的時代卻也被賦予不同的定義內涵範疇，早期的機械設計，大致上而言，大概是以工程繪圖的工作佔有比較高的成分，設計人員只要能「變」出一套讓工廠據以生產製造的藍圖，那麼設計就完成了，至於是如何變出來，似乎也不是那麼重要；當計算器取代過去的計算尺之後，在設計的工作內涵中，結構安全計算的比重逐漸地增加，接著個人電腦、工作站、乃至於超級電腦的使用，特別是個人電腦的普及，意味著過去設計便覽、計算器的設計年代正逐漸地消逝中，取而代之的設計內涵是以分析及模擬的電腦輔助設計(Computer-Aided-Design, CAD)為主。綜觀這些不同時代賦予設計之內涵，不管其如何變化，仍離不開以工程師腦力為主體之整合知識技術，也只有熟練的工程師才能將不同的技術、科技知識做有系統的整合、規劃，充分發揮其創造力及想像力，再以當代的分析模擬工具，在社會法令所容許的範圍內，做出必要的決策，然後以製造技術完成滿足社會需要的產品，讓創造力和構想具體實現。

　　回顧自約公元 1800 年(CA. 1780-1880)，由於蒸汽機和內燃機等機器的發明與改進，逐漸取代人力、畜力、自然力為動力源，不但造就工業革命的成功，改變貨品的生產和銷售方式及傳統的社會型態和結構，也奠定近代機械工程的基礎。隨著工業之需求與科技進步，機械工程也從過去之單純的機構、機件進入了系統整合之境界，不管這些系統如何改變、整合或演變，其基礎與根本仍然不變。不過，另一方面，卻也可以藉著所謂「設計」的手段，提升產品之價值，然而，如同前面提到的，所謂之「設計」在不同的時代有不同的定義與範疇內涵，在這些不同時間、不同專家的定義中，我們可以歸納得到一些重要的關鍵詞，例如，需求(needs)、功能要求(requirements or objectives)、限制(constraints)、科學知識或資

訊(science 或 information)、製造(manufacturing 或 production)、經濟或社會 (economics 或 social)等；另外，「顧客」、「使用者」或「消費者」並沒有明顯 地出現在這些定義當中，可是由「需求」及「功能要求」之用詞中，也隱含了設 計品之最終使用者；因此，如果將這些關鍵用語重新組合，或者可以得到比較簡 短的設計定義[1]：

> "The process of establishing requirements based on human needs, transforming them into performance specification and functions, which are then mapped and converted (subjected to constraints) into design solutions (using creativity, scientific principles and technical knowledge) that can be economically manufactured and produced."

因此，簡言之，所謂的「設計」乃是利用當代科學與技術去滿足人類需求的 一種創意性決策行為，而其最終之產出卻也呈現了知識與技能的整合，以及社會 與自然資源的總體成果，同時也滿足人類的需求。

1.1 設計與機械設計之意義

其實，所謂之設計(design)也就是面對問題、了解問題、解決問題，是滿足需 求的一種創意性決策行為。工程(engineering)是應用科學和數學，將自然界中的物 質和能源，作成有益人類的產品。機械工程設計(mechanical engineering design)一 般簡稱為機械設計(mechanical design)，則是應用科學和技術知識，將自然資源轉 化成可為人類使用、具機械本質之產品的創意性決策過程。

另一方面，常用之「機器」(machine)一詞，則是指按照一定的工作目的，由 一個或數個機構組合而成，賦予輸入能量及加上控制裝置，來產生有效的機械功 或轉換機械能，以為吾人所用的機械。機構(mechanism)是組成機器的必要單元， 由機件和接頭依特定的方式組合而成，使其中一個或數個機件的運動，依照這個 組合所形成的限制，強迫其它機件產生確定的相對運動。機器設計(machine design) 的重點在於設計一部由可運動的機件及支撐運動機件的機架所組成之機器，用以 傳力做功和轉換能量；機構設計(mechanism design)主要是產生或選擇一種特定類 型的機構，包含決定機件和接頭的數目與種類，推導機件和接頭之間的幾何尺寸，

用以滿足特定的運動需求[2]。圖 1-1 所示
為一部古董汽車的剖面模型,用來說明汽
車的動力傳遞流程,動力由汽車前方的引
擎輸出,經由離合器、齒輪變速箱、傳動
軸、差動齒輪系、乃至後輪將動力輸出[3];
汽車是一種典型的(機械)工程設計產品,
包含了機構和機器設計。

圖 1-1　古董汽車傳動機構模型

1.2　設計程序

　　創造思考是設計的重要過程之一,由許多的研究發現,「設計」是可以經過
學習而發揮創造思考的效果,而這種有系統的訓練或步驟,即是所謂的設計程序。
因此,對一個本身原來就非常具創造性的人而言,步驟過程的重要性也許不是那
麼顯著,不過對一般之工程人員而言,設計程序仍然非常地重要。當然,有關設
計的程序到底應經過哪些思考階段,一直都是眾說紛紜,莫衷一是,不過,比較
有共識的大致上有三個階段:針對設計問題之解析(analysis)、重新組織合成
(synthesis)及評估(evaluation),在設計思維的過程中,這三個步驟不斷的重複、反
覆,一直到找到設計解為止,如圖 1-2。

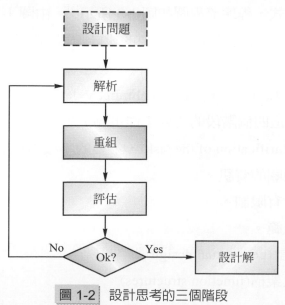

圖 1-2　設計思考的三個階段

其實，所謂的「解析」所指的就是擴散(divergence)，也即將設計思考的範圍盡可能擴大至可容許的極限，必要時，可打破原有的模式與觀念，只針對設計目標，不計較所產生之構想成熟與否，因此，在這個階段，通常可以產生很多的設計構想，因而我們又稱這個階段為擴散尋找(divergent search)期。「重新組織合成」係以組合由前一階段所獲得的各種構想，希望就其中找到一個最合適的，以做為下一個階段的設計解，因此，嚴格說來，本階段應該只是設計思維程序的一個過渡期。而「評估」則是將經過重組，但卻不合宜、不恰當，甚至不確定因素過高的設計解避開或刪除，並逐漸收斂到設計問題的最佳設計解。

雖然說設計思考僅只有三個階段，不過，實際上各研究報告所提出的設計模式(model)或程序裡，絕大多數又將前述的三個思維步驟加以細分，以便更能落實於不同的設計需要，同時也突顯設計工作是可以有系統地去完成，因而產生了相當多的不同設計模式或設計程序(processes)等，紛紛被不同的研究學者提出，讀者可參考 H.S. Yan [2]之整理說明。雖然各學說略有不同，不過其表現手法卻雷同，即絕大部分是以流程圖(flow chart 或 flow diagram)方式表現，這卻也可以讓讀者一目了然。

在許許多多的設計程序學說中，有的是簡簡單單的、以幾個方塊圖表現步驟，提綱挈領地指出設計程序步驟，但如果捨棄 Pahl & Beitz [5]之設計模式，那麼在討論設計程序模式上，似乎欠缺了什麼似的。Pahl & Beitz 之設計模式，我們將之簡稱為「P&B」設計模式，程序流程圖如圖 1-3 所示[5]。由圖 1-3 之右側，我們可以看出 P&B 設計模式，大致上只有四個主要的設計階段：確認設計任務、構想設計、具體設計及細部設計等，不過，P&B 設計程序模式之主要特色之一是將第三階段之具體設計，再細分為「草案配置」(preliminary layout)及「定案配置」(definite layout)。換句話說，這四個階段的主要工作重點大致上含：

1. **確認設計任務**(clarification of the task)，主要的手段方法有：
   蒐集設計要求相關的資訊。
   蒐集設計解的所有限制。
   推敲形成設計規範。

2. **構想(或概念)設計**(conceptual design)：
   建立設計之功能架構(function structures)。

尋找可用於本設計的原理、原則。

結合各種不同的想法與適用的原理,形成新的「設計構想」。

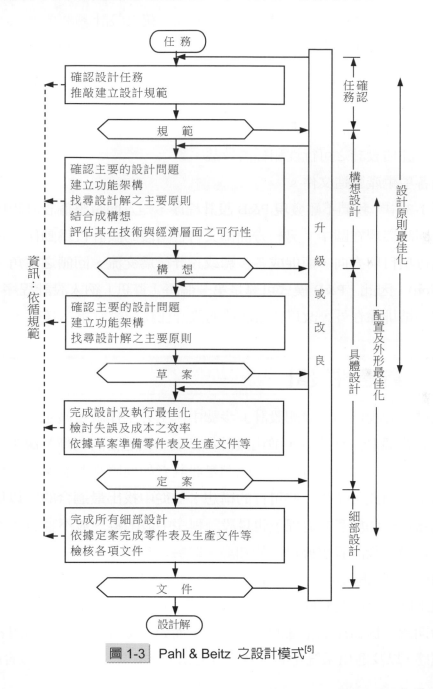

圖 1-3　Pahl & Beitz 之設計模式[5]

3. **具體設計**(embodiment design)：

依據構想設計所產生的構想，決定設計之外形及配置草案或草稿等。

考量技術及經濟之狀況，展開各項產品或系統之設計。

完成各項草案中之主要生產文件。

4. **細部設計**(detail design)：

完成所有零組件之詳細設計或圖面、文件等。

完成所有細部設計之材料表。

再一次評估設計之可行性和經濟效益。

完成各項生產製造文件。

由圖 1-3 中，我們不難發現 P&B 設計程序，一方面將整個設計程序區分為四個階段，同時表現在圖中；另一方面卻又將各階段的設計行為動作，再加以細分成許多執行項目與方向，而促成各步驟或設計行為交流、回饋之主角，則是**資訊**(information)，因此，P&B 模式可算是第一個將「資訊」納入設計程序者，不過，客戶需求卻被排除在外，改以非常明確的設計任務或設計指示替代。

1.3 創意性設計

在機械設計程序的「構想設計」步驟中，主要工作就是產生「**設計構想**」以滿足圖 1-3 之設計「任務」，並由設計者必須做出適當的判斷及決策，當然，滿足該設計任務之構想可能有許多，問題是設計者如何將那些滿足設計任務之構想一一挖出來。因此，產生一些可行的構想，並從中找出最適合的，以為後續設計的依據，它是一個創意的過程，也是設計程序中最困難、最不容易理解的步驟。

長久以來，設計者根據自己的知識、經驗、想像、天賦、靈感，或直覺來獲得設計構想，例如圖 1-4(a)所示者是六千年前古埃及鎖的示意圖，它是圖 1-4(b)所示目前應用廣泛之銷栓制栓鎖的原始構想[6, 7]。隨著科技的進步、社會的變遷、及使用者的期待，機械產品不斷的推陳出新，而如何提升創造力、活用各種技法激發創意靈感，以及運用系統化的創意設計方法，乃是現代機械設計教育的新思維。

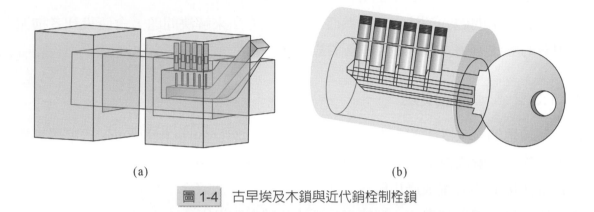

(a)　　　　　　　　　　(b)

圖 1-4　古早埃及木鎖與近代銷栓制栓鎖

1.3.1　創造力

創造力(creativity)，是根據經濟和美學的原理，將一組選定的元素，重新排序、架構、模仿、配置或組合的一種心智能力。創新是提出新的構想、方法或裝置，創意是對先前未知事物的定義，是為滿足需求而創新，而發明則是產生有用事物的過程，是創意思考的結果。

在產生一個新的產品時，存在一個循序漸進的邏輯過程，稱為創意過程(creative process)，包含準備期、醞釀期、豁朗期及執行期。準備期的工作為確認問題需求，並為所定義的問題準備資料。醞釀期是潛意識在工作、獲得創意解答的過程，包含評估資料、應用解題技術、產生解決方案以及遭遇心靈挫折等步驟。其後，在休息或處理其他問題時，往往會有創意性的構思在瞬間激發出來，這是豁朗期。執行期包括綜合與驗證，是先將各個部分加以組合，使之成為解決方案，再針對此方案進行分析驗證。

人類的心智具有無限的創意思考潛能，但此能力會因為缺少練習而變得遲鈍，而且常被情感、文化、知覺，或者其他方面的障礙所壓制。工程師應有自信、具耐心、胸襟開闊、富想像力、延遲評斷、設定問題範圍、將複雜問題分解，並且熟悉創意技法，來消除阻礙創造力的因素，並增強解決問題的創意能力。

在構思新設計的過程中，工程師一般會先利用傳統的理性方法來解決問題。可採用數學或實驗方法分析現有設計，以獲得新的設計構想；利用數學模型進行工程分析，常能導致改進設計構想的發現，而藉由物理實驗測試和測量，則能夠理解現有產品的設計特性。再者，工程師可以透過蒐集與主題相關的文獻、專利，或專家檔案，來累積素材作為構想起源，亦可利用檢核表法提出一系列的問題，

藉以激發產出問題的解決方案。然而，以理性方法來解決問題，會使設計者拘泥於現有的解決方案，難以產生創新的思維。

1.3.2　創意技法

　　不論是個人或團隊的努力，存在一些創意技法(creative techniques)，可用來獲得潛在的設計解決方案。針對所面臨的問題，每種技法都提供一個邏輯性的步驟，以獲得初步解決方案或產出解決方法。以下簡介幾個適合工程師激發出構想的創意技法，包括屬性列舉法、型態表分析法及腦力激盪術。

　　屬性列舉法(attribute listing)是一種個人性的創意技法，其內涵為列舉出設計的主要屬性，然後針對每個屬性提出可以改進的各種方法，目標是將個人的心思專注於基本問題，以激發出解決問題的更好構想。屬性列舉法的步驟如下：

1. 列出構想、裝置、產品、系統或問題重要部分的屬性。
2. 在不考慮實際可行性的條件下，改變或修改所列出的屬性，用以改進所面對構想、裝置、產品、系統或者問題重要部分的可能改進方案。

　　型態表分析法(morphological chart analysis)針對已知變數的可行解決方案，找出所有可能的組合，是屬性列舉法的進一步應用，其步驟如下：

1. 定義構想、物體、裝置、產品、系統或者程序的主要設計變數。
2. 對於每個設計變數列出數個子問題解決方案。
3. 以設計變數為縱軸，可能的子問題解決方案為橫軸，建構型態矩陣。
4. 從矩陣的每列中，一次選擇一個可能的子問題解決方案，即得到所有理論上可能的解決方案。

　　型態表分析法也是一種個人性的創意技法，可得到廣泛且不同的可能設計構想。

　　腦力激盪術(brain storming)是一種利用會議解決問題的方法，可在一個開放的環境中從許多不同的觀點來看主題；它是利用自由的集體思考方式，以引導在短時間內創造出大量可能的問題解決方案，適合用於任何可簡單且直接地敘述出來的問題。由於工程問題通常是複雜、困難、龐大、模糊或者具有爭議性，難以只靠個別偶發性的構想來解決，期待腦力激盪術可產生立即可用於工程問題的解決方案是不切實際的。進行腦力激盪術，僅需要一群對問題具有一般性認知的人，

先由組長簡要地敘述問題，再由組員說出瞬間直接的想法，最後再謹慎地評估所有的產出構想。腦力激盪法的程序分為組成腦力激盪團隊、進行腦力激盪會議、評估腦力激盪結果、撰寫腦力激盪報告四個階段，以及包括組長的確定、組員的組成、記錄的指派、問題的敘述、構想的腦力激盪、構想的紀錄、個別評估、小組評估、最後報告的撰寫等共九個步驟。

　　針對特定的設計問題，可以組合運用不同的創意技法來找出最佳的解決方案。再者，創意技法和理性方法在系統化設計之觀點上是互補的。設計工程師應深入瞭解這些方法，並以最佳方式運用這些方法來產生設計構想。

➡ 1.3.3　創意設計方法

　　早期的設計者，憑藉經驗創造了許多機械產品。經驗是經由直接觀察或參與事務而得到的學識、技能或體驗。它提供了豐富的知識，一但需要時就可能記起。因此，當工程師面對計畫時，經驗是產生設計構想的最佳方法。沒有經驗的工程師，可以從分析現有設計、蒐集資料或檢核表法等理性化方法來切入解決問題，也可以經由閱讀、聆聽、思索、觀察，以及探討產品的工作原理等途徑來獲取經驗。此外，設計工程師亦可應用屬性列舉法、型態表分析法及腦力激盪術等創意技法，來輔助在概念設計階段產生構想。然而，隨著時代的進步，產生越來越多且複雜的設計需求和限制，光憑經驗、理性化方法及創意技法來產生設計構想是不敷所需的，於是系統化的機械產品設計方法因應而生，特別是有關機構的概念設計。

　　機構概念設計的方法大致可分為三類：第一類是以設計者的經驗為基礎，構成資料庫系統，以搜尋資料庫的方式進行設計；此方法可提供設計者一個參考的方向，但無法明確的產出所有可行的機構，且設計者的經驗和決策是關鍵。第二類是從機構的拓樸構造切入問題，以抽象的符號代替組成機構的桿件和接頭，來進行概念設計，可系統化合成出所有合乎設計需求與限制之機構的拓樸構造；圖1-5 所示為利用顏氏創意性機構設計法所合成出，以齒輪、繩索及滑輪為機件之指南車機構的部分設計構想[8, 9]。第三類是從模組化的觀點，定義基本的機構模組，利用組合與分解的方式來進行設計；圖 1-6 所示為利用一種模組化機構設計法所合成出，具一個線性動力源及五個基本機構模組之機器的設計構想[10]。

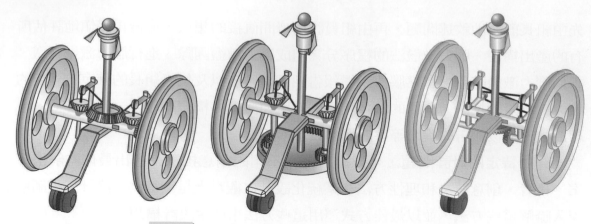

圖 1-5 以齒輪、繩索及滑輪為機件的指南車機構

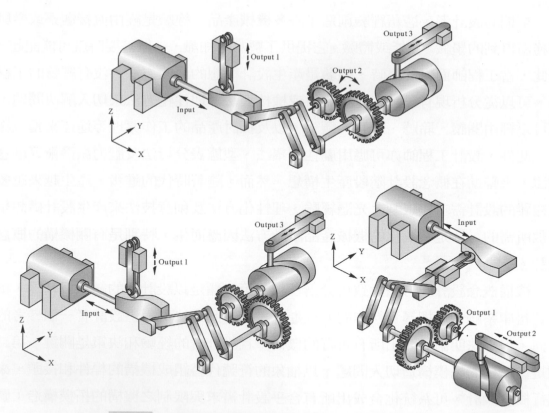

圖 1-6 具線性動力源及五個機構模組之機器的設計構想

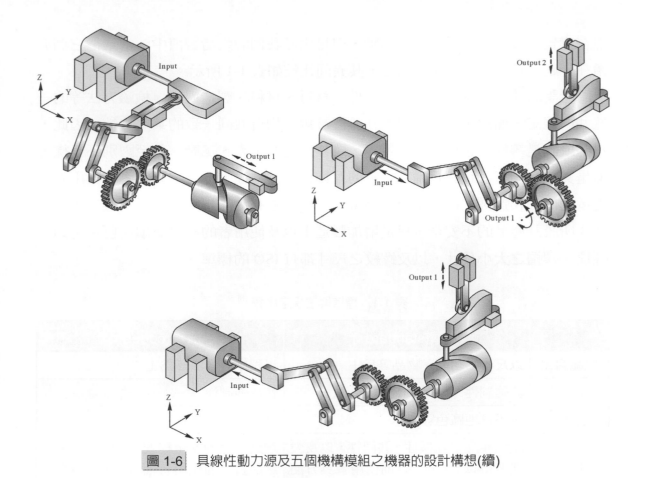

圖 1-6　具線性動力源及五個機構模組之機器的設計構想(續)

1.4　機械設計之考慮因子

　　在圖 1-3 之設計程序圖中，注意到「任務確認」是以設計「規範」來確認訂定，即工業界所稱之「工程規範書」(engineering specification)，規範書之根本目的是要讓所有之技術性問題清楚地以文字、量化、圖(影)像等來呈現，讓不同的設計者，對該設計任務可以相同的解讀，以避免溝通上之差異造成日後的困擾，同時也可以當作是篩選設計構想之依據。因此，工程規範書將設計應滿足的所有項目，一一記載、仔細呈現，甚至包括設計完成後之製造、測試驗收，使用安全與維護等各項技術性、社會或法令等之各種規定。

　　因此，規範書因使用目的上雖列有著重之項目或內涵，但大體上，設計用的規範書均應說明其引用標準或法規(code，或稱「規章」，例如「鍋爐規章」)，前者之標準，相信已經出現在其他之課程中，比較生疏者應是後者之「法規」，雖

然在實質意義上，有相當大的區別，但是由於我們的生活習慣中，常常把它們混淆在一起，特別加以說明其區分，其異同比較如表 1-1 所示。

　　所謂的「標準」是指尺寸、零件、材質、材料、製造過程、檢驗方法等的一些共同規定，而規定的主要目的在於使被規定物有共同一致的某些特性，因此，這些或許是零件、也或許是材質等，雖然製造的工人、工廠、甚至國別不一樣，但是其最終的產品也會具備有一定的互換性和一致性，進而讓製造者、使用者有更多的便利和選擇。換句話說，標準是一種非強制性的規定，如果不遵守也不會造成所設計產品的不安全，只是增加製造上以及使用者的一些麻煩而已。例如，螺栓、螺帽之大小尺寸，以及螺紋之尺寸都有 ISO 的標準。

表 1-1　標準與法規之比較 [6]

	標準(standards)	法規(codes)
規範對象	以尺寸、功能、物品等為主	以程序、方法等為主
強制性	非強制性	較具強制性
地域性	較不具地區色彩	具強烈地區色彩
目的	達到產品之互換性、共同性，以及製造者得以提高效率，而使用者具方便性。	達到指定的安全程度，保證相當程度之品質，而使用者則得到安全保障。
其他	1.不一定由政府訂立。 2.不需公權力介入。	1.不一定由政府訂立。 2.需某種程度之公權力介入。

　　另一方面，法規是針對設計程序、建造或製造過程、分析方法、檢驗方法等的一些規定，而規定的主要目的在於使被規定物達到「指定程度的安全性」，或具有一定水準的品質或功能等，進而讓使用者具有相當程度的品質保證與安全保障。因此，法規對最終設計品之使用者卻可以使用的更安心、更安全，換句話說，法規具有相當程度的強制性，如果不能通過法規的檢驗，那麼該項設計品就不能在某些區域或國家使用，因而法規也具有相當程度的地域性或保護色彩。此外，滿足法規的規定，並不代表該產品就「絕對安全」、不會產生意外，因而，法規所訂定的安全程度是「相對」的，或是「比較」的安全。

另外，不管是規範書或設計任務中，有一項必須要滿足，但卻通常沒有明確說明的項目：「社會責任」的倫理規範，也即設計者基於工程倫理，其執行過程中或所產生之成果均不得對社會有任何不良之影響或不當的後果。例如，明知可以採用對環境傷害較小之材料而不去採用，即違背了工程倫理與良知，類似於這樣滿足做為社會人之工程師基本責任的條款，雖然不曾出現在規範書中，但它可是先決條件！

雖然說機械設計所應考慮之各項因素都應適當地表現在規範書中，不過，其核心項目仍然可以歸納成下列幾個大類：

1. 功能性：所有的設計都是由直接、間接滿足人類需求而來，設計任務最後都得以滿足該需求為終結，因此，機械設計要考慮的最重要因子，也就是該設計之功能了，若一設計無法滿足功能上之需求，其他做得再好也是枉然，甚至可以說，無法滿足功能需求之設計，根本不能算是「設計」了，這也是「錯誤的設計不是設計」的道理。

2. 安全性：對機械設計者而言，是指各機件之結構安全，但對最終設計品之使用者而言，卻可能是整體機器之安全性，也即讓使用者可以使用的更安心、更安全。

3. 成本：設計工程師不但要考慮產品之製造直接成本，也應考慮產品在整個生命週期，甚至毀壞回收處理之整體成本。

4. 其他：例如，在減碳節能的壓力下，「綠色設計」需求自然明顯地增加，也就是要求設計必須不但能夠遵從節約使用的能量，同時在設計、製造的整個過程當中，所有直接、間接的資源，都必須朝對資源節省、對環境尊重的角度來執行，因此，在實際的做法上可以從使用低耗能之材料，製造低污染、無廢水或廢棄物，此外，也應考慮到廢品回收以及再利用的問題等。

習 題　　　　　　　　　　　　　　　　　　EXERCISE

1. 試說明「機械設計」、「機器設計」及「機構設計」在意義上，有何區別？

2. 何謂設計引用之「標準」？何謂「法規」？在引用它們的目的上，又有何差異？

3. 機械設計之範疇應適當地呈現在規範書中，試說明規範書中所應呈現的核心項目，可分為哪幾大類？並請簡略說明之。

4. 「腦力激盪」之創意技法，比較適用於何種問題？試利用圖書館資料、Google 或其他搜尋引擎，找出以該法解決問題之實際案例。

參考書目

[1]　Evbuomwan, N.F.O., Sivaloganathan, S. and Jebb, A., "A survey of design philosophies, models, methods and systems," Proceedings of The Mechanical Engineers Part B, J. of Engineering Manufacture, 210(B4), 1996, pp.301-320.

[2]　H. S. Yan, Creative Design of Mechanical Devices, Springer, Singapore, ISBN 981-3083-57-3, 1998.
　　　顏鴻森(著)，謝龍昌、徐孟輝、瞿嘉駿、黃馨慧(譯)，機械裝置的創意性設計，臺灣東華書局股份有限公司，台北市，ISBN 957-483-362-3，2006 年。

[3]　H. S. Yan, H. H. Huang, and C. H. Kuo, Antique Mechanism Models in Taiwan(臺灣古董機構模型), National Cheng Kung University Museum, National Cheng Kung University, Tainan, Taiwan, ISBN 978-986-01-3948-8, 2008.
　　　顏鴻森，機構學，第二版，臺灣東華書局股份有限公司，台北市，ISBN 957-636-995-9，1999 年。

[4]　黎文龍，工程設計與分析─創思設計分析與模擬，第二版，東華書局，2005 年 10 月。

[5]　Pahl, G. and Beitz, W., Engineering Design, Original German Ed. 1971, English Ed. 1996 (by K. Wallace), Springer.

[6]　黃馨慧，古中國簧片掛鎖之機構設計，博士論文，國立成功大學機械工程學系，2004 年 06 月。

[7]　H. S. Yan, "Science and Technology – An Invention of the West?", Thinking about Science, Technology and Human Security, UNU Global Seminar – 2nd Seoul Session 2004, Sookmyung Women's University, Seoul, August 16-20, 2004.

[8]　陳俊瑋，指南車之系統化復原設計，博士論文，國立成功大學機械工程學系，2006 年 10 月。

[9]　H. S. Yan, Reconstruction Designs of Lost Ancient Chinese Machinery, Springer, Netherlands, ISBN 978-4020-6459-3, 2007.

[10]　歐峯銘，A Physical Oriented Methodology for the Synthesis of Functional Alternatives of Mechanism Systems(機構系統功能解之具體導向合成方法)，博士論文，國立成功大學機械工程學系，2005 年 05 月。

第 2 章

工程材料與選用

2.1 工程材料的種類

工程材料主要可分為四大類：(1)金屬材料，(2)工程塑膠，(3)陶瓷材料，(4)複合材料。金屬與工程塑膠是設計製造機械元件最常使用的材料。機械設計之固體力學模式是基於理想材料之假設而推導出，而理想材料之假設為：(1)完全彈性──物體受負載時，會產生變形，而完全彈性材料在負載移除時，即恢復至沒有變形前之形狀與尺寸；(2)均質性──材料各部位置的性質均相同；(3)等向性──材料的彈性特性不因方向不同而改變。在實用上，材料為均質、等向性的假設，有些是可以成立的，包括：鑄造、熱軋、退火等之金屬。但是冷軋或冷拉的材料，因而材料晶粒有了方向性，即晶粒效應，使得強度和負荷方向有關，故不能假設這些材料具有均質與等向性。

1. 金屬

金屬為金屬元素的組合，有大量位置不定的外層電子；具有優良的導電與導熱性，且不會透光，拋光後會顯出金屬光澤，強韌性佳通常可以變形，因此在機器設計中為相當重要的材料。金屬經過配製、加工、熱處理後能增加強韌性。由於金屬有延性，常被應用於週期性負荷的環境中，造成金屬常因疲勞而破壞。通常也有耐腐蝕性，可藉由各種表面處理技術，增進其耐腐蝕與磨耗性。延性材料變形時會重新分布負荷，可承受應力集中，因此在小範圍的降伏現象產生後，承受靜負荷。

金屬可分為：(1)鐵屬金屬(ferrous metal)，(2)非鐵金屬(non-ferrous metal)。鐵屬金屬以含有鐵元素為主，加入其他元素後，產生了鑄鐵、鍛鐵與鋼。非鐵屬金屬以不含有鐵元素之其他金屬元素為主，包括鋁合金、銅合金、鎂合金、鈦合金等等。

鑄鐵與鑄鋼是由澆注金屬到適當形式的鑄模中成型。鍛鐵與鍛鋼的製造，是將金屬鑄造成合適的大小與形狀(鑄錠)，然後熱軋形成棒、管、板、結構形狀、管、釘子、線材等等。鍛鐵非常堅固，易於銲接。鑄鋼也易於銲接，鋼因為會收縮，不易鑄造。在耐衝擊性上，鑄造金屬普遍較鍛造金屬差。

鑄鐵是含碳量超過 2%的鐵碳合金。鑄鐵因有高的含碳量，而非常脆、延性低，因此無法進行冷加工，其拉伸強度低，但有高的壓縮強度。鑄鐵的特性可藉由加入合金元素(如銅、矽、錳、磷和硫)而改變，並可適當熱處理。鑄鐵合金廣泛地使用於引擎中的曲軸、凸輪軸以及汽缸體、齒輪、鑄模、軋鋼廠的輥碎機等。鑄鐵價格便宜、易於鑄造加工、優越的制振性與耐磨耗性。

鑄鐵鑄造時的物理特性完全受固化期間的冷卻速率所影響，因此有不同的鑄鐵類型。灰鑄鐵是最廣泛使用的鑄鐵型式，通常所指的鑄鐵即為灰鑄鐵。其他鑄鐵包括可鍛鑄鐵(或稱展性鑄鐵(malleable cast iron))與球墨鑄鐵(或稱延性鑄鐵(nodular cast iron, ductile cast iron))。球墨鑄鐵的收縮程度超過灰鑄鐵，而低於鑄鋼。實務上，鑄鐵是以最大強度分類。在 ASTM 的鑄鐵編碼系統中，分類編碼對應到最小的最大拉伸強度。例如 ASTM No.30 的鑄鐵具有 30kpsi(210MPa)的最小拉伸強度。

鋼是含碳量少於 2%的鐵碳合金。鋼被廣泛地使用於機器的製造中，因加入合金元素的不同，可製造不同特性與用途的鋼，包括普通碳鋼、合金鋼、高強度鋼、鑄鋼、不銹鋼、工具鋼與特殊用途鋼等。

普通碳鋼以碳為主要元素，通常小於 1%。碳鋼的性質主要依含碳量而改變，可以藉由熱處理獲得所希望的特性。普通碳鋼是最便宜的鋼，生產量較其他鋼材多。低碳鋼或軟鋼(含碳量小於 0.3%)，也稱結構用鋼(structural steel)，具延性、易成型、可銲接而不會變脆。當需要耐磨耗的表面時，可以進行表面熱處理。要進行熱處理的鋼其含碳量須大於 0.3%，因此中碳鋼(含碳量 0.3~0.6%)與高碳鋼(含碳量大於 0.6%)可以經由熱處理達到所希望的特性。

合金鋼是藉由加入各種元素於基本碳鋼中，包括錳、鉬、鉻、釩與鎳等，會產生許多特性變化的效應。主要是改善鋼硬化的難易程度(硬化能)，也就是由含碳量所控制的可能硬度與強度可以使用加入少量合金元素來達到熱處理強化的效應。加入鎳與鉻到鋼中，也可提升耐衝擊性、耐磨耗與耐腐蝕性。各種合金鋼廣

泛使用於機器與結構的製造。

　　不銹鋼為包含至少 12%鉻的鐵碳合金，被廣泛地使用於耐腐蝕與高溫的應用。常見不銹鋼三種類型：沃斯田鐵型(18%鉻、8%鎳)、肥粒鐵型(17%鉻)與麻田散鐵型(13%鉻)。

　　鋁合金具有良好的導電與導熱性、高的反射率，以及高的強度重量比，可作為許多應用，例如：航空器、飛彈、火車、汽車等等。鋁合金對大多數腐蝕氣體具有高的耐腐蝕性，主要因為表面容易形成鈍性的氧化層。鋁非常容易成形、冷拉、沖壓、抽線、加工、銲接(可與銅鋅合金銲接)。高強度鋁合金具有與軟鋼相同的強度。鋁合金的機械性質與熱處理條件有關，回火是控制其強度、硬度與韌性的主要操作。回火的操作通常由冷加工如軋延、冷拉伸等設定，因而鋁合金的性質可藉由適當的熱處理增強。

　　鋁合金可分為兩大類：(1)鍛造鋁合金，(2)鑄造鋁合金。鍛造鋁合金以含銅與矽鎂為主，大多經過熱態與冷態的壓力加工，即經過軋延、擠製等製成板材、管材、棒材與異型材。鍛造鋁合金可分三類：一是不可熱處理(加工硬化)的鋁合金，如 Al-Mn 系、Al-Mg 系合金。另一是可熱處理(時效硬化)的鋁合金，主要以 Al-Cu-Mg 系、Al-Zn-Mg 系為代表，經時效硬化處理後，使抗拉強度大為提昇，可應用於飛機的結構件。另一是鑄造鋁合金，有良好的鑄造性，合金元素的含量較鍛造鋁合金為高，使合金的成分接近平衡圖上的共晶點，流動性較高。主要以 Al-Si 系合金為代表，Al-Si 合金含有約 12% Si 時，接近共晶點，鑄造性良好。為了提高合金的強度及塑性常採用改良處理(modification)，使合金組織中的矽晶體變細小，加入少量 Mg(0.17~0.3%)，並適當降低 Si 的量，使鑄件能夠熱處理改善性能。汽車活塞即大量使用 Al-Si 系合金(加入 Cu、Mg)鑄造而成。

　　銅合金具有良好的延性，可以抽線、沖壓、軋延，也有高導電性與導熱性、耐腐蝕性，但強度重量比低。銅合金廣泛使用於電機、電話通訊、石油與動力工業。最主要的銅合金是黃銅與青銅。黃銅是銅─鋅合金，黃銅的強度隨鋅的含量增加而增加，有兩個典型的成分，一是鋅含量 30~38%，稱為七三黃銅；另一是鋅佔 40%、銅佔 60%，稱為六四黃銅。七三黃銅組織呈單相(α)固溶體，有優良的延展性，在常溫時加工性良好，可沖壓成各種零件，但須在 250℃作低溫退火以消除應力，可避免應力腐蝕破裂(stress corrosion cracking)發生(特別是在大氣中含

NH₃、F⁻時)。七三黃銅只能通過冷加工予以強化，如欲恢復其延性，可在 600~650 ℃進行再結晶退火。六四黃銅的組織是由兩相($\alpha+\beta$)組成，室溫下的延展性較七三黃銅差，一般都熱軋成棒材、板材，再切削加工製成機械元件。青銅主要加入合金元素是錫、鋁等，最常見的有：錫青銅、鋁青銅與鈹青銅。錫青銅在鑄造過程中，若冷卻速度稍快，就會形成不均勻組織，即在 α 固溶體的基地中出現硬而脆的 δ 相，形成兩相組織，含 Sn 量愈多 δ 相也愈多，此種組織的延性較差，但有良好的耐磨耗性。因此，錫青銅(10~14%Sn)常用作重負載機械的軸承材料，而含 Sn 量較低的錫青銅(8~10%Sn)則用做普通軸承。鋁青銅為含 5~10%Al，鋁含量低者具有適中強度與優良的延性，可以軋製成各種板、棒、管材。鋁含量高者強度高而延性差，大部分用做鑄造合金。為了改善這類合金的鑄造性和機械性質，可加入適當含量的 Mn、Fe、Ni 等元素，可提昇強度與耐蝕性，主要用作船舶零件，如螺旋槳以及可在腐蝕環境工作的齒輪、軸套、彈簧等，但是其加工性與銲接性不佳。鈹青銅含鈹(Be)約 1.0~2.5%，是一種高強度銅合金(強度可與鋼相近)，主要藉由時效硬化處理提高強度。將鈹青銅鍛造後於 800℃水淬，再於 250~300℃作時效處理，強度可高達 1000MPa 以上，是所有銅合金中強度最高的。鈹青銅主要用作製造重要儀表彈簧及在較高溫下工作的齒輪、軸承與軸套等。其他青銅尚有磷青銅、鎳青銅、矽青銅等。

2. 工程塑膠

塑膠代表許多合成的領域，有時候可以經由不同相似材料或複合材料的組合得到最佳的性質。塑膠是合成材料，也稱為聚合物(Polymer)，已經逐漸使用於結構目的上，有數千種類型可以使用。表 2-1 表示各種常用的工程塑膠。

表 2-1　常用的工程塑膠

塑膠分類	貿易名稱
熱塑性塑膠	
乙縮醛(Acetal)	Delrin, Celcon
丙烯酸(Acrylic)	Lucite, Plexiglas
醋酸纖維素(Cellulose acetate)	Fibestos, Plastacele
硝酸纖維素(Cellulose nitrate)	Celluloid, Nitron

表 2-1　常用的工程塑膠(續)

塑膠分類	貿易名稱
熱塑性塑膠	
硝酸乙酯(Ethyl cellulose)	Gering, Ethocel
聚醯胺(Polyamide)	Nylon, Zytel
聚碳酸酯(Polycarbonate)	Lexan, Merlon
聚乙烯(Polyethylene)	Polythene, Alathon
聚苯乙烯(Polystyrene)	Cerex, Lustrex
聚四氟乙烯(Polytetrafluoroethylene)	Teflon
聚乙酸乙烯酯(Polyvinyl acetate)	Gelva, Elvacet
聚乙烯醇纖維(Polyvinyl alcohol)	Elvanol, Resistoflex
聚氯乙烯(Polyvinyl chloride)	PVC, Boltaron
聚偏二氯乙烯(Polyvinylidene chloride)	Saran
熱固性塑膠	
環氧樹脂(Epoxy)	Araldite, Oxiron
酚甲醛(Phenol-formaldehyde)	Bakelite, Catalin
糠醛(Phenol-furfural)	Durite
聚酯纖維(Polyster)	Beckosol, Glyptal
尿素甲醛(Urea-formaldehyde)	Beetle, Plaskon

　　塑膠材料的機械性質變化非常大，有些塑膠是脆性，有些則有韌性。當使用塑膠設計使用時，須特別注意它們的性質會受溫度變化與時間變遷產生很大的影響。工程塑膠有兩種主要類型：(1)熱塑性(thermoplastic)與(2)熱固性(thermosetting)。熱塑性工程塑膠，在加熱時會軟化、冷卻時變硬，可反覆多次，這種塑膠在受熱時結構不會發生改變。也有高彈性的材料稱爲熱塑性彈性體(elastomer)，常見的彈性體是橡膠帶。彈性體的工業應用包括皮帶、水管、墊圈(gasket)、封條(seal)、機械底板與振動阻尼。藉由簡單的熱與壓力，如射出成型，熱塑性塑膠可以製造出不同的形狀的零件產品，用於精密機械、電子、通訊、航太等重要元件，並可大量生產。最常用的熱塑性塑膠有下列幾種：

(1) 聚醯胺(Polyamide)：即尼龍，是最早應用於機械工業的一種工程塑膠。尼龍有良好的綜合性的機械性質，即有一定的強度與高的韌性、低的摩擦係數與良好的自潤滑性，適於製造耐磨耗性的機械元件，如齒輪、蝸輪、軸承等。但尼龍熱穩定性差，耐熱溫度低於 100℃。

(2) ABS 塑膠：是一種質堅、韌性與剛性大的優良工程塑膠，工業用途極為廣泛。在機械工業中可用於製造齒輪、幫浦葉輪、軸承等；在電機工業中用作電話、收音機、筆電、手機等外殼及各種配件；近年來在汽車、航空工業中的應用也不斷增加，如用作汽車外殼、儀表板、方向盤、保險桿等；在化學工業中可用作低濃度酸、鹼溶劑的生產裝置。

(3) 聚四氟乙烯(Teflon)：耐腐蝕性佳，耐高溫、低溫，使用溫度範圍寬廣，具有低摩擦係數與自潤滑性，不易老化，是良好的超低溫材料與耐輻射材料。多用作減低摩擦、密封件，如墊圈、密封圈、自動潤滑軸承、活塞環等。在電力工程上是良好的絕緣材料；在化工機械中用於製造各種耐腐蝕零件。

(4) 聚氯乙烯(PVC)：是應用最為廣泛的一種工程塑膠，良好的化學穩定性、絕緣性，抗燃燒、耐磨耗、且有消聲減震作用，但是耐熱性差，大約在 75~80℃時軟化。PVC 的比重約為鋼的 1/5，鋁的 1/2；機械強度佳、耐腐蝕性高，因此主要用於化工設備製作各種耐蝕容器，以替代不銹鋼與鋁材。

熱固性工程塑膠加熱至一定溫度時會發生結構變化，冷卻後變成永久不可熔與不可燃，即其軟化與固化是不可逆的，一經成形，既不溶於溶劑，加熱也無法軟化熔融。以下介紹兩種常用的熱固性塑膠：

(1) 酚醛塑膠(Phenolics)：是一種最常用的熱固性工程塑膠，有一定的機械強度，製品尺寸安定，有良好的耐熱性，能在 110~140℃ 使用，耐腐蝕性佳，能抵抗除強鹼外的其他化學介質的侵蝕，有良好的介電性能。在機械工業中用於製造電器開關、插頭與各種電氣絕緣件，也可製造化工用的耐酸幫浦等元件。

(2) 環氧樹脂(EP)：機械強度高，有優越的尺寸安定性與耐久性，能耐各種酸、鹼與溶劑的侵蝕，在較寬的溫度範圍有良好的電器絕緣性，廣泛應

用於機械、電機、化工、航空、汽車等領域，如製造塑料模具、各種絕緣零件等。另外，環氧樹脂對各種物質有良好的黏着力，可用於製造各種工業用黏著劑，對金屬、塑膠、玻璃、陶瓷等都有良好的黏接性。

3. 陶瓷材料

陶瓷材料是金屬與非金屬元素的混合物，大多數為氧化物、氮化物與碳化物。例如氧化鋁(礬土、金剛砂或簡單的結晶，如藍寶石)即為 Al_2O_3。陶瓷具有高密度，在室溫下為脆性材料，其抗壓強度一般為抗拉強度的 15 倍，延展性差，因此在機器元件的使用上雖不如金屬。但其堅硬、耐磨耗，常被使用在軸承與切削刀具上，並具有耐高溫與化學性佳，且比金屬與工程塑膠更能耐高溫與適用惡劣環境。因此，在一些機器與結構件上，已經嘗試使用陶瓷材料取代傳統金屬。新的陶瓷材料通常稱為技術陶瓷材料(technical ceramics)，在許多應用上扮演極為重要的角色，如玻璃陶瓷材料在電機、電子以及實驗室製品上有很廣泛的使用。

4. 複合材料

複合材料是由兩個或更多的獨特元素所組成。複合材料通常是在包圍的材料中埋入高強度的補強材料所組成，具有相當大的強度重量比以及其他令人滿意的特性。例如石墨補強的環氧樹脂，從石墨纖維中得到強度，而環氧樹脂保護石墨纖維免於氧化，並提供韌性。從輕量化設計的觀點，各種材料的強度／密度比值(較大比值的材料可設計製造出較輕的產品)如圖 2-1 所示。纖維材料遠輕於一般

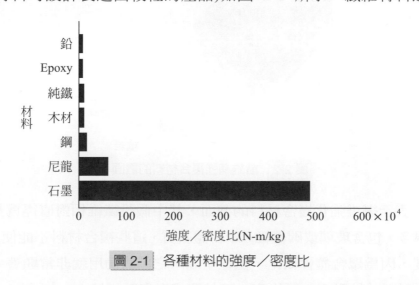

圖 2-1　各種材料的強度／密度比

以擠製製成的棍棒、模製的塑膠、和燒結而成的陶瓷。然而纖維材料對腐蝕有極大的敏感度，即使在空氣中仍然是如此，例如，石墨纖維在空氣中會快速氧化，因此在含氧的環境中，材料不能長久提供預定的強度。許多現代工業需要一些材料能夠擁有多重特性的機械性資，而這些性質在普通的金屬合金、陶瓷、聚合體內無法找到。如現今工業需要低密度、高強度、堅硬、可抗擦傷和衝擊，且不易腐蝕的固體材料，要這些特性同時存在是相當難達成的事，因爲強度高的材料，密度相對地也會高，且增加硬度會減少衝擊強度，再者，雖然纖維展現上述的部分特性，但極容易被腐蝕。

複合材料結合兩種或多種不同的材料優異的性質，同時可避免其缺點；複合材料被設計成同時擁有構成它的材料成分最好的特性，例如，石墨強化的環氧基，從石墨纖維中獲得強度，同時環氧基保護石墨不會被氧化，環氧基也提供剪應力和提供韌性。

三種重要的複合材料爲：

1. 質點強化—質點在基質各方向有大約相同的尺寸，如混凝土。
2. 不連續纖維強化—纖維在基質中有限定的長度-直徑比，如玻璃纖維。
3. 連續纖維強化—厚層狀方式構成連續纖維，如石墨網球拍。

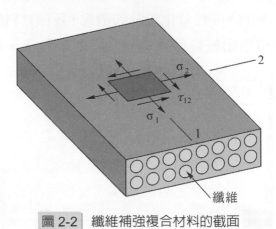

圖 2-2　纖維補強複合材料的截面

圖 2-2 表示纖維強化複合材料的截面，其中假設纖維相對直徑爲長條狀。這樣的材料很多，包含玻璃或碳纖維、聚合體基質，這些複合材料不能使用於 250°C 以上的溫度，因爲聚合體會軟化，但在室溫下它們的功用就非常顯著。機器元件中使用複合材料的缺點爲：價格高，且較難成形與互相接合。

　　複合材料有許多特性與上述所討論的三種材料不同；金屬、聚合體和陶瓷都是均質(性質與材料中位置無關)、等向(材料中任一點的性質在各方向都相同)、或非等向(材料中任一點的性質在各方向不同)，但複合材料是非均值且為垂直筋。在一個垂直筋的材質中任一點的三個相互垂直方向的性質並不同，但材料三個相互垂直的平面則對稱；本書中僅考慮在簡單，單一方向、纖維強化且垂直筋的複合材料上，如圖 2-2 所示。

　　在纖維補強複合材料中，一個重要的變數是纖維的長度；要有效增加複合材料的強度和硬度，某纖維的臨界長度是必要的。纖維的臨界長度 l_{cr} 乃根據纖維直徑 d、最大強度 S_u 和纖維基質結合強度 τ_f，其臨界長度可以 l_{cr} 表示為

$$l_{cr} = \frac{S_u d}{2\tau_f} \tag{2.1}$$

　　公式(2.1)中含有 2，是因為纖維埋藏在基質中，在斷裂時將撕裂成兩部分。對許多玻璃和碳纖維強化的複合材料而言，此臨界長度約 1mm，或為其直徑的 20 到 150 倍。

已知　纖維補強材料包含碳纖維，其最大強度為 1GPa、彈性模數 150GPa。纖維長為 3mm，直徑為 30μm。

求解　纖維基質鍵需要多強才可確保到達最大強度時還是安全的？

解答

由公式(2.1)可將纖維基質鍵強度表示為

$$\tau_f = \frac{S_u d}{2l_{cr}} = \frac{10^9 (30)(10^{-6})}{2(3)(10^{-3})} = 5000000 \text{ Pa} = 5 \text{ MPa}$$

纖維基質鍵強度必須比 5 MPa 大。

2.2　材料的機械性質

　　機械性質就是材料在受到不同負載及環境條件下，所預期應表現出的行為。這些特性是由美國測試及材料學會(ASTM)所設計的標準破壞性及非破壞性測試

方法所決定。徹底了解材料的性質可使設計者能夠決定製造機器元件的大小，形狀及方法。

　　耐久性(durability)代表材料在長期內能抵抗破壞的能力。會造成破壞的條件可能是化學、電能、熱能、自然的結構破壞，或者是上述條件的結合。材料用機器加工，或者用銳利工具切割的相對容易程度稱之為**可加工性**(machinability)。**可塑性**(plastic ability)指代表材料可被塑造成需要形狀的能力。一般來說，**可鍛造性**(malleability)指的是材料在受壓力時能承受型變而不破壞的能力。例如**硬度**(hardness)可以代表材料承受刮磨、剝蝕、切割，或是穿刺的能力。材料本身的限制經常是設計上的主要因素。強度和剛性是選擇材料時考慮的主要因素。然而，對一個特定的設計來說，材料的耐久性、可塑性、可鍛造性、成本以及硬度可能都同等重要。在成本考量上，注意的層面不只是初期成本，維修和替換成本也要列入。因此，同時從功能性和經濟層面選擇材料極為重要。

　　在移除加於彈性材料上的負載後，彈性材料會回復到原本尺寸。這個性質就叫做**彈性**(elasticity)。通常有彈性的範圍包括一個區域，其中應力與應變有著線性關係。有彈性的部分結束於**比例極限點**(proportional limit)。這種材料是線性彈性。在變動彈性的固體中，應變不只是應力的函數，同時也是應力及應變時變量的函數。可塑性的材質不會在移除負載後回到其一開始的大小和形狀。同質的固體會一直表現出相同的性質。如果在一點各個方向的性質均相同，則稱此材料為**均質**(isotropic)。**複合**(composite)材料是由兩種或兩種以上明顯不同成分構成。**非均質**(anisotropic)的固體其特性具有方向性。在其中最簡單的就是在三個彼此互相垂直的方向。材料的性質會不同。這樣的材料稱為**正交性**(orthotropic)。某些木頭的材料可以用正交性的特性來造型。許多人工生產的材料近似於正交性，像是波浪狀和捲狀的金屬片、夾板，以及纖維強化混凝土。

　　材質承受大量應變而不造成明顯應力的性質稱為**延性**(ductility)。因此，延性的材質可能在受破壞前明顯伸長。這樣的材質包括軟鋼、鎳、黃銅、紅銅、鎂、鉛和鐵氟龍。和此相反的是**脆性材料**(brittle material)，脆性材料在破壞前會表現出一點點變形。例如，混凝土、石頭、鑄鐵、玻璃、陶瓷、以及許多合金。破裂的構件稱之為**破壞**(fracture)。金屬在張力測試時承受應力而斷裂前每吋有超過 0.05 吋的伸長，有時候被認為具有延性。要注意的是，一般來說，延性的材料在受剪

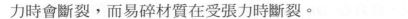

力時會斷裂，而易碎材質在受張力時斷裂。

靜態強度(static strength)

在分析與設計當中，材料在承受負載時的機械性質最為重要。在實驗之中，尤其是拉伸和壓縮測試中，以應力－應變圖的形式表現出試體在施加負載時整體反應的基本資料。這些曲線圖用來解釋一些材料的機械性質。應力－應變圖的資料通常是從**拉伸試驗**(tensile test)中獲得。在這樣的測試中，材料的試體，通常是圓柱狀，被放置在測試機器上，緩慢且穩定或是靜態的在室溫中施加拉伸負載。ASTM 對標準拉伸試體的尺寸和製造有精確的規定。

延性材料的應力－應變圖

典型的延性材料，像是結構鋼或軟鋼在伸長時的應力－應變圖如 2-3(a)。OABCDE 曲線是慣用或工程上的應力－應變圖。另一個曲線 OABCF 代表了真正的應力－應變。真正的應力指的是負載除以當時圓柱實際的截面積；真正的應變是伸長量除以當時相對應長度的總和。很明顯地，工程上的應力等於負載除以初始的截面積；對大部分實用上的目的來說，慣用的應力－應變圖提供了在設計用途上令人滿意的資訊。

應變硬化：冷加工

軟鋼在降伏範圍(或是完全塑性範圍)的伸長量通常是在負載開始和比例極限間伸長量的 10 到 20 倍。從 A 點到斷裂點(E)的應力－應變曲線就是可塑範圍。在 CD 間，應力增加才能造成應變繼續增加。這稱為**應變硬化**(strain hardening)或是**冷加工**(cold working)。若在 CD 區域中的一點 g 移除負載，材料會在沿著平行 OA 的新線段，於點 h 回復無應力狀態，產生**永久形變**(permanent set)Oh。若重新施加負載，新的應力－應變曲線就是 hg DE。要特別注意的是現在新的降伏點(g)比之前的 B 點來得高，但延性降低。這個過程可以不斷重複，直到材質變脆最後破壞。

最大拉伸強度

材料在應變超過 C 點的應力圖顯示了典型的極限應變(點 D)，稱為**最大**(ulimate)或**拉伸強度**(tensile strength) S_u。額外的延長實際上伴隨應力的降低，對應圖中的破壞強度 S_f (點 E)。失效在 E 點發生，將圓柱分為兩個部分，沿著圓錐形的表面，相對於最大剪應力平面大約夾 45 度角。在最大應力的區域附近，截面或

邊緣的收縮變得明顯可見，而且在 DE 區間出現頸縮(necking)的現象。若檢查截面斷裂的表面可發現材料微粒伸展所造成的纖維化結構。

有趣的是，衡量材料延性的標準方法是由試體幾何上的變化所定義的，公式如下：

$$伸長率(\%) = \frac{L_f - L_0}{L_0}(100\%) \tag{2.2}$$

$$斷面縮率(\%) = \frac{A_0 - A_f}{A_0}(100\%) \tag{2.3}$$

這裡 A_0 和 L_0 各自代表試體原本的截面積和測量長度。很明顯地，斷裂的圓柱必須拼在一起來測量最後的測量長度 L_f。同樣的，最終面積 A_f 是在截面最小的斷裂點測量。注意伸長的部分並不是平均地分布在試體的長度上，而是集中在頸縮的區域，因此，伸長的比例依量測長度來計算。圖 2-3(a)描繪出軟鋼應力—應變圖的一般特性，但它並非按照實際比例。正如先前已經提過的，在 B 和 C 之間的應變可能是在 O 和 A 之間的 1.5 倍。同樣的，從 C 到 E 之間的應變比 O 到 A 之間大了數倍。圖 2-3(b)顯示依比例描繪之下的軟鋼的應力—應變曲線。很明顯的，從 O 到 A 間的應變很小以致於曲線一開始的部分看起來像是一條垂直線。

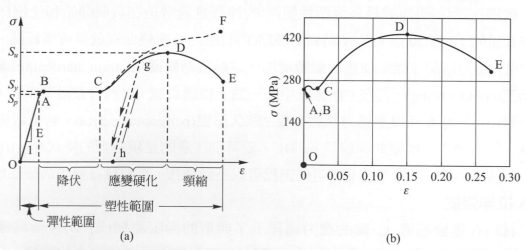

圖 2-3 典型的結構鋼受到拉伸的應力－應變圖：(a)未依實際比例，(b)依實際比例

平移降伏強度

　　某些材料，像是經過熱處理的鋼鐵、鎂、鋁和銅，並不會顯示出一個明確的降伏點，而且通常對任意應變用降伏強度 S_y。根據所謂的 0.2%平移法，應變爲 0.002 時(即是 0.2%)畫一條和在 O 點初期斜率平行的直線，如圖 2-4 一樣。這條線和應力—應變曲線的交叉點定義爲**平移降伏強度**(offset yield strength)(點 B)。在之前討論中提到過的材料中，平移降伏強度較比例極限略高。

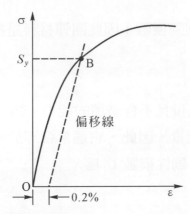

圖 2-4　利用偏移法決定降伏強度

回彈模數

　　回彈是指在彈性範圍內材料吸收能量的能力。回彈模數 U_r 表示材料每單位體積吸收的能量，或是當受應力到比例限時的**應變能密度**(strain energy density)。這會與應力應變圖直線部分之下的部分相等，如圖 2-5 所示，這裡的比例限 S_p 與降伏強度 S_y 大約相同。

因此

$$U_r = \int_0^{\varepsilon_x} \sigma_x d\varepsilon_x \tag{2.4}$$

在此線彈性區域，則

$$U_r = \frac{1}{2}\sigma_x \varepsilon_x = \frac{1}{2E}\sigma_x^2 \tag{2.5}$$

將 $\sigma_x = S_y$ 代入(2.5)公式，得到回彈模數值的公式爲

$$U_r = \frac{S_y^2}{2E} \tag{2.6}$$

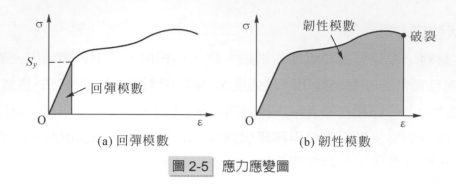

(a) 回彈模數　(b) 韌性模數

圖 2-5　應力應變圖

其中，E 爲彈性模數 U_r 爲回彈模數；因此回彈材料是指擁有高強度與低彈性模數的材料。

韌性模數

韌性是表示材料吸收能量且不會破壞的能力。韌性模數 U_t 代表材料到達破壞點之前每單位體積吸收的能量。因此，它通常會等於應力應變圖 2-5(b)下方的整個面積。以數學型式表示，韌性模數 U_t 爲

$$U_t = \int_o^{\varepsilon_f} \sigma \, d\varepsilon \qquad (2.7)$$

物理量 ε_f 爲破壞時的應變。很清楚地，材料的韌性與它的延性和最大強度有關。從圖形上來進行前面的整合通常是很方便的，可以使用面積計來決定此面積。

有時候，韌性模數以近似延性材料應力應變曲線下的面積：表示成降伏強度 S_y 與最大強度 S_u 的平均值乘上破壞應變。因此

$$U_t = \frac{S_y + S_u}{2}\varepsilon_f \qquad (2.8)$$

對脆性材料(例如：鑄鐵)來說，應力應變曲線下的近似面積，如(2.8)公式所示可能被視爲錯誤。

在這情況中，韌性模數有時會假設應力應變曲線是拋物線來預估。接著，使用 $\varepsilon_f \approx \varepsilon_u$ 在(2.7)公式中，韌性模數爲

$$U_t = \frac{2}{3}S_u\varepsilon_u \qquad (2.9)$$

其中，ε_u 爲最大的強度時的應變。

韌性通常與材料經得起碰撞或衝擊負載的能力有關。韌性模數與回彈模數兩者的單位在 SI 制中表示焦耳(N・m)每立方公尺(J/m^3)，在 U.S.慣用系統中則表示

為英吋一磅重每立方英吋，這些與應力的單位相同，因此也可以使用帕斯卡(Pa)或 psi 作為 U_r 與 U_t 的單位。舉例來說，考量結構鋼的 S_y= 250MPa、S_u= 400MPa、ε_f=0.3 且 E=200GPa。對此材料而言，根據(2.6)公式與(2.8)公式，分別得到 U_r= 156.25kPa 和 U_t= 97.5MPa。

注意破壞韌性是另一種材料性質，定義材料抵抗裂縫端的能力。當應力強度達到破壞韌性，破壞將無預警地發生。

硬度(Hardness)

選取具有良好抗損磨耗與磨損能力的材料是與材料硬度與表面的情形息息相關。硬度是指材料抵抗刻紋與抓痕的能力。所考量的硬度種類視遇到的服務需求而定。例如，齒輪、凸輪、鐵軌與軸必須具有高的抗刻紋性。在礦物學與陶瓷材料中，抗抓痕的能力被使用來做為硬度的量測。

硬度測試是一種主要的方法來確定材料使用於預設目的的合適性。它也是一種有價值的檢測工具，用以維持熱處理零件中品質的一致性。

硬度與拉伸最大強度之間的關係

圖 2-6 顯示勃氏硬度、洛氏硬度(B 與 C)以及鋼的拉伸強度之間的轉換圖。請注意 HRB 與 HRC 的曲線是非線性的，而且相關的值只是近似值。然而，已經有研究發現勃氏硬度測試的結果與大多數鋼的拉伸強度 S_u 之間有線性的關係，如圖 2-6 所示。

$$S_u = 500HB \text{ psi} \tag{2.10}$$

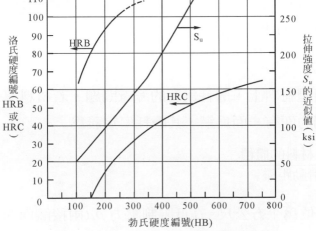

圖 2-6　拉伸鋼中硬度與最大強度的轉換

這在圖形中以接近直線的方式表示。此外，對於應力釋放(非冷拉)鋼來說，拉伸降伏強度 S_y 表示如下

$$S_y = 1.05 S_u - 30,000 \text{ psi} \qquad (2.11)$$

代入(2.10)公式

$$S_y = 525 H_B - 30,000 \text{ psi} \qquad (2.12)$$

(2.10)公式到(2.12)公式是預估值，並且只能在缺乏定義的應變硬化資料時才能使用。

Archard 磨耗常數

磨耗比不像上述七種固體材料的性質一樣，基本上磨耗比很難使用定量來表示，原因在於它是一個表面現象而非體積現象，另外原因則因為磨耗包含兩種材料間的相對作用，並非僅為一材料的性質；當固體滑動時，材料每單位滑動距離中自表面所失去的體積稱為磨耗率 W_r，表面抗磨耗的特性可由 Archard 磨耗常數 K_A(SI 單位為平方公尺／每牛頓)，或 Pascals 的倒數；英制單位為平方吋／每磅力來表示，定義如下：

$$\frac{W_r}{A} = K_A \, \rho \qquad (2.13)$$

其中

A = 表面積(m^2)

ρ = 表面正壓力(Pa)

磨耗率和限制壓力

在嘗試選擇固體材料上，磨耗為新的考慮問題。若材料沒有潤滑，則滑動會發生，且若相接觸的面有一面為鋼，其磨耗率定義為

$$W_r = \frac{移除材料的體積}{滑動距離}$$

磨耗率 W_r 的 SI 單位為平方公尺。在低限制壓力 ρ_l(兩接觸面間的作用力除以接觸面積)為

$$W_r = K_A A \rho_l \tag{2.14}$$

此時

K_A = Archard 磨耗常數$(Pa)^{-1}$

A = 接觸面積(m^2)

ρ_l = 限制壓力(Pa)

2.3　金屬強化的處理

有一些方法可以增加金屬的硬度與強度。這些方法包括適當地變化組成成分或合金、機械處理以及熱處理。不同的合金將在下節討論。許多鍍層與表面的處理對材料也有效。其中將某一部分主要具有防止腐蝕的目的，而其他則傾向於改善表面硬度與磨損。我們將在此討論機械與熱處理的程序。

機械處理

機械成形與硬化是由熱加工(hot-working)與冷加工(cold-working)的程序所組成。當金屬超過特定溫度時，它可以被製成形狀並成形，這個溫度稱為再結晶溫度(recrystallization temperature)。在此溫度以下，機械加工的效應為冷加工。反之，在熱加工中，材料將在再結晶溫度以上進行機械加工。請注意，熱加工可以得到更佳，更為一致的結晶結構，並且改善材料的堅固性。然而一般來說，冷加工會在零件的表面上遺留下殘餘應力。因此，造成在前面程序中的機械性質有相當地不同。

冷加工

冷加工，也稱為應變硬化(strain hardening)，是一種在室溫時的金屬成形程序。這種加工會造成硬度與降伏強度的增加，以及韌性與延性的減少(可以藉由退火的熱處理程序來復原之)。使用冷加工可以增加碳鋼的硬度，低碳鋼進行熱處理。典型的冷加工操作包括冷軋、拉、車床、研磨與拋光。如之前所提到的，已知的材料可以被相當簡易地加工，或是使用尖銳邊緣的工具切割，稱為它的可加工性(machinability)。

最常見與廣泛的冷加工處理是珠擊法(shot peening)。它廣泛地使用在彈簧、齒輪、軸、連接桿件以及許多其他的元件上。在珠擊法中，表面會被由旋轉的輪

子或氣壓噴嘴中發射的高速鐵珠或鋼珠(小圓球)衝擊。這個程序會在表面留下壓應力並改變它的光滑度。因爲疲勞裂縫不會在壓應力區域起始或傳播，所以珠擊法已被證實在提升大多數元件的疲勞壽命上非常成功。對於由非常高強度鋼(約1,400MPa)所製造的機械零件，例如彈簧，特別有效。珠擊法也已經被使用來減少渦輪轉子與葉片中應力腐蝕裂縫的機率。

熱加工

熱加工會減少材料的應變硬化，但會避免由冷加工所造成的延性與韌性的損失。然而，熱軋的金屬相較於冷加工金屬來說，會有較大的延性、較低的強度以及較差的表面處理。熱加工程序的範例有軋延、鍛造、熱抽與熱壓，在此金屬會加熱到足夠的溫度使其塑化、易於加工。它使用一系列的鎚鍛模成形，逐漸地使熱金屬形成最終的架構。實際上，任何金屬都可以鍛造。抽取主要使用於非鐵金屬，一般使用鋼鑄模。

熱處理

熱處理程序參照到控制金屬的加熱以及後來的冷卻。它是一個複雜的程序，使用來得到特別應用上所希望的與適當的性質。舉例來說，所進行的熱處理可能是用來提高金屬的強度與硬度、減少內部的應力、僅在表面硬化、軟化冷加工件或是改善它的機械能力。加熱會在爐中進行，並且必須維持最大的溫度達足夠的時間，以改善晶粒結構。冷卻也是在爐中或是隔離的容器中完成。以下是關於一些常見熱處理項目的定義。

淬火(quenching)：藉由在金屬上噴射或噴灑合適的冷卻媒介，如油或水，使金屬從高溫快速的冷卻，以增加硬度。軟鋼淬火結果的應力應變曲線描述在圖 2-7 中。

回火(tempering, drawing)：在淬火後加熱以釋放應力與軟化的程序。圖 2-7 顯示軟鋼在回火之後的應力應變曲線。

退火(annealing)：含有加熱與慢速冷卻的程序，通常用來引起軟化與延性。退火與淬火、回火的程序相反；也就是說，退火會有效地使零件回到原來的應力應變曲線。

正常化(normalizing)：包含退火的程序，除了材料會加熱到比退火還高一些的溫度。結果會得到比完全退火金屬強度較高、較硬的金屬。

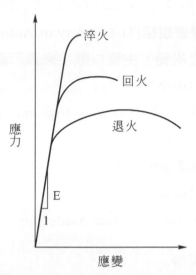

圖 2-7　淬火、退火和回火鋼的應力應變圖

　　表面熱處理(case hardening)或滲碳法(carburizing)：在此程序中表面層實質上會比金屬的內部核心更硬。這是藉由增加表面的含碳量而達到。任何適當方式所做的表面硬化是針對各種應用所需要的硬化處理。某些有用的表面硬化程序為滲碳法、氮化法、感應硬化(又稱高週波硬化法)和火焰硬化。在感應硬化程序中，金屬會由線圈快速的加熱，然後在油中淬火。

　　完全硬化(through hardening)：具有夠高的含碳量 0.35~0.50%，材料在適當的溫度淬火與拉伸，以得到所要的物理性質。當熱處理時，合金鋼將會完全硬化並保有比碳鋼更好的外形。熱處理材料會得到更佳的強度與表面硬度，但也會發生延性降低。

2.4　材料規格及選用

一、機械元件之材料及規格表示方法

(一) 以美國規格表示之金屬材料

　　對於各種不同金屬材料之性質，及其所含其他元素成分的多寡，美國習慣上依其國內各主要學(協)會所推薦之規範為標準，常見之標準規格如下：

1. SAE－**美國汽車工程學會規格**(The Society of Automotive Engineers)，SAE 規格及為此學會所制定之規範，主要以數字來表示鋼料之合金成分及其特性，此規格為最常用之鋼料規格。

2. AISI－**美國鋼鐵協會規格**(The American Iron and Steel Institute)，與 SAE 大同小異，亦為鋼料中之常用規格。

3. ASTM－**美國材料試驗協會規格**(American Society for Testing and Materials)，此規格主要用於一般材料規範。

4. AA－**美國鋁金屬協會**(The Aluminum Association)所制定之規範。

(二) 鋼鐵金屬之特性及其規格

　　鋼材由於易製造，且具有高強度，高勁度及不易腐蝕之特性，所以為機械元件最常使用之材料，此處將討論鋼材之命名法及最常使用鋼材之類型。

　　在鋼材中，常含有碳、錳、鎳等其他重要合金成分。不同的成分，對鋼材之硬度、延性、抗腐蝕性等都有不同程度之影響，如碳對鋼材之硬度與延展性有很大之影響，鉻則能明顯增強鋼之耐蝕性，甚至可使鋼材成為不銹鋼，鎳則可增加鋼之韌性，增加抵抗低溫衝擊之能力。由於不同之元素，對鋼材各有不同之影響，所以在命名系統中，須對合金鋼中，鋼材含碳量、所含合金之主要元素，及其他特殊元素詳細加以說明。

1. SAE 規格

　　SAE 系統對於大多數之碳鋼及合金鋼，皆以四位數字來表示其所含之元素成分，命名之通式如下：

$$
\begin{array}{ccccc}
 & (1) & (2) & (3) & (4) \\
\text{SAE} & \square & \square & \square & \square
\end{array}
$$

(1) 代表主要合金元素

(2) 代表主要合金元素含量之近似百分比

(3)(4) 含碳量百分比

　　第(1)位數字，乃表示主要合金元素之種類，其中 1－碳鋼，2－鎳鋼，3－鎳鉻鋼、4－鉬鋼、5－鉻鋼……。

　　第(2)位數字，乃表示主要合金元素含量之近似百分比。

第(3)(4)位表示含碳量百分比，如 SAE 1026 表示碳鋼其碳含量為 0.26%，如 SAE 50100 為鉻鋼其含鉻量約 0.4%，其中後三位 100 表示含碳量 1.00%。

例如：SAE 1030 表示純碳鋼，沒有其他主要合金元素，且含碳量為 0.30%。
　　　SAE 2320 表示為鎳合金鋼，且鎳含量約 3%，而含碳量則為 0.20%。

2. AISI 規格

AISI 規格與 SAE 規格大同小異，但常於數字之前加一英文字母，來表示鋼料煉製之代號，例如 AISI C1030，其中 C 字代表此鋼料由鹼性平爐法煉製而成。鋼料煉製法代號其有 A、B、C、D、E 五種，其含意如下：

A：鹼性平爐合金鋼(basic open-hearth alloy steel)
B：酸性倍思麥轉爐碳鋼(acid-Bessemer carbon steel)
C：鹼性平爐碳鋼(basic open-hearth carbon steel)
D：酸性平爐碳鋼(acid open-hearth carbon steel)
E：電爐鋼(electric furnace steel)

例如：AISI E2540，表示鎳合金鋼，係以電爐法煉製而成，其中含鎳量約 5.0%，平均含碳量為 0.40%。

SAE 與 AISI 常見之規範如表 2-2 所示。

不同之合金元素，對鋼料性質的影響，概述如下：

當含碳量增加時，不管表面有沒有施行熱處理，其硬度與強度都會增加，但其延展性則相對降低。因此，常因硬度與延性的要求，選擇適宜之含碳量。約略而言，含碳量低於 0.3%之鋼，稱為低碳鋼。低碳鋼之硬度低，延性強，易於切削。若面臨磨耗問題可以表面滲碳法、表面滲氮法或表面熱處理，以增加耐磨耗能力。

中碳鋼之含碳量約在 0.3%至 0.6%之間，具有適宜之延展性與硬度。

高碳鋼之含碳量約在 0.6%以上，由於含碳量高，因此具有高硬度與高耐磨耗之特性，常適用於長久使用之刀具上。

由表 2-2 可知碳鋼含硫與磷可增加鋼材之切削性，此類材料常使用於高生產率之螺釘製造。

鎳元素可增加鋼材之硬化能與抗腐蝕，所以大多數之合金鋼，皆含有此元素。鉻元素可增加鋼材之硬化能，磨耗與耐腐蝕能力，亦可提高鋼材在高溫下之強度，若含高濃度之鉻，可大大地提升耐腐蝕能力，而成為不銹鋼。而鉬元素亦可提升鋼材之強度與硬度。

表 2-2

AISI(SAE)			鋼之類別與平均化學成分
1	0	XX	純碳鋼，錳之最大含量為 1%。
1	1	XX	硫易切鋼，含硫量(約 0.1%)，亦增加切削性。
1	2	XX	含硫、磷易切鋼。
1	3	XX	錳鋼，且未硫化。添加約 1.75%之錳，以增加硬化能。
1	5	XX	碳鋼，且未硫化。添加超過 10%之錳。
2	0	XX	鎳鋼，含鎳量約 0.5%。
2	1	XX	鎳鋼，含鎳量約 1.5%。
2	3	XX	鎳鋼，含鎳量約 3.5%。
2	5	XX	鎳鋼，含鎳量約 5.0%。
3	1	XX	鎳鉻鋼，鎳約 1.25%，鉻約 0.65%。
3	2	XX	鎳鉻鋼，鎳約 1.75%，鉻約 1.07%。
3	3	XX	鎳鉻鋼，鎳約 3.5%，鉻約 1.50%。
3	4	XX	鎳鉻鋼，鎳約 3.0%，鉻約 0.77%。
4	0	XX	鉬鋼，含鉬量約 0.20～0.25%。
4	1	XX	鉻鉬鋼，含鉻約 0.95%，含鉬約 0.2%。
4	3	XX	鎳鉻鉬鋼，含鎳約 1.8%，含鉻 0.5%或 0.8%，含鉬 0.25%。
4	4	XX	鉬鋼，含鉬量 0.40～0.52%。
5	0	100	鉻鋼，含鉻量約 0.4%，含碳量 1.00%。
5	1	100	鉻鋼，含鉻量約 1.0%，含碳量 1.00%。
5	1	XX	鉻鋼，含鉻量約 1.0%。
5	2	XX	鉻鋼，含鉻量約 1.45%。
6	1	XX	鉻釩鋼，鉻 0.6%~1.0%，釩 0.1%。
7	1	XX	鎢鉻鋼，鉻 0.6%~1.0%，釩 0.1%。
7	2	XX	鎢鉻鋼，鎢 1.75%，鉻 0.75%。

AISI(SAE)	鋼之類別與平均化學成分
8　1　XX	鎳 0.30%，鉻 0.40%，鉬 0.12%。
8　6　XX	鎳 0.55%，鉻 0.50%，鉬 0.20%。
8　7　XX	鎳 0.55%，鉻 0.50%，鉬 0.25%。
8　8　XX	鎳 0.55%，鉻 0.50%，鉬 0.35%。
9　2　XX	矽錳鋼，矽 1.40~2.00%，錳 0.65~0.85%，鉻約 0.65%。
9　3　XX	鎳 3.25%，鉻 1.20%，鉬 0.12%。
9　4　XX	鎳 0.45%，鉻 0.40%，鉬 0.12%。
9　7　XX	鎳 1.00%，鉻 0.20%，鉬 0.20%。
9　8　XX	鎳 1.00%，鉻 0.80%，鉬 0.25%。

3. ASTM 規格

此規格系統大多使用於鑄鐵之標示。如 ASTM No.20 之鑄鐵，其抗拉強度至少需超過 20kpsi，同理，ASTM No.30 之鑄鐵，其抗拉強度至少需超過 30kpsi 約為 207MPa。

由於鑄鐵之成本低，易於大量製造，及易於切削加工之特性，故其應用極為廣泛。最常使用之鑄鐵為**灰鑄鐵**(cast iron)、**延鑄鐵**(ductile iron)及**可鍛鑄鐵**(mallable iron)。

灰鑄鐵由於含有很高之碳量(約 2.0%以上)與很高之矽量，所以具有相當高之硬度；但是因含有硫與磷會造成易脆性，不適用於拉伸元件及受衝擊負荷之元件，但如將其做適度之退火處理，可降低大量的凝固收縮應力，而增加其切削性。最常使用灰鑄鐵作材料之機件為引擎汽缸體、齒輪及機械底座水管接頭等。

延性鑄鐵之強度及延性均較灰鑄鐵佳，但其凝固收縮大、浮渣多，常用於曲柄軸、凸輪軸、活塞及農業器具等。

一般鑄鐵質脆而伸長率極低，可鍛鑄鐵乃為彌補此缺憾之強韌鑄鐵。此鑄鐵具有近於軟鋼之抗拉強度，好的切削性及抗磨耗能力。

(三) 鋁金屬之特性及其規格

鋁金屬由於重量輕、抗腐蝕力強、易於切削成型，及具有良好之導熱、導電特性，所以在機械上、廣泛的被使用。

鋁合金之 AA 規格標準命名法，乃以四個數字來表示如下：

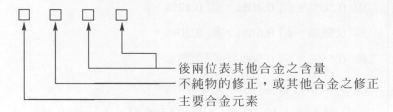

　　　　　　　　　　　　後兩位表其他合金之含量
　　　　　　　　　　　　不純物的修正，或其他合金之修正
　　　　　　　　　　　　主要合金元素

而主要合金元素的數字代表號為：1－99%以上之鋁含量，2－銅，3－錳，4－矽，5－鎂，6－矽與鎂，7－鋅。

不同的處理方式，對鋁合金的機械性質影響相當大，因此在規格的標示上，一定得加上處理方式的說明。此處理方式可能為熱處理或冷加工處理，如將可熱處型鋁合金時效處理，能使其強度增大很多，而冷加工量增加時，鋁合金之硬度與強度增加很多，但延展性降低。各種不同處理方式之代號如下：

O－ 退火處理，此方式使得材質變軟、降低強度，但易於加工。

H－ 冷加工硬化。

T－ 熱處理，將鋁合金在可控制之條件下加熱，再急冷後至於常溫，使得強度、硬度慢慢增加，謂之自然時效。(T4)

F－ 未作任何加工處理，材質並未加以控制。

二、材料選用之原則

　　一件機械產品，其主要的成本乃在材料的花費上。若材料選擇不適當，不僅僅增加成本，降低市場的競爭力，甚至會導致設計上的失敗，造成無法彌補的損失。因此選用合適的材料及了解此項材料之性質，即為機械設計中重要的一件事，而選用的原則，即為便宜且能滿足機件特殊性能的要求。

　　材料的特殊性能，包括機械、化學、電機與物理等部分。材料的機械性質包含有降伏強度、疲勞限應力、抗拉強度、楊氏係數、硬度與蒲松比(Poission ratio)等，另外材料適宜的加工方法、熱處理的方式與是否適宜銲接亦須特別注意。材料的化學性質包含其腐蝕氧化特性，如可在材料中添加合金元素或表面做何種元素的電鍍處理，以增加抗腐蝕特性等。物理性質如摩擦係數、黏滯係數、熱膨脹係數與熱傳導係數等。

對於新產品或新設計，材料選用程序之原則如下：

1. 計算材料所需承受之靜態負荷與動態疲勞負荷，以決定材料所需抗拉強度與降伏應力之最小值。

2. 淘汰不合適之材料，再從各種合適之材料中，比較材料之成本、製造之方便性、產品製造後效能之好壞及材料之供應是否充分等，選擇最適合之材料。

零件的失效

零件在使用過程中，由於某種原因喪失原設計的功能稱做**失效**(failure)。完全損壞或嚴重損傷使工作不安全可靠，或者零件失去設計精度不能有效工作等現象均屬零件失效。為了預防失效，必須找出失效的原因，以便有針對性地選擇材料和確定加工及熱處理方法，從而保證零件的有效工作。

一般零件常見失效形式有以下幾種：

(一) 過量變形失效

這是因外力作用而產生超過設計允許變形量(彈性的或塑性的)的失效形式。例如精密機床主軸因鋼度不足而在切削過程中產生過量彈性變形，造成被切削零件不合格。零件的鋼度主要取決於材料的彈性模數，對於鋼鐵材料所製之零件(此時 E 值已定)，其鋼主要由結構設計決定之。塑性變形失效多發生在零件實際工作應力超過材料降伏強度時。如高壓容器的緊固螺栓，由於螺桿的塑性伸長而使緊固配合產生鬆動，失去密封性。為了預防這種失效，應選用高強度材料。

(二) 斷裂失效

零件斷裂是最危險的失效形式。最常見的有低應力脆性斷裂。零件在低應力($\sigma < \sigma_s$)作用下，在無明顯塑性變形的情況產生突然斷裂。這種失效在低溫、衝擊負載作用下，在有缺陷和應力集中的零件、結構件中最易發生。抵抗應力主要取決於材料的韌性(衝擊韌性高、韌脆轉變溫度要低)。

其次，疲勞斷裂也是最常見的失效形式。如發動機曲軸、齒輪等主要是發生疲勞斷裂。提高零件抗疲勞斷裂能力，應選擇高強度和具有較高韌性的材料，並注意改進零件結構，避免應力集中，提高零件表面加工質量，減少裂紋源。同時可對零件進行表面強化處理，如滲碳、氮化、表面淬火等。

(三) 表面損傷失效

表面損傷失效最常見的有兩種，即磨損失效和腐蝕失效。磨損失效是指具有相對運動的摩擦零件，在接觸表面產生損傷或使零件尺寸減小的失效形式。合理地選擇摩擦件的配對材料和硬度，提高表面加工質量，改善潤滑條件都是提高零件抗磨損能力的有效措施。

零件受環境介質的化學或電化學作用而產生的表面損壞稱為腐蝕失效。為了提高零件的抗蝕能力，可選擇不銹鋼、銅合金或工程塑料等，也可以對零件進行表面保護處理等。

習 題

1. 含碳量之高低，對鋼有何影響？試分別說明低碳鋼、中碳鋼、高碳鋼之特性。

2. 欲提升鋼材之抗腐蝕性與耐磨耗特性，鋼材中需添加哪些合金元素？

3. 試說明鑄鐵作為材料之優點，及其最常使用之種類。

4. 試說明鋁金屬之特性。

5. 在機械設計之領域中，所需注意的材料特殊性能有哪些？

6. 對於新產品之設計，材料選用之原則為何？

7. AISI 4350 鋼內，其主要合金元素為何？含碳量為何？

8. 一銅棒受到最大壓力 S_u=250MPa，未受應力前的截面積為 100mm^2，到達最大應力狀態下，銅棒開始破壞，此時變形後的截面積為 60mm^2。試求要施多大力才會到達最大強度？

9. AISI 440C 不銹鋼的最大強度為 S_u=807MPa、破壞強度 S_{fr}=750MPa。棒由 AISI 440C 鋼材製成，在受拉伸的情況下，到達最大強度時，截面積剩下未受力時的 80%；在破壞點面積收縮至 70%。試計算在最大強度點和破壞點上實際的應力值。

10. 不同聚合體因本身溫度與聚合體轉脆溫度 T_g 間的關係不同，因此具有不同的性質。腳踏車輪胎上的橡膠其 T_g=−12°C。試問，在溫度低到 −70°C 的南極探險時，可用此橡膠當輪胎材料嗎？

11. 已知一鋁銅合金含 20% 重的鋁和 80% 重的銅，試求此合金的密度。

12. 根據 Archard 磨耗方程式，磨耗深度與滑動距離和固定壓力成正比。若一碟煞的磨耗率在其所有的半徑都相同，試問，此固定壓力在其半徑上的分布情況。

13. 汽車的碟煞系統中有一煞車墊。使用 Archard 磨耗常數，若煞車壓力在整個煞車墊上為一定，試決定煞車墊上磨耗的分布情況。

附表 材料性質

表 1　常用工程材料的平均性質(公制)

表 2　常用工程材料的平均性質(英制)

表 3　灰鑄鐵的典型機械性質

表 4　熱軋(HR)與冷拉(CD)鋼的機械性質

表 5　所選取熱處理鋼的機械性質

表 6　退火與冷鍛不銹鋼的機械性質

表 7　鋁合金的機械性質

表 8　銅合金的機械性質

表 9　常用工程塑膠的機械性質

表 10　陶瓷的性質

表 1　常用工程材料的平均性質*(公制)

SI 單位										
材料	密度 Mg/m³	最大強度 MPa			降伏強度†MPa		彈性指數 GPa	剛性模數 GPa	熱膨脹係數 $10^{-6}/℃$	伸長 cm	蒲松比
		拉伸	壓縮**	剪力	拉伸	剪力					
鋼											0.27-0.3
結構鋼，ASTM-A36	7.86	400	–	–	250	145	200	79	11.7	30	
高強度鋼，ASTM-A242	7.86	480	–	–	345	210	200	79	11.7	21	
不銹鋼(302)，冷軋	7.92	860	–	–	520	–	190	73	17.3	12	
鑄鐵											0.2-0.3
灰鑄鐵，ASTM A-48	7.2	170	650	240	–	–	70	28	12.1	0.5	
可鍛鑄鐵，ASTM A-47	7.3	340	620	330	230	–	165	64	12.1	10	
鍛鐵	7.7	350	–	240	210	130	190	70	12.1	35	0.3
鋁											0.33
合金 2014-T6	2.8	480	–	290	410	220	72	28	23	13	
合金 6061-T6	2.71	300	–	185	260	140	70	26	23.6	17	
黃銅，黃											0.34
冷軋	8.47	540	–	300	435	250	105	39	20	8	
退火	8.47	330	–	220	105	65	105	39	20	60	
青銅，冷軋	8.86	560	–	–	520	275	110	41	17.8	10	0.34
銅，熱拉	8.86	380	–	–	260	160	120	40	16.8	4	0.33
鎂合金	1.8	140-340	–	165	80-280	–	45	17	27	2-20	0.35
鎳	8.08	310-760	–	–	140-620	–	210	80	13	2-50	0.31
鈦合金	4.4	900-970	–	–	760-900	–	100-120	39-44	8-10	10	0.33
鋅合金	6.6	280-390	–	–	210-320	–	83	31	27	1-10	0.33
混凝土											0.1-0.2
中強度	2.32	–	28	–	–	–	24	–	10	–	
高強度	2.32	–	40	–	–	–	30	–	10	–	
木材‡(風乾)											
花旗松	0.54	–	55	7.6	–	–	12	–	4	–	
美國南方松	0.58	–	60	10	–	–	11	–	4	–	
玻璃，98%矽	2.19	–	50	–	–	–	65	28	80	–	0.2-0.27
石墨	0.77	20	240	35	–	–	70	–	7	–	
橡膠	0.91	14	–	–	–	–	–	–	162	600	0.45-0.5

*性質會因為組成成分、熱處理以及製造方法等因素而有很大的變化。

**對延性金屬而言，壓縮強度假設和拉伸強度相同。

†偏移 0.2%。

‡負載與紋路平行。

表 2 常用工程材料的平均性質*(英制)

材料	密度 lb/in³	最大強度 ksi			降伏強度†ksi		彈性指數 10⁶psi	剛性模數 10⁶psi	熱膨脹係數 10⁻⁶%°F	伸長 in	蒲松比
美國慣用單位											
		拉伸	壓縮**	剪力	拉伸	剪力					
鋼											0.27-0.3
結構鋼，ASTM-A36	0.284	58	–	–	36	21	29	11.5	6.5	30	
高強度鋼，ASTM-A242	0.284	70	–	–	50	30	29	11.5	6.5	21	
不銹鋼(302)，冷軋	0.286	125	–	–	75	–	28	10.6	9.6	12	
鑄鐵											0.2-0.3
灰鑄鐵，ASTM A-48	0.260	25	95	35	–	–	10	4.1	6.7	0.5	
可鍛鑄鐵，ASTM A-47	0.264	50	90	48	33	–	24	9.3	6.7	10	
鍛鐵	0.278	50	–	35	30	18	27	10	6.7	35	0.3
鋁											0.33
合金 2014-T6	0.101	70	–	42	60	32	10.6	4.1	12.8	13	
合金 6061-T6	0.098	43	–	27	38	20	10.0	3.8	13.1	17	
黃銅，黃											0.34
冷軋	0.306	78	–	43	63	36	15	5.6	11.3	8	
退火	0.306	48	–	32	15	9	15	5.6	11.3	60	
青銅，冷軋	0.320	81	–	–	75	40	16	5.9	9.9	10	0.34
銅，熱拉	0.065	20-49	–	24	11-40	–	6.5	2.4	15	2-20	0.35
鎂合金	0.320	55	–	–	38	23	17	6	9.3	4	0.33
鎳	0.320	45-110	–	–	20-90	–	30	11.4	7.2	2-50	0.31
鈦合金	0.160	130-140	–	–	110-130	–	15-17	5.6-6.4	4.5-5.5	10	0.33
鋅合金	0.240	40-57	–	–	30-46	–	12	4.5	15	1-10	0.33
混凝土											0.1-0.2
中強度	0.084	–	4	–	–	–	3.5	–	5.5	–	
高強度	0.084	–	6	–	–	–	4.3	–	5.5	–	
木材‡(風乾)											
花旗松	0.020	–	7.9	1.1	–	–	1.7	–	2.2	–	
美國南方松	0.021	–	8.6	1.4	–	–	1.6	–	2.2	–	
玻璃，98%矽	0.079	–	7	–	–	–	9.6	4.1	44	–	0.2-0.27
石墨	0.028	3	35	5	–	–	10	–	3.9	–	
橡膠	0.033	2	–	–	–	–	–	–	90	600	0.45-0.5

*性質會因為組成成分、熱處理以及製造方法等因素而有很大的變化。

**對延性金屬而言，壓縮強度假設和拉伸強度相同。

†偏移 0.2%。

‡負載與紋路平行。

表 3　灰鑄鐵的典型機械性質

ASTM 類別*	最大強度 S_y, MPa	壓縮強度 S_{uc}, MPa	彈性模數伸長 GPa		勃氏硬度	疲勞應力集中係數
			張力	扭力	H_B	K_f
20	150	575	66-97	27-39	156	1.00
25	180	670	79-102	32-41	174	1.05
30	215	755	90-113	36-45	201	1.10
35	250	860	100-120	40-48	212	1.15
40	295	970	110-138	44-54	235	1.25
50	365	1135	130-157	50-54	262	1.35
60	435	1295	141-162	54-59	302	1.50

*S_u(單位為 ksi)的最小值由類別編號提供。

注意：如需將 MPa 轉換為 ksi，請將已知值除上 6.895。

表 4　熱軋(HR)與冷拉(CD)鋼的機械性質

UNS 編號	AISI/SAE 編號	處理	最大強度* S_u, MPa	降伏強度* S_y, MPa	伸長 50mm, %	面積減少 %	勃氏硬度 H_B
G10060	1006	HR	300	170	30	55	86
		CD	330	280	20	45	95
G10100	1010	HR	320	180	28	50	95
		CD	370	300	20	40	105
G10150	1015	HR	340	190	28	50	101
		CD	390	320	18	40	111
G10200	1020	HR	380	210	25	50	111
		CD	470	390	15	40	131
G10300	1030	HR	470	260	20	42	137
		CD	520	440	12	35	149
G10350	1035	HR	500	270	18	40	143
		CD	550	460	12	35	163
G10400	1040	HR	520	290	18	40	149
		CD	590	490	12	35	170

表 4　熱軋(HR)與冷拉(CD)鋼的機械性質(續)

UNS 編號	AISI/SAE 編號	處理	最大強度* S_u, MPa	降伏強度* S_y, MPa	伸長 50mm, %	面積減少 %	勃氏硬度 H_B
G10450	1045	HR	570	310	16	40	163
		CD	630	530	12	35	179
G10500	1050	HR	620	340	15	35	179
		CD	690	580	10	30	197
G10600	1060	HR	680	370	12	30	201
G10800	1080	HR	770	420	10	25	229
G10950	1095	HR	830	460	10	25	248

來源：1986 SAE 手冊，215 頁。

*所列出的值是由尺寸範圍 18 到 32mm 中的 ASTM 最小值所估算。

注意：如需將 MPa 轉換為 ksi，請將已知值除上 6.895。

表 5　所選取熱處理鋼的機械性質

AISI 編號	處理	溫度°C	最大強度 S_u, MPa	降伏強度 S_y, MPa	伸長 50mm, %	面積減少 %	勃氏硬度 H_B
1030	WQ&T	205	848	648	17	47	495
	WQ&T	425	731	579	23	60	302
	WQ&T	650	586	441	32	70	207
	正常化	925	521	345	32	61	149
	退火	870	430	317	35	64	137
1040	OQ&T	205	779	593	19	48	262
	OQ&T	425	758	552	21	54	241
	OQ&T	650	634	434	29	65	192
	正常化	900	590	374	28	55	170
	退火	790	519	353	30	57	149
1050	WQ&T	205	1120	807	9	27	514
	WQ&T	425	1090	793	13	36	444
	WQ&T	650	717	538	28	65	235
	正常化	900	748	427	20	39	217
	退火	790	636	365	24	40	187

表 5　所選取熱處理鋼的機械性質(續)

AISI 編號	處理	溫度°C	最大強度 S_u, MPa	降伏強度 S_y, MPa	伸長 50mm, %	面積減少 %	勃氏硬度 H_B
1060	OQ&T	425	1080	765	14	41	311
	OQ&T	540	965	669	17	45	277
	OQ&T	650	800	524	23	54	229
	正常化	900	776	421	18	37	229
	退火	790	626	372	22	38	179
1095	OQ&T	315	1260	813	10	30	375
	OQ&T	425	1210	772	12	32	363
	OQ&T	650	896	552	21	47	269
	正常化	900	1010	500	9	13	293
	退火	790	658	380	13	21	192
4130	WQ&T	205	1630	1460	10	41	467
	WQ&T	425	1280	1190	13	49	380
	WQ&T	650	814	703	22	64	245
	正常化	870	670	436	25	59	197
	退火	865	560	361	28	56	156
4140	OQ&T	205	1770	1640	8	38	510
	OQ&T	425	1250	1140	13	49	370
	OQ&T	650	758	655	22	63	230
	正常化	870	870	1020	18	47	302
	退火	865	655	417	26	57	197

來源：《ASM 金屬參考手冊》，第二版，Metals Park，OH：美國金屬協會 1983。

注意：如需將 MPa 轉換為 ksi，請將已知值除上 6.895。

表列值為 25mm 圓截面，儀表長度 50mm。淬火與回火鋼的性質是來自單一熱源：OQ&T=油淬火與回火，WQ&T=水淬火與回火。

表 6　退火(An)與冷作(CW)鍛不銹鋼的機械性質

AISI 類型	最大強度 S_u, (MPa)		降伏強度 S_y, (MPa)		伸長 50mm, %		Izod 衝擊 J(N·m)	
	An.	CW	An.	CW	An.	CW	An.	CW
沃斯田鐵								
302	586	758	241	517	60	35	149	122
303	620	758	241	552	50	22	115	47
304	586	758	241	517	60	55	149	122
347, 348	620	758	241	448	50	40	149	–
麻鐵散鐵								
410	517	724	276	586	35	17	122	102
414	793	896*	620*	862	20	15*	68	–
431	862	896*	655*	862*	20	15*	68	–
440A, B, C	724	796*	414	620*	14	7*	3	3*
肥粒鐵								
430, 430F	517	572	296	434	27	20	–	–
446	572	586	365	483	23	20	3	–

來源：《金屬程序資料手冊 1980》，第 118 冊，第 1 集，Metals Park，OH：美國金屬協會(1980 年 6 月)；《ASME 金屬性質手冊》，紐約：McGraw-Hill，1954。

注意：如需將 MPa 轉換爲 ksi，請將已知值除上 6.895。

*退火與冷拉。

表 7　鋁合金的機械性質

合金	最大強度 S_u		降伏強度 S_y		伸長 50mm, %	勃氏硬度 H_B
	MPa	ksi	MPa	ksi		
鍛造						
1100-H14	125	(18)	115	(17)	20	32
2011-T3	380	(55)	295	(43)	15	95
2014-T4	425	(62)	290	(42)	20	105
2024-T4	470	(68)	325	(47)	19	120
6061-T6	310	(45)	275	(40)	17	95
6063-T6	240	(35)	215	(31)	12	73
7075-T6	570	(83)	505	(73)	11	150

表 7　鋁合金的機械性質(續)

合金	最大強度 S_u		降伏強度 S_y		伸長	勃氏硬度 H_B
	MPa	ksi	MPa	ksi	50mm, %	
鑄造						
201-T4*	365	(53)	215	(31)	20	–
295-T6*	250	(36)	165	(24)	5	–
355-T6*	240	(35)	175	(25)	3	–
-T6**	290	(42)	190	(27)	4	–
356-T6*	230	(33)	165	(24)	2	–
-T6**	265	(38)	185	(27)	5	–
520-T4*	330	(48)	180	(26)	16	–

來源：ASM 金屬參考手冊，Metals Park，OH：美國金屬協會，1981；1981 材料選取，第 92 冊，
　　　第 6 集：材料工程，Penton/IPC，(1980 年 12 月)。

*砂模鑄造

**永久模鑄造

表 8　銅合金的機械性質

合金	UNS 號碼	最大強度 S_u, MPa	降伏強度 S_y, MPa	伸長 50mm, %
鍛造				
鉛接合				
鈹銅	C17300	469-1379	172-1227	43-3
磷青銅	C54400	469-517	393-434	20-15
鋁				
矽青銅	C64200	517-703	241-469	32-22
矽青銅	C65500	400-745	152-414	60-13
錳青銅	C67500	448-579	207-414	33-19
鑄造				
鉛接合				
紅黃銅	C83600	255	117	30
黃黃銅	C85200	262	90	35

表 8　銅合金的機械性質(續)

合金	UNS 號碼	最大強度 S_u, MPa	降伏強度 S_y, MPa	伸長 50mm, %
錳青銅	C86200	655	331	20
軸承青銅	C93200	241	124	20
鋁青銅	C95400	586-724	241-372	18-8
銅鎳	C96200	310	172	20

來源：1981 材料參考刊物，《機器設計》，53 冊，第 6 集(1981 年 3 月 19 日)。

注意：如需將 MPa 轉換爲 ksi，請將已知值除上 6.895。

表 9　常用塑膠的機械性質

塑膠	最大強度 S_u		伸長 50mm, %	Izod 衝擊強度	
	MPa	ksi		J	ft · lb
丙烯酸	72	(10.5)	6	0.5	(0.4)
醋酸纖維素	14-18	(2-7)	–	1.4-9.5	(1-7)
環氧樹脂(玻璃填充)	69-138	(10-20)	4	2.7-41	(2-30)
氟碳化合物	23	(3.4)	300	4.1	(3)
尼龍(6/6)	83	(12)	60	1.4	(1)
酚醛樹脂(木頭麵粉填充)	48	(7)	0.4-0.8	0.4	(0.3)
聚碳酸酯	62-72	(9-10.5)	110-125	16-22	(12-16)
聚酯纖維(25%玻璃填充)	110-90	(16-23)	1-3	1.4-2.6	(1.0-1.9)
聚丙烯	34	(5)	10-20	0.7-3.0	(0.5-2.2)

來源：1981 材料參考刊物，《機器設計》，53 冊，第 6 集(1981 年 3 月 19 日)；1981 材料參考刊物，《材料工程》，92 冊，第 6 集(1980 年 12 月)。

表 10　陶瓷的性質

材料	密度 kg/m^3	彈性模數 psi×10^6 (GPa)	蒲松比	硬度近似值 (Knoop)	最大強度 ksi(MPa)	熱傳導係數 W/m-$^\circ$C	熱膨脹係數 ($^\circ$C)$^{-1}$×10^{-6}
氧化鋁 (Al_2O_3)	3970	57 (393)	0.27	2100	4080 (275-550)	30	8.8[a]
氧化鎂 (MgO)	3580	30 (207)	0.36	370	15[b] (105)	48	13.5[a]
鎂鋁尖晶石 ($MgAl_2O_4$)	3550	36 (284)	–	1600	12-32[b] (83-220)	15.0[a]	7.6[a]
氧化鋯[c] (ZrO_2)	5560	22 (152)	0.32	1200	20-35[b] (138-240)	2.0	10.0[a]
矽土 (SiO_2)	2200	11 (75)	0.16	500	16 (110)	1.3	0.5[a]
蘇打-萊姆玻璃	2500	10 (69)	0.23	550	10 (69)	1.7	9.0[d]
玻璃	2230	9 (62)	0.20	–	10 (69)	1.4	3.3[d]
碳化矽 (SiC)	3220	60 (414)	0.19	2500	65-75[b] (450-520)	90	4.7
氮化矽 (Si_3N_4)	3440	44 (304)	0.24	2200	60-80[b] (414-580)	16-33[a]	3.6[a]
碳化鈦 (TiC)	4920	67 (462)	–	2600	40-65[b] (275-450)	17.2	7.4

a.為溫度 0~1000℃ 範圍內的平均值。

b.經燒結，且約含有 5%的孔隙率。

c.以氧化鈣穩定。

d.為溫度 0~300℃ 範圍內的平均值。

第3章

應力分析與破壞理論

　　從事機械設計時，設計者常需考慮到各元件於受到力量或位移作用時所產生之**應力**(stress)、**應變**(strain)或**撓度**(deflection)等，並進而判斷於此情況下是否會**破壞**(failure)。故本章第 3-1 至 3-6 節先簡要地介紹應力、應變及撓度的計算方式，由於此部分內容均包含於材料力學中，故讀者若需進一步地了解細節，可參閱材料力學相關書籍[1]。接下來於第 3-7 至 3-8 節中將討論**延性**(ductile)及**脆性**(brittle)材料在**靜態負載**(static load)下的破壞理論，最後在第 3-9 節中將對**應力集中因數**(stress concentration factor)做一探討。雖然目前工業界在做應力應變分析時大多使用有限元素分析(finite element analysis)軟體求解，但適度地了解如何用手求解仍有其必要性，以用來檢查軟體之解是否正確，或是在準確度要求不高或沒有電腦可用的情況下來快速求解。此外透過材料力學的公式，我們亦可了解設計參數如樑之長寬高等對分析結果如應力及撓度之影響。

3.1　平衡方程式

　　當一物體受到外力及外力矩時，若所有外力及外力矩之和為零，即當式(3.1)及(3.2)之平衡方程式均滿足之情況時，此物體即處於**平衡**(equilibrium)狀態。在此情況下，根據牛頓運動定律，此物體可能是靜止不動、等速直線運動。反之亦成立，即當一物體靜止不動、或是作等速直線運動時，作用於其上之所有外力及外力矩之和為零。故並非只有當物體靜止不動時，作用於其上的力及力矩會滿足公式(3.1)及(3.2)，只要物體運動時沒有直線加速度及角加速度，作用其上的力及力矩亦會滿足公式(3.1)及(3.2)。

$$\sum F = 0 \tag{3.1}$$

$$\sum M = 0 \tag{3.2}$$

例題 3-1 ●●●

一等角速轉動的軸直徑為 30mm，其上裝有兩個滑輪如圖 3-1 所示。其中左側的滑輪之皮帶的緊側給予滑輪一 2.7kN 之力，而皮帶的鬆側給予滑輪一 0.3kN 之力。右側滑輪受馬達帶動，其中皮帶的緊側給予滑輪 T_2 之力，而皮帶的鬆側給予滑輪 T_1 之力，兩者的關係為 $T_1 = 0.2T_2$。假設所有滑輪上的作用力均作用在 $+y$ 或 $-y$ 方向，軸之支撐均假設為簡單支撐(simple support)且無摩擦力作用，試求出 T_1 及 T_2 之大小。

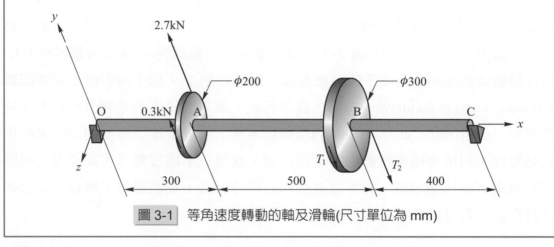

圖 3-1　等角速度轉動的軸及滑輪(尺寸單位為 mm)

解

　　由於此軸為等角速運動，根據公式(3.2)，作用於此軸上的力矩總和為 0。此軸上的力矩是由兩滑輪鬆緊側張力不同所造成。左側滑輪所產生的力矩方向為 $+x$，大小為

$$2.7 \times 10^3 \times 0.1 - 0.3 \times 10^3 \times 0.1 = 240 \text{N-m}$$

右側滑輪所產生的力矩方向為 $-x$，大小為

$$T_2 \times 0.15 - T_1 \times 0.15 = (T_2 - T_1) \times 0.15$$

題目給定 $T_1 = 0.2\ T_2$，將其代入上式中可得

$$(T_2 - T_1) \times 0.15 = (T_2 - 0.2T_2) \times 0.15 = 0.12T_2$$

我們已得知左右兩側力矩方向相反，現只需令其大小相同，即可使作用於此軸上之總力矩爲 0。故

$$0.12T_2 = 240 \Rightarrow T_2 = 2000\text{N}$$

$$T_1 = 0.2T_2 = 0.2 \times 2000 = 400\text{N}$$

3.2　剪力及彎矩簡介

爲了計算上的便利及一致性，通常我們會定出**正剪力**(shear force)及**負剪力**的方向，和**正彎矩**(bending moment)及**負彎矩**的方向分別如圖 3-2 及圖 3-3 所示。而結構上的剪力及彎矩通常可藉由**自由體圖**(free body diagram)所導出。以下藉由例題 3-2 來作一說明。

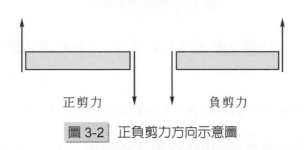

正剪力　　　　　　負剪力

圖 3-2　正負剪力方向示意圖

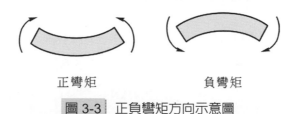

正彎矩　　　　　　負彎矩

圖 3-3　正負彎矩方向示意圖

例題 3-2 ●●●

題目接續例題 3-1，試繪出圖 3-1 中之軸所受之剪力及彎矩圖。

解

根據例題 3-1 之解，我們可得到皮帶張力作用於軸上 A 點的負載爲 0.3+2.7= 3.0kN，方向爲+y。而皮帶張力作用於軸上 B 點的負載爲 0.4+2.0 = 2.4kN，方向爲 −y。整根軸所受之負載如圖 3-4 所示。

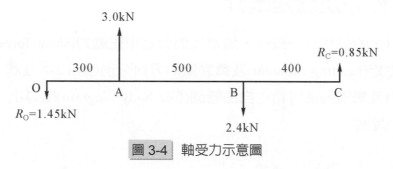

圖 3-4 軸受力示意圖

於圖 3-4 中，以點 O 爲支點，總力矩應爲 0，故可求出於 C 點之反作用力 R_C 如下式所示：

$$R_C \times (300+500+400) + 3 \times 300 - 2.4 \times (300+500) = 0 \Rightarrow R_C = 0.85\text{kN}$$

於圖 3-4 中，合力應爲 0。故於 O 點之反作用力 R_O 如下式所示：

$$R_O + 2.4 = R_C + 3 = 0.85 + 3 = 3.85 \Rightarrow R_O = 1.45\text{kN}$$

欲繪出此軸之剪力及彎矩圖，可將此軸分三段討論。

a. 介於 O 及 A 點間的軸，其自由體圖如圖 3-5 所示。

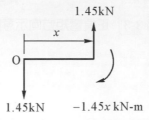

圖 3-5 於 O 及 A 點間的軸之自由體圖

於此區域內之剪力可經由合力為 0 求得為 −1.45kN，彎矩為 −1.45x kN-m，x 為距離原點 O 的距離，單位為 m。

b. 介於 A 及 B 點間的軸，其自由體圖如圖 3-6 所示：

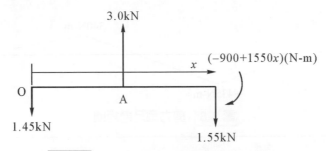

圖 3-6　於 A 及 B 點間的軸之自由體圖

於此區域內之剪力可經由合力為 0 求得為 1.55kN，彎矩為(−900+1550x)(N-m)，可經由合力矩為 0 由下式求得。

$$-1.45 \times 10^3 \times x + 3 \times 10^3 \times (x - 0.3) = -900 + 1550x \, (\text{N-m})$$

c. 介於 B 及 C 點間的軸，其自由體圖如圖 3-7 所示：

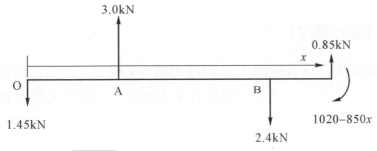

圖 3-7　於 B 及 C 點間的軸之自由體圖

於此區域內之剪力可經由合力為 0 求得為−0.85kN，彎矩為 1020−850x(N-m)，可經由合力矩為 0 由下式求得。

$$-1.45 \times 10^3 \times x + 3 \times 10^3 \times (x - 0.3) - 2.4 \times 10^3 \times (x - 0.8) = 1020 - 850x \, (\text{N-m})$$

由上述討論，可得剪力圖及彎矩圖如圖 3-8 所示。

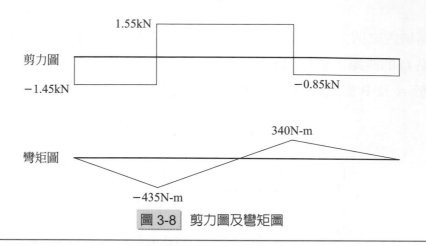

圖 3-8 剪力圖及彎矩圖

3.3 應力分析簡介－軸向應力、彎曲應力、剪應力

常見的應力分析主要有**軸向應力**(axial stress)、**彎曲應力**(bending stress)及**剪應力**(shear stress)，其中剪應力又可分成是由**剪力**(shear force)所造成或是由**扭矩**(torsion)所造成。以下就這些應力分別說明。

➡ 3.3.1 軸向應力

一斷面積固定為 A，長度為 L 之桿件如圖 3-9 所示，其楊氏模數大小為 E，當其受到一軸向力(axial force) P 時，其應力 σ 及應變 ε 之關係可由**虎克定律**(Hooke's law)得知如下

$$\sigma = E\varepsilon \tag{3.3}$$

而應力 σ 可由 P/A 求出，應變 ε 可由 δ/L 求得。將前述關係代入公式(3.3)可將變形量 δ 寫成

$$\delta = \frac{PL}{AE} \tag{3.4}$$

如 P 為張力(tension)，則 δ 為伸長量。如 P 為壓力(compression)，則 δ 為壓縮量。

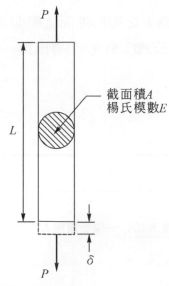

截面積A
楊氏模數E

圖 3-9　一桿件受軸向力 P 之示意圖

➡ 3.3.2　彎曲應力

當一樑受到一彎矩 M 如圖 3-10 所示，其上任一點所受之彎曲應力可由下式計算而得

$$\sigma = -\frac{My}{I} \tag{3.5}$$

其中 y 為該點至中性軸線(neutral axis)之距離，而中性軸線位置可由下式求出

$$\int y \, dA = 0 \tag{3.6}$$

I 為樑斷面積於中心軸的斷面二次矩(second moment of area)，其大小可由下式求出

$$I = \int y^2 dA \tag{3.7}$$

對一圓形斷面直徑為 d 之樑而言，當其受一彎矩 M 時，其所受之最大彎曲拉應力可由公式(3.5)～(3.7)導出為

$$\sigma = \frac{32M}{\pi d^3} \tag{3.8}$$

而對一寬度為 b、高度為 h 之矩形斷面之樑而言，當其受一彎矩 M 時，其所受之最大彎曲拉應力亦可由公式(3.5)~(3.7)導出為

$$\sigma = \frac{6M}{bh^2} \tag{3.9}$$

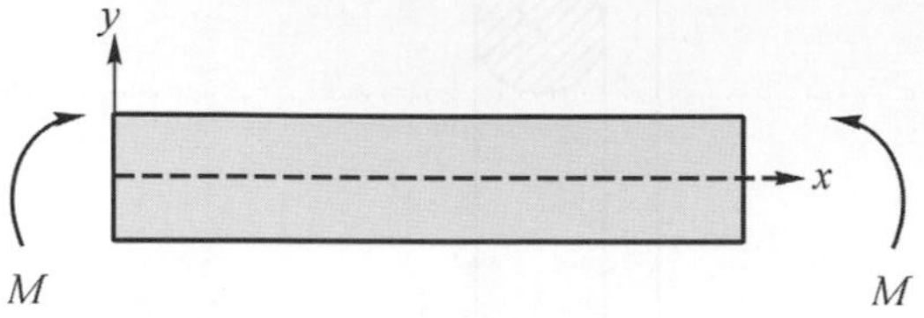

圖 3-10 一樑受彎矩 M 之示意圖

例題 3-3 ●●●

題目接續例題 3-1，試求出圖 3-1 中之軸所受之最大彎曲應力。

解

根據例 3-1 之解如圖 3-8，我們可得到皮帶張力作用於軸上 A 點的彎矩最大，其值為 435N-m，故於 A 點上所受彎曲應力為最大，其值可由公式(3.8)求得如下：

$$\sigma_A = \frac{32M}{\pi d^3} = \frac{32 \times 435}{\pi (0.03)^3} = 164.2 \times 10^6 \text{ Pa} = 164.2\text{MPa}$$

➡ 3.3.3　剪力所產生之剪應力

一懸臂樑受一力作用於其自由端如圖 3-11(a)所示，若取此樑之一部分作一自由體圖如圖 3-11(b)及 3-11(c)所示，可發現其任一斷面同時受到彎矩及剪力作用。由於有剪力作用，故於該斷面會有剪應力產生，而此剪應力並非均勻分布於此斷面上，而是距中性軸線越近，剪應力越大。圖 3-12 中之矩形斷面樑可用來說明此現象。於圖 3-12(a)中顯示為此軸之斷面因受彎矩而產生之彎曲正應力，此應力和應力作用點與中性軸線之間的距離成正比，距中性軸線越遠應力越大，並為一線性關係。而受剪力所產生的剪應力如圖 3-12(c)所示，距中性軸線越近，剪應力越大。對矩形斷面之樑而言，此剪應力大小 τ 可經由以下公式所求得

$$\tau = \frac{VQ}{Ib} \tag{3.10}$$

其中 V 為剪力，I 為斷面面積二次矩，b 為斷面寬度，Q 可由下式導出：

$$Q = \int_{y_1}^{c} y dA \tag{3.11}$$

其中 y_1 為剪應力作用點距中性軸線之距離，c 為斷面高度之半，如圖 3-12(b) 所示。而圖 3-12(d)所示為作用於斷面上的剪應力分布的情況。

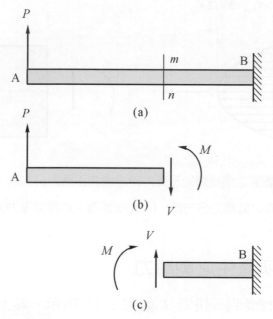

圖 3-11　(a)一樑受剪力時之示意圖，(b)於此樑之左側之自由體圖，
(c)於此樑之右側之自由體圖

對矩形斷面之樑而言，其受剪力作用時，於其中性軸線處所會產生的最大剪應力為

$$\tau_{\max} = \frac{3V}{2A} \tag{3.12}$$

對圓形斷面之樑而言，其受剪力作用時，於其中性軸線處所會產生的最大剪應力為

$$\tau_{\max} = \frac{4V}{3A} \tag{3.13}$$

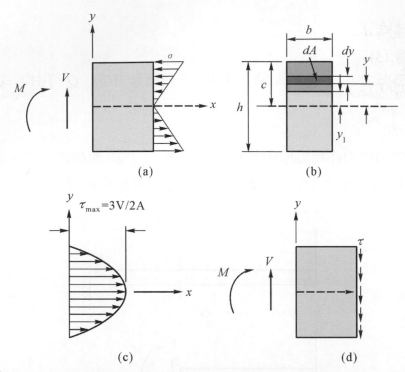

圖 3-12 (a)一矩形斷面之樑受彎矩及剪力時之彎曲正應力分布圖，(b)樑之斷面尺寸，
(c)此樑斷面之剪應力分布圖，(d)此樑斷面之實際剪應力分布情況

3.3.4 扭矩所產生之剪應力

當一圓形斷面之樑受到一扭矩 T 如圖 3-13 所示，其上任一點所承受扭應力 (torsional stress)可由下式計算而得

$$\tau = \frac{T\rho}{J} \tag{3.14}$$

其中 ρ 為該點至圓心之距離，J 為樑斷面之極慣性矩(polar moment of inertia)，其大小可由下式求出

$$J = \int \rho^2 dA \tag{3.15}$$

圖 3-13 中 r 為圓形斷面半徑，則於此樑之表面受到最大之扭應力，其值為

$$\tau = \frac{Tr}{J} \tag{3.16}$$

對一直徑為 d 之圓形斷面之樑而言，當其受一扭矩 T 時，其所受之最大扭應力可由公式(3.15)~(3.16)導出為

$$\tau = \frac{16T}{\pi d^3} \tag{3.17}$$

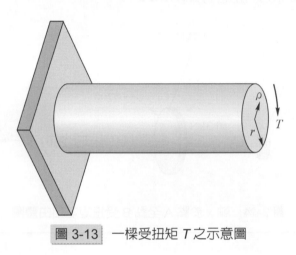

圖 3-13　一樑受扭矩 T 之示意圖

例題 3-4　●●●

題目接續例題 3-1，試求出圖 3-1 中之軸所受之最大扭應力。

解

根據圖 3-1 我們可將此軸分成三部分來討論其上所受之扭矩，第一部分為點 O 至點 A：由此部分的自由體圖，我們可發現作用於此部分之扭矩為 0，故軸於此部分並未受到扭應力。而第二部分為點 A 至點 B：我們可由圖 3-14 的自由體圖中得到軸於此部分所承受的扭矩大小為

$$T = 2.7 \times 10^3 \times 0.1 - 0.3 \times 10^3 \times 0.1 = 240 \text{N-m}$$

而由此扭矩所產生之扭應力為

$$\tau = \frac{16T}{\pi d^3} = \frac{16 \times 240}{\pi (0.03)^3} = 45.3 \times 10^6 \text{ Pa} = 45.3 \text{MPa}$$

第三部分為點 B 至點 C：由此部分的自由體圖，我們可發現作用於此部分之扭矩為 0，故軸於此部分並未受到扭應力。

綜合以上三部分的討論，我們可發現於此軸上所承受之最大剪應力即為作用於點 A 至點 B 之間的最大扭應力 45.3MPa。

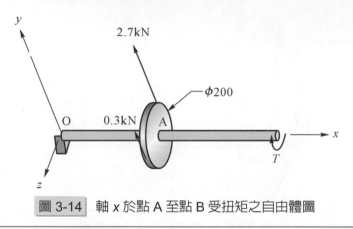

圖 3-14　軸 x 於點 A 至點 B 受扭矩之自由體圖

3.4　平面應力及平面應變

於一結構受到負載時，於該結構內部各點所受應力一般情況下均為三維應力，即在各點三個互相垂直的軸向上均有應力作用。於此結構上取其一邊長極小的立方體，構成此立方體的之六個平面之法線方向(垂直該平面之方向)與空間中一直角座標系統 xyz 三方向相同，可將作用於此小立方體上之應力如圖 3-15(a)來表示。就 x 平面而言，其中垂直於 x 平面之正應力以 σ_x 表示。於 x 平面上朝向 y 及 z 方向之剪應力分別以 τ_{xy} 及 τ_{xz} 表示。對 y 平面及 z 平面上的應力也可依相同方式來表示。

在三維應力的情況下有二個特例，即為本節中所要討論的**平面應力**(plane stress)及**平面應變**(plane strain)。若物體受應力情況滿足或近似平面應力或平面應變的情況時，我們可將原先三維應力問題轉成為二維應力的問題，如此可簡化求解的複雜度並減少求解的時間。以下便針對此兩種情況分別加以討論。

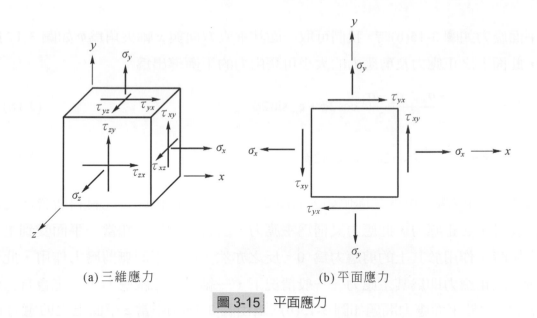

(a) 三維應力　　　　　　　　　　(b) 平面應力

圖 3-15　平面應力

3.4.1　平面應力

平面應力顧名思義便是物體所受到的所有應力的方向均存在於同一平面上。根據材料力學可導出於此情況下通常其應變方向不會在同一平面上，亦即平面應力問題通常不會是平面應變問題。**平面應力通常發生在物體很薄的情況下，即物體的厚度遠較其長及寬的尺寸小很多**。例如在圖 3-16 中的平薄板，此薄板所受之應力均無垂直於此薄板平面之分量，於此情況下我們可將此問題視為一平面應力問題。以圖 3-15 來做說明，於圖 3-15(a)中，若將其於 z 方向之應力如 σ_z、τ_{xz} 及 τ_{yz} 均設為 0，請注意於平衡狀態時 $\tau_{xz} = \tau_{zx}$，$\tau_{yz} = \tau_{zy}$。則可得到如圖 3-15(b)之應力情況，此種應力情況即為平面應力，即應力無垂直 xy 平面之分量。

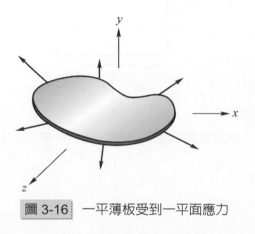

圖 3-16　一平薄板受到一平面應力

於平面應力如圖 3-15(b)時，我們可取一面其垂直方向與 x 軸夾角為 ϕ 如圖 3-17 所示，此面上之正應力及剪應力的大小可藉由力的平衡導出為

$$\sigma = \frac{\sigma_x + \sigma_y}{2} + \frac{\sigma_x - \sigma_y}{2}\cos 2\phi + \tau_{xy}\sin 2\phi \tag{3.18}$$

$$\tau = -\frac{\sigma_x - \sigma_y}{2}\sin 2\phi + \tau_{xy}\cos 2\phi \tag{3.19}$$

對公式(3.18)取微分可得其極值如公式(3-20)所示，此極值即為此材料所會承受的最大及最小之正應力，此應力又稱為主應力。由材料力學可知當一平面受到主應力作用時，作用於其上的剪應力為 0。反之亦然，即一平面無剪應力作用，此平面所受之正應力即為其主應力。一般情況下，一結構受三維應力，一定會有三個主應力。由於平面應力問題如圖 3-15(b)，為由圖 3-15(a)中當 z 平面上之剪應力 τ_{zx} 及 τ_{zy} 為 0 的情況，故垂直該平面之應力 σ_z 必為一主應力。而於平面應力時 σ_z 亦為 0，故平面應力問題中，三個主應力有一個主應力必為 0，另兩個主應力可由公式(3.20)中求得。

$$\sigma_1, \sigma_2 = \frac{\sigma_x + \sigma_y}{2} \pm \sqrt{\left(\frac{\sigma_x - \sigma_y}{2}\right)^2 + \tau_{xy}^2} \tag{3.20}$$

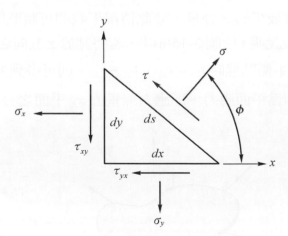

圖 3-17　一面之垂直方向與 x 軸夾 ϕ 角時，作用於該面之應力

3.4.2　平面應變

　　平面應變顧名思義便是物體所受到的所有應變的方向均存在於同一平面上。**平面應變通常發生在結構本身厚度遠大於其長度及寬度的情況下**。例如於圖 3-18 中，此結構之厚度方向為 y 方向，其厚度遠大於其於 x 方向或 z 方向之尺寸。此結構之幾何形狀及其所受之負載均僅和其 x 及 z 座標有關，和其厚度方向 y 無關，且其負載均無 y 方向之分量。於此情況下時，如忽略此結構之上下兩端只考量其中段部分，於此區域因受負載所產生的應變將不會有 y 方向的分量，此即為平面應變。平面應變的問題常見於分析沖壓零件或是如圖 3-19 中之水壩問題等。

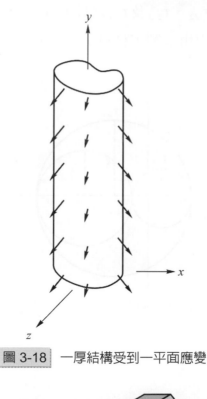

圖 3-18　一厚結構受到一平面應變

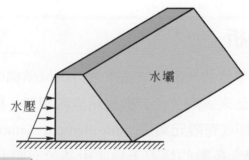

圖 3-19　水壩承受水壓可簡化為一平面應變問題

3.5　三維應力分析

　　對結構任一點取一小立方體，我們一定可將其旋轉使作用於此小立方體之六個面上之剪應力均為零，此時作用於三個互相垂直面上的正應力即為作用於該點之三個主應力，可分別以 σ_1、σ_2 及 σ_3 來表示，通常我們假設 $\sigma_1 > \sigma_2 > \sigma_3$。而我們可由此三個主應力繪出相對應之莫爾氏圓(Mohr's circle)如圖 3-20 所示。根據此三個主應力所繪出之莫爾氏圓，我們可決定其相對應之最大剪應力，此最大剪應力即為此三個莫爾氏圓之半徑，如圖 3-20 之 $\tau_{1/2}$、$\tau_{2/3}$ 及 $\tau_{3/1}$。而作用於該點之最大剪應力即為此三個剪應力 $\tau_{1/2}$、$\tau_{2/3}$ 及 $\tau_{3/1}$ 之最大者 $\tau_{3/1}$，其值可由式(3.21)求得。此最大剪應力會在破壞理論中用來判定材料是否會破壞，故正確地求得此值是十分重要的。

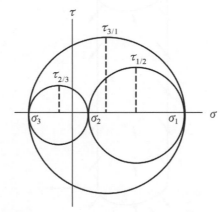

圖 3-20　由三個主應力決定之三個莫爾氏圓

$$\tau_{3/1} = \frac{\sigma_3 - \sigma_1}{2} \tag{3.21}$$

3.6　撓度分析

　　我們可使用材料力學算法及數值方法來求得機械結構的撓度。對簡單的結構而言可使用材料力學算法來求解，而若機械結構較複雜，則需使用數值方法來求解。最常見的數值方法即為**有限元素法**(finite element method)。由於工業界的問題通常均較為複雜，故絕大多數的情況下均使用基於有限元素法的套裝軟體來求

解。常見的此類軟體有 ANSYS、ABAQUS、NASTRAN、ALGOR、COMSOL 等。然而使用軟體時需對其細節十分小心，否則若輸入錯誤的幾何形狀、材料性質或邊界條件，所得到的結果自然亦不正確。而熟悉材料力學算法或可協助我們來驗證數值結果是否正確，或可針對一些較不複雜及準確度要求不高的問題做一快速的求解，故其仍有其重要性。常見的材料力學算法有**積分法**(integration method)、**奇異函數法**(singularity function method)、**疊加法**(superposition method)、**力矩面積法**(moment-area method)及**應變能法**(strain energy method)如圖 3-21 所示，以下就各個方法簡要做一討論。

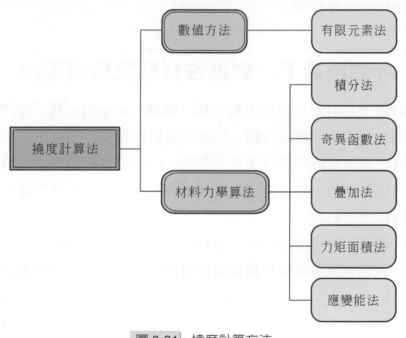

圖 3-21　撓度計算方法

　　若作用於結構上的負載為連續函數，則可直接對負載連續積分得到結構之撓度，此即積分法。若負載為不連續函數，則需將其以奇異函數來表示後積分才能得到撓度，此即奇異函數法。前述兩種方法均可直接得到結構之撓度函數，將結構上任一點的位置代入後可用來得到結構上該點的撓度，此為這兩種方法的優點，然若結構非一直線則使用此法會有困難。

　　若一結構受到一個或多個負載作用，則最終的撓度可為各別負載所造成的撓度相加而得，此即為疊加法。各別負載所造成的撓度可經由查表[2]或由材料力學

公式直接導出。若表中查不到或是無法從材料力學推導出來，則無法用此方法求解，故此法主要適用於簡單之結構，如懸臂樑、簡支樑等。另外，由於最終結果是由各個結果相加而得，故負載與撓度需滿足線性關係方可使用。

力矩面積法為根據力矩圖面積的一次矩來求撓度，每次只可求得某一位置的撓度。而應變能法為根據卡斯提來諾定理(Castigliano's theorem)而來。首先要計算出機械結構於負載下時之總應變能，以此總應變能對任一負載作偏微分，即可得該負載作用點之撓度。力矩面積法及應變能法通常一次僅能針對某一位置計算其撓度，無法求得一函數來表示結構上所有點之撓度。但其優點為可應用於較為複雜的三維結構如螺旋彈簧等。

3.7　靜態負載下針對延性材料之破壞理論

於靜態負載下材料何時破壞主要根據「**強度(strength)**」及「**應力(stress)**」來判斷。**強度為材料本身之機械性質，而應力為材料受到外部負載下所造成**。故於設計時，當我們選定材料時即已決定其強度。而使用材料力學或有限元素法來進行分析主要是求得應力，然後再將強度及應力根據不同的破壞理論來做比較，以得到其是否會破壞之結論。

於靜態負載下針對延性及脆性金屬材料各有不同之破壞理論。在討論各破壞理論前，首先我們要說明延性材料及脆性材料的區分方法。一般說來，並沒有一個物理量可以很明確的用來劃分延性材料及脆性材料。**一個簡單且普遍**[3、4]**的作法即為使用材料的伸長率來判斷，當伸長率大於** 5%**即認定其為延性材料，小於** 5%**即為脆性材料**。故在分析所設計的機械元件是否會破壞時，首先必須了解該機械元件所指定的材料是延性還是脆性材料。如缺乏該資料時，則應對該材料進行拉伸試驗以得到其伸長率。

如任何結構上均僅受單方向之應力，則我們不需討論以下這些破壞理論。只需將應力與降伏或抗拉強度來比較即可判斷是否會破壞。然而實際工程上的應用並非如此，通常結構所受之應力均相當複雜，非僅受單方向之應力。若一結構之某位置受到一平面應力 σ_x 及 σ_y，則我們應使用哪一個應力值表來與強度比較，此問題即為破壞理論所要探討的。當得知材料性質後，我們便可根據計算所得之應力及適當的破壞理論，來和材料的機械性質比較，以預測材料是否會破壞。對延

性材料而言，所使用來做比較的材料機械性質通常爲降伏強度。對脆性材料來說，所使用來做比較的材料機械性質則常爲抗拉強度。如結論爲會破壞，則我們須修改設計以降低應力，或是更換材料以增加強度。

　　對延性材料而言，常用的破壞理論有二：最大剪應力理論(maximum shear stress theory)及畸變能理論(distortion energy theory)如圖 3-22 所示。由於通常延性材料在破壞斷裂之前會有一段塑性變形的空間，故延性材料經使用破壞理論預測其會降伏破壞時，不代表此材料會立即斷裂，而只表示材料已產生了塑性變形或是永久變形。對一個機械設計而言，一小部分的材料發生塑性變形是否代表整個設計是不可行，須由設計者就許多方面如成本、使用壽命、產品可靠度等來做考量。接下來便針對這些破壞理論加以說明。

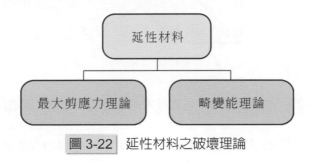

圖 3-22　延性材料之破壞理論

➡ 3.7.1　最大剪應力理論

　　最大剪應力理論爲 Tresca 於 1864 年所發表。**最大剪應力理論預測：一受外部負載之結構上某一位置會發生降伏導致破壞，為於該點之最大剪應力剛好等於該結構之材料於進行拉伸試驗降伏時之最大剪應力。**需注意的是此處之最大剪應力爲根據三維應力分析所得之最大剪應力，即爲圖 3-20 中之 $\tau_{3/1}$。於材料進行拉伸試驗發生降伏時，此時若取材料中心一點，其所受之應力僅有於拉伸方向之降伏應力 σ_y (降伏強度 S_y 之定義即爲此降伏應力，故 $S_y = \sigma_y$)，而根據公式(3.21)該點所受之最大剪應力爲 $\sigma_y/2$ (即 $S_y/2$)。故要使用最大剪應力理論來判斷是否降伏時，應將最大剪應力求出，再同 $S_y/2$ 比較。如 $S_y/2$ 較大，則不會降伏。如 $S_y/2$ 較小，則會降伏。

　　就平面應力問題而言，如求得於平面上的主應力爲 σ_A 及 σ_B (假設 $\sigma_A > \sigma_B$)，則需連同其另一主應力 0 一併考慮(爲何爲 0 已於 3.4.1 節中討論過)。此時三個主應

力之關係應有下列三種可能的狀況，而我們可根據公式(3.21)求出其最大剪應力，然後再與$S_y/2$比較以了解是否會降伏。此三種狀況可用圖 3-23 表示，取一平面直角座標系統，橫軸表σ_A，縱軸表σ_B。由於一開始我們已假設$\sigma_A > \sigma_B$，即σ_A是平面應力中於平面上的兩個主應力之較大者，故我們只討論直線$\sigma_A = \sigma_B$右側的部分。

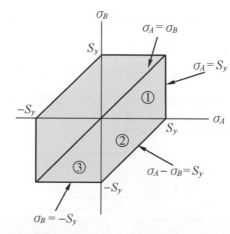

圖 3-23 於平面應力下根據最大剪應力理論之不會破壞區域

1. 當$\sigma_A > \sigma_B > 0$，則最大剪應力為$(\sigma_A - 0)/2 = \sigma_A/2$，故不會降伏的條件為$\sigma_A/2 < S_y/2$，或是

$$\sigma_A < S_y \tag{3.22}$$

因為此時$\sigma_A > \sigma_B > 0$，若滿足公式(3.22)，則構成圖 3-23 標註為①之區域。當應力落於此區域內，表示不會降伏破壞。如欲計算安全因數n_s，則可由下式求得

$$n_s = \frac{S_y}{\sigma_A} \tag{3.23}$$

當不會降伏破壞時，由公式(3.22)及公式(3.23)可導出

$$n_s = \frac{S_y}{\sigma_A} > 1 \tag{3.24}$$

即當不會降伏破壞時，安全因數n_s會大於 1。而當安全因數小於 1 時，即會開始降伏破壞。

2. 當 $\sigma_A > 0 > \sigma_B$，則最大剪應力為 $(\sigma_A - \sigma_B)/2$，故不會降伏的條件為 $(\sigma_A - \sigma_B)/2 < S_y/2$，或是

$$\sigma_A - \sigma_B < S_y \tag{3.25}$$

因為此時 $\sigma_A > 0 > \sigma_B$，若滿足式(3.25)，則構成圖 3-23 標註為②之區域。當應力落於此區域內，表示不會降伏破壞。如欲計算安全因數 n_s，則可由下式求得

$$n_s = \frac{S_y}{\sigma_A - \sigma_B} \tag{3.26}$$

如同之前的討論，當不會降伏破壞時，安全因數 n_s 會大於 1。而當安全因數小於 1 時，即會開始降伏破壞。

3. 當 $0 > \sigma_A > \sigma_B$，則最大剪應力為 $(0 - \sigma_B)/2 = -\sigma_B/2$，故不會降伏的條件為 $-\sigma_B/2 < S_y/2$，或是

$$\sigma_B > -S_y \tag{3.27}$$

注意此時 σ_B 為負值，因為此時 $0 > \sigma_A > \sigma_B$，若滿足公式(3.27)，則構成圖 3-23 標註為③之區域。當應力落於此區域內，表示不會降伏破壞。如欲計算安全因數 n_s，則可由下式求得

$$n_s = -\frac{S_y}{\sigma_B} \tag{3.28}$$

如同之前的討論，當不會降伏破壞時，安全因數 n_s 會大於 1。而當安全因數小於 1 時，即會開始降伏破壞。

總結以上三種狀況，當 $\sigma_A > \sigma_B$ 時，若 σ_A 及 σ_B 落於圖 3-23 之①或②或③區域中，則不會降伏破壞。如當 $\sigma_B > \sigma_A$ 時，由以上討論方式可導出不會降伏破壞的區域可由圖 3-23 之①、②、③區域根據直線 $\sigma_A = \sigma_B$ 做一對稱圖形而得。**故根據最大剪應力理論，對任意平面應力問題，其於平面上的兩個主應力，只要其應力值落於圖 3-23 之陰影區域內即不會降伏破壞。**以上討論看似複雜，然而如果能掌握如何求得一結構之三維最大剪應力，並將此剪應力與 $S_y/2$ 來比較，即可正確判斷是否會降伏。

例題 3-5 ● ● ●

題目接續例題 3-1，假設軸的材料為 AISI 1020 熱軋鋼，其降伏強度為 210MPa，抗拉強度為 380MPa，請根據最大剪應力理論來求得此軸於例題 3-1 之受力情況時針對降伏之安全因數。

解

由圖 3-8 中可得知於點 A 處會受到最大彎矩，故於 A 點之軸上端表面會受到最大的彎曲拉應力，其值如例題 3-3 中所求得的為 164.2MPa。而由例題 3-4 可得知此軸僅在 A 點和 B 點之間會受到一固定大小的扭矩，於此軸表面會受一大扭曲剪應力，其值如例題 3-4 中所求得的為 45.3MPa。由於在 A 點之軸上端表面會受到最大的彎曲拉應力及最大剪應力，故如圖 3-24 中所示於該點會先降伏。該點所受之應力如圖 3-25 所示。為求三維空間中最大剪應力，我們需先使用公式(3.20)去計算主應力，於圖 3-25 中 xz 平面之主應力為

$$\sigma_1, \sigma_2 = \frac{\sigma_x + \sigma_z}{2} \pm \sqrt{\left(\frac{\sigma_x - \sigma_z}{2}\right)^2 + \tau_{xz}^2} = \frac{164.2}{2} \pm \sqrt{\left(\frac{164.2}{2}\right)^2 + 45.3^2}$$
$$= 82.1 \pm 93.8 = 175.9\text{MPa}, -11.7\text{MPa}$$

而由 3.5 節的討論中可得知，於此情況下在 y 方向之應力為 0 亦為一主應力，故三個主應力由大到小分別為 175.9、0 及−11.7MPa。而於三維空間中最大剪應力為最大主應力和最小主應力之差的一半，即(175.9 − (−11.7))/2 = 93.8MPa。以拉伸試驗中降伏時之最大剪應力 $S_y/2$ 和三維空間中最大剪應力之比值即為安全因數，即

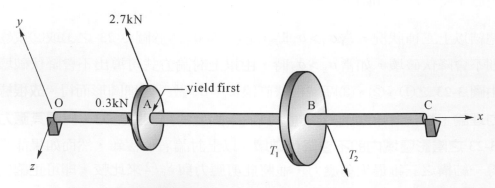

圖 3-24 軸受力時降伏會先發生處

$$n_s = \frac{S_y/2}{93.8} = \frac{210/2}{93.8} = 1.12$$

此結果亦可使用公式(3.26)直接求得。由於安全因數大於 1，故根據最大剪應力理論此軸不會降伏。

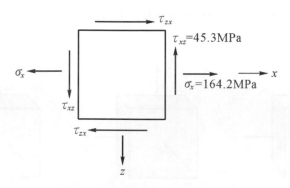

圖 3-25　先發生降伏點所受應力狀態

3.7.2　畸變能理論

　　畸變能理論為 von Mises 於 1913 年所提出。**畸變能理論內容為：一受外部負載之結構上某一點會開始發生降伏導致破壞時，在該點之畸變能，與對同一材料進行拉伸試驗降伏時之畸變能相等**。此理論之起源主要是觀察到在數千公尺的海底之沉船，其所受水壓遠超過其材料之降伏強度，但其幾何外形並未出現有降伏現象。故當材料四面八方所受壓力均相同時並不會造成其降伏，而導致其降伏的原因乃由於作用於其上應力不均所造成。至於應力不均到達何種程度會導致降伏，則需根據畸變能來做判斷。畸變能可由總應變能減去其平均應力造成的應變能而得。畸變能的觀念可由圖 3-26 說明。當一結構承受負載時，於其上取一小立方體，將其旋轉至三個主應力方向如圖 3-26(a)所示。此時其所受應力狀態可視為圖 3-26(b)及圖 3-26(c)相加而得。圖 3-26(b)之三應力值等於圖 3-26(a)中之三個主應力之平均值，即

$$\sigma_{\mathrm{av}} = \frac{\sigma_1 + \sigma_2 + \sigma_3}{3} \tag{3.29}$$

圖 3-26(a)中三個主應力所產生之應變能即為總應變能 u，可由公式(3.30)中求出。

$$u = \frac{1}{2}(\varepsilon_1\sigma_1 + \varepsilon_2\sigma_2 + \varepsilon_3\sigma_3)$$

$$= \frac{1}{2}\left[(\frac{\sigma_1}{E} - \nu\frac{\sigma_2}{E} - \nu\frac{\sigma_3}{E})\sigma_1 + (\frac{\sigma_2}{E} - \nu\frac{\sigma_3}{E} - \nu\frac{\sigma_1}{E})\sigma_2 + (\frac{\sigma_3}{E} - \nu\frac{\sigma_1}{E} - \nu\frac{\sigma_2}{E})\sigma_3\right] \quad (3.30)$$

$$= \frac{1}{2E}\left[\sigma_1^2 + \sigma_2^2 + \sigma_3^2 - 2\nu(\sigma_1\sigma_2 + \sigma_2\sigma_3 + \sigma_3\sigma_1)\right]$$

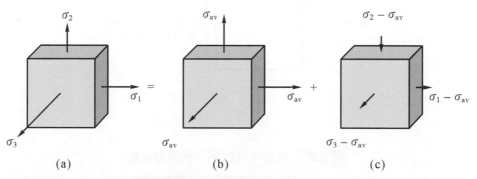

(a)   (b)   (c)

圖 3-26 　主應力等於二應力之和

圖 3-26(b)之三軸應力均相同，故可將此小立方體受應力情況視為將此小立方體浸於液體中所受之靜液壓。此三相同應力所造成之應變能 u_v 可由公式(3.31)中求得。

$$u_v = \frac{1}{2}(\varepsilon_{av}\sigma_{av} + \varepsilon_{av}\sigma_{av} + \varepsilon_{av}\sigma_{av})$$

$$= \frac{1}{2}\left[(\frac{\sigma_{av}}{E} - \nu\frac{\sigma_{av}}{E} - \nu\frac{\sigma_{av}}{E})\sigma_{av} + (\frac{\sigma_{av}}{E} - \nu\frac{\sigma_{av}}{E} - \nu\frac{\sigma_{av}}{E})\sigma_{av} + (\frac{\sigma_{av}}{E} - \nu\frac{\sigma_{av}}{E} - \nu\frac{\sigma_{av}}{E})\sigma_{av}\right]$$

$$= \frac{1}{2E}\left[\sigma_{av}^2 + \sigma_{av}^2 + \sigma_{av}^2 - 2\nu(\sigma_{av}\sigma_{av} + \sigma_{av}\sigma_{av} + \sigma_{av}\sigma_{av})\right]$$

$$= \frac{3\sigma_{av}^2}{2E}(1 - 2\nu)$$

$$= \frac{1 - 2\nu}{6E}\left[\sigma_1^2 + \sigma_2^2 + \sigma_3^2 + 2(\sigma_1\sigma_2 + \sigma_2\sigma_3 + \sigma_3\sigma_1)\right] \quad (3.31)$$

由於應變能 u_v 不影響材料之降伏破壞，故可將其自總應變能 u 中移除，剩餘的部分即稱之為畸變能 u_d，可由公式(3.32)中得

$$u_d = u - u_v = \frac{1 + \nu}{3E}\left[\frac{(\sigma_1 - \sigma_2)^2 + (\sigma_2 - \sigma_3)^2 + (\sigma_3 - \sigma_1)^2}{2}\right] \quad (3.32)$$

根據畸變能理論，公式(3.32)之畸變能需和材料進行拉伸試驗降伏時之畸變能來相比，才能得知是否降伏破壞，故我們需求得材料進行拉伸試驗降伏時之畸變能。當材料於拉伸試驗降伏時，於其試片中央僅受到一正應力，其大小等於其降伏強度 S_y。故可視爲三軸向受到三個主應力 S_y、0、0 之情況。將此三主應力代入公式(3.32)中可得材料進行拉伸試驗降伏時之畸變能

$$(u_d)_{\text{test}} = \frac{1+\nu}{3E} S_y^2 \tag{3.33}$$

故要使用畸變能理論來判斷是否降伏時，應將畸變能 u_d 和進行拉伸試驗降伏時之畸變能 $(u_d)_{\text{test}}$ 相比。如 $(u_d)_{\text{test}}$ 較大，則不會降伏。反之如 $(u_d)_{\text{test}}$ 較小，則會降伏。故不會降伏之條件爲 $u_d < (u_d)_{\text{test}}$，即

$$\frac{1+\nu}{3E}\left[\frac{(\sigma_1-\sigma_2)^2+(\sigma_2-\sigma_3)^2+(\sigma_3-\sigma_1)^2}{2}\right] < \frac{1+\nu}{3E}S_y^2$$
$$\Rightarrow \left[\frac{(\sigma_1-\sigma_2)^2+(\sigma_2-\sigma_3)^2+(\sigma_3-\sigma_1)^2}{2}\right]^{1/2} < S_y \tag{3.34}$$

如令

$$\sigma' = \left[\frac{(\sigma_1-\sigma_2)^2+(\sigma_2-\sigma_3)^2+(\sigma_3-\sigma_1)^2}{2}\right]^{1/2} \tag{3.35}$$

則當

$$\sigma' < S_y \tag{3.36}$$

不會降伏。σ' 稱爲馮密士應力(von Mises stress)。

就平面應力問題而言，如求得於平面上的主應力爲 σ_A 及 σ_B，由於其另一主應力爲 0，此時其馮密士應力可由公式(3.35)求得，即

$$\sigma' = \left[\frac{(\sigma_A-\sigma_B)^2+(\sigma_B-0)^2+(0-\sigma_A)^2}{2}\right]^{1/2}$$
$$= \left(\sigma_A^2 - \sigma_A\sigma_B + \sigma_B^2\right)^{1/2} \tag{3.37}$$

於平面應力情況時當 $\sigma' = \left(\sigma_A^2 - \sigma_A\sigma_B + \sigma_B^2\right)^{1/2} = S_y$ 時，取一平面直角座標系統，橫軸表 σ_A，縱軸表 σ_B。若於平面應力下馮密士應力正好等於降伏強度，則表示即將降伏破壞，此時 $\sigma' = \left(\sigma_A^2 - \sigma_A\sigma_B + \sigma_B^2\right)^{1/2} = S_y$ 在此平面座標系統為一橢圓曲線如圖 3-27 所示。如平面應力之兩主應力決定的點的位置落於橢圓內部陰影區域，則表示不會降伏。反之，如點落於橢圓外部，則代表會降伏破壞。而圖 3-27 中虛線所圍起的六角形範圍為根據最大剪應力理論所得到之安全區域，於此區域內部不會降伏，而於此區域外部則會降伏破壞。由圖 3-27 可知，在六角形外但在橢圓形內部的區域為根據最大剪應力理論預測會降伏破壞，但根據畸變能理論預測不會降伏破壞的區域，故此兩種理論在此有不同的預測結果。實驗的結果顯示，畸變能理論預測的較為準確，意即當破壞時將 σ_A 及 σ_B 繪於圖 3-27 上，大致上會在橢圓曲線附近。而由於只要在六角形範圍內就一定會在橢圓形範圍內，故使用最大剪應力理論來預測是否降伏破壞是較為保守及安全的。對比較重要或是對安全性要求高的設計，使用最大剪應力理論較為適當。例如鍋爐等設計，於其設計法規中即明訂使用最大剪應力理論來預測是否破壞。而對安全性要求不高的設計來說，使用畸變能理論應已足夠。

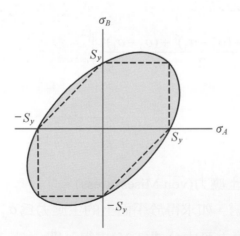

圖 3-27 於平面應力下根據畸變能理論(實線範圍)及最大剪應力理論(虛線範圍)之不會破壞區域

由材料力學中可知，對任意三維應力，馮密士應力可由公式(3.38)中求出。將公式(3.38)中之 σ_z、τ_{yz} 及 τ_{zx} 設為 0，即成為平面應力情況。此時馮密士應力可由公式(3.39)中求出。公式(3.37)及公式(3.39)之差異為使用公式(3.39)不需去解平面應力上之主應力，直接使用平面應力之 σ_x、σ_y 及 τ_{xy} 即可求得馮密士應力。相對使用

公式(3.37)需先求得主應再求得馮密士應力，對平面應力問題使用公式(3.39)較為方便。

$$\sigma' = \frac{1}{\sqrt{2}}\left[(\sigma_x - \sigma_y)^2 + (\sigma_y - \sigma_z)^2 + (\sigma_z - \sigma_x)^2 + 6(\tau_{xy}^2 + \tau_{yz}^2 + \tau_{zx}^2)\right]^{\frac{1}{2}} \tag{3.38}$$

$$\sigma' = \frac{1}{\sqrt{2}}\left[(\sigma_x - \sigma_y)^2 + (\sigma_y - 0)^2 + (0 - \sigma_x)^2 + 6(\tau_{xy}^2 + 0 + 0)\right]^{\frac{1}{2}}$$
$$= \left(\sigma_x^2 - \sigma_x\sigma_y + \sigma_y^2 + 3\tau_{xy}^2\right)^{\frac{1}{2}} \tag{3.39}$$

如要計算安全因數時，則可使用公式(3.40)來做計算。

$$n = \frac{S_y}{\sigma'} \tag{3.40}$$

例題 3-6 ●●●

題目接續例題 3-5，請根據畸變能理論來求得此軸於例題 3-1 之受力情況時針對降伏之安全因數。

解

我們已知道會先開始降伏處之正應力為 164.2MPa，剪應力為 45.3MPa。故可將其代入公式(3.39)中去計算馮密士應力

$$\sigma' = \left(\sigma_x^2 - \sigma_x\sigma_y + \sigma_y^2 + 3\tau_{xy}^2\right)^{\frac{1}{2}} = \left(164.2^2 + 3 \times 45.3^2\right)^{\frac{1}{2}} = 182.0(\text{MPa})$$

而由公式(3.40)可知安全因數為降伏強度及馮密士應力之比值，即

$$n_s = \frac{S_y}{\sigma'} = \frac{210}{182.0} = 1.15$$

由於安全因數大於 1，故根據畸變能理論此軸不會降伏。而與例題 3-5 中計算出的安全因數 1.12 來比較，根據最大剪應力理論所求出的安全因數較畸變能理論所求出的安全因數為低，可知確如之前所討論的最大剪應力理論預測是否降伏破壞是較為保守的。

3.8　靜態負載下針對脆性材料之破壞理論

　　脆性材料和延性材料的最大差異之一即爲脆性材料之降伏應力不明顯。材料一旦離開其彈性變形範圍進入塑性變形區後，當應力到達抗拉強度或抗壓強度後材料很快地便會斷裂。故對脆性材料而言，破壞理論中用來和應力做比較的材料機械性質爲材料的抗拉強度及抗壓強度。一旦破壞理論預測會破壞時，材料便可能會發生裂痕或斷裂，此點和延性材料的行爲是不一樣的。對脆性材料而言，常用的破壞理論有二：最大正應力理論(maximum normal stress theory)及庫侖-莫爾理論(Coulomb-Mohr theory)如圖 3-28 所示。接下來便針對這些理論加以說明。

圖 3-28　脆性材料之破壞理論

3.8.1　最大正應力理論

　　通常脆性材料之抗壓強度(ultimate compressive strength)較抗拉強度(ultimate tensile strength)大很多。脆性材料之抗壓強度 S_{uc} 遠大於其抗拉強度 S_{ut}，往往可達兩三倍甚至更多。**而最大正應力理論預測：當最大主應力大於 S_{ut}，或最小主應力小於 $-S_{uc}$ 時，則會破壞**。對材料受外部負載，我們一定可求得其三個主應力 σ_1、σ_2 及 σ_3。請注意此三個主應力均有可能大於 0、等於 0 或小於 0。假設 $\sigma_1 \geq \sigma_2 \geq \sigma_3$，則根據最大正應力理論，當

$$\sigma_1 < S_{ut} \text{ 且 } \sigma_3 > -S_{uc} \tag{3.41}$$

此時不會破壞，如不滿足公式(3.41)則會破壞。

　　就平面應力問題而言，如求得於平面上的主應力爲 σ_A 及 σ_B(假設 $\sigma_A > \sigma_B$)，則需連同其另一主應力 0 一併考慮。此時此三個主應力之關係應有下列三種可能的狀況，此三種狀況可用圖 3-29 表示。取一平面直角座標系統，橫軸表 σ_A，縱軸表

σ_B。由於一開始我們已假設 $\sigma_A > \sigma_B$，即 σ_A 是兩個主應力之較大者，故我們只討論直線 $\sigma_A = \sigma_B$ 右側的部分。

1. 當 $\sigma_A > \sigma_B > 0$，則最大主應力為 $\sigma_1 = \sigma_A$，最小主應力 $\sigma_3 = 0$。而此時最小主應力一定會滿足公式(3.41)中的 $\sigma_3 > -S_{uc}$。故不會破壞的條件為

$$\sigma_A < S_{ut} \tag{3.42}$$

因為此時 $\sigma_A > \sigma_B > 0$，若滿足公式(3.42)，則構成圖 3-29 標註為①之區域。當應力落於此區域內，表示不會破壞。如欲計算安全因數 n_s，則可由下式求得

$$n_s = \frac{S_{ut}}{\sigma_A} \tag{3.43}$$

2. 當 $\sigma_A > 0 > \sigma_B$，則最大主應力為 $\sigma_1 = \sigma_A$，最小主應力 $\sigma_3 = \sigma_B$。故根據公式(3.41)，不會破壞的條件為

$$\sigma_A < S_{ut} \quad 且 \quad \sigma_B > -S_{uc} \tag{3.44}$$

因為此時 $\sigma_A > 0 > \sigma_B$，若滿足公式(3.44)，則構成圖 3-29 標註為②之區域。當應力落於此區域內，表示不會破壞。如欲計算安全因數 n_s，則應取 S_{ut}/σ_A 及 $-S_{uc}/\sigma_B$ 兩者之較小值，即

$$n_s = \min(\frac{S_{ut}}{\sigma_A}, -\frac{S_{uc}}{\sigma_B}) \tag{3.45}$$

3. 當 $0 > \sigma_A > \sigma_B$，則最大主應力為 $\sigma_1 = 0$，最小主應力 $\sigma_3 = \sigma_B$。故根據公式(3.41)，不會破壞的條件為

$$\sigma_B > -S_{uc} \tag{3.46}$$

注意此時 σ_B 為負值。因為此時 $0 > \sigma_A > \sigma_B$，若滿足公式(3.46)，則構成圖 3-29 標註為③之區域。當應力落於此區域內，表示不會破壞。如欲計算安全因數 n_s，則可由下式求得

$$n_s = -\frac{S_{uc}}{\sigma_B} \tag{3.47}$$

總結以上三種狀況，當 $\sigma_A > \sigma_B$ 時，若 σ_A 及 σ_B 落於圖 3-29 之①或②或③區域內，則不會破壞。如當 $\sigma_B > \sigma_A$ 時，由以上討論方式可導出不會破壞的區域，可由圖 3-29 之①、②、③區域根據直線 $\sigma_A = \sigma_B$ 做一對稱圖形而得。**故根據最大正應力理論，對任意平面應力問題，其於平面上的兩個主應力，只要其應力值落於圖 3-29 之陰影區域內即不會破壞。**

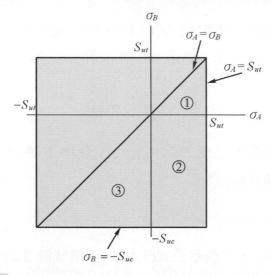

圖 3-29　於平面應力下根據最大正應力理論之不會破壞區域

例題 3-7 ●●●

題目接續例題 3-1，假設軸的材料為 ASTM 30 灰鑄鐵，抗拉強度 214MPa，抗壓強度 751MPa，請根據最大正應力理論來求得此軸於例題 3-1 之受力情況時針對破壞之安全因數。

解

於例題 3-5 中我們求得了三個主應力由大到小分別為 175.9、0 及 -11.7MPa。相當於本節中所討論之第二種的情況，即 $\sigma_A > 0 > \sigma_B$，此時 $\sigma_A = 175.9$MPa，$\sigma_B = -11.7$MPa。使用公式(3.45)即可求得安全因數

$$n_s = \min(\frac{S_{ut}}{\sigma_A}, -\frac{S_{uc}}{\sigma_B}) = \min(\frac{214}{175.9}, -\frac{751}{-11.7}) = \min(1.22, 64.19) = 1.22$$

3.8.2　庫侖-莫爾理論

學者庫侖及莫爾根據脆性材料之拉伸及壓縮試驗破壞時之莫爾氏圓，及此兩圓的兩條外公切線，定出一安全的範圍如圖 3-30(a)所示。**對脆性材料而言，只要最大莫爾氏圓不超出此範圍如圖 3-30(a)中虛線圓所示，便不會發生破壞，此即庫侖-莫爾理論。** 由此理論可推導出，當

$$\frac{\sigma_1}{S_{ut}} - \frac{\sigma_3}{S_{uc}} < 1 \tag{3.48}$$

即不會破壞。σ_1、σ_2 及 σ_3 為三個主應力且 $\sigma_1 > \sigma_2 > \sigma_3$。

如同之前的討論一樣，我們還是要就平面應力問題來做進一步討論。如求得於平面上的主應力 σ_A 及 σ_B(假設 $\sigma_A > \sigma_B$)，則其另一主應力為 0。此時三個主應力之關係應有下列三種可能的狀況。此三種狀況可用圖 3-30(b)表示。取一平面直角座標系統，橫軸表 σ_A，縱軸表 σ_B。由於一開始我們已假設 $\sigma_A > \sigma_B$，即 σ_A 是兩個主應力之較大者，故我們只討論直線 $\sigma_A = \sigma_B$ 右側的部分。

1. 當 $\sigma_A > \sigma_B > 0$，則最大主應力為 $\sigma_1 = \sigma_A$，最小主應力 $\sigma_3 = 0$。代入公式(3.48)中可得不會破壞的條件為

$$\sigma_A < S_{ut} \tag{3.49}$$

此條件與使用最大正應力理論相同，因為此時 $\sigma_A > \sigma_B > 0$，若滿足公式(3.49)，則構成圖 3-30(b)標註為①之區域。當應力落於此區域內，表示不會破壞。計算安全因數 n_s 之方式與使用最大正應力理論時相同，即

$$n_s = \frac{S_{ut}}{\sigma_A} \tag{3.50}$$

2. 當 $\sigma_A > 0 > \sigma_B$，則最大主應力為 $\sigma_1 = \sigma_A$，最小主應力 $\sigma_3 = \sigma_B$。故根據公式(3.48)，不會破壞的條件為

$$\frac{\sigma_A}{S_{ut}} - \frac{\sigma_B}{S_{uc}} < 1 \tag{3.51}$$

因為此時 $\sigma_A > 0 > \sigma_B$，若滿足公式(3.51)，則構成圖 3-30(b)標註為②之區域。當應力落於此區域內，表示不會破壞。如欲計算安全因數 n_s，則可由下式求得

$$\frac{\sigma_A}{S_{ut}} - \frac{\sigma_B}{S_{uc}} = \frac{1}{n_s} \tag{3.52}$$

3. 當 $0 > \sigma_A > \sigma_B$，則最大主應力為 $\sigma_1 = 0$，最小主應力 $\sigma_3 = \sigma_B$。故根據公式(3.48)，不會破壞的條件為

$$\sigma_B > -S_{uc} \tag{3.53}$$

注意此時 σ_B 為負值。因為此時 $0 > \sigma_A > \sigma_B$，若滿足公式(3.53)，則構成圖 3-30(b) 標註為③之區域。當應力落於此區域內，表示不會破壞。如欲計算安全因數 n_s，則可由下式求得

$$n_s = -\frac{S_{uc}}{\sigma_B} \tag{3.54}$$

總結以上三種狀況，當 $\sigma_A > \sigma_B$ 時，若 σ_A 及 σ_B 落於圖 3-30(b)之①或②或③區域內，則不會破壞。如當 $\sigma_B > \sigma_A$ 時，由以上討論方式可導出不會破壞的區域可由圖 3-30(b) 之①、②、③區域根據直線 $\sigma_A = \sigma_B$ 做一對稱圖形而得。**故根據庫侖-莫爾理論，對任意平面應力問題，其於平面上的兩個主應力，只要其應力值落於圖 3-30(b)之陰影區域內即不會破壞。**

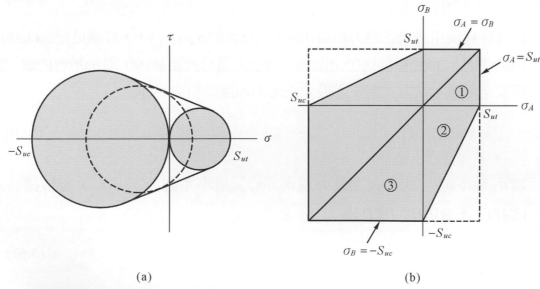

圖 3-30　(a)拉伸試驗及壓縮試驗之莫爾氏圓及此兩圓之外公切線所構成的區域，
　　　　　(b)於平面應力下根據庫侖-莫爾理論之不會破壞區域

　　圖 3-30(b)中於第二象限及第四象限中之虛線爲根據最大正應力理論所得到材料是否會破壞的邊界。根據圖 3-29 及 3-30(b)，我們可了解若應力落於第一象限及第三象限，則不論使用最大正應力理論或是庫侖-莫爾理論，預測破壞的結果是一樣的。而在第二象限及第四象限，使用庫侖-莫爾理論來預測脆性材料的破壞是較爲保守的，而使用庫侖-莫爾理論預測破壞與實際試驗結果較爲接近[3]，故對較重要或安全性需求高的設計中使用到脆性材料的話，建議使用庫侖-莫爾理論來預測破壞。

例題 3-8 ●●●

題目接續例題 3-1，假設軸的材料爲 ASTM 30 灰鑄鐵，抗拉強度 214MPa，抗壓強度 751MPa，請根據庫侖-莫爾理論來求得此軸於例題 3-1 之受力情況時針對破壞之安全因數。

解

　　於例題 3-5 中我們求得了三個主應力由大到小分別爲 175.9、0 及 −11.7MPa。相當於本節中所討論之第二種的情況，即 $\sigma_A > 0 > \sigma_B$，此時 $\sigma_A = 175.9$MPa，$\sigma_B = -11.7$MPa。使用公式(3.52)即可求得安全因數

$$n_s = \frac{1}{\dfrac{\sigma_A}{S_{ut}} - \dfrac{\sigma_B}{S_{uc}}} = \frac{1}{\dfrac{175.9}{214} - \dfrac{-11.7}{751}} = 1.19$$

3.9　應力集中因數

　　於討論破壞理論時，我們必須了解結構所受應力大小，才可使用適當的破壞理論去預測是否會破壞。如結構幾何簡單，我們或許可使用材料力學之公式來計算應力。然如結構之幾何爲不連續時，則一般材料力學的公式已無法使用來求得幾何不連續處的應力，同時在幾何不連續處會產生**應力集中**(stress concentration)的現象，以下以實例來說明此一現象：一矩形平板兩端受一均勻分布之應力 σ 作用時，此時平板中央所受應力亦爲一均勻分布之應力 σ。但若將此平板中央鑽一

圓孔後如圖 3-31 所示，此時材料較少但仍需承受相同的應力，故在平板中央通過圓孔之斷面所受應力即不再是一均勻分布之應力，而是在靠近圓孔處之應力會較大，而離開圓孔較遠處應力會較小。此局部應力上升的現象稱之為應力集中，通常使用應力集中因數 K 來表示應力集中處之應力 σ_{max} 與一標稱應力(nominal stress)或參考應力 σ_{nom} 之比值。公式(3.55)中 K_t 及 K_{ts} 分別用來表示正應力及剪應力之應力集中因數。

$$K_t = \frac{\sigma_{max}}{\sigma_{nom}} \quad , \quad K_{ts} = \frac{\tau_{max}}{\tau_{nom}} \tag{3.55}$$

在實際機械工程的應用中，使用如肩部(shoulder)、溝槽(groove)、孔(hole)、鍵槽(keyway)、螺紋(thread)等幾乎是無可避免的。而這些設計均會造成材料幾何上的不連續，進而產生應力集中的現象。

要求得應力集中因數主要有三種方法：第一種方法為根據彈性力學直接推導出應力集中因數的理論值，或經由查表[4]的方式取得這些理論值。第二種方式為使用光彈法(photoelasticity)、應變規或其他實驗方法求得。但實驗有其限制性，如光彈法大多使用透明材質的材料來做分析，應變規只能求出貼應變規處之最大應力等。第三種方式為使用有限元素法進行分析模擬以求得應力集中因數。使用有限元素法較為簡單方便，故目前工程上普遍使用此法以求得應力集中因數。

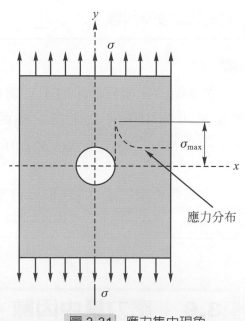

圖 3-31　應力集中現象

圖 3-32 為對一肩部有圓角的不等寬平板受到張力時之應力集中因數。欲使用此圖決定應力集中因數時，首先我們需決定橫軸 r/d 之值的大小。接下來再計算 H/d 之值以決定選取圖形上的哪一條曲線。然後便可根據這些資訊於圖形上找出應力集中因數。使用此類圖形做計算時要注意幾點：一是設計的幾何與圖形上的幾何是否相同，二是設計的負載形式和圖形上的負載形式是否相同，三是標稱應力如何計算。如有些曲線並未出現在圖形中時，通常可使用內插法來估算。

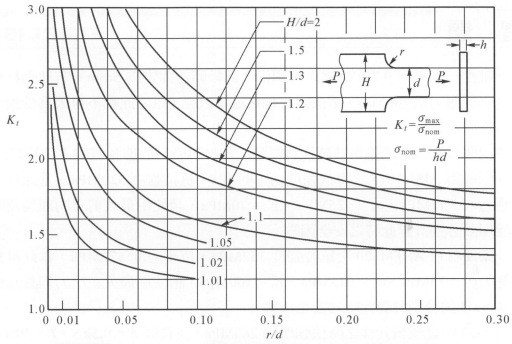

圖 3-32　肩部有圓角的不等寬平板於受張力時之應力集中因數 K_t[4]

　　並非在所有的情況下均要考慮應力集中因數。當材料為延性，且所受負載為靜態時，通常不需考慮應力集中因數的影響。因為當應力集中處之應力超過了降伏強度時，於該處會局部降伏使其所受應力不致於超過降伏強度太多，因而造成在應力集中處附近的應力重新分布。然而若材料為脆性，或是所受負載非靜態而是反覆負載(alternating load)時，我們必須要考慮應力集中因數對應力造成的影響。

例題 3-9　●●●

一平板厚 5mm，幾何形狀如圖 3-32 右上角所示，其 $H = 20$mm，$d = 10$mm，$r = 2$mm，兩端受張力 150N，試求於其肩部之最大應力。

解

　　由於此平板之 $H/d = 20/10 = 2$，$r/d = 2/10 = 0.2$，故可由圖 3-32 中得到 K_t 之值約為 1.95。而

$$\sigma_{nom} = \frac{P}{hd} = \frac{150}{5 \times 10} = 3 \text{(MPa)}$$

故最大應力為

$$\sigma_{max} = K_t \times \sigma_{nom} = 1.95 \times 3 = 5.85 \text{(MPa)}$$

習　題

1. 一軸由一功率為 0.75kW 之馬達驅動。此軸轉速固定為 5rpm。若此軸材料容許之剪應力為 100MPa，請決定此軸之最小直徑，以使此軸不會因為受到剪應力而破壞。

2. 請說明有哪些分別適用於延性材料及脆性材料受到靜態負載時之破壞理論？

3. 一低碳鋼 AISI 1015 之降伏強度為 190MPa，抗拉強度 320MPa。當此材料受應力 $\sigma_x = 75MPa$、$\sigma_y = -25MPa$、$\tau_{xy} = 70MPa$，請使用最大剪應力理論及畸變能理論分別計算此時之安全因數。

4. 一鑄鐵材料 ASTM 20 之抗拉強度 152MPa，抗壓強度 572MPa，當此材料受應力 $\sigma_x = 75MPa$、$\sigma_y = -25MPa$、$\tau_{xy} = 100MPa$，請使用最大正應力理論及庫侖 -莫爾理論分別計算此時之安全因數。

5. 圖 3-33 中之機械元件之降伏強度為 280MPa，受負載 $F = 0.5kN$，$T = 20N\text{-}m$，$P = 6.0kN$。試求出機械元件於 A 點處(可將 A 點視為一小立方體，)
   (1) 於 x 方向上之正應力為何？
   (2) 於 z 方向上之正應力為何？
   (3) 於 x 面上朝 z 方向之剪應力為何？
   (4) 根據畸變能理論之馮密士應力為何？
   (5) 根據 A 點是否降伏作考量，此元件根據畸變能之安全因數為何？

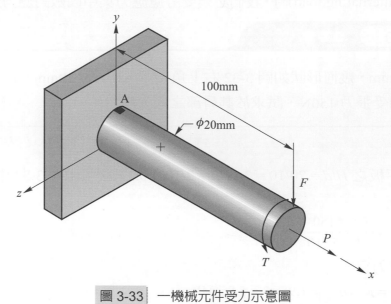

圖 3-33 一機械元件受力示意圖

6. 圖 3-34 中軸 *A* 及軸 *B* 均是由 AISI 1020 熱軋鋼所製成，其降伏強度為 190MPa，抗拉強度 320MPa。軸 *A* 之直徑為 20mm，軸 *B* 之直徑為 5mm。軸 *A* 之一端固定，另一自由端有軸 *B* 穿過並彼此互相緊配。現於軸 *A* 自由端受一壓力 800N，於軸 *B* 兩端受一大小相等方向相反之力 *F*。設定安全因數為 1.5，分別使用最大剪應力理論及畸變能理論來計算不會使軸 *A* 降伏破壞之最大力量 *F*。應力集中之現象可忽略。

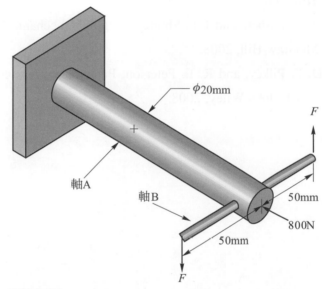

圖 3-34　兩軸緊配且受力之示意圖(尺寸單位為 mm)

7. 一鈹銅合金薄板試片尺寸如下圖所示。其中 *G* = 50mm、*W* = 12.5mm、*R* = 2.5mm、*L* = 200mm、*A* = 57mm、*B* = 50mm、*C* = 20mm，試片厚度為 0.2mm，受到軸向力 500N。考慮應力集中因數的情況下，請計算於此試片所產生之最大正應力。並請說明於此軸向力作用下此試片是否會於其圓角處開始降伏？材料之降伏強度為 600MPa，楊氏模數為 120GPa。

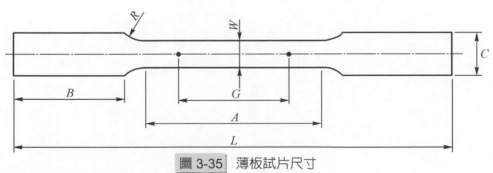

圖 3-35　薄板試片尺寸

參考書目

[1] J. M. Gere, Mechanics of materials, 6th ed. Belmont, CA: Brooks/Cole-Thomson Learning, 2004.

[2] W. C. Young and R. G. Budynas, Roark's formulas for stress and strain, 7th ed. New York: McGraw-Hill, 2002.

[3] R. G. Budynas, J. K. Nisbett, and J. E. Shigley, Shigley's mechanical engineering design, 8th ed. Boston: McGraw-Hill, 2008.

[4] W. D. Pilkey, D. F. Pilkey, and R. E. Peterson, Peterson's stress concentration factors, 3rd ed. Hoboken, N.J.: John Wiley, 2008.

第二篇

軸與傳動

第 4 章　　軸及軸連結器設計

第 5 章　　軸承與潤滑

第 6 章　　齒輪

第 7 章　　傳動與定位

第 4 章

軸及軸連結器設計

4.1　軸及軸連結器設計導論

　　軸(axle, shaft, spindle)是一種常見的機器元件，會與鄰近機件發生相對旋轉運動。主要功用爲產生相對旋轉(或搖擺)運動及傳遞動力(扭力)。常與軸承、聯軸器、齒輪、鏈輪、皮帶輪、飛輪、車輪、轉子、轉盤、渦輪……等機件相連接。

▶ 4.1.1　軸的分類

　　依功能可分爲：

1. 只擔負產生相對旋轉運動之功能而不傳遞扭力(只承受彎矩負荷而不承受扭矩負荷)者：
    (1) **輪軸**(axle)：例如腳踏車之車輪軸(輪軸固定，承受靜彎矩負荷)，軌道車輛之非動力車輪軸(車輪固定於輪軸上一起旋轉，此時輪軸承受反覆彎矩負荷)。
    (2) **銷**(pin)：例如活塞銷。
2. 同時擔負產生相對旋轉運動及傳遞扭力之功能者：
    (1) **傳動軸**(shaft)：可能同時承受彎矩及扭矩負荷(例如齒輪軸、鏈輪軸、皮帶輪軸、渦輪軸等)，或只承受扭矩負荷(例如前置引擎後輪傳動汽車之傳動軸)。
    (2) **心軸**(spindle)：爲一旋臂短軸，同時承受彎矩及扭矩負荷(例如車床、銑床、鑽床等工具機之主軸)。

　　依形狀可分爲：

1. 圓柱軸、非圓柱軸。
2. 實心軸、空心軸。
3. 直軸、曲柄軸(crank shaft)。
4. 剛性軸、撓性軸(flexible shaft)。

4.1.2 軸之外型

為了在軸上安裝相鄰接之各種機器元件，其外型如圖 4-1 所示，有軸頸、軸肩、鍵槽、栓槽、銷孔、環溝、平面、螺紋、倒角……等部位。

1. 軸頸：為光滑之圓柱形，用以安裝齒輪、鏈輪、皮帶輪、軸承……等。

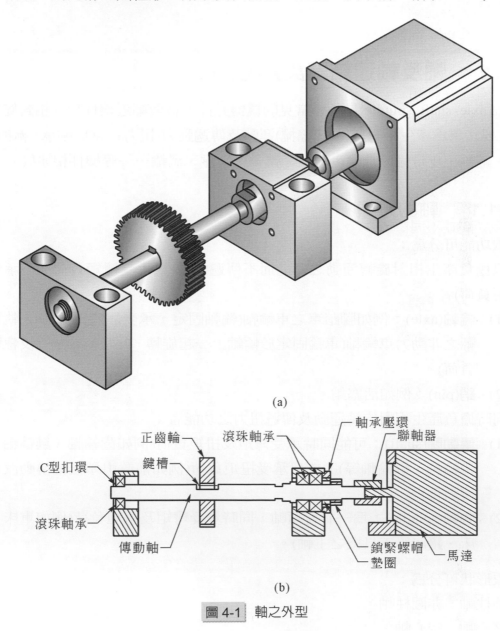

(a)

(b)

圖 4-1　軸之外型

2. 軸肩：係在軸頸之一邊有較大之直徑以作為齒輪、鏈輪、皮帶輪、軸承……等之定位用。

3. 鍵槽：是在軸頸上加工一道特殊形狀之溝槽，用安裝適當之鍵(key)來將齒輪、鏈輪、皮帶輪……等固定於軸上。

4. 栓槽：係在軸頸圓周上加工許多軸向平行溝槽，若齒輪之軸孔亦加工有相配合之栓槽，則齒輪可在軸頸上沿軸向滑行，但是不能與軸發生相對旋轉，常用於齒輪變速箱。

5. 銷孔：在軸頸上鑽孔，用銷將齒輪、鏈輪、皮帶輪……等固定於軸上。

6. 環溝：在軸頸加工一道溝槽，用扣環使軸承……等固定於軸上，以免發生軸向運動。

7. 平面：配合定位螺栓將齒輪、鏈輪、皮帶輪……等固定於軸上。

8. 螺紋：配合螺帽將齒輪、鏈輪、皮帶輪……等鎖緊在於軸肩上。

9. 倒角：在不同直徑之軸肩端部加工稍許或 45 度之斜面，以方便安裝齒輪、鏈輪、皮帶輪、軸承……等機件。

4.1.3　聯軸器的種類

聯軸器之主要功能是將兩根軸連結(例如將馬達軸心與傳動軸連接)，以傳遞扭矩及旋轉運動，並可改善因兩軸不對心(偏置、歪斜)而引發之振動等工程問題。常見之聯軸器可分為：

1. 剛性聯軸器。
2. 撓性聯軸器。

4.2　撓度與扭曲

軸受到負荷後會產生撓曲變形(deflectional deformation)及扭曲變形(torsional deformation)，主要影響機械功能之變形參數有撓度(deflection)、斜率(slope)及扭轉角(twist angle)。

➡ 4.2.1 　軸的撓曲變形

當軸受到徑向負荷及力矩後會產生撓曲變形，在軸中心線之橫向(徑向)之變形量 y 稱為**撓度**(deflection)，軸中心線之彎曲變形以斜率或角度 θ 表示之，如圖 4-2 所示(注意：圖中撓度公式，僅適用於 $x \le (\ell - b)$ 之情形)。

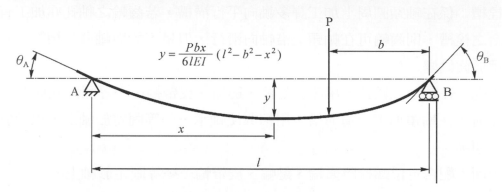

$$y = \frac{Pbx}{6lEI}(l^2 - b^2 - x^2)$$

圖 4-2 　軸之撓曲變形

若是軸之撓度過大將會影響齒輪組、鏈輪組、凸輪組等之中心距，而使機械性能改變或失效。若是軸中心線之彎曲變形量(斜率)過大，則會影響到所安裝之軸承、齒輪、聯軸器等附屬品。一般而言滾珠軸承應小於 0.005rad，滾柱軸承應小於 0.001rad，齒輪應小於 0.005rad，詳細允許之變形量應參照產品之安裝說明書所建議，或是參照機械設計手冊(便覽)所建議之規格。軸之撓度及斜率計算公式請參照其他機械設計手冊。

➡ 4.2.2 　軸的扭曲變形

類似軸之撓曲變形，當軸受到軸向扭矩，則會產生扭曲變形。若是扭曲變形之扭轉角過大，則會影響齒輪、鏈輪、凸輪等之傳動定位精度，嚴重者會使機械性能變差甚至發生機械故障。

4.3 　強度設計

軸受到負荷後會產生應力及應變，當所受之應力超過許可應力值時，該軸即有破壞之危險。在強度設計時，有些軸只承受靜態負荷，故以靜負荷相關之破壞

理論設計即可；但許多傳動軸必須承受動態及完全反覆負荷，此時必須以疲勞破壞理論來設計之。有些軸只承受彎矩負荷而不承受扭矩負荷，有些軸只承受扭矩負荷，而大部分之傳動軸可能同時承受彎矩負荷、扭矩負荷、軸向及徑向負荷。許多機器之軸上裝有不同之零件，因此軸上會有幾何變化，設計時應考慮應力集中之因數之影響。

➡ 4.3.1　單純彎曲負荷

有些輪軸只擔負產生相對旋轉運動之功能而不傳遞扭力，故只承受彎矩負荷而不承受扭矩負荷。若軸固定在機架上，而輪轂繞其旋轉且負荷穩定時，以靜負荷相關之破壞理論設計即可。若軸固定在輪轂上而繞機架旋轉，此時該軸承受週期性負荷，必須以疲勞破壞理論來設計之。

1. 單純靜態彎曲負荷

   例如輪軸固定在機架上，而輪轂繞其旋轉且負荷穩定時，輪軸僅承受靜態彎曲負荷，而不承受扭矩負荷。若 M 代表所受之靜態彎曲負荷力矩，I 代表軸之慣性矩，c 代表距中性面之最遠距離，其最大正應力 σ_x 為：

   $$\sigma_x = \frac{Mc}{I} \tag{4.1}$$

   若為實心等徑圓軸，d 代表軸之直徑，則 $c = d/2$，$I = \pi d^4/64$ 代入(4.1)公式得：

   $$\sigma_x = \frac{32M}{\pi d^3} \tag{4.2}$$

   若軸之降伏強度為 S_y，安全因數為 N，則軸之直徑可依下列公式求得：

   $$d = \left(\frac{10.2NM}{S_y} \right)^{1/3} \tag{4.3}$$

2. 承受完全反覆彎曲負荷時

   若軸固定在輪轂上而繞機架旋轉，此時該軸承受完全反覆負荷，必須以疲勞破壞理論來設計之。不同於上述之單純靜態彎曲負荷，其正應力 σ_x 變化於兩極值之間：

$$-\frac{32M}{\pi d^3} \le \sigma_x \le \frac{32M}{\pi d^3} \tag{4.4}$$

依據 Solderberg 理論，若 S_e 代表材料之疲勞強度，則可求得其等效於之靜態彎曲負荷之最大正應力 σ'_x 為：

$$\sigma'_x = \frac{S_y}{S_e}\sigma_x = \frac{S_y}{S_e}\frac{32M}{\pi d^3} \tag{4.5}$$

然後類似(4.2)公式計算其軸徑：

$$d = \left(\frac{10.2NM}{S_e}\right)^{1/3} \tag{4.6}$$

➡ 4.3.2　單純扭轉負荷

靜態扭矩負荷：有些軸只承受靜態扭矩負荷，若 T 代表所受之靜態扭矩，J 代表軸之極慣性矩，r 代表距中性軸之最遠距離，其最大剪應力 τ_{xy} 為：

$$\tau_{xy} = \frac{Tr}{J} \tag{4.7}$$

若為實心等徑圓軸，d 代表軸之直徑，則 $r = d/2$，$J = \pi d^4/32$ 代入(4.7)公式得：

$$\tau_{xy} = \frac{16T}{\pi d^3} \tag{4.8}$$

若軸之剪降伏強度為 $S_{ys} = 0.5S_y$，安全因數為 N，依最大剪應力破壞理論則軸之直徑可依下列公式求得：

$$d = \left(\frac{10.2NT}{S_y}\right)^{1/3} \tag{4.9}$$

反覆扭矩負荷：若是受到週期性反覆扭矩負荷時，(4.9)公式中之降伏強度 S_y 應改成疲勞強度 S_e，因此直徑計算公式為：

$$d = \left(\frac{10.2NT}{S_e}\right)^{1/3} \tag{4.10}$$

4.3.3　兼具彎曲與扭轉之靜態負荷

若軸同時承受彎矩負荷及扭矩負荷，在強度設計時，需先將(4.1)或(4.2)公式所求得之正應力 σ_x 以及(4.7)或(4.8)公式所求得之剪應力 τ_{xy}，利用摩爾氏圓，求出其主應力 σ_1 及 σ_2：

$$\sigma_1,\ \sigma_2 = \frac{\sigma_x}{2} \pm \sqrt{\left(\frac{\sigma_x}{2}\right)^2 + \tau_{xy}^2} \tag{4.11}$$

$$\tau_{max} = \sqrt{\left(\frac{\sigma_x}{2}\right)^2 + \tau_{xy}^2} \tag{4.12}$$

然後依據適當之損壞理論(軸通常使用延性材料，故可使用最大剪應力損壞理論或畸變能損壞理論)來求得軸徑。

最大剪應力損壞理論：若為實心圓軸，將(4.2)公式所求得之正應力 σ_x 以及(4.8)式所求得之剪應力 τ_{xy} 代入(4.12)公式得到：

$$\tau_{max} = \sqrt{\left(\frac{\sigma_x}{2}\right)^2 + \tau_{xy}^2} = \frac{16}{\pi d^3}\sqrt{(M^2 + T^2)} \tag{4.13}$$

若考慮安全因數 N，依最大剪應力損壞理論

$$\tau_{max} = \frac{0.5 S_y}{N} \tag{4.14}$$

則軸徑 d 為

$$d = \left[\frac{32N}{\pi S_y}\sqrt{(M^2 + T^2)}\right]^{1/3} \tag{4.15}$$

最大畸變能損壞理論：首先利用(3.37)公式求得其等效應力(或稱 von Mises 馮密士應力) S：

$$S = \sqrt{(\sigma_1^2 - \sigma_1\sigma_2 + \sigma_2^2)} = \sqrt{(\sigma_x^2 + 3\tau_{xy}^2)} \tag{4.16}$$

若為實心圓軸，將(4.2)公式所求得之正應力 σ_x 以及(4.8)公式所求得之剪應力 τ_{xy} 代入(4.16)公式得到

$$S = \frac{16}{\pi d^3}\sqrt{(4M^2 + 3T^2)} \tag{4.17}$$

依畸變能損壞理論，且考慮安全因數 N

$$S = \frac{S_y}{N} \tag{4.18}$$

則可求出軸徑 d 為

$$d = \left[\frac{16N}{\pi S_y}\sqrt{(4M^2 + 3T^2)}\right]^{1/3} \tag{4.19}$$

➡ 4.3.4　兼具彎曲與扭轉之動態負荷

大部分之傳動軸(例如齒輪軸、鏈輪軸、皮帶輪軸、渦輪軸等)同時擔負產生相對旋轉運動及傳遞扭力之功能，因此同時承受動態彎矩負荷及動態扭矩負荷。此種情形，需利用疲勞損壞理論來計算之。若為延性材料之實心圓軸，承受之平均彎曲力矩為 M_m，變動幅度為 $\pm M_a$；承受之平均扭矩為 T_m，變動幅度為 $\pm T_a$，則平均正應力、交變正應力、平均剪應力、交變剪應力分別為：

$$\sigma_{xm} = \frac{32M_m}{\pi d^3} \tag{4.20}$$

$$\sigma_{xa} = \frac{32M_a}{\pi d^3} \tag{4.21}$$

$$\tau_{xym} = \frac{16T_m}{\pi d^3} \tag{4.22}$$

$$\tau_{xya} = \frac{16T_a}{\pi d^3} \tag{4.23}$$

若 K_f 及 K_{fs} 分別為正應力及剪應力之應力集中因數，S_y 及 S_e 分別代表材料之降伏強度及疲勞強度，利用疲勞損壞理論中之 Solderberg 準則，求得其等效靜正應力 σ' 及等效靜剪應力 τ'：

$$\sigma' = \sigma_{xm} + K_f \sigma_{xa} \frac{S_y}{S_e} \tag{4.24}$$

$$\tau' = \tau_{xym} + K_{fs} \tau_{xya} \frac{S_y}{S_e} \tag{4.25}$$

然後將 4.3.3 節中之 σ_x 及 τ_{xy} 以(4.24)式之 σ' 及(4.25)式之 τ' 取代之，其餘步驟完全相同。

最大剪應力損壞理論：

$$d = \left[\frac{32N}{\pi} \sqrt{ \left(\frac{M_m}{S_y} + K_f \frac{M_a}{S_e} \right)^2 + \left(\frac{T_m}{S_y} + K_{fs} \frac{T_a}{S_e} \right)^2 } \right]^{1/3} \tag{4.26}$$

最大畸變能損壞理論：

$$d = \left[\frac{32N}{\pi} \sqrt{ \left(\frac{M_m}{S_y} + K_f \frac{M_a}{S_e} \right)^2 + \frac{3}{4} \left(\frac{T_m}{S_y} + K_{fs} \frac{T_a}{S_e} \right)^2 } \right]^{1/3} \tag{4.27}$$

▶ 4.3.5　兼具彎曲與扭轉以及軸向之負荷

有些傳動軸(例如裝有螺旋齒輪、傘齒輪、戟齒輪等)除同時承受動態彎矩負荷及動態扭矩負荷外，又承受軸向推力。此種情形下之正應力計算，除了由於彎曲負荷所產生之正應力外，須再加上於軸向推力 F 所產生之正應力，因此(4.2)公式應修正為

$$\sigma_x = \frac{32M}{\pi d^3} + \frac{4F}{\pi d^2} \tag{4.28}$$

再將其代入(4.13)及(4.16)式分別得到最大剪應力及等效應力分別為：

$$\tau_{max} = \frac{2}{\pi d^3} \sqrt{(8M + Fd)^2 + (8T)^2} \tag{4.29}$$

$$S = \frac{4}{\pi d^3} \sqrt{(8M + Fd)^2 + 48(T)^2} \tag{4.30}$$

其餘按照 4.3.3 及 4.3.4 節所述之步驟計算即可。

例題 4-1 ●●●

如圖 4-3 所示，有一直徑 50mm，長度為 200mm 之實心圓軸，兩端為簡支撐，在中央處有一垂直向下 6000N 之負荷 P，且在兩端各施以 1000N-m 之扭矩 T。若該軸不旋轉，且各負荷為穩態負荷，試求：

(a)軸中央底部 A 處之應力，(b)距軸右端支撐 50mm 處，水平側面 B 處之應力。

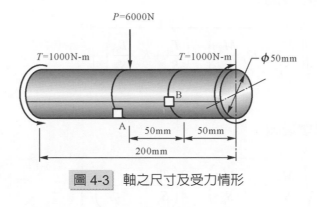

圖 4-3 軸之尺寸及受力情形

解

(a) A 處之應力：

6000N 之垂直向下負荷 P，對於 A 處僅產生拉應力。利用公式(4.2)，其拉應力應力之值為：

$$\sigma = \frac{32M}{\pi d^3} = \frac{32(3000 \times 100)}{\pi (50)^3} = 24.45 \text{(MPa)}$$

1000N-m 之扭矩 T，對於 A 處產生剪應力，可利用公式(4.8)計算之：

$$\tau = \frac{16T}{\pi d^3} = \frac{16 \times 1000000}{\pi (50)^3} = 40.74 \text{(MPa)}$$

【注意】 1000N-m = 1000000N-mm

【答】 $\sigma = 24.45$ MPa ， $\tau = 40.74$ MPa

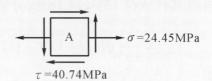

(b) B 處之應力：

6000N 之垂直向下負荷 P，對於 B 點而言，由於 B 點位於中性面上，故彎曲應力為零，但是承受最大橫向剪應力：

$$\tau_P = \frac{4V}{3A} = \frac{4 \times 3000}{3 \times \pi \times (25)^2} = 2.04 (MPa)$$

1000N-m 之扭矩 T，對於 B 處產生之剪應力與 A 處相同為：

$$\tau_T = \frac{16T}{\pi d^3} = \frac{16 \times 1000000}{\pi (50)^3} = 40.74 (MPa)$$

故 B 處產生之剪應力總和為：

$$\tau_{Total} = \tau_P + \tau_T = 2.04 + 40.74 = 42.78 (MPa)$$

【答】 $\sigma = 0$ MPa ， $\tau = 42.78$ MPa

$\tau = 42.78$MPa

例題 4-2 ●●●

若例題 4-1 中傳動軸為延性材料，其降伏強度 S_y 為 620MPa，安全因數 N 為 2.0。試求該軸之最小安全直徑。

解

該軸同時承受彎曲與扭轉之靜態負荷，因屬延性材料，故可使用最大剪應力損壞理論或畸變能損壞理論來求得軸徑。

最大剪應力損壞理論：根據(4.15)公式，軸徑 d 為

$$d = \left[\frac{32N}{\pi S_y} \sqrt{(M^2 + T^2)} \right]^{1/3} = \left[\frac{32 \times 2.0}{\pi \times 620} \sqrt{(3,000 \times 100)^2 + 1,000,000^2} \right]^{1/3}$$

$$= \left[\frac{32 \times 2.0}{\pi \times 620} \sqrt{9 \times 10^{10} + 1 \times 10^{12}} \right]^{1/3} = \left[\frac{32 \times 2.0}{\pi \times 620} \sqrt{109 \times 10^{10}} \right]^{1/3}$$

$$= \left[\frac{32 \times 2.0 \times 10.44 \times 10^5}{\pi \times 620} \right]^{1/3} = 32.49 (mm)$$

最大畸變能損壞理論：根據(4.19)公式，軸徑 d 為

$$d = \left[\frac{16N}{\pi S_y}\sqrt{(4M^2 + 3T^2)}\right]^{1/3} = \left[\frac{16 \times 2.0}{\pi \times 620}\sqrt{4 \times (3,000 \times 100)^2 + 3 \times 1,000,000^2}\right]^{1/3}$$

$$= \left[\frac{16 \times 2.0}{\pi \times 620}\sqrt{36 \times 10^{10} + 3 \times 10^{12}}\right]^{1/3} = \left[\frac{16 \times 2.0}{\pi \times 620}\sqrt{336 \times 10^{10}}\right]^{1/3}$$

$$= \left[\frac{16 \times 2.0 \times 18.33 \times 10^5}{\pi \times 620}\right]^{1/3} = 31.11 (\text{mm})$$

【答】該軸之最小安全直徑為 32.5mm。

例題 4-3 ●●●

若例題 4-1 中傳動軸為旋轉軸，且兩端 1000N-m 之扭矩 T 在上下 20%內變動，彎曲及扭轉之疲勞應力集中因數 K_f、K_{fs} 均為 1.35。旋轉軸為延性材料，其降伏強度 S_y 為 620MPa，持久限 S_e 為 300MPa 安全因數 N 為 2.0。試求該軸之最小安全直徑。

解

該軸同時承受彎曲與扭轉之動態負荷，因屬延性材料，故可使用最大剪應力損壞理論或畸變能損壞理論來求得軸徑。

最大剪應力損壞理論：根據(4.26)公式，軸徑 d 為

$$d = \left[\frac{32N}{\pi}\sqrt{\left(\frac{M_m}{S_y} + K_f\frac{M_a}{S_e}\right)^2 + \left(\frac{T_m}{S_y} + K_{fs}\frac{T_a}{S_e}\right)^2}\right]^{1/3}$$

$$= \left[\frac{32 \times 2}{\pi}\sqrt{\left(\frac{0}{620} + 1.35 \times \frac{300000}{300}\right)^2 + \left(\frac{1000000}{620} + 1.35 \times \frac{200000}{300}\right)^2}\right]^{1/3}$$

$$= \left[\frac{32 \times 2}{\pi}\sqrt{\left(\frac{0}{620} + 1350\right)^2 + (1612.9 + 900)^2}\right]^{1/3} = \left[\frac{32 \times 2}{\pi}\sqrt{1822500 + 6314666}\right]^{1/3}$$

$$= 38.734 (\text{mm})$$

最大畸變能損壞理論：根據(4.27)公式，軸徑 d 為

$$d = \left[\frac{32N}{\pi}\sqrt{\left(\frac{M_m}{S_y}+K_f\frac{M_a}{S_e}\right)^2+\frac{3}{4}\left(\frac{T_m}{S_y}+K_{fs}\frac{T_a}{S_e}\right)^2}\right]^{1/3}$$

$$=\left[\frac{32\times2}{\pi}\sqrt{\left(\frac{0}{620}+1.35\times\frac{300000}{300}\right)^2+\frac{3}{4}\left(\frac{1000000}{620}+1.35\times\frac{200000}{300}\right)^2}\right]^{1/3}$$

$$=\left[\frac{32\times2}{\pi}\sqrt{\left(\frac{0}{620}+1350\right)^2+\frac{3}{4}\left(1612.9+900\right)^2}\right]^{1/3}=\left[\frac{32\times2}{\pi}\sqrt{1822500+6314666}\right]^{1/3}$$

$$=37.366\text{(mm)}$$

【答】該軸之最小安全直徑為 38.8mm。

4.4　聯軸器

　　軸與其他傳動件(例如齒輪、鏈輪、凸輪、聯軸器……等)之連結方式，常見的有固定螺釘(set screw)、銷(pin)、鍵(key)等方式。固定螺釘常用於較低負荷之連接，裝卸非常方便。其工作原理係利用螺釘之螺旋力，使其他傳動件之輪轂與軸之間產生壓力，靠摩擦力防止其他傳動件之輪轂與軸發生滑動。為了提高負荷能力，必要時可在軸上相對於固定螺釘處加工一小平面。銷子接合方式之特點為接合後可同時承受軸向及徑向之負荷。然而承受較大負荷之其他傳動件之輪轂與軸之間的連接方式，常以鍵及鍵槽方式來接合，詳細之設計請見第十三章。而二根軸之間的連結則使用軸連結器(coupling)又稱聯軸器，以傳遞扭矩及旋轉運動。

▶ 4.4.1　聯軸器的種類

　　聯軸器之主要功能是將兩根軸連結(例如將馬達軸心與傳動軸連接)，以傳遞扭矩及旋轉運動，並可改善因兩軸不對心(偏置、歪斜)而引發之振動等工程問題。一般可分為剛性聯軸器及撓性聯軸器兩大類。

剛性聯軸器：

　　用一剛性套筒將二軸連接在一起。主要用於二軸之間在連結後不允許有相對旋轉運動之情形，常見於多根長軸間之連接或是不希望有背隙產生之伺服機構傳動軸連接。但是使用此類聯軸器時，要求被連接之二軸心線要精密對位，以免引起軸承之巨大側向推力及彎矩。最常見之剛性聯軸器有凸緣聯軸器(flange coupling)及套筒聯軸器(sleeve coupling)兩種。剛性聯軸器與軸間之固定方式有：固定螺釘、鍵及鍵槽、鉗夾、栓槽、齒槽等方式。

　　凸緣聯軸器：是最原始之剛性聯軸器，由兩個凸緣各與一軸連結後，再用螺栓將兩凸緣連結在一起(圖 4-4)，常使用於精度要求不高之機器。現代較精密之機器，會在兩個凸緣中間加裝彈性盤而成為撓性盤聯軸器(圖 4-7)，或是加入彈性爪而成為爪形撓性聯軸器(圖 4-6)，以改善兩軸不對心(偏置、歪斜)之問題。

　　套筒聯軸器：常見之套筒聯軸器為單件套管形式(圖4-5a)，亦有將套管開裂槽以方便夾緊(圖 4-5b)。

　　其他尚有齒輪聯軸器(gear coupling)及曲齒聯軸器(curvic coupling)。齒輪聯軸器：在套筒內做成栓槽或齒槽可補償軸向安裝誤差，以及承受巨大扭力負荷，常見於軋鋼廠。曲齒聯軸器：常用於飛機渦輪引擎葉輪間之大扭力精密連結，亦可用於分度器。

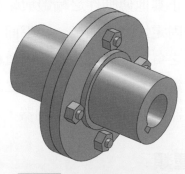

圖 4-4 凸緣剛性聯軸器

(a) 一般套筒　　　　　　　　　(b) 裂槽式套筒

圖 4-5　套筒剛性聯軸器(Runland 公司)

撓性聯軸器：

　　撓性聯軸器可分為剛體可移式及彈性體式，主要用於被連結之二軸軸心間有少量之軸向位置誤差、軸線平行偏置、軸線角度誤差、軸心旋轉角度誤差。

　　常見之彈性體式撓性聯軸器有：爪形聯軸器(jaw coupling)、撓性盤聯軸器(flexible disk coupling)、摺管聯軸器(bellows coupling)(圖 4-8)、螺旋聯軸器(helical coupling)(圖 4-9)。

　　常見之剛體可移式撓性聯軸器有：歐丹聯軸器(Oldham coupling)(圖 4-10)、以及萬向接頭(universal joint 又稱 hooke's coupling)(圖 4-11)等。

R+W Coupling Technology產品　　　　Ruland公司產品

圖 4-6　爪形聯軸器

Ruland公司產品　　　　　　　GMT公司產品

圖 4-7　撓性盤聯軸器

R+W Coupling Technology產品　　　　GMT產品

圖 4-8　摺管聯軸器

圖 4-9　螺旋聯軸器(Ruland 公司產品)

 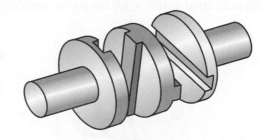

Ruland公司產品

圖 4-10　歐丹聯軸器

 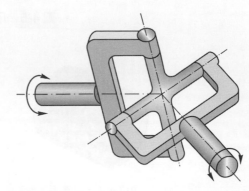

合順藝公司產品

圖 4-11　萬向接頭聯軸器

➡ 4.4.2　聯軸器的選用

聯軸器之產品種類繁多，各公司之產品亦各具特色，適用於不同之用途。各產品所允許之軸安裝誤差亦有不同，選用時宜詳閱其產品目錄規格及安裝說明書，以免錯用而造成機械性能不良，甚至故障或發生危險。表 4-1 為各種常用聯軸器之選用特性比較表。

表 4-1　各種常用聯軸器之選用特性

種類	軸安裝允許誤差				扭矩負荷
	軸向間距誤差	軸線平行偏置	軸線斜角誤差	軸心旋轉誤差	
剛性聯軸器	大	微	微	微	大
爪形聯軸器	小	小	小	中	中
撓性聯軸器	小	小	小	小	中
摺管聯軸器	小	中	大	微	小
螺旋聯軸器	小	小	大	小	小
歐丹聯軸器	小	大	小	微	中
萬向接頭	大	大	大	小	大

4.5　臨界轉速

傳動軸上若裝有附件，該附件之重量會使傳動軸產生撓曲變形。若撓曲變形量小，且傳動軸之轉速不高，則由於傳動軸之彎曲剛度(EI)之抵抗，可防止撓曲變形量繼續增大。不過若是傳動軸之轉速增加到某一轉速時，會產生不穩定現象，撓曲變形量將持續增加，造成傳動軸損壞，此轉速稱為該傳動軸之**臨界轉速**(critical speed)。通常軸系之臨界轉速不只一個，最低之臨界轉速稱為第一臨界轉速。一般情形下，傳動軸之轉速應該低於第一臨界轉速，以確保安全。

傳動軸臨界轉速，受(1)傳動軸之幾何形狀(等直徑或階級狀直徑)、材質，(2)附件之重量、位置、偏心量，以及(3)支撐軸承之數量、位置、特性等之影響，計算時十分繁複。精密設計時，常使用有限元素電腦軟體分析，或使用專業電腦軟體設計。

均勻直徑簡支樑傳動軸之第一臨界轉速，可利用 Rayleigh 公式估算之

$$f = \frac{1}{2\pi}\sqrt{\frac{g(W_1 y_1 + W_2 y_2 + ... + W_i y_i + ... + W_n y_n)}{W_1 y_1^2 + W_2 y_2^2 + ... + W_i y_i^2 + ... + W_n y_n^2}} \tag{4.31}$$

式中 f 為第一臨界轉速(單位：轉／秒)

$W_1, W_2, ... W_i, ... W_n$，代表傳動軸上之附件重量或負荷(單位：牛頓)，$y_1, y_2, ... y_i, ... y_n$，代表傳動軸在該附件重量或負荷處之撓度(單位：毫米)，g 為重力加速度，9807 毫米／(秒)^2。

例題 4-4 ●●●

如圖 4-12 所示，有一等直徑為 50mm 之傳動軸(E=206900MPa or N/mm^2)，於兩端用徑向軸承支撐，間距為 1000mm，距左軸承 300mm 處裝有一重量 60kg 之齒輪，距右軸承 400mm 處裝有一重量 50kg 之齒輪。若忽略軸之本身重量，試求該傳動軸之第一臨界轉速。

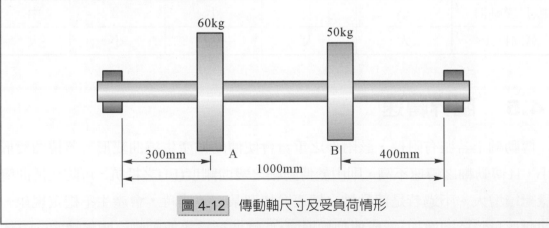

圖 4-12 傳動軸尺寸及受負荷情形

解

$$I = \frac{\pi d^4}{64} = \frac{\pi (50)^4}{64} = 306796 (\text{mm}^4)$$

在 A 處由於 60kg 所引起之撓度，參考圖 4-2 中之撓度公式。

$$y_{a1} = \frac{Pbx}{6lEI}(l^2 - b^2 - x^2) = \frac{(60 \times 9.8) \times 700 \times 300}{6 \times 1000 \times 206900 \times 306796} \times (1000^2 - 700^2 - 300^2)$$

$$= \frac{1.2348 \times 10^8}{3.808566 \times 10^{14}} \times (4.2 \times 10^5) = 0.1362 \,(\text{mm})$$

註：請注意 P 之單位為牛頓。

在 A 處由於 50kg 所引起之撓度

$$y_{a2} = \frac{Pbx}{6lEI}(l^2 - b^2 - x^2) = \frac{(50 \times 9.8) \times 400 \times 300}{6 \times 1000 \times 206900 \times 306796} \times (1000^2 - 400^2 - 300^2)$$

$$= \frac{5.88 \times 10^7}{3.808566 \times 10^{14}} \times (7.5 \times 10^5) = 0.1158 \,(\text{mm})$$

在 A 處之總撓度

$$y_a = y_{a1} + y_{a2} = 0.1362 + 0.1158 = 0.252 \,(\text{mm})$$

在 B 處由於 60kg 所引起之撓度，此時不符合 $x \leq (\ell - b)$ 之限制，可用左右鏡射法修正公式

$$y_{b1} = \frac{P(\ell - b)(\ell - x)}{6\ell EI}\left[\ell^2 - (\ell - b)^2 - (\ell - x)^2\right]$$

$$= \frac{(60 \times 9.8) \times (1000 - 700)(1000 - 600)}{6 \times 1000 \times 206900 \times 306796} \times \left[1000^2 - (1000 - 700)^2 - (1000 - 600)^2\right]$$

$$= \frac{7.056 \times 10^7}{3.808566 \times 10^4} 7.5 \times 10^5 = 0.13895 \,(\text{mm})$$

在 B 處由於 50kg 所引起之撓度

$$y_{b2} = \frac{Pbx}{6lEI}(l^2 - b^2 - x^2) = \frac{(50 \times 9.8) \times 400 \times 600}{6 \times 1000 \times 206900 \times 306796} \times (1000^2 - 400^2 - 600^2)$$

$$= \frac{1.176 \times 10^8}{3.808566 \times 10^{14}} \times (4.8 \times 10^5) = 0.1482 \,(\text{mm})$$

在 B 處之總撓度

$$y_b = y_{b1} + y_{b2} = 0.13895 + 0.1482 = 0.2872 \,(\text{mm})$$

再利用 Rayleigh 公式(4.31)式求得第一臨界轉速

$$f = \frac{1}{2\pi}\sqrt{\frac{g(W_a y_a + W_b y_b)}{W_a y_a^2 + W_b y_b^2}}$$

$$= \frac{1}{2\pi}\sqrt{\frac{9800(60 \times 9.8 \times 0.252 + 50 \times 9.8 \times 0.2872)}{60 \times 9.8 \times 0.252^2 + 50 \times 9.8 \times 0.2872^2}}$$

$$= \frac{1}{2\pi}\sqrt{\frac{9800(148.18 + 140.728)}{37.340 + 40.417}} = \frac{1}{2\pi}\sqrt{36412.14}$$

$$= 30.37\,(\text{rev/sec})$$

【答】該傳動軸之第一臨界轉速為 30.37 轉／秒或 1822rpm。

註：若要考慮傳動軸之本身重量，可將該軸重量看成為一集總重量(lumped weight)
放於該軸之重心處，然後當成一個附件之重量來處理。

習　題

1. 試述軸之分類及其功能。

2. 試述聯軸器之功能及其種類。

3. 何謂傳動軸之臨界轉速？

4. 如圖 4-13 所示，有一直徑 40mm，長度為 200mm 之實心圓軸，兩端為簡支
   撐，在中央處有一垂直向下 5000N 之負荷 P，且在兩端各施以 800N-m 之扭
   矩 T。若該軸不旋轉，且各負荷為穩態負荷，試求：

   (1) 軸中央水平側面 A 處之應力。

   (2) 距軸右端支撐 50mm 處，底部 B 處之應力。

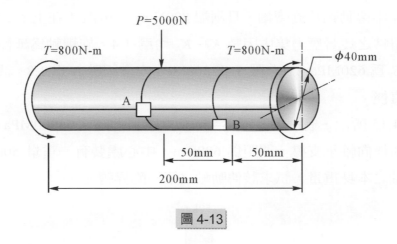

圖 4-13

5. 如圖 4-14 所示，有一直徑 40mm，長度為 200mm 之實心圓軸，兩端為簡支
   撐，在中央處有一垂直向下 5000N 之負荷 P，且在兩端各施以 800N-m 之扭
   矩以及 900N 之正壓力。若該軸不旋轉，且各負荷為穩態負荷，試求：

   (1) 軸中央水平側面 A 處之應力。

   (2) 距軸右端支撐 50mm 處，底部 B 處之應力。

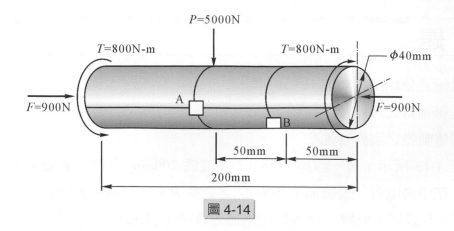

圖 4-14

6. 若習題 4 中傳動軸為延性材料，其降伏強度 S_y 為 620MPa，安全因數 N 為 1.8。試求該軸之最小安全直徑。

7. 若習題 4 中傳動軸為旋轉軸，且兩端 800N-m 之扭矩 T 在上下 25%內變動，彎曲及扭轉之疲勞應力集中因數 K_f、K_{fs} 均為 1.4。旋轉軸為延性材料，其降伏強度 S_y 為 620MPa，持久限 S_e 為 300MPa 安全因數 N 為 1.8。試求該軸之最小安全直徑。

8. 若如圖 4-15 所示，有一等直徑為 25mm 之傳動軸(E=206900MPa or N/mm^2)，於兩端用徑向軸承支撐，間距為 600mm，中心處裝有一重量 50kg 之齒輪。若忽略軸之本身重量，試求該傳動軸之第一臨界轉速。

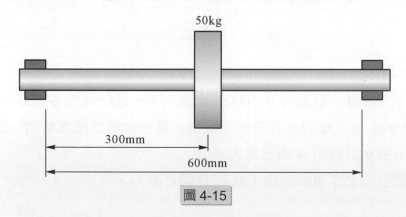

圖 4-15

9. 如習題 8，若考慮軸之本身重量，試求該傳動軸之第一臨界轉速。

第 5 章

軸承與潤滑

5.1　軸承

　　軸承的使用目的在能承受負荷的同時、亦允許兩機件間作相對之運動，其運動可為旋轉或直線，也可能是二者的組合運動。因此，軸承的組裝設計大都是在固定件與移動件之間裝有滾珠(ball)或滾子(roller)之元件，除了可以用以支撐負荷外、亦可提供點接觸或線接觸的方式進行低接觸面積的摩擦以獲得低阻力。負荷可為徑向負荷、軸向負荷，或為徑向與軸向之組合負荷。

5.2　軸承的種類

　　一般而言，軸承的種類可分為滾珠軸承(ball bearing)及滾子軸承(或稱滾柱軸承)，前者能在高速下使用，後者可攜帶較大的負載。軸承是精確但簡單的機械元件，形式與尺寸相當廣泛，大部分的軸承製造商會提供工程說明書與使用方法手冊，但在此僅介紹一些常見的形式。

滾珠軸承

　　滾珠軸承可以應用在大部分類型的機器或機構的旋轉件之中，其基本的構成元件包含內環、外環、滾珠與保持器(又稱為滾珠固定環)如圖 5-1 所示。保持器是用來隔開滾珠以減少摩擦，保持滾珠的順暢性、降低慣性及儲油。滾珠被固定於保持器、在軌道(raceways)的曲線溝槽中進行滾動運動。軌道的寬度會稍微比滾珠大一些以提供滾珠運動的裕度，但往往也會形成雜質或污漬的堆積。滾珠軸承的使用形式可以分為以下四種：

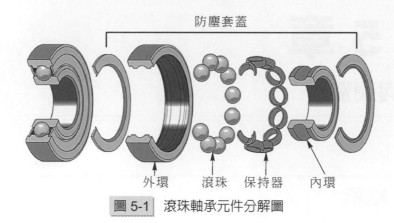

防塵套蓋

外環　　滾珠　　保持器　　內環

圖 5-1　滾珠軸承元件分解圖

1. 深溝滾珠軸承(deep-groove bearing)：可承受徑向負荷、雙方向軸間負荷及兩者之合成負荷，由於其構造上比其他種軸承簡單、且適合高速度迴轉與低振動用途；因此，是滾珠軸承中被使用最廣泛的種類。在需要潤滑的情況下，可搭配密封裝置，可將潤滑脂預先封入，此種類型的深溝式軸承可分為為防塵蓋型軸承及密封圈型軸承如圖 5-2(a)與(b)所示。

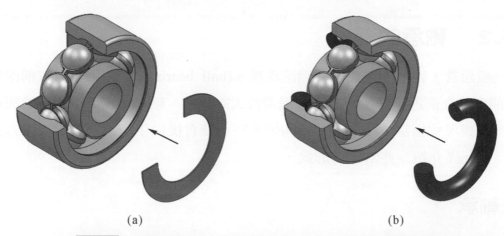

(a)　　　　　　　　　　　　　　　　(b)

圖 5-2　(a)防塵蓋型深溝滾珠軸承與(b)密封圈型深溝式軸承

2. 斜角滾珠軸承(angular-contact bearing)：這種軸承的設計是用來承受複合負荷，亦即徑向負荷和軸向負荷同時作用的情況；所以在內圈和外圈上均有滾道，且內外圈在軸承軸向可作相對位移如圖 5-3 所示。通常兩個對向使用以方便調整間隙。斜角滾珠軸承的軸向載荷能力會隨著接觸角的增大而增加，而接觸角 α 的定義為「徑向平面上連接滾珠和滾道觸點的線與一條同軸承軸垂直的線之間的角度」，負荷可沿著這個角度從一個滾道傳到另一個滾道。

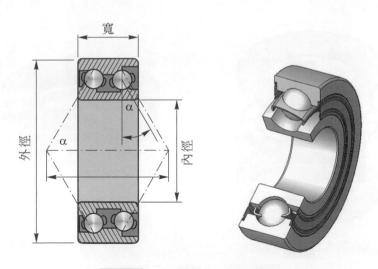

寬

外徑

內徑

α

α

圖 5-3　斜角接觸式軸承示意圖

3. 自動對位軸承(self-aligning bearing)：可以承受相當程度的角度對準不正，當使用雙列徑向軸承加以配合，即可提升很高的徑向容量如圖 5-4 所示。

圖 5-4　自動對位軸承圖

4. 止推軸承(thrust bearing)：止推滾珠軸承通常接觸角為 90°，分有單式及複式兩種。單式止推滾珠軸承能承受一方向的軸向負荷如圖 5-5(a)所示，而複式止推滾珠軸承則能承受兩方向的軸向負荷如圖 5-5(b)所示；當徑向負荷太大時，由於滾珠軸承的接觸面積太小、應力大、易損壞，故止推軸承對於徑向負荷的能力均不高，且較不適宜運用於高速迴轉。

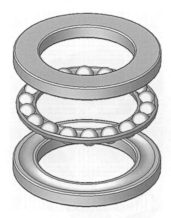
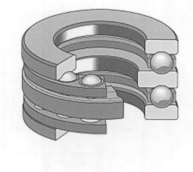

(a) 單式止推滾珠軸承　　　　(b) 複式止推滾珠軸承

圖 5-5　止推軸承示意圖

滾子軸承

　　滾子軸承使用正圓柱、滾錐或是柱狀輪廓的滾子為滾動元件，常用於可能發生突然的震動、衝擊負荷以及需要較大型的軸承的情況。滾子軸承比同等級尺寸的滾珠軸承可以承受更高的靜態負荷與衝擊負荷，因為滾子軸承是以線接觸取代點的接觸，而其他的組成元件是與滾珠軸承一樣。這類軸承可以分為以下五種基本形式：

1. 柱狀滾子軸承(cylinder roller bearing)：柱狀滾子軸承是滾子軸承中構造作最簡單的一類軸承，其內輪、外輪與滾子呈現線接觸如圖 5-6，可以提供完全的徑向負荷，但是不能承受推力負荷，多用於高速旋轉。

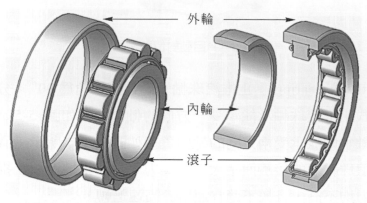

外輪

內輪

滾子

圖 5-6　柱狀滾子軸承示意圖

2. 球面滾子軸承(spherical roller bearing)：球面滾子軸承又稱「球面調心軸承」如圖 5-7 所示，有兩列對稱形球面滾子，外圈有一條共用的球面滾道，內圈有兩條與軸承軸線傾斜一角度的滾道，具有良好的調心性能，當軸受力彎曲或安裝不同心時，軸承仍可能容許誤差而對準，即使在惡劣工作環境中仍能提供高的運行可靠性和長壽命；由於具有適應高負載下的滾動研磨功能、故常用於驅動工業齒輪所產生的軸欠對準問題的場合。

3. 滾錐止推軸承(thrust roller bearings)：滾錐軸承的組件為內環、外環、滾子及承件，內環稱為錐(cone)、而外環稱為杯(cup)如圖 5-8 所示，滾錐軸承設計成可負載徑向負荷、軸向推力負荷或是高速時之組合負荷。因為徑向負荷作用於滾子之垂直面，故產生一作用於軸方向之推力，滾錐止推軸承僅能承受一單一方向的推力。滾柱面與軸承道之面的延線應與中心線相交於共同的頂點，如此才可以於滾子與軸承道之間產生單純滾動。為了增加容量可使用雙列軸承，如果滾錐軸承是面對面的結合，稱為直接結合(direct mounting)，背對背則是間接結合(indirect mounting)。

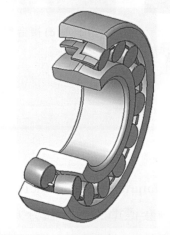

圖 5-7　球面滾子軸承示意圖

圖 5-8　滾錐止推軸承元件圖

4. 針狀滾子軸承(needle bearing)：滾針軸承是廣泛的使用於徑向空間受限的環境中，可以分為薄殼型與旋削型兩種，如圖 5-9(a)與(b)所示。前者是一種質輕但能承受高負載之軸承，由於其薄殼外環大都以特殊鋼進行精密加工而製成，故可提供針狀軸承最小之截面高度，常用於兩運動機件間隙狹小的狀況；而後者是一種斷面高度小但能承受高負載之軸承，由於外環硬度高，就算是輕合金軸承箱，亦可以簡便的使用。當然，亦有複合型針狀滾子軸承，如圖 5-9(c)所示，其設計是由徑向軸承及推力軸承組合而成，其中徑向軸承是使用滾針軸承，而推力軸承則使用推力滾珠軸承或推力滾針軸承，此型軸承體積小，可同時承受徑向及軸向負載。

(a) 薄殼型　　　　　　　(b) 旋削型　　　　　　　(c) 複合型

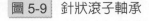 針狀滾子軸承

5.3 軸承的標準尺寸

抗摩擦軸承製造者協會(Anti-Friction Bearing Manufacturers Association，簡稱 AFBMA)對滾動軸承、旋轉軸與承座肩部建立了一套標準的尺寸區分方式，如圖 5-10 所示，$D =$ 軸承內徑、$D_o =$ 外徑(OD)、$w =$ 寬度、$d_1 =$ 軸肩部直徑、$d_2 =$ 承座直徑、$r =$ 圓角半徑。對一已知內徑，可以具有不同的寬度與外徑。同樣地，對一個特定的外徑，可以得到許多不一樣的軸承內徑與寬度。

在基本的 AFBMA 計畫中，軸承藉由一個兩位數編號來進行區分，稱之為尺寸系列編號(dimension series code)。第一與第二位數分別表示寬度系列與直徑系列。然而這些編碼不能直接的反映出尺寸，而必須要藉由查表來取得。表 5-1 及

表 5-2 分別顯示了一些滾珠軸承與柱狀滾子軸承 02 與 03 系列的尺寸，這些軸承的額定負載亦包含在此表中。

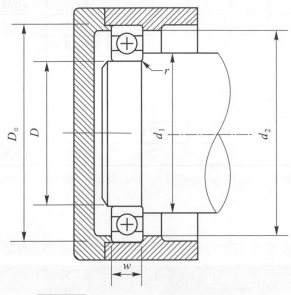

圖 5-10　滾珠軸承、軸與承座的尺寸

表 5-1　02 系列滾珠軸承的尺寸與基本額定負載

額定負載(kN)

內徑	外徑	寬度	圓角半徑	深槽式		斜角接觸式	
D(mm)	D_o(mm)	w(mm)	r(mm)	C	C_s	C	C_s
10	30	9	0.6	5.07	2.24	4.94	2.12
12	32	10	0.6	6.89	3.10	7.02	3.05
15	35	11	0.6	7.80	3.55	8.06	3.65
17	40	12	0.6	9.56	4.50	9.95	4.75
20	47	14	1.0	12.7	6.20	13.3	6.55
25	52	15	1.0	14.0	6.95	14.8	7.65
30	62	16	1.0	19.5	10.0	20.3	11.0
35	72	17	1.0	25.5	13.7	27.0	15.0
40	80	18	1.0	30.7	16.6	31.9	18.6
45	85	19	1.0	33.2	18.6	35.8	21.2
50	90	20	1.0	35.1	19.6	37.7	22.8
55	100	21	1.5	43.6	25.0	46.2	28.5

內徑	外徑	寬度	圓角半徑	深槽式		斜角接觸式	
D(mm)	D_o(mm)	w(mm)	r(mm)	C	C_s	C	C_s
60	110	22	1.5	47.5	28.0	55.9	35.5
65	120	23	1.5	55.5	34.0	63.7	41.5
70	125	24	1.5	61.8	37.5	68.9	45.5
75	130	25	1.5	66.3	40.5	71.5	49.0
80	140	26	2.0	70.2	45.0	80.6	55.0
85	150	28	2.0	83.2	53.0	90.4	63.0
90	160	30	2.0	95.6	62.0	106	73.5
95	170	32	2.0	108	69.5	121	85.0

註：軸承額定壽命容量 C，為在 90% 可靠度下，壽命為旋轉 10^6 次時的負載。

表 5-2　正位柱狀滾子軸承的尺寸與基本額定負載

內徑	02 系列			03 系列		
D(mm)	外徑 D_o(mm)	寬度 w(mm)	額定負載 C(kN)	外徑 D_o(mm)	寬度 w(mm)	額定負載 C(kN)
25	52	15	16.8	62	17	28.6
30	62	16	22.4	72	19	36.9
35	72	17	31.9	80	21	44.6
40	80	18	41.8	90	23	56.1
45	85	19	44.0	100	25	72.1
50	90	20	45.7	110	27	88.0
55	100	21	56.1	120	29	102
60	110	22	64.4	130	31	123
65	120	23	76.5	140	33	138
70	125	24	79.2	150	35	151
75	130	25	91.3	160	37	183
80	140	26	106	170	39	190
85	150	28	119	180	41	212
90	160	30	142	190	43	242
95	170	32	165	200	45	264

註：軸承額定壽命容量 C，為在 90% 可靠度下，壽命為旋轉 10^6 次時的負載。

5.4　滾動軸承壽命

　　軸承承受負荷並提供兩機件間作相對之運動，當軸承的滾珠或是滾子承受過度負荷時，接觸應力會發生在軌道與滾動元件上，由於這些應力值比滾動元件之材料可承受的界限還高，造成軸承損害，故為有限壽命。如果軸承保持良好並且操作在適度的溫度下，則金屬疲勞是唯一的損害因素，其損壞現象包含對負載表面的鑿洞、破碎與切削破壞等。

　　一般而言，任一種類軸承或是任一群相同製程所生產出的軸承，其壽命是沒辦法準確的預估。因此，抗摩擦軸承製造者會對於軸承壽命(bearing life)定義為軸承操作到壞掉時，其旋轉的次數或是某些固定轉速下的可工作時間。以下就不同的壽命定義進行說明：

1. 額定壽命(rating life)L_{10}是指一群相同的軸承中，有 90%到達或超過第一個發生疲勞破壞的旋轉次數或是定速下的時間稱之，亦稱為最低壽命(minimum life)。

2. 中值壽命(median life)是指一群相同的軸承有 50%達到或超過第一個發生疲勞破壞的旋轉次數或是定速下的時間稱之。但是，經由實驗發現中值壽命大約是 L_{10} 的 5 倍壽命。

3. 基本動態負荷率(basic dynamic load rating)：代碼為 C、是指保持一定的徑向負荷下，一批相同的軸承在穩定的負載中，可以到達 10^6 轉內環旋轉(外環靜止)旋轉的額定壽命。

4. 基本靜額定負載(basic static load rating)C_s是指最大允許靜態負載下而不會損壞軸承運轉的負載。

　　大多數的滾珠軸承可能有數倍於一百萬次運轉的壽命。實際上，一百萬次運轉相當於以 2084rpm 的速度連續旋轉 8 小時。當徑向與斜角接觸滾珠軸承的滾珠直徑小於 1 英寸時，一百萬轉額定壽命的基本額定負荷 C 可由下列方程式求得

$$C = f_c(i\cos\alpha)^{0.7}Z^{2/3}D^{1.8} \tag{5.1}$$

式中 f_c 為取自表 5-3 的常數，由 $(D\cos\alpha)/d_m$ 來決定；i 為軸承內滾珠的列數；α 為接觸角(滾珠負荷的作用線與垂直於軸承中心線之平面間的角度)；Z 為每列的滾珠數；D 為滾珠直徑以及 d_m 為滾珠座圈的節圓直徑。表 5-4 則為標準滾珠軸承之規格及基本額定負荷值。

表 5-3　單列徑向滾珠軸承的常數

$\dfrac{D\cos\alpha}{d_m}$	f_c	$\dfrac{D\cos\alpha}{d_m}$	f_c	$\dfrac{F_a}{iZD^2}$	X	Y
0.05	3,550	0.22	4,530	25	0.56	2.30
0.06	3,730	0.24	4,480	50		1.99
0.07	3,880	0.26	4,420	100		1.71
0.08	4,020	0.28	4,340	150		1.55
0.09	4,130	0.30	4,250	200		1.45
0.10	4,220	0.32	4,160	300		1.31
0.12	4,370	0.34	4,050	500		1.15
0.14	4,470	0.36	3,930	750		1.04
0.16	4,530	0.38	3,800	1,000		1.00
0.18	4,550	0.40	3,660			
0.20	4,550					

註：f_c 對於單列及雙列滾珠軸承都適用。X 與 Y 也適用於雙列滾珠軸承。

例題 5-1 ●●●

試求 Conrad 式 306 號單列徑向滾珠軸承之基本額定負荷 C，接觸角(α) = 20°。

解

由表 5-4 得知，306 號徑向軸承，內徑(D_i) = 1.1811in，外徑(D_o) = 2.8346in，滾珠數(Z) = 8，滾珠直徑(D) = $\dfrac{1}{2}$in ，滾珠列數(i) = 1。

$$\therefore d_m = \frac{1}{2}\left(D_i + D_o\right) = \frac{1}{2}\left(1.1811 + 2.8346\right) = 2.00785\text{in}$$

$$\frac{D\cdot\cos\alpha}{d_m} = \frac{\frac{1}{2}\times\cos 20°}{2.00785} = 0.234$$

由表 5-3 得知，f_c 為

$$\frac{0.234 - 0.22}{0.24 - 0.22} = \frac{f_c - 4530}{4480 - 4530}\text{ ，得 }f_c = 4495$$

$$C = f_c \cdot \left(i \cdot \cos\alpha\right)^{0.7} \cdot Z^{2/3} \cdot D^{1.8}$$

$$= 4495 \cdot \left(1 \cdot \cos 20°\right)^{0.7} \cdot 8^{2/3} \cdot \left(\frac{1}{2}\right)^{1.8}$$

$$= 4943.4 \text{(lb)}$$

也就是說 306 號軸承在承受徑向負荷 4943.4 lb 時，有 90%之機率，壽命會超過 100 萬轉。

表 5-4　Conrad 式單列徑向滾珠軸承之規格

軸承號碼	內徑, D_i		外徑, D_o		寬度		滾珠		容量(lb)	
	mm	in	mm	in	mm	in	No., Z	直徑, in	動態, C	靜態, P_{st}
102			32	1.2598	9	0.3543	9	3/16	965	550
202	15	0.5906	35	1.3780	11	0.4431	7	1/4	1,340	760
302			42	1.6535	13	0.5188	8	17/64	1,660	930
103			35	1.3780	10	0.3937	10	3/16	1,040	640
203	17	0.6693	40	1.5748	12	0.4724	7	5/16	1,960	1,040
303			47	1.8504	14	0.5512	6	3/8	2,400	1,240
104			42	1.6535	12	0.4724	9	1/4	1,620	980
204	20	0.7874	47	1.8504	14	0.5512	8	5/16	2,210	1,280
304			52	2.0472	15	0.5906	7	3/8	2,760	1,530
105			47	1.8504	12	0.4724	10	1/4	1,740	1,140
205	25	0.9843	52	2.0472	15	0.5906	9	5/16	2,420	1,520
305			62	2.4409	17	0.6693	8	13/32	3,550	2,160
106			55	2.1654	13	0.5118	11	9/32	2,290	1,590
206	30	1.1811	62	2.4409	16	0.6299	9	3/8	3,360	2,190
306			72	2.8346	19	0.7480	8	1/2	5,120	3,200
107			62	2.4409	14	0.5512	11	5/16	2,760	2,010
207	35	1.3780	72	2.8346	17	0.6693	9	7/16	4,440	2,980
307			80	3.1496	21	0.8268	8	17/32	5,750	3,710
108			68	2.6772	15	0.5906	13	5/16	3,060	2,450
208	40	1.5748	80	3.1496	18	0.7087	9	1/2	5,640	3,870
308			90	3.5433	23	0.9055	8	11/16	7,670	5,050
109			75	2.9528	16	0.6299	13	11/32	3,630	2,970
209	45	1.7717	85	3.3465	19	0.7480	9	1/2	5,660	3,980
309			100	3.9370	25	0.9843	8	3/4	9,120	6,150
110			80	3.1496	16	0.6299	14	13/32	3,770	3,260
210	50	1.9685	90	3.5433	20	0.7874	10	9/16	6,070	4,540
310			110	4.3307	27	1.0630	8	13/16	10,680	7,350

軸承號碼	內徑, D_i		外徑, D_o		寬度		滾珠		容量(lb)	
	mm	in	mm	in	mm	in	No., Z	直徑, in	動態, C	靜態, P_{st}
111			90	3.5433	18	0.7087	13	13/32	4,890	3,950
211	55	2.1654	100	3.9370	21	0.8268	10	9/16	7,500	5,710
311			120	4.7244	29	1.1417	8	13/16	12,350	8,660
112			95	3.7402	18	0.7087	14	13/32	5,090	4,560
212	60	2.3622	110	4.3307	22	0.8661	10	5/8	9,070	6,890
312			130	5.1181	31	1.2205	8	7/8	14,130	10,100
113			100	3.9370	18	0.7087	15	13/32	5,280	4,950
213	65	2.5591	120	4.7244	23	0.9055	10	11/16	10,770	8,460
313			140	5.5118	33	1.2992	8	15/16	16,010	11,600
114			110	4.3307	20	0.7874	14	15/32	6,580	6,080
214	70	2.7559	125	4.9213	24	0.9449	10	11/16	10,760	8,740
314			150	5.9055	35	1.3780	8	1	18,000	13,260

通常軸承的額定壽命，以 90% 之可靠度為準，即有 90% 之軸承，皆可達到之壽命。但是在某些情形下，有時需要較高之可靠度，有時用較小之可靠度即可，因此對於不同之可靠度，其壽命和額定壽命不同，需要以可靠度因數修正，即：

$$L_d = R \cdot L_{10} \qquad\qquad (5.2)$$

式中，R 為可靠度因數，列於表 5-5。

L_d 為可靠度不為 90% 之壽命。

L_{10} 為可靠度 90% 之壽命。

表 5-5　不同可靠度下的可靠度因數

可靠度%	可靠度因數 R
50	5
60	3.8
70	2.8
80	1.9
90	1
95	0.5441
99	0.1341
99.5	0.0743
99.9	0.0194

例題 5-2　●●●

求 70% 可靠度之壽命，已知額定壽命 L_{10}=1,000,000 轉。

解

由表 5-5 可知，可靠度因數爲 2.8

$$L_{70} = R \cdot L_{10} = 2.8 \times 1,000,000 = 2,800,000 \text{ 轉}$$

也就是說，在一堆軸承裡，承受相同地負荷運轉時，如果有 90% 之軸承可運轉 1,000,000 圈，則有 70% 之軸承可運轉 2,800,000 圈。

5.5　軸承負荷

若兩組相同型號之軸承承受不同之徑向負荷 P_1 與 P_2 時，則額定壽命 L_1 與 L_2，將與負荷之 a 次方成正比，即

$$\frac{L_1}{L_2} = \left(\frac{P_2}{P_1} \right)^a \text{ ，或 } L_1 P_1{}^a = L_2 P_2{}^a \tag{5.3}$$

可歸納爲

$$L_1 P_1{}^a = L_2 P_2{}^a = 10^6 \cdot C^a = \cdots = \text{常數(constant)} \tag{5.4}$$

式中，a 爲一常數，若爲滾珠軸承，則 $a = 3$，若爲滾柱軸承，則 $a = \dfrac{10}{3}$。而所有方程式中的壽命轉數 L 可以改爲

$$L = 60nL_{10} \tag{5.5}$$

式中　n = 轉速(rpm)

　　　L_{10} = 壽命(hr)

等效徑向負載（equivalent radial load）

承受不同之徑向負載時，軸承也有不同之額定壽命，因此當軸承承受一些徑向與軸向方面的負載時，必定存在一等值徑向負荷 P，使此軸承在等值徑向負荷 P 之作用下，其壽命與原先軸向、徑向組合負荷之壽命相同；因此，欲求組合負荷之壽命時，須先求出等值徑向負荷 P。

當軸承承受軸向與徑向負荷時，等值徑向負荷 P 為下列兩方程式中之最大者。

$$P = V_1 F_r \tag{5.6}$$

$$P = X V_1 F_r + Y F_a \tag{5.7}$$

其中

$P =$ 等效徑向負荷

$F_r =$ 徑向負荷

$F_a =$ 軸向負荷

$X =$ 表 5-3 之徑向因數

$Y =$ 表 5-3 之軸向因數，由 $F_a / i Z D^2$ 值決定

$V_1 =$ 座環轉動因數，內環轉動為 1，外環轉動為 1.2

等效衝擊負載

在一些應用情況下，軸承會有不同程度之衝擊負載，這將會增加等效徑向負荷，因此，可以使用係數 K_s 加入公式(5.3)與(5.4)中計算任一軸承可能承受的衝擊或震擊負荷的情況；因此，公式(5.6)與(5.7)需修正為

$$P = K_s V_1 F_r \tag{5.8}$$

$$P = K_s \left(X V_1 F_r + Y F_a \right) \tag{5.9}$$

K_s 值是根據設計人員的經驗與判斷來使用，但有表 5-6 可供參考。

表 5-6　衝擊係數 K_s

負荷形式	衝擊係數
穩定負荷	1.0
輕度衝擊	1.5~2.0
中度衝擊	2.0~3.0
重度衝擊	3.0 以上

　　軸承上的衝擊負荷不可超過表 5-4 的靜態容量，否則座圈將會受滾珠重壓而損壞。但若軸承是在轉動中，且負荷作用期間軸承能夠轉動一圈以上，則負荷可以超過少許。

例題 5-3 ●●●

一 210 號之軸承，在 700rpm 之轉速下，承受徑向 500lb，軸向 400lb 的組合負荷時，假設是外環轉動，而軸承承受中度衝擊，求此軸承的額定壽命時數。

解

　　由表 5-4 得知，210 號徑向軸承，滾珠直徑$(D) = \dfrac{9}{16}$in，滾珠數$(Z) = 10$，滾珠列數$(i) = 1$，動態容量$(C) = 6070$

$$\frac{F_a}{iZD^2} = \frac{400}{1 \times 10 \times \left(\dfrac{9}{16}\right)^2} = 126.4198$$

由表 5-3，得 $X = 0.56$，利用內插法，得 Y

$$\frac{126.4198 - 100}{150 - 100} = \frac{Y - 1.71}{1.55 - 1.71}$$，得 $Y = 1.625$

由表 5-6，得衝擊係數 K_s 為 2.0，因外環轉動 V_1 為 1.2

$$P = K_s\left(XV_1F_r + YF_a\right)$$

$$\therefore P = 2\left(0.56 \times 1.2 \times 500 + 1.625 \times 400\right) = 1972\text{(lb)}$$，等效徑向負荷

由公式(5.4)與(5.5)：

$$L = \frac{10^6 \cdot C^a}{P^3} = 60nL_{10} \text{(hr)}$$

額定壽命：

$$L_{10} = \frac{10^6 \cdot C^a}{60nP^3} = \frac{10^6 \times 6070^3}{60 \times 700 \times 1972^3} = 694 \text{(hr)}$$

5.6 軸承的材料

　　軸承在整個機械結構中是相當重要的元件，對一台機械而言，其穩定性或精確度大多是由軸承來決定的；大部分的滾珠與環是由高碳鉻鋼(SAE 52100)，以熱處理來得到高強度與高硬度，且表面打磨光滑且拋光。承件通常使用低碳鋼與銅合金，例如青銅；而滾珠軸承、滾子軸承通常使用表面硬化鋼合金。軸承材料必須具備以下特性：

1. 機械強度要高，尤其是疲勞強度。因為軸承會承受不同方向作用的負荷。

2. 高硬度而耐磨耗。

3. 摩擦係數小。

4. 具有順應性(conformability)。也就是說材料要具有適當的變形能力，以適應軸在尺寸上的誤差以及其他幾何上的誤差

5. 良好的熱傳導性，以消除摩擦熱的影響。

6. 耐腐蝕性，尤其是對潤滑劑之耐蝕，當然周圍環境亦不可忽略。如空氣、腐蝕性氣體等。

　　理想的軸承材料通常含有軟、硬兩種組織，軟質的組織易凹陷或變形，可以蓄油，而硬質的組織可以較為突出以支撐負荷、耐磨耗等，但硬度絕不可比軸還高，以免將軸刮傷。常用的軸承材料有下列幾種：

1. 錫基與鉛基巴氏合金：巴氏合金的使用很廣泛，而且具有兩種通用的典型：錫基與鉛基兩種。錫基軸承合金主要的特性是硬度和耐磨性佳，故可承受大

負荷；基地柔軟，故順應性、埋入性極佳且耐振動與衝擊；導熱性佳、耐高溫、耐高壓，故可用於高速高載重之機械；鉛基合金內含鉛量較多，由於鉛價較廉，故可作爲錫基合金之替代品，且變形能力較錫基優秀。和其他類型的軸承材料相比，巴氏合金之強度較低，高溫時易產生融著現象，且強度會迅速下降是其主要缺點，因此在應用上常將其襯於銅材料之表面作爲軸承襯料(bearing lining)來使用，其厚度約在 0.001in 至 0.014in 之間。

2. 銅合金：主要是使用錫青銅、鉛青銅和鋁青銅。和前述的巴氏合金相比，青銅的疲勞強度和硬度較高故較適用於高負載之軸承。但是較易刮傷軸頸，所以對軸頸的硬度要求較高，表面粗糙度和軸與軸承間之對準要求亦嚴，比較適合使用於低轉速的場合。

3. 鉛合金：有較高的疲勞強度和機械強度，良好的耐腐蝕性和熱傳導性佳且價格低，特別適用於高性能的內燃機，但其順應性、埋入性較差，且易發生融著，所以軸頸部分必須精加工和淬火以提高硬度。如果將鋁合金表面襯上一套較薄的巴氏合金將可大大地改善其耐磨耗和埋入性而形成極佳的軸承材料。

4. 鑄鐵：使用於條件要求較不嚴苛或負荷較輕的場合，可使用鑄鐵軸承，其最大優點便是價廉，但是鑄鐵與其他的軸承性能如埋入性、順應性等都較差，所以軸頸硬度必須有 150~250 的勃氏硬度，以及光滑的加工面，軸與軸承間的對準必須很好。

5. 多孔性金屬(porous metal)：係所謂的自潤軸承或多孔軸承，將青銅、鋁、鐵等金屬粉末再加些石墨等高壓成形，再以高溫燒結而成，形成多孔性材料。其孔隙約爲總體積之 15~35%，使用前可預先在孔隙中注入潤滑油脂，一旦裝置在機械中運轉時，潤滑油脂會因熱而膨脹進而自動滲出進入接觸面形成潤滑作用，機械停止時，油脂又會自動地吸回軸承內，所以又稱爲自潤軸承(self-lubricated bearing)。其優點是價格低，且在某一段時間內無需供油。

6. 非金屬材料：主要是塑膠材料、橡皮、硬木和石墨等。其優點是：摩擦係數低，磨損的磨屑較軟不易刮傷元件，不會和金屬之軸頸發生融著。順應性和埋入性佳、不易腐蝕，在運用上幾乎不用添加潤滑劑。但其缺點是強度低，故負荷能力有限。常用於軸承之塑膠材料有：酚醛樹脂、尼龍、聚碳酸脂、聚縮醛等。

木材和塑膠材料之耐熱性很差，爲了避免因軸承過熱而產生的破壞，操作時

常常要供應大量的水以進行冷卻和潤滑。只有在低速、負荷較小時才使用潤滑油，此時要採用壓力供油。

長久的經驗顯示某些材料的組合，將形成運轉上的良好搭配。其他的組合則否，而將顯示過度的磨耗。

軟鋼與鑄鐵、巴氏合金及軟質黃銅的搭配甚佳，但與軟鋼、青銅、尼龍及熱凝固樹脂則是不良搭配。

硬鋼與軟質青銅、磷青銅、黃銅、鑄鐵、尼龍與熱凝固樹脂搭配良好，與較硬的熱處理青銅搭配不佳。硬化鎳鋼與硬化鎳鋼搭配的效果不好。

5.7　滾動軸承的材料與潤滑劑

大部分的滾珠與環是由高碳鉻鋼(SAE 52100)，以熱處理得到高強度與高硬度，且表面打磨光滑且拋光。承件通常使用低碳鋼與銅合金，例如青銅。不像滾珠軸承，滾子軸承通常使用表面硬化鋼合金。現今鋼鐵的生產過程降低了鋼材中雜質的水平，而對軸承的鋼材造成影響。

彈性液體動力潤滑發生在滾動軸承，其變形的元件部分與因高壓而增加的潤滑油黏度必須被考慮進去。微小的彈性變形與提高的黏度結合起來提供了一層薄膜，雖然此薄膜非常薄，但是仍然較厚而將完全充滿了剛體的部分。除了在滑動與滾動件之間提供油膜之外，潤滑劑還可以幫忙分布且散熱，以避免腐蝕軸承表面，並且防護外來粒子的進入。

受到負載、速度與溫度需求的影響，軸承潤滑劑不是滑脂就是潤滑油。在軸承速度較高或負載情況較嚴苛時，潤滑油是比較好的選擇。而合成與乾性潤滑劑也廣泛的使用於特殊的場合上。滑脂也適合在低速操作環境下，也允許預先包裝軸承。

5.8　潤滑

潤滑之功用主要是減少軸承或滑動面間的摩擦，進而降低元件之磨耗(wear)、摩擦所產生之熱量及零件間發生熔執(seizure)的可能。添加在運動元件表面而能達到上述功能之物質即稱為潤滑劑(lubricant)。滑動軸承(sliding bearing)乃是經由潤

滑劑來支持旋轉或往復運動軸的機械元件。雖然油層的存在可消除金屬對金屬接觸的過度摩擦，但油膜間的摩擦仍然必須加以考慮，因此潤滑與軸承設計的研究內涵，大都與油膜和運動件間的現象有關。

5.9　黏度

如圖 5-11 所示，將一面積為 A 的平板置於厚度為 h 之油膜上，接著，用一水平力 F 推動此一平板使其以速度 U 運動，當平板移動時，它並不是沿著油膜頂面滑動。由於大部分流體具有沾濕、附著於固體表面的傾向，因此當平板移動時則伴隨整個油膜厚的油粒子間的剪切作用或滑動。因此，若板與接觸的油層以速度 U 運動，則中間高度的速度將正比於和固定底部間的距離，如圖 5-11 所示。

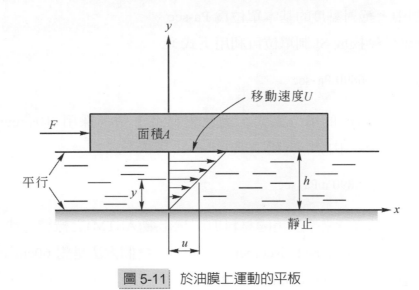

圖 5-11　於油膜上運動的平板

根據牛頓定律(Newton's law)，油膜中剪應力的變化正比於速度 U，而反比於油膜厚度 h。所以：

$$\tau = \mu \frac{U}{h} = \frac{F}{A} \tag{5.10}$$

比例常數 μ 為此油料之絕對黏度(absolute viscosity)或動力黏度(dynamic viscosity)。此方程式為了忽略板緣附近的干擾，作了表面積 A 遠大於 h 的假設。

　　絕對黏度用於量度潤滑劑抵抗剪應力的能力。它屬於一種分子現象，由力 F 所做的功則轉換成熱，將引起油溫及鄰近零件溫度地上升。

　　由(5.10)公式，μ 的英制單位為

$$\mu = \frac{F(\text{lb})h(\text{in})}{A(\text{in}^2)U\left(\dfrac{\text{in}}{\text{sec}}\right)} = \frac{Fh}{AU}\left(\frac{\text{lb}\cdot\text{sec}}{\text{in}^2}\right) \tag{5.11}$$

在英制中，絕對黏度的基本單位為 $\text{lb}\cdot\text{sec}/\text{in}^2$，此單位也稱為雷恩數(reyn)。

　　若使用 SI 制單位，則變成

$$\mu = \frac{Fh}{AU}\left(\frac{\text{N}\cdot\text{sec}}{\text{m}^2}\right) \tag{5.12}$$

因此在 SI 制中，絕對黏度的基本單位為 Pa-sec。

　　由英制單位轉換成 SI 制單位可利用下式：

$$1\,\mu\,\text{reyn} = 6890\,\text{Pa}\cdot\text{sec} \tag{5.13}$$

由於 reyn 與 Pa·sec 的單位太大，因此實務上，常都採用 $10^{-6}\text{reyn}(\mu\,\text{reyn})$ 與 $10^{-3}\text{Pa·sec(mPa·sec)}$。由 μreyn 轉換成 mPa·sec 可依下式：

$$1\,\mu\,\text{reyn} = 6.890\,\text{mPa}\cdot\text{sec} \tag{5.14}$$

　　在商業上，黏度通常是依美國材料與測試組織(ASTM)之標準方法，使用賽氏通用黏度計(Saybolt universal viscometer)來測量。這個方法是對 60cm^3 的潤滑油在指定溫度下通過一直徑 17.6 mm、長 12.25 mm 的毛細管所需的時間，如圖 5-12。以秒為單位量測所需要的時間。所量測的時間(以秒為單位)即是賽氏通用秒數(Saybolt universal seconds)SUS。以賽氏方法測量得到的黏度即是運動黏度(kinematic viscosity)v。

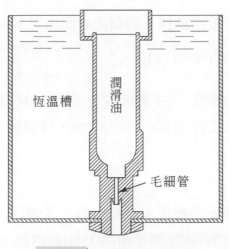

恆溫槽

潤滑油

毛細管

圖 5-12　賽氏通用黏度計

運動黏度，也可以稱作以秒為單位的賽氏通用黏度(Saybolt universal viscosity, SUV)，定義成如下：

$$v = \frac{絕對黏度}{質量密度} = \frac{\mu}{\rho} \tag{5.15}$$

潤滑油的密度 ρ：g /cm³ (數值上同等於比重)。在 SI 制下，運動黏度 v 單位為 m²/s，在公制單位下，cm²/s 則稱為史托克(stoke)，縮寫為 St。為了使 stoke 的數值較容易處理，通常採用 cSt(centistoke)為單位，它是百分之一 stoke。當依據 SUS 來量測時，cSt 為單位的運動黏度為：

$$v = \left(0.22\ \mathrm{SUS} - \frac{180}{\mathrm{SUS}} \right) \tag{5.16}$$

在軸承中計算潤滑油的壓力與流動需要使用絕對黏度，藉由(5.15)式，可將運動黏度轉換為絕對黏度

$$\mu = \rho \left(0.22\ \mathrm{SUS} - \frac{180}{\mathrm{SUS}} \right) \tag{5.17}$$

對於石油系潤滑油，其密度可依據下列關係式而決定：

$$\rho = \rho_{15.6°C} - 0.00063(°C - 15.6) \tag{5.18}$$

式中，$\rho_{15.6°C}$ 為 15.6℃時的密度。大多數的潤滑油在 15.6℃時，密度約為 0.89 g/cm³；若不需更精準的數值，於工程運算中可使用 0.89 這個值。

溫度與壓力的影響

　　液體的黏度對溫度為反向變化，對壓力為正向變化，且兩者皆呈現非線性。美國汽車工程師協會(SAE)與國際標準組織(ISO)利用黏度區分潤滑油。SAE 號數類型的黏度－溫度曲線如圖 5-13 所示，圖中顯示出 SAE 10、20、30、40、60 及 70 潤滑油。這些潤滑油在 100℃時必須顯示出個別的黏度特質。SAE 也使用指定名稱來區分潤滑油，如 5W、10W、20W；這些潤滑油在−18℃時須顯示出個別的黏度特質。多重黏度潤滑油(multiweight oils)已應用於汽車業上，並且可滿足兩者之要求。例如，10W-30 潤滑油在−18℃時必須滿足 10W 的黏度行為，在 100℃時必須滿足 SAE30 的黏度行為。與單級潤滑油(single grade oils)相較之下，複級潤滑油(multigrade oils)較不易隨溫度之變化而改變黏度值；基於此一理由，在需要於大的運轉溫度範圍下有滿意性能的應用，複級潤滑油的表現通常較佳。

　　說明黏度與溫度之變化率的黏度指數(viscosity index, VI)是一個廣泛使用的方法，是將潤滑油本身與黏度變化率很小及很大的潤滑油進行比較。現今對黏度指數測定基準是由美國國家標準協會(ANSI)/ASTM D2270 說明。

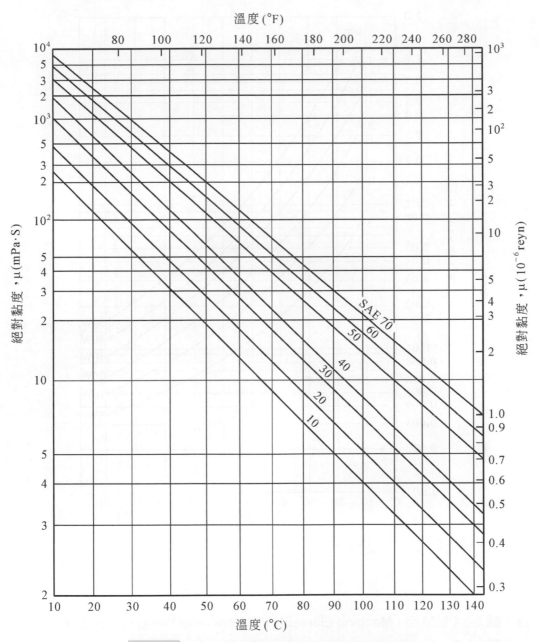

圖 5-13　SAE 級潤滑油的黏度對溫度之曲線圖

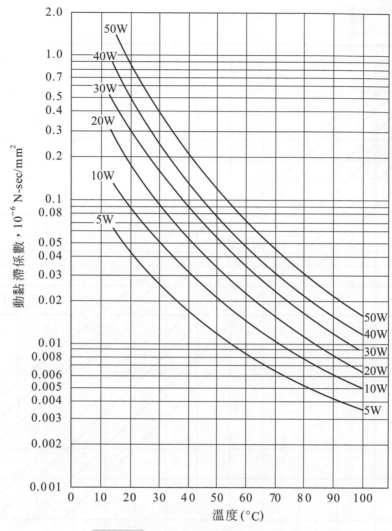

圖 5-14　動黏滯係數與溫度之關係

註：圖 5-14 節錄自「Machine Elements in Mechanical Design」，Robert L. Mott，圖 14-5，Charles E. Merrill Publishig Co. 1985

例題 5-4 ●●●

一引擎油於 70℃時利用賽氏黏度計量測之動黏度為 60 秒。以毫巴斯葛－秒 (mPa·s)計算其絕對黏度，則所對應之 SAE 號數為何？

解

使用公式(5.18)，可得

$$\rho = 0.89 - 0.00063(70 - 15.6) = 0.856 \text{ g/cm}^3$$

再由公式(5.17)，可得

$$\mu = 0.856\left(0.22\,(60) - \frac{180}{60}\right) = 8.731 \text{ mPa·s}$$

參考圖 5-13，可發現 70℃時之黏度，接近於 SAE10 的潤滑油。

貝楚夫軸承公式

假設於圖 5-11，將運動平板捲繞成一個圓柱形的軸，如圖 5-15 所示。若軸頸的直徑為 $2r$ 或 d，而 l 為軸向長度，軸頸展開的表面積 A 為 $2\pi rl$。油膜厚度 h 變成徑向間隙 c，或軸頸半徑與軸頸半徑間的差值。將 A 與 h 代入(5.10)式可得切線方向摩擦力

$$F = \frac{\mu AU}{h} = \frac{2\pi\mu Url}{c} \tag{5.19}$$

其中軸頸的切線速度 U 等於 $2\pi rn$。若定義 F_1 為單位軸向長度上的切線摩擦力，則 $F = F_1 l$，則前式變為：

$$\frac{F_1}{\mu U}\left(\frac{c}{r}\right) = 2\pi \tag{5.20}$$

此式稱為貝楚夫軸承方程式(Petroff's equation)。它僅在負荷趨近於零，且軸頸位於軸承中央的假設成立時才有效。

旋轉軸因油膜摩擦力而損耗之功率為：

$$H = F \cdot U = F_1 lU = \frac{2\pi\mu Url}{c} \cdot U \tag{5.21}$$

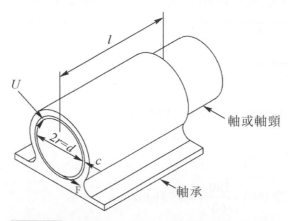

軸或軸頸

U

$2r=d$

c

F

軸承

圖 5-15 承受輕負荷時，軸頸處於軸承中心

例題 5-5 ●●●

試求一軸承直徑 d = 120mm，軸承長 l = 240mm，油膜間隙 c 為 0.05mm 之貝楚夫軸承，在 n = 1800rpm 之轉速下運轉時，求磨耗損失之功率。已知潤滑油為 SAE20 號油，使用溫度 60℃。

解

由圖 5-14 得知黏滯係數

$$\mu = 0.025\,\text{N} \cdot \sec/\text{m}^2 = 0.025 \times 10^{-6}\,\text{N} \cdot \sec/\text{mm}^2$$

軸頸的切線速度 U

$$U = 2\pi rn = \frac{2\pi \times 0.06 \times 1800}{60} = 11.31\,(\text{m}/\sec)$$

軸頸的切線摩擦力 F

$$F = \frac{2\pi\mu Url}{c} = \frac{0.025 \times 2\pi \times 0.06 \times 0.24 \times 11.31}{0.05 \times 10^{-3}} = 511.65\,(\text{N})$$

磨耗損失功率 H 爲

$$H = F \cdot U = 511.65 \times 11.31 = 5786.8\,\mathrm{W} = 5.7868\,\mathrm{kW}$$

例題 5-6 ●●●

一潤滑軸承，軸承直徑 $d = 160\,\mathrm{mm}$，軸承長 $l = 320\,\mathrm{mm}$，油膜間隙 c 爲 $0.05\,\mathrm{mm}$，磨耗損失功率 $H = 2\,\mathrm{kW}$，試求油膜溫度？已知軸之轉速爲 900rpm，使用 SAE40 號潤滑油。

解

軸頸的切線速度 U

$$U = 2\pi rn = \frac{2\pi \times 0.08 \times 900}{60} = 7.54\,(\mathrm{m/sec})$$

軸頸的切線摩擦力 F

$$F = \frac{H}{U} = \frac{2000}{7.54} = 265.25\,(\mathrm{N})$$

但　$F = \dfrac{\mu AU}{c} = \dfrac{\mu \times \pi \times 0.16 \times 0.32 \times 7.54}{0.05 \times 10^{-3}}$

$\therefore$　$265.25 = \dfrac{\mu \times \pi \times 0.16 \times 0.32 \times 7.54}{0.05 \times 10^{-3}}$

得　動黏滯係數 $\mu = 0.011$

由圖 5-14 知，SAE40 號油之溫度 T 爲 100℃

承受負荷的軸頸軸承

當軸承承受較大負荷時，軸與軸承間之油膜厚度 c 將不再是均勻分布，而是呈下方較薄、上方較厚的情況，貝楚夫軸承公式即不能適用。由於油膜中無壓力存在，圖 5-11 中的平板，因此無法承受垂直負荷。如果將垂直負荷置於平板上，油將由周緣被擠出，而平板將趨近底面，導致金屬與金屬接觸。若使兩板間彼此傾斜一小角度，如圖 5-16 所示，則油將被帶入呈楔型的開口，而油膜間產生成足夠支持負荷 W 的壓力。應用於水輪機與船用螺旋槳軸的推力軸承，以及具有貯油式潤滑(flooded-oil lubrication)的一般軸頸軸承(journal bearing)。

由於等量的油被汲入並流經每一個剖面，整個油膜厚度的速度分布不再像平行板中的線性分布。在剖面較寬處，速度曲線將呈現凹曲，而在較窄處則呈凸曲，如圖 5-16 所示。

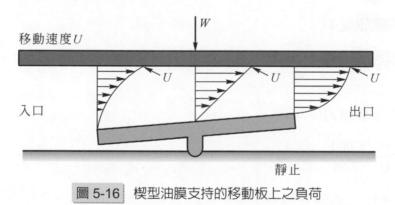

圖 5-16　楔型油膜支持的移動板上之負荷

接著，再考慮承受負載的軸承，其油膜的厚度分布及壓力分布情形。

如圖 5-17(a)所示，為一旋轉軸在乾軸承中運轉之情形，當軸開始旋轉時，軸將因滾動接觸而往上爬，最後由摩擦力與軸上負荷之切線分量達成力平衡時，軸將不再往上爬而平衡在(a)圖的位置。

在圖 5-17(b)中，潤滑油由軸承上方之小孔注入，潤滑油將順著軸的旋轉而被吸入軸與軸承之間隙內，由圖知，因油膜在入口處壓力較大，而迫使旋轉軸向另外一邊移動，而產生最小薄膜厚度h_o，此最小薄膜的位置，並非發生在軸承中央底部處，而是偏向於軸承底部的右側，讓油膜入口處剛好在底部中央處，再藉由潤滑油被吸入油膜漸減區域，來建立充分的油壓以支持軸負荷 W。油膜壓力的分布，如圖 5-18(c)所示。

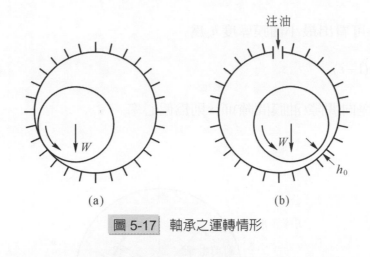

注油

W

W h_0

(a) (b)

圖 5-17 軸承之運轉情形

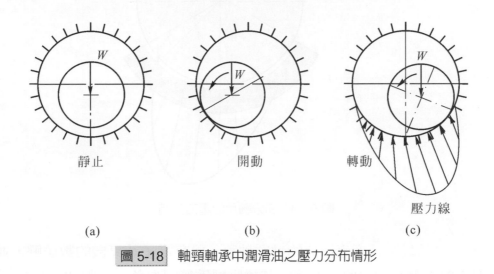

W

W

W

靜止 開動 轉動

壓力線

(a) (b) (c)

圖 5-18 軸頸軸承中潤滑油之壓力分布情形

　　當外界負荷增加時，軸承本身能自行調整油膜厚度來適應外界的負荷，即軸向右的偏移量越大，油膜最小厚度變得更小，用以引發更大的油壓，來支撐外界的負荷。若外界負荷太大，以至於油膜最小厚度，小於軸與軸承表面平均粗糙度時，軸與軸承間將有乾摩擦產生，而使得磨耗熱增加、油溫升高、黏度下降，而使得潤滑油喪失潤滑的功能。

　　在實際的軸承中，完整而連續的油膜並不存在。油膜會破裂，使得負荷由在軸頸下方的部分油膜承受。如圖 5-19 中的部分軸承，破裂的油膜也在尾端遺留部分壓力為零的的弧長。

由圖 5-19 可看出最小油膜厚度 h_o 為

$$h_o = c(1-\varepsilon) \tag{5.22}$$

此處 c 為徑向間隙(油膜間隙)而 ε 則為偏心率。

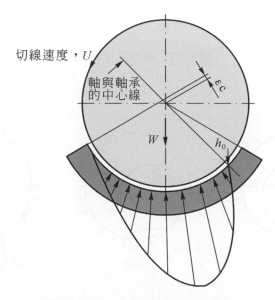

圖 5-19　部分軸承的壓力分布

　　對於不同弧長及長度直徑比的軸頸軸承，已有電子計算機的數值解，並以圖 5-20、圖 5-21、圖 5-22 的曲線展現。其縱座標為無因次負荷變數 $(W_1/\mu U)(c/r)^2$ 和摩擦係數 $(F_1/\mu U)(c/r)$，其中 $W_1 = W/l$ 為軸承每單位軸向長度承受的負荷，而 $F_1 = F/l$ 為每單位軸向長度承受的切線摩擦力，橫座標則取為偏心率 ε。

(a)

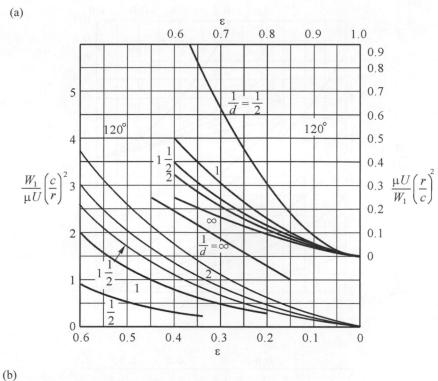

(b)

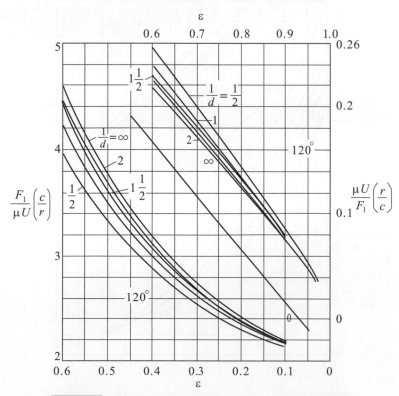

圖 5-20　120°中央部分軸承的負荷與摩擦特性圖

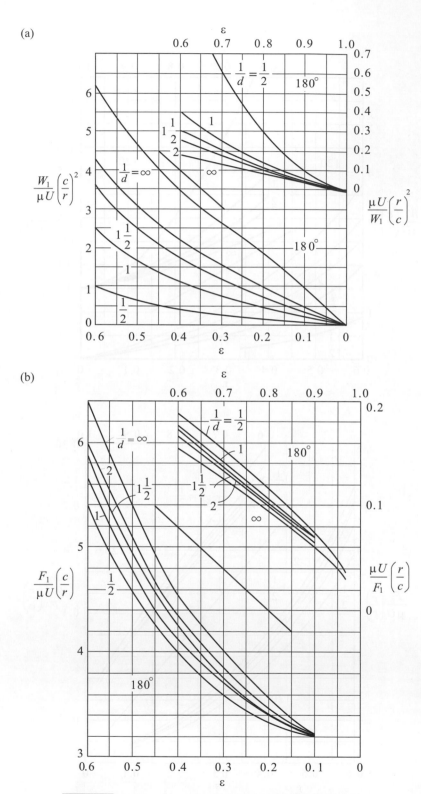

圖 5-21　180°中央部分軸承的負荷與摩擦特性圖

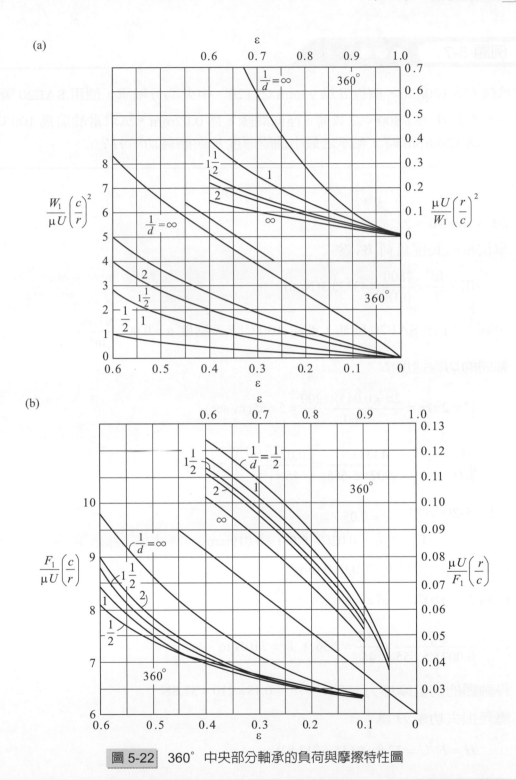

圖 5-22　360° 中央部分軸承的負荷與摩擦特性圖

註：圖 5-20、5-21、5-22 節錄自「Design of machine Elements」，6th edition, M.
F. Spotts 著，圖 8-7、8-8、8-9

例題 5-7 ●●●

軸承長 l 為 180mm，直徑 d 為 90mm 之 120° 中央部分軸承，使用 SAE20 號潤滑油，承載 W 為 7800N 之負荷，徑向間隙 c 為 0.02mm，試求當油溫為 100℃，軸轉速為 1200rpm 時，軸承之最小油膜厚度 h_o 與磨耗功率 H？

解

$l/d = 180/90 = 2$

單位軸向長度負荷 W_1 為

$$W_1 = \frac{W}{l} = \frac{7800}{0.18} = 43333.3(\text{N/m})$$

由圖 5-14 知 SAE20 號油，油溫 100℃ 時，黏度 $\mu = 0.007 \dfrac{\text{N} \cdot \text{sec}}{\text{m}^2}$

軸頸的切線速度 U

$$U = 2\pi rn = \frac{2\pi \times 0.045 \times 1200}{60} = 5.655(\text{m/sec})$$

$$\frac{W_1}{\mu U}(\frac{c}{r})^2 = \frac{43333.3}{0.007 \times 5.655} \times \left(\frac{0.02 \times 10^{-3}}{45 \times 10^{-3}}\right)^2 = 0.2162$$

由圖 5-20(a)知，$\varepsilon = 0.05$

又 $h_o = c(1-\varepsilon)$，$\therefore h_o = 0.02(1-0.05) = 0.019\text{mm}$

即最小油膜厚度 h_o 為 0.019 mm

由圖 5-20(b)知，當 $\varepsilon = 0.05$ 時，$\dfrac{F_1}{\mu U} \cdot \dfrac{c}{r} = 2.36$

$$\therefore \quad \frac{F_1}{0.007 \times 5.655} \times \frac{0.02}{45} = 2.36 \text{，} F_1 = 210\text{N/m}$$

得軸頸的切線摩擦力 F 為 $F = lF_1 = 0.18 \times 210 = 37.8\text{N}$

磨耗損失功率 H 為

$$H = F \cdot U = 37.8 \times 5.655 = 213.8\,\text{W}$$

Zn / P 曲線

　　軸在含有潤滑油的軸承中旋轉時所發生的現象，可藉圖 5-23 中，以實驗決定的曲線表示。此圖的橫座標為無因次群 Zn/P，其中 Z 為黏度，以 cp 為單位，n 為轉速以 rpm 為單位，而 $P(P=\dfrac{W}{ld})$ 為軸頸投影面積的負荷以 lb/in^2 為單位。縱座標為摩擦係數 f，此處 f 為切線摩擦力對軸承承受之負荷的比值。

　　對含有許多工程變數的工程問題而言，此類無因次座標非常方便。實驗可以根據改變無因次群的值來執行，無須改變每一個個別變數，可省下許多勞力。該曲線可以區分成三個不同的部分。

1. AB 部分的運轉情況，發生於負荷很大，轉速慢以及一般潤滑油供應不足的情形。油膜厚度小於相對表面上的合併粗糙突起高度。粗糙突起可能發生內部交錯鎖住的現象，而在表面上披覆潤滑劑可以防患表面膠執。這是所謂的邊界潤滑。

2. 在 BC 部分零件間的空隙較大，負荷部分由表面的粗糙度突起支持，部分由填補間隙而形成承載油膜的潤滑油支持。稱之為混合潤滑。

3. 由 C 至 D，黏度 Z 與轉速 n 都相當大，而單位負荷相當小，使得若有充分潤滑油供應將形成相當厚的油膜。摩擦將視潤滑油的黏度而定，與表面光滑程度及構成軸承的材料無關。為了避免熔膠的危險，Zn/P 的運轉值，至少應為曲線最低點處之值的五到六倍。由曲線的 CD 部分可以看出，潤滑表面的摩擦係數隨轉速的增加而增加。這與乾表面上的摩擦係數與速度無關的情形相反。

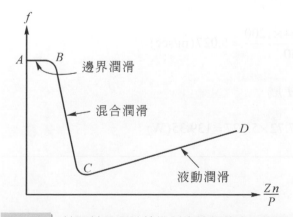

圖 5-23　軸頸軸承運轉特性對摩擦係數之曲線圖

例題 5-8 ●●●

有一潤滑軸承，軸承長 l 為 160 mm，軸頸 d 為 80 mm，其 Zn / P 曲線為通過 $Zn/P = 2.0 \times 10^{-6}$，$f = 0.0025$ 與 $Zn/P = 7.4 \times 10^{-6}$，$f = 0.0048$ 兩點之直線。若該軸承使用 SAE30 號潤滑油，油膜溫度 70℃，試求該軸承以 1200 rpm 轉速，承載 W 為 6600N 時，其磨耗損失功率 H？

解

由圖 5-14 知，SAE30 號油，在溫度 70℃時，黏滯係數為

$$\mu = 0.025\,\text{N} \cdot \sec/\text{m}^2$$

$$P = \frac{W}{l \cdot d} = \frac{6600}{0.16 \times 0.08} = 515625\,(\text{N/m}^2)$$

$$n = 1200\frac{rev}{\min} = \frac{1200 \times 2\pi}{60}\frac{1}{\sec} = 40\pi\,(\text{rad}/\sec)$$

$$\frac{Zn}{P} = \frac{0.025 \times 40\pi}{515625} = 6.093 \times 10^{-6}$$

利用內插法，求其對應之摩擦係數 f

$$\frac{f - 0.0025}{0.0048 - 0.0025} = \frac{6.093 \times 10^{-6} - 2.0 \times 10^{-6}}{7.4 \times 10^{-6} - 2.0 \times 10^{-6}}$$

得 $f = 0.0042$

軸頸切線摩擦力 $F = f \cdot W = 0.0042 \times 6600 = 27.72\,(\text{N})$

軸頸之切線速度 U 為

$$U = \frac{2\pi \times 0.04 \times 1200}{60} = 5.027\,(\text{m/sec})$$

磨耗損失功率 H 為

$$H = UF = 27.72 \times 5.027 = 139.35\,(\text{W})$$

習　題

EXERCISE

1. 求 310 號滾珠軸承之基本負荷 C 值。

2. 求 80%可靠度之壽命，已知額定壽命 L_{10}=800000 轉。

3. 有一輸送帶上之軸，其轉速為 1200rpm，軸上的軸承受到 800lb 的徑向負荷，求所需之基本額定負荷 C。

4. 一 305 號之軸承，在 1600rpm 之轉速下，承受徑向 400lb，軸向 300lb 的組合負荷時，以內環轉動，而軸承承受輕度衝擊，求此軸承的額定壽命時數。

5. 有一軸承要求壽命為 1000 小時，而可靠度必須達到 99%，則其額定壽命為多少？

6. 某 207 號軸承在 1000rpm 之轉速下時，若徑向負荷為 600lb 時，求每天使用 8 小時情況下的預期壽命時數為何？

7. 如果將軸承改為 310 號，並在 750rpm 之轉速下時，重解習題 4。

8. 一軸頸軸承 l/d 比為 2，直徑為 120mm，c/r 比為 0.003，在 800rpm 之轉速下承受一徑向負載 800N，而最小的油膜厚度為 0.02mm 試求潤滑油的黏度。

9. 一機車軸承，使用 308 號軸承，設該軸承平均承受 400lb 之徑向負荷，且為中度衝擊，若車輪直徑為 500mm，已知機車軸承為外環轉動，求該軸承的基本額定壽命。

10. 有一滾珠軸承，在 1200rpm 之轉速下，承受徑向負荷 P 時，若額定壽命為 400 小時、軸承之基本額定負荷 C 為 2000lb，求徑向負荷 P。

11. 求一直徑 d 為 120mm、軸承長 l 為 220mm 之貝楚夫軸頸軸承，油膜間隙 c 為 0.02mm，在 600rpm 之轉速下，求磨耗損失功率 H。已知使用潤滑油 SAE 30 號，油溫為 80℃。

12. 一 360° 之潤滑軸承，軸承直徑 d 為 80mm，軸頸長度 l 為 160mm，若偏心率 ε 為 0.5 時，摩擦係數 f 為 0.02，求最小油膜厚度。

13. 一 180° 之潤滑軸承，軸承直徑 d 為 60 mm，軸頸長度 l 為 200mm，當轉速為 1800rpm 時，磨耗損失功率為 0.18 kW。若徑向間隙為 0.01mm，使用潤滑油 SAE 20 號，油溫為 60℃，求此軸承承受之負荷 W。

14. 一軸頸軸承，直徑 d 為 50mm，軸頸長度 l 為 120mm 的 360° 軸頸軸承，在 1500rpm 之轉速下，磨耗損失功率為 0.25kW。$r/c = 1000$，使用潤滑油 SAE 30 號，油溫為 80℃，試求軸承所承受的負荷。

15. 一 120° 之潤滑軸承，軸承直徑 d 為 90mm，軸頸長度 l 為 180mm，而最小油膜厚度為 0.025mm，使用潤滑油 SAE 20 號，若轉速為 600rpm、$r/c = 500$。若油溫為 60℃，求軸承所承受之負荷。

16. 一軸承直徑 d 為 50mm，$l/d = 2$，軸承負荷為 2.0kN，軸頸之轉速為 1200rpm，徑向間隙為 0.01mm，油之黏度為 60mPa·s，求最小油膜厚度、磨耗損失功率。

17. 有一完全軸承，轉速 $N = 2100$ rpm，軸承承受之負荷 $W = 750$lb，徑向間隙 $c = 0.025$in，軸承半徑 $r = 2$in，軸頸長度 $l = 4$in，潤滑油之絕對黏度為 $6×10^{-6}$reyn，求最小油膜厚度。

18. 一 310 號之軸承，承受 800lb 之徑向負荷與 1000lb 之軸向負荷，試求軸承之等效負荷。

19. 承上題，假設該軸承在 1200rpm 之轉速下運轉時，求額定壽命、可靠度 70% 之壽命。

20. 一內徑 60mm 的深槽滾珠軸承在 600rpm 之轉速下，承受徑向負荷 12kN、軸向負荷 9kN 之組合負荷，求等效徑向負載。

第 6 章

齒輪

6.1 齒輪種類簡介

6.1.1 齒輪傳動介紹

僅單一齒輪無法傳遞力量，需有成對的齒輪藉由相互咬合才能達到傳遞力矩的目的；以標準正齒輪而言，於齒輪嚙合時，其切線速度 V_t 必會相等，如圖 6-1 所示，切線速度 V_t 與齒輪轉速關係如公式(6.1a)所示，以圖 6-1 所示之標準外嚙合正齒輪對而言，減速比 m_G 定義為輸入端齒輪 W_1 與輸出端齒輪 W_2 的轉速比值，負號表示輸入端與輸出端轉動方向相反，減速比與齒數關係如公式(6.1b)所示；若齒輪對為內嚙合齒輪對，如圖 6-2 所示，減速比與齒數關係如公式(6.1c)所示，正號表示輸入端與輸出端轉動方向相同；若輸入端與輸出端間有一個以上的惰輪，如圖 6-3 所示，減速比與各齒數關係如公式(6.1d)所示。可以利用上述公式求出各種齒輪機構之減速比。

$$V_t = r_{1p} W_1 = r_{2p} W_2 \tag{6.1a}$$

$$m_G = \frac{W_1}{W_2} = -\frac{r_{2p}}{r_{1p}} = -\frac{Z_2}{Z_1} \tag{6.1b}$$

$$m_G = \frac{W_1}{W_2} = +\frac{r_{2p}}{r_{1p}} = +\frac{Z_2}{Z_1} \tag{6.1c}$$

$$m_G = \frac{W_1}{W_3} = -\frac{r_{2p}}{r_{1p}} \left(-\frac{r_{3p}}{r_{2p}} \right) = -\frac{r_{3p}}{r_{1p}} = -\frac{Z_3}{Z_1} \tag{6.1d}$$

若減速比大於 1，表示其為減速齒輪機構，若減速比等於 1，表示其為等速齒輪機構，若減速比小於 1，表示其為增速齒輪機構。

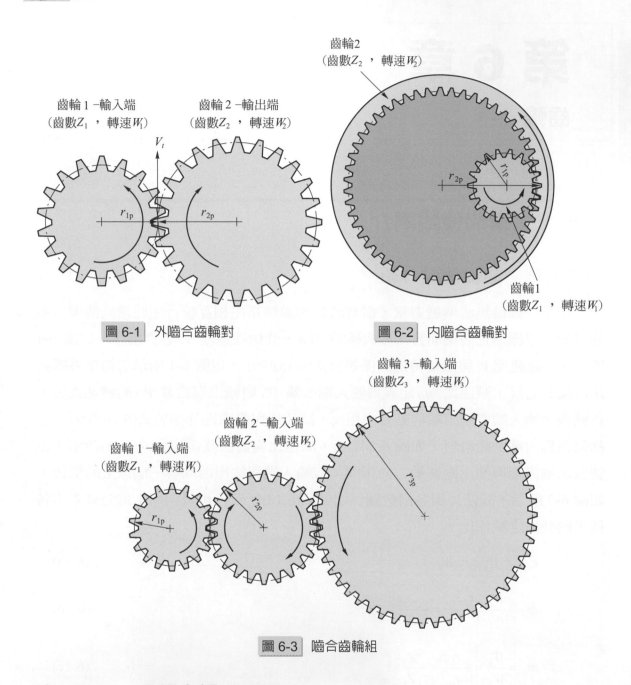

齒輪1－輸入端
（齒數Z_1，轉速W_1）

齒輪2－輸出端
（齒數Z_2，轉速W_2）

V_t

r_{1p}

r_{2p}

圖 6-1 外嚙合齒輪對

齒輪2
（齒數Z_2，轉速W_2）

r_{1p}

r_{2p}

齒輪1
（齒數Z_1，轉速W_1）

圖 6-2 內嚙合齒輪對

齒輪3－輸入端
（齒數Z_3，轉速W_3）

齒輪2－輸入端
（齒數Z_2，轉速W_2）

齒輪1－輸入端
（齒數Z_1，轉速W_1）

r_{1p}

r_{2p}

r_{3p}

圖 6-3 嚙合齒輪組

6.1.2 分類介紹

　　齒輪為機械工業中最常使用來傳遞動力的元件，小自鐘錶大至飛機、船舶等；不同種類的齒輪廣泛地運用於不同的傳動機構中，如減速機中由正齒輪(spur gear)或螺旋齒輪(helical gear)組成的行星齒輪組(planetary gears)、差速器中的傘齒輪(bevel gear)、戟齒輪(hypoid gear)及定位機構最常使用的蝸輪蝸桿(worm gear)等；

齒輪種類繁多但可約分為平行軸、相交軸及相錯軸三種類型，根據此三種類型細分如表 6-1 中各種齒輪類型：平行軸齒輪包括正齒輪、螺旋齒輪、齒條(rack)及內齒輪(internal gear)，相交軸(intersected axis)齒輪包括直傘齒輪(straight bevel gear)、零度傘齒輪(zero bevel gear)、蝸線傘齒輪(spiral bevel gear)及面齒輪(face gear)，交錯軸(crossed axis)齒輪包括蝸輪蝸桿、戟齒輪及面齒輪。

現今齒輪製造的方法相當多，可以分為機械加工及模造成形兩種，機械加工再細分為粗加工(rough cutting)與精加工(finish cutting)兩種，粗加工與精加工主要是利用機台以切削或研磨的方式加工出齒輪外形，機器中用來傳遞動力的齒輪大多來自機械加工的製程，粗加工包括用成形銑刀(form mill)銑出齒形或利用鉋刀(shaper cutter)及滾刀(hob cutter)創成齒形；精加工的製程包括刮齒(shaving)、磨齒(grinding)、研磨(lapping)及珩齒(honing)；粗加工主要用於不需要精加工且無精度要求的齒輪上，一般用粗加工所用的切齒方法，其精度還是可以達到一定等級以上，若齒輪有高精度及噪音的要求就需要精加工的製程。

模造成形是指直接將受熱熔融或加熱變軟的材料經過澆鑄、擠出或衝壓直接形成齒形的製程，常用模造成形的方法有澆鑄、砂鑄、粉末冶金、射出成形及衝壓成形，一般而言模造齒輪模具費用不低，常用於大量生產或精度要求不高的齒輪製程上。

6.1.3　特點及運用介紹

各種類型齒輪具有不同特色及運用特點，先了解各種齒輪類型的優點進而運用，才能達到各類齒輪最大的動力傳遞效益。表 6-1 介紹幾種目前常用齒輪類型的運用場所及特點：正齒輪主要用於兩平行軸間動力的傳遞，具有製程簡易、高品質、製造技術低及無軸向推力的製造優勢，為最常使用的齒輪類型；螺旋齒輪和正齒運用場所相似，相較於正齒輪具有強度較高、接觸率較高及噪音較小的優點，但設計時需考慮因螺旋角所造成軸向推力的相關問題；齒條具有可拼接及能將齒輪間旋轉運動轉化成旋轉跟直線運動，常用於長行程的大型機台及結構簡單的汽車轉向機構。直傘齒輪是傳遞相交軸的主要零件，能以較高的效率及更平穩地傳遞轉矩，常用於動力轉向機構上，近年來由於直傘齒輪鍛造技術的提升，使傘齒輪更具有市場競爭力；蝸線傘齒輪與直傘齒輪運用場所相似，相較於直傘齒

輪具有強度較高、振動較低及噪音較小的優點,被廣泛應用在工具機、車輛差速器及堆高機上;面齒輪相較傘齒輪多了一軸方向之裝配自由度的優點,且對裝配誤差較不敏感,較易於齒形修整與背隙調整,也有較高的接觸率,但面齒輪具有強度設計限制問題,僅能使用於低速、低動力傳動上。蝸輪蝸桿具有減速比高、製程容易及傳動平穩的優點,常用於減速機、電梯的升降機構及機台定位及分度機構上;戟齒輪為空間交錯軸的動力傳動元件,具有與蝸線傘齒輪同樣的優點,主要運用卡車的後軸差速器上。

表 6-1

平行軸		
正齒輪 spur gear		螺旋齒輪 helical gear
齒條 rack		內齒輪 internal gear
相交軸		
直傘齒輪 straight bevel gear		零度傘齒輪 zero bevel gear

表 6-1　(續)

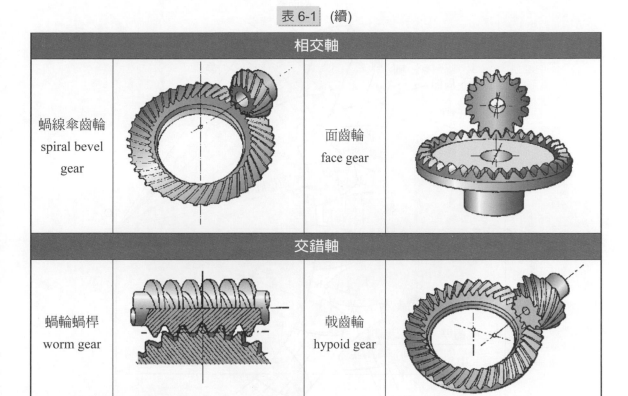

6.2　齒輪幾何參數與特殊名詞定義

幾何參數定義

　　圖 6-4 為嚙合齒輪對的幾何參數示意圖，由圖右的齒輪，由外而內分別為齒頂圓直徑(addendum circle diameter)、節圓直徑(pitch circle diameter)、基圓直徑(base circle diameter)及齒根圓直徑(dedendum circle diameter)，節圓直徑與基圓直徑為虛擬定義圓的直徑，實際量測中無法直接測量；齒頂高定義為齒頂圓半徑與節圓半徑之差，齒根高定義為節圓半徑與齒根圓半徑之差，全齒高為齒頂高與齒根高之合；齒寬(gear width)即為齒輪軸向的寬度；節圓直徑處的齒厚(tooth thickness)與齒空之合稱為周節(circular pitch)；嚙合時，兩齒之間的空隙稱為齒隙(backlash)；對方齒頂圓與齒根圓之間的空隙稱為齒頂隙(clearance)；$\overline{O_1O_2}$ 距離定義為齒輪的中心距(center distance)，ϕ 為齒輪的壓力角(pressure angle)，齒輪對從 a 點開始接觸，到 b 點離開，ab 距離稱為齒輪作用線長度(length of contact)。

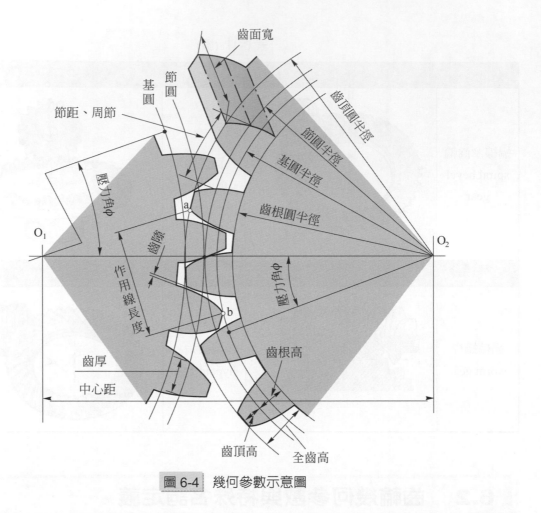

圖 6-4　幾何參數示意圖

　　齒輪設計除了幾何參數之外，有幾個特殊且重要的名詞需特別介紹，如漸開線(involute curve)、模數(module)、壓力角、過切(undercut)及轉位(profile shifted)，以下就一一介紹其定義及重要性。

漸開線

　　漸開線如圖 6-5 所示，將一細線綁在圓筒上，將細線拉直並拉離開圓筒，細線端點所形成的軌跡即為漸開線，而此圓筒為齒輪的基圓；在漸開線上取數點，可分別於基圓上找到對應的線段起點，每一線段皆與基圓相切，而線段起點為每段漸開線的曲率中心，其線段長度與相對的轉角會有下列之數學關係。

$\tan\phi = \dfrac{\overline{bC}}{\overline{OC}} = \dfrac{r_b\theta}{r_b} = \theta$ (弧度)，θ 等於 $\phi + \mathrm{inv}\phi$，可以得到 $\mathrm{inv}\phi = \tan\phi - \phi$，$\mathrm{inv}\phi$ 稱為漸開線函數(involute function)，r_b 為基圓半徑。

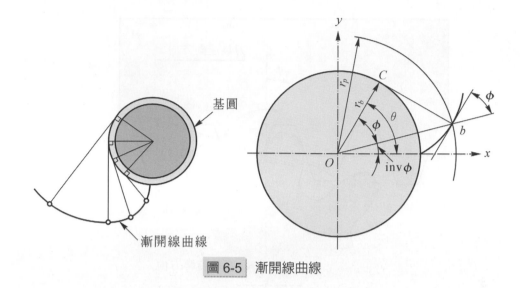

基圓

漸開線曲線

圖 6-5　漸開線曲線

　　常用齒輪齒形有漸開線及擺線兩種，漸開線齒形對於中心距的敏感度小、裝配維修方便及可進行各種修形加工，為目前最常用的齒輪線型；擺線齒輪齒形為圓弧所構成，通常小齒輪為凸弧，大齒輪為凹弧，此種凸凹的嚙合相較於漸開線齒形具有較高的接觸強度，但在彎曲強度(bending strength)、中心距敏感度及噪音皆較差，因此目前業界皆使用漸開線齒形配合滾齒加工方法來大量生產。

模數

　　齒輪的模數 m 定義如公式(6.2a)所示，模數大小代表齒輪的齒形的大小，將模數乘以 π 即為齒輪周節(P_c)，模數決定切齒刀具的大小，設計上會選擇慣用模數減低重新製刀的加工成本；而英國與美國習用以徑節 P_d(diametral pitch)表示齒形的大小，徑節與模數之間轉換關係如公式(6.2b)所示。

$$m = \frac{d_p}{Z} \tag{6.2a}$$

$$m = \frac{25.4}{p_d} \tag{6.2b}$$

d_p 為節圓直徑，Z 為齒數。

壓力角

　　齒輪壓力角定義為節圓齒面法線與齒面切線間的夾角，如圖 6-6 所示，齒輪的壓力角即為齒條刀的壓力角，設計上建議選擇慣用的壓力角，一般壓力角有 14.5°、20° 及 25° 三種，以 20° 為最常使用的壓力角。

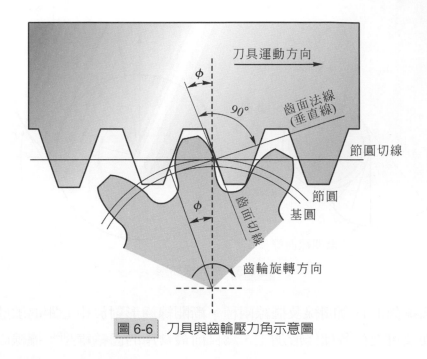

圖 6-6 刀具與齒輪壓力角示意圖

過切

　　於創成法加工時，由於齒數過少造成刀具的齒頂線 H 超過了作用線與齒胚基圓的切點 N，如圖 6-7(a)所示，刀具頂部將齒廓根部的漸開線切去一部分，此現象稱之為過切，過切齒輪如圖 6-7(b)中所示；過切會造成齒輪接觸率(contact ratio)降低及齒根變窄，導致齒輪強度減弱、齒隙、噪音、振動增加及使用壽命減少，通常會以增大齒數或使用正轉位來避免過切情況。

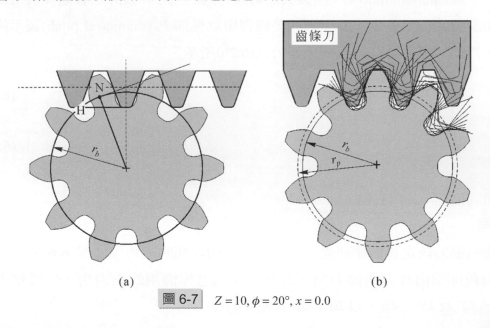

(a)　　　　　　　　　　　　　　　　(b)

圖 6-7 $Z = 10, \phi = 20°, x = 0.0$

避免過切的必要條件為刀具齒頂線須低於作用線與齒胚基圓的切點，也就是 $\overline{PN} \geq \overline{PH}$，如圖 6-8 所示，$\overline{PN}$ 及 $\overline{PH}$ 與齒輪參數關係式如公式(6.3a)及(6.3b)所示，可得到最少過切齒數 Z_{min} 的關係式，如公式(6.3c)所示。

$$\overline{PN} = r_p \sin\phi = \frac{mZ}{2}\sin\phi \tag{6.3a}$$

$$\overline{PH} = \frac{h_a^* m}{\sin\phi} \tag{6.3b}$$

$$Z_{min} \geq \frac{2h_a^*}{\sin^2\phi} \tag{6.3c}$$

r_p 為齒輪節圓半徑，h_a^* 為刀具齒高係數。

齒輪若為轉位齒輪，$\overline{PH}$ 與轉位係數的關係式如公式(6.4a)所示，以照上述定義可得不過切最小轉位置 x_{min} (amount of shift)的計算式，如公式(6.4a)所示。

$$\overline{PH} \geq \frac{h_a^* m - x_{min} m}{\sin\phi} \tag{6.4a}$$

$$x_{min} \geq 1 - \frac{Z}{2}\sin^2\phi \tag{6.4b}$$

x_{min} 為最小轉位量。

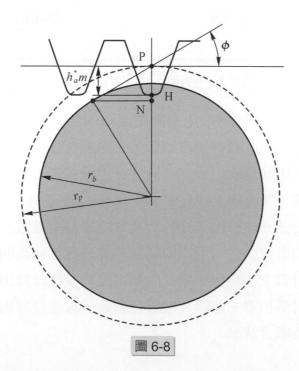

圖 6-8

轉位

轉位修正是改變刀具與齒輪中心的中心距,如圖 6-9 所示,圖中刀具移動量 *mx* 稱之為轉位量,為模數乘以轉位係數(shifted coefficient);轉位分為正轉位與負轉位兩種,正轉位是將刀具與齒胚中心距離加大,齒厚、齒根會變寬及齒頂會變尖,負轉位則反之,轉位後的創成齒形如圖 6-10 所示;正轉位主要用於避免齒輪發生過切的情況,但須注意過量的正轉位會產生齒頂變尖的情況,負轉位通常用來調整齒輪對的齒隙及中心距,但須注意過量的負轉位會產生齒輪過切的情況。

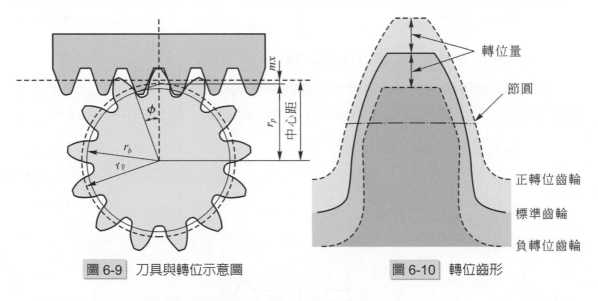

圖 6-9　刀具與轉位示意圖	圖 6-10　轉位齒形

6.3　正齒輪及螺旋齒輪幾何計算

齒輪幾何計算上會由最基本的正齒輪對延伸至螺旋齒輪對幾何計算,先建立外、內正齒輪對基本幾何計算的初步概念,並熟悉其計算流程,進而導入螺旋齒輪參數的基本定義,因螺旋齒輪與正齒輪計算流程相似,計算上必須先明白螺旋齒輪參數的基本定義,才能建立螺旋齒輪正確計算流程與觀念。

齒輪幾何計算公式介紹分為正齒輪對及螺旋齒輪對參數計算兩部分,首先整理出外、內正齒輪對計算公式,由正齒輪對計算公式延伸說明螺旋齒輪對計算公式;齒輪幾何參數計算上,會根據給定的基本幾何參數計算出齒輪對的嚙合壓力角及中心距,接著計算出單一齒輪各項幾何參數,最後計算出齒輪對的嚙合率以判斷齒輪設計優劣及嚙合狀況。

　　正齒輪幾何主要由四個基本參數決定：模數、齒數、壓力角及轉位係數，換言之，若已知這四個參數，便可根據公式計算出所有幾何參數。一般而言，齒輪對嚙合的必要條件為基圓徑節(base diametral pitch)相同，齒輪對採用相同壓力角時，其模數必須相同才能互相嚙合；齒數選擇上除了符合減速比之外，需注意齒數太少會產生過切的情況；壓力角的選擇上盡量避免特殊角度而提高刀具成本；轉位係數給定時，要特別注意齒輪是否會發生轉位不足產生過切或轉位過大產生齒頂變尖情況。

　　表 6-2 為外嚙合齒輪對幾何參數計算表，首先給定模數、齒數、壓力角及轉位係數，由表中的公式依序可以計算出各項齒輪對幾何參數；其嚙合壓力角可利用漸開線函數表查出，如附錄所示；齒冠高係數於標準齒輪中其值為 1.0，短齒設計為 0.8；齒頂隙係數一般設為 0.25，但可根據特殊需求變更；當大小齒輪轉位係數之和為 0 時，其嚙合壓力角會等於給定的壓力角，嚙合節圓直徑才會與節圓直徑相等，這點需要特別注意。

表 6-2　外嚙合齒輪對幾何參數計算

參數	符號	計算公式	小齒輪	大齒輪
模數	m		2	
齒數	Z_p, Z_g		15	30
壓力角	ϕ		20°	
轉位係數	x_p, x_g		0.7	0.1
嚙合壓力角漸開線函數	$\text{inv}\phi_r$	$\dfrac{2(x_p + x_g)}{Z_p + Z_g}\tan\phi + \tan\phi - \phi$	0.0278	
嚙合壓力角	ϕ_r	$\tan\phi_r - \phi_r = \text{inv}\phi_r$ (利用附錄之漸開線函數表查出)	24.4239°	
中心距變動係數	y	$\dfrac{Z_p + Z_g}{2}\left(\dfrac{\cos\phi}{\cos\phi_r} - 1\right)$	0.7211	
中心距	a	$\dfrac{Z_p + Z_g}{2}m + ym$	46.4422	
節圓直徑	d_P	mZ	30	60
基圓直徑	d_b	$d_p \cos\phi$	28.1908	56.3816
嚙合節圓直徑	d_{pr}	$d_b / \cos\phi_r$	30.9615	61.9229
齒冠高係數	h_a^*	1.0	1.0	1.0

表 6-2 外嚙合齒輪對幾何參數計算(續)

參數	符號	計算公式	小齒輪	大齒輪
齒頂隙係數	c^*	0.25	0.25	0.25
齒冠高	h_{ap} h_{ag}	$(h_a^* + y - x_g)m$ $(h_a^* + y - x_p)m$	3.2422	2.0422
齒根高	h_{rp} h_{rg}	$(h_a^* + c^* - x_p)m$ $(h_a^* + c^* - x_g)m$	1.1	2.3
全齒高	h_t	$h_a + h_r$	4.3422	4.3422
外徑	d_o	$d_p + 2h_a$	36.4844	64.0844
齒底圓直徑	d_r	$d_p - 2h_r$	27.8	55.4
齒頂壓力角	ϕ_a	$\cos^{-1}(d_b / d_o)$	39.4048°	28.3816°
嚙合率	ε	$\frac{1}{2\pi}[Z_p(\tan\phi_{ap} - \tan\phi_r)$ $+ Z_g(\tan\phi_{ag} - \tan\phi_r)]$	1.2885	

表 6-3 為內嚙合齒輪對幾何參數計算表，內嚙合齒輪對計算流程與外嚙合齒輪相似，但使用的公式有所差異需特別注意，其相異點為內嚙合齒輪對於齒冠高與齒根高的計算上，其值不受中心距變動所影響。

表 6-3 內嚙合齒輪對幾何參數計算

參數	符號	計算公式	小齒輪	大齒輪
模數	m		1.5	
齒數	Z_p, Z_g		18	36
壓力角	ϕ		20°	
轉位係數	x_p, x_g		0	0.3
嚙合壓力角漸開線函數	$\text{inv}\phi_r$	$\frac{2(x_g - x_p)}{Z_g - Z_p}\tan\phi + \tan\phi - \phi$	0.0270	
嚙合壓力角	ϕ_r	$\tan\phi_r - \phi_r - \text{inv}\phi_r = 0$ (利用附錄之漸開線函數表查出)	24.1968°	
中心距變動係數	y	$\frac{Z_g - Z_p}{2}\left(\frac{\cos\phi}{\cos\phi_r} - 1\right)$	0.2718	
中心距	a	$\frac{Z_g - Z_p}{2}m + ym$	13.9077	

表 6-3　內嚙合齒輪對幾何參數計算(續)

參數	符號	計算公式	小齒輪	大齒輪
節圓直徑	d_P	mZ	27	54
基圓直徑	d_b	$d_P \cos\phi$	25.3717	50.7434
嚙合圓直徑	d_{pr}	$d_b / \cos\phi_r$	27.8155	55.631
齒冠高係數	h_a^*	1.0	1.0	1.0
齒頂隙係數	c^*	0.25	0.25	0.2
齒冠高	h_{ap} h_{ag}	$(h_a^* + x_p)m$ $(h_a^* - x_g)m$	1.5	1.05
齒根高	h_{rp} h_{rg}	$(h_a^* + c^* - x_p)m$ $(h_a^* + c^* + x_g)m$	1.875	2.325
全齒高	h_t	$h_a + h_r$	3.375	
外徑	d_{op} d_{og}	$d_{pp} + 2h_{ap}$ $d_{pg} - 2h_{ag}$	30	51.9
齒底圓直徑	d_{rp} d_{rg}	$d_{pp} - 2h_{rp}$ $d_{pg} + 2h_{rg}$	23.25	58.65
齒頂壓力角	ϕ_a	$\cos^{-1}(d_b/d_o)$	32.2505°	12.1187°
嚙合率	ε	$\dfrac{1}{2\pi}[Z_p(\tan\phi_{ap} - \tan\phi_r)$ $- Z_g(\tan\phi_{ag} - \tan\phi_r)]$	1.8646	

　　圖 6-11 為一螺旋齒輪，螺旋齒輪分為齒直角(normal system)與軸直角(radial system)螺旋齒輪兩種，齒直角螺旋齒輪是以齒形法向截面也就是垂直於三角形斜邊的平面上給定齒輪定義參數，將齒直角系統所定義的參數稱為齒輪法向參數；軸直角螺旋齒輪是由垂直於齒輪迴轉中心軸的平面給定齒輪定義參數，將軸直角系統所定義的參數稱為齒輪軸向參數。

　　螺旋齒輪切製上，只要法向模數與法向壓力角相同，對於不同的螺旋角，均可用同把刀具進行切製，但軸向參數則不然，雖軸向模數與軸向壓力角相同，但對於不同的螺旋角需要不同的刀具進行加工，因此目前多以齒直角系統設計螺旋齒輪。

　　螺旋齒輪比正齒輪多了螺旋角，兩平行軸之螺旋齒輪對上螺旋角必須相同且旋向必須相反，嚙合時多了軸向推力，設計時需考慮旋向不同造成推力方向不同的影響。

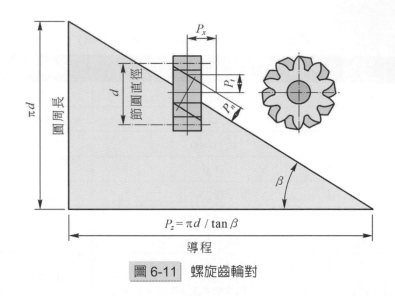

圖 6-11 螺旋齒輪對

表 6-4 為齒直角螺旋齒輪幾何參數計算表，齒直角螺旋齒輪計算流程與正齒輪相當相似，設計前需要確認輸入參數為齒輪法向參數，若給定為軸向參數，模數、壓力角及轉位系數可利用公式(6.5)進行轉換；計算時僅需要將法向壓力角轉換成端面壓力角，其餘計算公式皆同於正齒輪計算公式；螺旋齒輪具有螺旋角，比起正齒輪多了軸向嚙合率，一般而言，螺旋齒輪會比同尺寸的正齒輪具有較高的接觸率，因此具有較高的齒輪強度及較低的噪音。

$$m_n = m_s \cos\beta \qquad\qquad m_s \text{ 轉向模數}$$

$$\phi_n = \tan^{-1}(\tan\phi_s \cos\beta) \qquad\qquad x_n = \frac{x_s}{\cos\beta} \qquad\qquad (6.5)$$

表 6-4 齒直角螺旋齒輪對幾何參數計算

參數	符號	計算公式	小齒輪	大齒輪
法向模數	m_n		1.5	
齒數	Z_p, Z_g		15	60
法向壓力角	ϕ_n		20°	
螺旋角	β		30°	
轉位係數	x_{np}, x_{ng}		0.1	0
軸向壓力角	ϕ_s	$\tan^{-1}\left(\dfrac{\tan\phi_n}{\cos\beta}\right)$	22.7959°	

表 6-4　齒直角螺旋齒輪對幾何參數計算(續)

參數	符號	計算公式	小齒輪	大齒輪
嚙合壓力角 漸開線函數	$\text{inv}\phi_r$	$\dfrac{2(x_{np}+x_{ng})}{Z_p+Z_g}\tan\phi_n+\tan\phi_s-\phi_s$	0.0233	
嚙合軸向壓力角	ϕ_r	$\tan\phi_r-\phi_r-\text{inv}\phi_r=0$ (利用附錄之漸開線函數表查出)	23.106°	
中心距變動係數	y	$\dfrac{Z_p+Z_g}{2\cos\beta}\left(\dfrac{\cos\phi_s}{\cos\phi_r}-1\right)$	0.0993	
中心距	a	$\dfrac{Z_p+Z_g}{2\cos\beta}m_n+ym_n$	65.1009	
節圓直徑	d_p	$m_nZ/\cos\beta$	25.9808	103.923
基圓直徑	d_b	$d_p\cos\phi_s$	23.9514	95.8057
嚙合圓直徑	d_{pr}	$d_b/\cos\phi_r$	26.0404	104.162
齒冠高係數	h_a^*	1.0	1.0	1.0
齒頂隙係數	c^*	0.25	0.25	0.25
齒冠高	h_{ap} h_{ag}	$(h_a^*+y-x_{ng})m_n$ $(h_a^*+y-x_{np})m_n$	1.6490	1.4990
齒根高	h_{rp} h_{rg}	$(h_a^*+c^*-x_{np})m_n$ $(h_a^*+c^*-x_{ng})m_n$	1.725	1.875
全齒高	h_t	h_a+h_r	3.3740	3.3740
外徑	d_o	d_p+2h_a	29.2788	106.921
齒底圓直徑	d_r	d_p-2h_r	22.5308	100.173
齒頂壓力角	ϕ_a	$\cos^{-1}(d_b/d_o)$	35.1104°	26.3575°
軸向嚙合率	ε_s	$\dfrac{1}{2\pi}[Z_p(\tan\phi_{ap}-\tan\phi_r)$ $+Z_g(\tan\phi_{ag}-\tan\phi_r)]$	1.3171	
法向嚙合率	ε_n	$b\sin\beta/m_n\pi$	1.0610	
總嚙合率	ε	$\varepsilon_s+\varepsilon_n$	2.3781	

　　表 6-5 為軸直角螺旋齒輪幾何參數計算表，軸直角螺旋齒輪計算流程與齒直角螺旋齒輪計算流程相同，設計前需要確認輸入參數為齒輪「**軸直角**」參數，若給定為為法向參數，可利用公式(6.6)進行轉換。

$$x_s = x_n \cos\beta$$

$$m_s = \frac{m_n}{\cos\beta} \tag{6.5}$$

$$\phi_s = \tan^{-1}\left(\frac{\tan\phi}{\cos\beta}\right)$$

表 6-5　軸直角螺旋齒輪對幾何參數計算

參數	符號	計算公式	小齒輪	大齒輪
軸向模數	m_s		1.5	
齒數	Z_p, Z_g		15	60
軸向壓力角	ϕ_s		20°	
軸向轉位係數	x_{sp}, x_{sg}		30°	
軸向嚙合壓力角漸開線函數	$\mathrm{inv}\phi_r$	$\dfrac{2(x_{sp}+x_{sg})}{Z_p+Z_g}\tan\phi_s + \tan\phi_s - \phi_s$	0.0178	
軸向嚙合壓力角	ϕ_r	$\tan\phi_r - \phi_r = inv\phi_r$ (利用附錄之漸開線函數表查出)	21.1815°	
中心距變動係數	y	$\dfrac{Z_p+Z_g}{2}\left(\dfrac{\cos\phi_s}{\cos\phi_r}-1\right)$	0.2916	
中心距	a	$\dfrac{Z_p+Z_g}{2}m_s + y m_s$	56.6875	
節圓直徑	d_P	$m_s Z$	22.5	90
基圓直徑	d_b	$d_P \cos\phi_s$	21.1431	84.5723
嚙合圓直徑	d_{pr}	$d_b / \cos\phi_r$	22.675	90.7
齒冠高係數	h_a^*	1.0	1.0	1.0
齒頂隙係數	c^*	0.25	0.25	0.25
齒冠高	h_{ap} h_{ag}	$(h_a^* + y - x_g)m_s$ $(h_a^* + y - x_p)m_s$	1.9374	1.4874
齒根高	h_{rp} h_{rg}	$(h_a^* + c^* - x_p)m_s$ $(h_a^* + c^* - x_g)m_s$	1.425	1.875
全齒高	h_t	$h_a + h_r$	3.3624	3.3624
外徑	d_o	$d_p + 2h_a$	26.375	92.975
齒底圓直徑	d_r	$d_p - 2h_r$	19.65	86.25

表 6-5　軸直角螺旋齒輪對幾何參數計算(續)

參數	符號	計算公式	小齒輪	大齒輪
齒頂壓力角	ϕ_a	$\cos^{-1}(d_b / d_o)$	36.7136°	24.5465°
軸向嚙合率	ε_s	$\dfrac{1}{2\pi}[Z_p(\tan\phi_{ap} - \tan\phi_r) + Z_g(\tan\phi_{ag} - \tan\phi_r)]$	1.5160	
法向嚙合率	ε_n	$b\sin\beta / (\pi m_n \cos\beta)$	1.2251	
總嚙合率	ε	$\varepsilon_s + \varepsilon_n$	2.7412	

6.4　齒輪破壞與強度計算

　　齒輪破壞大致分為齒根疲勞斷裂(fatigue rupture)與齒面點蝕(pitting)兩種，如圖 6-12a 及圖 6-12b 所示；齒根疲勞斷裂是由於齒輪於運轉時所受的反覆力矩，應力會集中於齒輪根部進而發生斷裂的情況；齒面點蝕為齒輪於長期嚙合運轉後，齒面金屬產生剝落的點蝕現象，稱為齒面接觸破壞現象。齒輪於嚙合時，齒面上具有滑動(sliding)與滾動(rolling)兩種相對運動，但在齒輪節點上相對運動僅有純滾動，齒面間不易形成潤滑油膜，因此常於節點處產生點蝕現象。

　　齒輪強度計算也分為齒根部的彎曲強度(bending strength)及齒面的接觸強度(contact strength)兩種；彎曲強度計算主要以 1892 年劉易斯(Lewis)提出彎曲強度計算理論；齒面接觸強度計算則以 1908 年奧地利人威迪基(Videky)將 1881 年赫茲(Hertz)研究彈性體變形的赫茲公式為主並加以延伸。

(a)齒根疲勞斷裂

(b)齒面點蝕破壞

圖 6-12

齒輪強度計算上採用 AGMA908-B89，在彎曲及接觸強度計算上皆可分爲兩部分，一爲計算出齒輪受力產生的應力值，二爲計算選用材質的實際材料強度；齒輪應力值計算是利用 AGMA 給定的理論公式，計算出齒輪切向作用力，並根據不同運用場所訂定應力修正係數，接著由齒輪幾何計算出幾何係數，最後將各項係數代入公式得到應力計算結果；齒輪材質的實際材料強度會根據設計的壽命要求、可靠度及使用環境要求，適當修正材料理論強度得到實際的材料強度，最後將應力計算結果及材料強度相除即得到齒輪對的安全係數(safety factor)，用以評估設計的安全性。

➡ 6.4.1 齒輪切向作用力

齒輪對於嚙合時，如圖 6-13 所示，齒輪所傳遞的力矩T_p，會沿著作用線於齒輪的嚙合節圓處產生一垂直齒面的作用力W，此作用力可分爲兩部分，W_r 爲作用於齒輪軸心的徑向力(radial force)，W_t 爲作用於齒輪齒部的切向力(tangential force)，切向力與力矩的關係式如公式(6.7)所示。

$$W_t = \frac{T_p}{r_{pr}} = \frac{2T_p}{d_{pr}} \tag{6.7}$$

而T_p 爲作用於小齒輪軸的力矩，r_{pr} 爲嚙合節圓半徑，d_{pr} 爲嚙合節圓直徑。

徑向作用力W_r 與切向力的關係式如公式(6.8)所示。

$$W_r = W_t \, tan\phi_{pr} \tag{6.8}$$

ϕ_{pr} 爲小齒輪的嚙合壓力角。

齒面作用力W 與切向力的關係式如公式(6.9)所示。

$$W = \frac{W_t}{\cos\phi_{pr}} \tag{6.9}$$

計算上也可利用公式(6.7)代入大齒輪的嚙合節圓半徑或直徑求出切向作用力，所求得的作用力大小相等且方向相反。

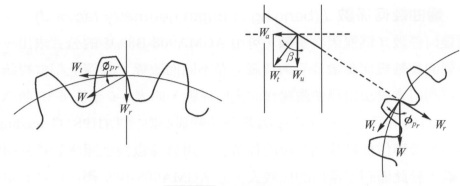

圖 6-13　齒輪切向作用

6.4.2　彎曲應力計算

彎曲應力計算主要以 1892 年劉易斯提出彎曲強度計算理論，他將齒輪的齒部視為一固定於齒輪根部的懸臂樑，利用懸臂樑應力計算公式發展出眾所皆知的劉易斯公式。

AGMA 所運用的計算公式以劉易斯公式為基礎，加上幾個修正參數，得到下列彎曲應力計算公式，如公式(6.10)所示，但齒輪對必須滿足下列情況的才能使用 AGMA 公式進行彎曲應力計算：

1. 接觸比須介於 1 與 2 之間。
2. 嚙合時於齒根與齒頂無任何的干涉情況產生。
3. 齒部外廓為圓滑曲線。
4. 無背隙。
5. 齒根導角為創成的標準圓滑曲線。
6. 不考慮摩擦力。

$$S_t = \frac{W_t}{Fm}\frac{1}{J}\frac{K_a K_s K_m K_b K_i}{K_v} \tag{6.10}$$

S_t 為實際彎曲應力，W_t 為齒輪齒部的切向力，F 為面寬，m 為模數，J 為彎曲幾何係數，K_a、K_v、K_s、K_m、K_b、K_i 為應力修正係數。

接著介紹齒輪彎曲幾何係數 J 及各項彎曲應力修正係數的計算方法。

6.4.2.1 彎曲幾何係數 J (bending strength geometry factor J)

彎曲幾何係數 J 為無因次參數，可由 AGMA908-B89 中的公式求出，其係數隨著齒輪對的齒輪幾何參數及受力負載分布不同而改變，計算上相當複雜；簡易的計算上可利用查表法得標準齒輪彎曲幾何係數，如表 6-6 至表 6-10 所示，根據受力負載方式(齒頂受力(tip loading)及單齒接觸最高點受力(HPSTC loading))、壓力角、螺旋角及轉位係數找到對應的係數表，再於係數表依照齒數找到對應的彎曲幾何係數，於此僅列舉常用的係數表，於 AGMA908-B89 標準中具有更詳細的資料。

以受力方式為齒頂受力、壓力角 20 度、螺旋角 0 度、轉位係數皆為 0、小齒輪齒數為 21 齒及大齒輪齒數為 55 齒的標準齒輪為例，首先會選擇表 6-6 的係數表，接著於表格左邊找到大齒輪齒數為 55 的欄位，往右找到小齒輪齒數為 21 所交集的欄位，P 代表為小齒輪彎曲幾何係數為 0.24，G 代表為大齒輪彎曲幾何係數為 0.28，若無法於表格上找到的大、小齒輪對應的齒數，可利用內插法計算出約略的數值。

表 6-6

AGMA Bending Geometry Factor J for Pressure Angle=20° and Helix angle=0°, Pinion shifted coefficient(x1=0), Gear shifted coefficient(x2=0), Full-Depth Teeth with Tip Loading															
Pinion teeth															
Gear teeth	12		14		17		21		26		35		55		135	
	P	G	P	G	P	G	P	G	P	G	P	G	P	G	P	G
12	U	U														
14	U	U	U	U												
17	U	U	U	U	U	U										
21	U	U	U	U	U	U	0.24	0.24								
26	U	U	U	U	U	U	0.24	0.25	0.25	0.25						
35	U	U	U	U	U	U	0.24	0.26	0.25	0.26	0.26	0.26				
55	U	U	U	U	U	U	0.24	0.28	0.25	0.28	0.26	0.28	0.28	0.28		
135	U	U	U	U	U	U	0.24	0.29	0.25	0.29	0.26	0.29	0.28	0.29	0.29	0.29

表 6-7

AGMA Bending Geometry Factor J for Pressure Angle=20° and Helix angle=0°, Pinion shifted coefficient(x1=0), Gear shifted coefficient(x2=0), Full-Depth Teeth with HPSTC Loading																
Pinion teeth																
Gear teeth	12		14		17		21		26		35		55		135	
	P	G	P	G	P	G	P	G	P	G	P	G	P	G	P	G
12	U	U														
14	U	U	U	U												
17	U	U	U	U	U	U										
21	U	U	U	U	U	U	0.33	0.33								
26	U	U	U	U	U	U	0.33	0.35	0.35	0.35						
35	U	U	U	U	U	U	0.34	0.37	0.36	0.38	0.39	0.39				
55	U	U	U	U	U	U	0.34	0.40	0.37	0.41	0.40	0.42	0.43	0.43		
135	U	U	U	U	U	U	0.35	0.43	0.38	0.44	0.41	0.45	0.45	0.47	0.49	0.49

表 6-8

AGMA Bending Geometry Factor J for Pressure Angle=20° and Helix angle=10°, Pinion shifted coefficient(x1=0), Gear shifted coefficient(x2=0), Full-Depth Teeth with Tip Loading																
Pinion teeth																
Gear teeth	12		14		17		21		26		35		55		135	
	P	G	P	G	P	G	P	G	P	G	P	G	P	G	P	G
12	U	U														
14	U	U	U	U												
17	U	U	U	U	U	U										
21	U	U	U	U	U	U	0.46	0.46								
26	U	U	U	U	U	U	0.47	0.49	0.49	0.49						
35	U	U	U	U	U	U	0.48	0.52	0.50	0.53	0.54	0.54				
55	U	U	U	U	U	U	0.49	0.55	0.52	0.56	0.55	0.57	0.59	0.59		
135	U	U	U	U	U	U	0.50	0.60	0.53	0.61	0.57	0.62	0.60	0.63	0.65	0.65

6.4.2.2 彎曲修正係數計算方法

負荷係數 K_a(application factor)

負荷係數 K_a 用於修正機械動力輸出造成的衝擊對於齒部應力的影響，根據輸入與輸出機器的種類，具有不同的負荷係數，如表 6-9 所示，均力是指輸出力矩為定值，如電馬達等；輕衝擊為一般的多缸引擎；中衝擊為單缸引擎；重衝擊則是輸出力矩變化大的機器，如重機械。

表 6-9 負荷係數表

輸入機器	輸出機器		
	均力	中衝擊	重衝擊
均力	1.00	1.25	1.75
輕衝擊	1.25	1.5	2
中衝擊	1.5	1.75	2.25

動力係數 K_v(dynamic factor)

動力係數 K_v 用於修正齒輪對接觸時造成的衝擊現象，因為齒形非完全共軛 (non-conjugate)，運動時會所造成負載的變化，這些負載變化也稱為運動誤差，等級越差的齒輪其運動誤差越大，反言之精度高的齒輪較能達到平滑且定速比的力矩傳遞；AGMA 中提供動力係數 K_v 與齒輪 AGMA 等級 Q_v 及齒輪節點切線速度 V_t(pitch-line velocity)的函數方程式，計算方程式如公式(6.11a)及(6.11b)所示。

$$K_v = (\frac{A}{A+\sqrt{200V_t}})^B \tag{6.11a}$$

$$A = 50 + 56(1-B)$$

$$B = 0.25(12-Q_v)^{2/3} \text{，} 6 \leq Q_v \leq 11$$

$$K_v = \frac{50}{50+\sqrt{200V_t}} \text{，} Q_v \leq 5 \tag{6.11b}$$

尺寸係數 K_s(size factor)

尺寸係數 K_s 於 AGMA 尚未建立標準計算公式，一般而言會將 K_s 設為 1，除了遇到特殊的情況，如大模數齒輪，會將 K_s 設為 1.25 或 1.5 較為安全。

均載係數 K_m(load distribution factor)

均載係數 K_m 用於修正因齒輪中心軸的安裝或製造誤差，造成齒寬方向受力不均勻的現象，這種現象在齒寬越大的齒輪越明顯，因此均載係數 K_m 會隨齒寬增大而變大，其計算公式如公式(6.12)所示。

$$K_m = 1 + c_{mc}(c_{pf}c_{pm} + c_{ma}c_e) \tag{6.12}$$

c_{mc} 為導程修正因子，c_{pf} 為小齒輪比例因子，c_{pm} 為小齒輪安裝修正因子，c_{ma} 為嚙合同軸度因子，c_e 為嚙合同軸度修正因子。

齒面若經過修形(modification)如隆齒(crowning)或導程修正，則設 c_{mc} 為 0.8，未修形的齒輪則設 c_{mc} 為 1；小齒輪比例因子 c_{pf} 計算公式如表 6-10 所示。

表 6-10　均載係數參數 c_{pf} 公式列表

面寬範圍	c_{pf} 計算公式
$F \leq 25.4$	$c_{pf} = \dfrac{F}{10d} - 0.025$
$25.4 \leq F \leq 431.8$	$c_{pf} = \dfrac{F}{10d} - 0.0375 + 0.000492F$
$431.8 \leq F \leq 1016$	$c_{pf} = \dfrac{F}{10d} - 0.1109 + 0.0008149F - 3.53401 \times 10^{-7} F^2$

假設 $\dfrac{F}{10d} \leq 0.05$ ，則令 $\dfrac{F}{10d} = 0.05$ 。

若小齒輪與大齒輪面寬中心間的距離與齒輪軸兩端軸承的跨距比小於 0.175 則設 c_{pm} 為 1，若大於 0.175 則設 c_{pm} 為 1.1。

嚙合同軸度因子 c_{ma} 計算公式如下公式(6.13)所示，各項計算參數依據齒輪使用場所將面寬代入對應公式便可，各項參數對應表如表 6-11 所示。

$$c_{ma} = ac + bcF + ccF^2 \tag{6.13}$$

表 6-11 均載 c_{ma} 參數列表

齒輪使用場所選用	ac	bc	cc
開放式齒輪	0.274	0.657×10^{-3}	-1.18575×10^{-7}
一般密閉式齒輪	0.127	0.622×10^{-3}	-1.69415×10^{-7}
精密密閉式齒輪	0.0675	0.504×10^{-3}	-1.4353×10^{-7}
超精密密閉式齒輪	0.0380	0.402×10^{-3}	-1.2741×10^{-7}

齒輪若經過研磨製程則設 c_e 為 0.8，未經過研磨製程則設 c_e 為 1。

惰輪係數 K_i(idler factor)

如圖 6-14 所示，中間的齒輪 A 即為惰輪，在行星齒輪系中太陽輪與行星輪屬於惰輪，惰輪位於兩個齒輪當中，嚙合時左右兩邊的受力方向不同造成反覆受力，同時間嚙合次數比其餘兩個齒輪多，因此造成惰輪材料強度的減低，為了修正這種情況，若齒輪為惰輪則係數 K_i 設為 1.42，非惰輪則係數 K_i 設為 1。

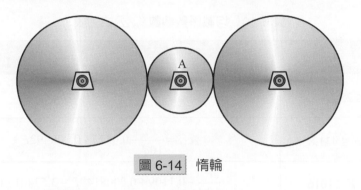

圖 6-14 惰輪

齒厚係數 K_b(rim thickness factor)

齒厚係數 K_b 主要用於大尺寸且齒輪輪緣較薄的齒輪上，此種齒輪受力時容易造成輪緣的斷裂而非齒根，AGMA 制訂係數 m_b 作為此種情況的指標，m_b 為齒輪輪緣厚 t_R 與齒輪全齒高 h_t 的比值，如圖 6-15 所示，係數 m_b 計算式如公式(6.14)所示，可根據 m_b 再經由表 6-12 得到齒厚係數值，若 m_b 小於 0.5，齒輪輪緣容易發生斷裂情況，設計上需加厚齒輪輪緣厚度。

$$m_b = \frac{t_R}{h_t} \tag{6.14}$$

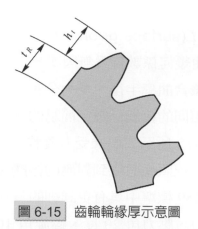

圖 6-15　齒輪輪緣厚示意圖

表 6-12　齒厚係數表

齒厚比	K_b計算公式
$0.5 \leq m_b \leq 1.2$	$K_b = -2m_b + 3.4$
$m_b > 1.2$	$K_b = 1.0$

6.4.3　接觸應力計算

　　接觸應力計算以赫茲應力計算公式為計算基礎，由伯金漢(Buckingham)將之發展用於齒輪齒面應力計算，伯金漢將齒輪對視為兩個圓柱體，並於節點處具有相同的曲率半徑及滾動負載，可以控制幾個幾何參數模擬齒面接觸情況，後來發展成為齒輪齒面應力所應用的伯金漢方程式，如公式(6.15)所示，AGMA 以此方程式作為接觸應力計算公式。

$$S_s = C_p \sqrt{W_t C_a C_s \frac{C_m\,C_f}{C_v} \frac{1}{d_{pr}F\,\mathrm{I}}} \tag{6.15}$$

S_s 為實際接觸應力，d_{pr} 為小齒輪嚙合節圓直徑，I 為接觸幾何係數，C_p、C_a、C_v、C_s、C_m、C_f為修正係數。

　　接著介紹齒輪應力幾何係數 I 及各項接觸應力修正係數的計算方法。

6.4.3.1 接觸幾何係數 *I* (surface geometry factor)

接觸幾何係數 *I* 與彎曲幾何係數皆為無因次參數,可由 AGMA908-B89 中的公式求出,其係數與齒輪嚙合曲率半徑、受力分布和法向受力有關,計算上相當複雜,且大、小齒輪具有相同的接觸係數;簡易的計算上可利用查表法得接觸幾何係數,如表 6-13 至表 6-15 所示,根據受力負載方式、壓力角、螺旋角及轉位係數找到對應的係數表,再依照齒數找到對應的接觸幾何係數,於此僅列舉常用的係數表,於 AGMA908-B89 標準中具有更詳細的資料。

以受力方式為齒頂受力、壓力角 20 度、螺旋角 10 度、轉位係數皆為 0、小齒輪齒數為 21 齒及大齒輪齒數為 55 齒的標準齒輪為例,首先根據各種齒輪數據選擇表 6-15 的係數表,接著於表格左邊找到大齒輪齒數為 55 的欄位,往右找到小齒輪齒數為 21 所交集的欄位,大、小齒輪接觸幾何係數為 0.195,若無法於表格上找到的大、小齒輪對應的齒數,可利用內插法計算出約略的數值。

表 6-13

AGMA Pitting Geometry Factor *I* for Pressure Angle=20° and Helix angle=0°, Pinion shifted coefficient(x1=0), Gear shifted coefficient(x2=0), Full-Depth Teeth with Tip Loading							
Pinion teeth							
Gear teeth	12	14	17	21	26	35	55	135
12	U							
14	U	U						
17	U	U	U					
21	U	U	U	0.078				
26	U	U	U	0.084	0.079			
35	U	U	U	0.091	0.088	0.080		
55	U	U	U	0.102	0.101	0.095	0.080	
135	U	U	U	0.118	0.121	0.120	0.112	0.080

表 6-14

AGMA Pitting Geometry Factor I for Pressure Angle=20° and Helix angle=0°, Pinion shifted coefficient(x1=0), Gear shifted coefficient(x2=0), Full-Depth Teeth with HPSTC Loading								
Pinion teeth								
Gear teeth	12	14	17	21	26	35	55	135
12	U							
14	U	U						
17	U	U	U					
21	U	U	U	0.078				
26	U	U	U	0.084	0.079			
35	U	U	U	0.091	0.088	0.080		
55	U	U	U	0.102	0.101	0.095	0.080	
135	U	U	U	0.118	0.121	0.120	0.112	0.080

表 6-15

AGMA Pitting Geometry Factor I for Pressure Angle=20° and Helix angle=10°, Pinion shifted coefficient(x1=0), Gear shifted coefficient(x2=0), Full-Depth Teeth with Tip Loading								
Pinion teeth								
Gear teeth	12	14	17	21	26	35	55	135
12	U							
14	U	U						
17	U	U	U					
21	U	U	U	0.127				
26	U	U	U	0.143	0.131			
35	U	U	U	0.164	0.153	0.136		
55	U	U	U	0.195	0.186	0.170	0.143	
135	U	U	U	0.241	0.237	0.228	0.209	0.151

6.4.3.2 接觸修正係數計算

接觸係數的計算上有很多與彎曲係數相同，如負荷係數C_a、動力係數C_v、尺寸係數C_s及均載係數C_m，僅有彈性係數C_p (elastic coefficient)與表面係數C_f (surface finish factor)不同，接著介紹這兩種修正係數的計算方法。

彈性係數C_p

彈性係數C_p用於修正齒輪材料使用的差異，計算方程式如公式(6.16)所示，主要由齒輪材料的蒲松比(Poisson's ratio)及彈性係數(Moduli of elasticity)所決定。

$$C_p = \sqrt{\frac{1}{\pi[(\frac{1-v_p^2}{E_p})+(\frac{1-v_g^2}{E_g})]}} \tag{6.16}$$

v_p為小齒輪的蒲松比，v_g為大齒輪的蒲松比，E_p為小齒輪的楊氏係數，E_g為大齒輪的楊氏係數。

表面係數C_f

表面係數C_f用於修正齒面粗糙度的影響，但 AGMA 尚未建立標準計算公式，一般製程的齒輪可將C_f設為 1，若粗糙度太高或已知有殘留應力存在的齒輪，應該提高表面係數之值。

▶ 6.4.4 齒輪材料強度及安全係數計算

強度計算主要評估齒輪材料的抗彎曲及抗接觸破壞的實用強度，材料理論的強度由於壽命要求、可靠度要求及使用環境的不同，於實際運用強度會有所差距，為了更準確評估齒輪強度訂定相關的材料修正係數，用以得到材料的實際強度。

6.4.4.1 材料抗彎曲強度

材料理論抗彎曲強度S_b'可由查表得知或利用公式(6.17a)及公式(6.17b)進行計算，Grade 1 表示材料強度的下限，Grade 2 表示材料強度的上限，設計時建議使用 Grade 1 較為安全。

$$S_b' = -1.8769 + 1.14395\text{HB} - 0.0010412\text{HB}^2 \text{ (MPa)}，\text{Grade 1 maximum} \tag{6.17a}$$

$$S_b' = 42.7098 + 1.1919\text{HB} - 0.0008631\text{HB}^2 \text{ (MPa)}，\text{Grade 2 maximum} \tag{6.17b}$$

HB 為勃氏硬度值(Brinell Hardness)。

　　AGMA 在特殊的測試環境下對於齒輪抗彎曲強度進行測試，發現同樣尺寸及加工法的齒輪在不同溫度及運轉時間的測試條件下，材料產生破壞的強度低於理論強度，比對實驗結果與理論數值，訂定壽命、溫度及可靠度三種修正係數用以修正理論強度，齒輪實際抗彎曲強度修正方程式如公式(6.18)所示。

$$S_b = \frac{K_l}{K_t K_r} S_b'$$
(6.18)

　　S_b' 為材料理論強度，S_b 為材料實際強度，K_l、K_t、K_r 為材料修正係數。接著將介紹各種抗彎曲修正係數的計算方法。

壽命修正係數 K_l (life factor)

　　通常齒面破壞的負載測試循環為 10^7 次，較短或較長的使用壽命需要針對齒面破壞強度進行修正，負載循環定義齒輪受力下的嚙合次數 N，壽命修正係數計算公式如公式(6.19a)至(6.19c)所示。

$$K_l = 1.47229，N \leq 10^4$$
(6.19a)

$$K_l = 2.466 N^{-0.056}，N < 10^7$$
(6.19b)

$$K_l = 1.4488 N^{-0.023}，N \geq 10^7$$
(6.19c)

溫度修正係數 K_t (temperature factor)

　　溫度修正係數用於修正於溫度變化時材料產生的強度變化，將潤滑油的溫度視為齒輪的溫度，對於鋼材而言，潤滑油溫度小於攝氏 120 度可將 K_t 設為 1，若潤滑油超過攝氏 120 度，將利用公式(6.20)計算出對應的溫度修正係數。

$$K_t = \frac{647}{775} + \frac{9T_c}{3100}$$
(6.20)

T_c 為攝氏溫度。

可靠度修正係數 K_r (reliability factor)

　　100 個實驗樣品若有 1 個發生預期外的破壞，將此次樣品的可靠度視為 99%，AGMA 對於不同的可靠度訂定不同的可靠度係數，可由表 6-16 查得對應的可靠度係數。

表 6-16　可靠度係數 K_r

可靠度選擇	K_r
90%	0.85
99%	1
99.9%	1.25
99.99%	1.5

6.4.4.2　材料抗接觸破壞強度

材料理論抗接觸破壞強度 S_c' 可由查表得知或利用公式(6.20a)及公式(6.20b)進行計算。

$$S_c' = 179.26 + 2.25453\text{HB} \text{，Grade 1 maximum} \tag{6.20a}$$

$$S_c' = 186.154 + 2.50963\text{HB} \text{，Grade 2 maximum} \tag{6.20b}$$

AGMA 制定四種抗接觸破壞強度的修正係數，實際抗接觸破壞強度 S_c 修正方程式如公式(6.21)所示。

$$S_c = \frac{C_l C_h}{C_t C_r} S_c' \tag{6.21}$$

C_t 為溫度修正係數，C_r 為可靠度修正係數，C_l 為壽命修正係數，C_h 為硬度修正係數。

其中修正係數 C_l、C_t 及 C_r 與彎曲修正係數 K_l、K_t 與 K_r 計算方法相同，硬度修正係數 C_h 則是抗接觸強度的齒面硬度比因子。於下接著介紹新的修正係數計算方法。

硬度修正係數 C_h (hardness ratio factor)

硬度修正係數與大、小齒輪的齒面硬度比有關，其值通常會大於 1，計算公式如公式(6.22)所示，此係數通常會增加大齒輪的強度。此係數主要為了修正小齒輪齒面硬度大於大齒輪的情況，僅用於修正大齒輪強度，在 AGMA 標準中計算公式如下所示，須根據大小齒輪硬度關係選用。

$$C_h = 1.0 + A(m_g - 1) \tag{6.22}$$

$$A = 0 \text{ , } \frac{\mathrm{HB}_p}{\mathrm{HB}_g} < 1.2 \text{ , } A = 0.00898 \frac{\mathrm{HB}_p}{\mathrm{HB}_g} - 0.00829 \text{ , } 1.2 \leq \frac{\mathrm{HB}_p}{\mathrm{HB}_g} \leq 1.7 \text{ , } A = 0.0698 \text{ , } \frac{\mathrm{HB}_p}{\mathrm{HB}_g} > 1.7$$

m_g 為齒輪減速比，HB_p 為小齒輪勃氏硬度，HB_g 為大齒輪勃氏硬度。

若小齒輪齒面硬度大於 48HRC，則硬度修正係數公式則改為公式(6.23)。

$$C_h = 1 + B(450 - \mathrm{HB}_g) \tag{6.23}$$

$B = 0.00075 e^{-0.052 R_q}$ ，R_q 為小齒輪齒面粗糙度。

6.4.4.3　安全係數計算

齒輪的安全係數為修正後的材料允許應力值除以齒輪修正過後的負荷應力值之比值，齒輪之彎曲強度安全係數與接觸強度安全係數分別如公式(6.24)及(6.25)所示，此兩種係數須大於 1 才能符合設計安全要求；若安全係數小於 1 的話，必須提高使用材料強度或降低齒輪所產生的應力。

$$N_b = \frac{S_b}{S_t} \tag{6.24}$$

材料允許彎曲應力 $S_b = \dfrac{K_l}{K_t K_r} S_b'$ ，修正後彎曲應力 $S_t = \dfrac{W_t}{F m} \dfrac{1}{J} \dfrac{K_a K_s K_m K_b K_i}{K_v}$

$$N_c = \frac{S_c}{S_s} \tag{6.25}$$

材料允許接觸應力 $S_c = \dfrac{C_l C_h}{C_t C_r} S_c'$ ，修正後接觸應力 $S_s = C_p \sqrt{W_t C_a C_s \dfrac{C_m}{C_v} \dfrac{C_f}{d_{prp} F} \dfrac{1}{\mathrm{I}}}$

6.5　齒輪精度與量測

齒輪的品質依據是標準，齒輪強度和精度兩項標準能保證齒輪產品的性能、質量、可靠性和成本的關鍵環節，齒輪精度標準是齒輪標準中能直接檢測的項目，所以世界各工業國都十分重視該項標準的制修訂工作。國內加工齒輪時會依照圖樣上的國際標準來加工，目前常用的除了 AGMA、ISO、DIN、JIS 還有在製造齒輪領域蓬勃發展的大陸標準 GB(其等效於 ISO 標準)。

從標準內容看，ISO、AGMA 和 DIN 標準除了齒輪精度的參數項目術語定義及公差表組成外，還提供了指導性文件，為確定齒輪精度等級和齒輪參數的測量原則及實際操作方法提供了較為詳細的指導，同時還為製造廠和用戶列出了合同要求條款、過程控制、檢查項目和方法等，尤其是美國 AGMA 標準特別強調齒輪製造的過程控制。所謂過程控制，就是控制齒輪製造過程中的每一個工序來保證齒輪的製造精度。採用過程控制時，只要對任意一個齒輪做較少的測量即可，如測量公法線長度等。AGMA 標準對不同精度等級的所有誤差項目的檢測控制作了推薦，具有較強的實用性。

ISO 1328-1：1995 標準對齒輪重測齒面公差規定了 13 個精度等級，其中 0 級最高，12 級最低。如果要求的齒輪精度等級為其中的某一等級，而無其他規定的話，則齒距、齒廓、螺旋線等各項偏差的允許值均按該精度等級確定，也可以按照協議對工作和非工作齒面規定不同的精度等級。

ISO 1328-2：1997 標準中對徑向綜合公差規定了 9 個精度等級，其中 4 級為最高，12 級為最低。徑向綜合偏差的精度等級不一定與 ISO 1328-1：1995 選用相同的等級，不過在加工圖中必須註明。

美國 AGMA 標準的精度等級為 3-15 級共 13 個等級，3 級為最低級，15 級為最高級。德國 DIN 標準的精度等級為 1-12 級共 12 個等級，1 級為最高級，12 級為最低級，大陸 GB 標準的精度等級以 ISO 為準。

由於各國編制標準所遵循的基本原則、公差計算式、關係式以及尺寸(m_n 模數，外徑，齒寬)的不同，因此，很難精確給出 GB、ISO、AGMA、DIN 標準的精度等級的對應關係，表 6-17 只是大致地給出了各項公差精度的對應關係，僅供參考。

齒輪精度分為齒高、齒筋及齒厚三方向，如圖 6-16 所示，齒高及齒筋方向需利用齒輪專用檢測機或三次元量測機進行檢測，而齒厚方向則可利用較簡易的檢測儀器進行檢測，如游標卡尺、跨銷或跨球千分錶進行量測；齒高及齒筋方向的誤差包含齒輪徑向跳動誤差、單個齒距偏差、齒形誤差、徑向綜合總偏差及齒徑向綜合偏差等等，誤差大小會影響齒輪對運動誤差、振動、噪音及使用壽命，此兩種方向誤差測量主要用於齒輪加工後齒面精度的判定，確保齒輪加工精度；齒厚誤差主要影響到齒輪對背隙的大小，於齒輪製造過程中，利用跨齒或跨銷厚量測方式進行簡易量測，可以迅速及方便檢測出齒輪齒厚精度。

表 6-17　各項公差精度的對應關係

公差類	公差代號	標準	精度等級							
單項公差	F_r	GB	3	4	5	6	7	8	9	10
		ISO	3	4	5	6	7	8	9	10
		DIN	4	5	6	7	8	9	10	11
		AGMA	15	14	13	12-11	10	9	9	9
	f_{pt}	GB	3	4	5	6	7	8	9	10
		ISO	3	4	5	6	7	8	9	10
		DIN	4	4	5-6	7	8	9	10	-
		AGMA	15-14	13	12	11	10	9	8	7
	f_f	GB	3	4	5	6	7	8	9	10
		ISO	3	4	5	6	7	8	9	10
		DIN	4	5	6	7	8	9	10	11
		AGMA	15	14	13	12	11	10	9-8	7-6
綜合公差	F_i''	GB	3	4	5	6	7	8	9	10
		ISO	3	4	5	6	7	8	9	10
		DIN	-	5-6	7	8	9	10	-	11
		AGMA	-	14-13	12	11	10	9	8	8
	f_i''	GB	3	4	5	6	7	8	9	10
		ISO	3	4	5	6	7	8	9	10
		DIN	-	5	6	7	8	9	9	10
		AGMA	-	13	12	11	10	9	9	7

F_r 為徑向跳動誤差，f_{pt} 為單個齒距偏差，f_f 為齒形誤差，F_i'' 為徑向綜合總偏差，f_i'' 為一齒徑向綜合偏差。

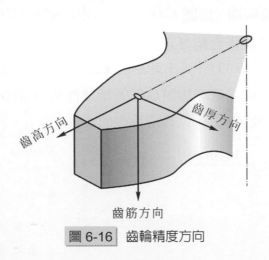

齒高方向
齒厚方向
齒筋方向

圖 6-16　齒輪精度方向

　　齒輪齒高及齒筋誤差於機台上量測完畢後，自動由專業軟體進行精度判別，測量方式相當複雜，於此無法詳述，故僅就齒厚誤差量測介紹常用的量測方式與計算方法。齒厚測量方法分為跨齒厚(over teeth thickness)和跨銷厚(over pin diameter)兩種方法。跨齒厚測量法為一般工廠較常使用的檢測方法，主要用於量測外齒輪，大部分使用千分卡尺及游標卡尺作為量測工具，如圖 6-17 所示；量測上須給定跨齒數 Z_m 及跨齒厚值 S_m，而跨齒數及跨齒厚值隨齒輪齒數、轉位係數、壓力角和螺旋角不同而有所變動，實際量測上需給定正確的跨齒數才能量測到正確法線節距。計算上由公式(6.26)、(6.27)及得到理論跨齒數 Z_{mth}，將最接近 Z_{mth} 的整數齒 Z_m 代入公式(6.29)便可得到跨齒厚 S_m。

$$f = \frac{x_n}{Z} \tag{6.26}$$

$$K(f) = \frac{1}{\pi}\left[\left[1 + \frac{\sin^2\beta}{\cos^2\beta + \tan^2\phi_n}\right]\sqrt{(\cos^2\beta + \tan^2\phi_n)(\sec\beta + 2f)^2 - 1} - \text{inv}\phi_s - 2f\tan\phi_n\right] \tag{6.27}$$

$$Z_{mth} = Z \times K(f) + 0.5 \tag{6.28}$$

$$S_m = m_n\cos\phi_n\{\pi(Z_m - 0.5) + z\text{inv}\phi_s\} + 2x_n m_n\sin\phi_n \tag{6.29}$$

m_n 為法向模數，Z 為齒數，x_n 為法向轉位係數，β 為螺旋角，ϕ_n 為壓力角，ϕ_s 軸向壓力角。

　　跨銷厚量測可用於外齒輪及內齒輪量測，量測方式是利用兩個同尺寸直徑相同的小圓柱，架在齒輪兩端，如圖 6-18 所示，利用兩圓柱中心距離 d_m 作為檢驗齒輪尺寸及加工精度。於此僅介紹外正齒輪跨銷厚計算方法，計算上依據外正齒輪參數由公式(6.30)至公式(6.33)計算出理想的銷球徑 d_p，為使量測接觸點最接近齒輪節圓，需選用市面上最接近理想銷球徑的銷球徑 d_p，依據偶數齒或奇數齒將梢球徑 d_p 代入公式(6.35)及(6.36)計算其跨銷徑值 d_m。

$$\frac{\phi}{2} = (\frac{\pi}{2z} + \text{inv}\,\phi_n) + \frac{2x\tan\phi_n}{z} \tag{6.30}$$

$$\alpha = \cos^{-1}\left\{\frac{zm\cos\phi_n}{(z+2x)m}\right\} \tag{6.31}$$

$$\phi = \tan\alpha - \frac{\phi}{2} \tag{6.32}$$

$$d_p = zm\cos\phi_n\left(\frac{\phi}{2} - \operatorname{inv}\phi\right) \tag{6.33}$$

ϕ_n 為通過銷(球)中心之壓力角。

$$\operatorname{inv}\phi = \frac{\pi}{2z} + \operatorname{inv}\phi_n - \frac{d_p}{mz\cos\phi_n} + \frac{2x\tan\phi_n}{z} \tag{6.34}$$

ϕ 利用漸開線函數表查值。

$$偶數齒：d_m = \frac{zm\cos\phi_n}{\cos\phi} - d_p \tag{6.35}$$

$$奇數齒：d_m = \frac{zm\cos\phi_n}{\cos\phi}\cos\frac{90°}{z} - d_p \tag{6.36}$$

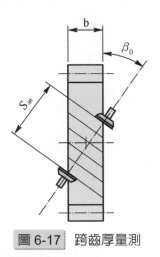

圖 6-17　跨齒厚量測

　　跨銷厚誤差量測包括整個齒輪誤差累積，而跨齒厚誤差量測僅包括跨齒數的誤差，以精度而言，跨銷厚量測優於跨齒厚量測；跨齒厚量測只能用於外齒輪量測，不適用於內齒輪，跨銷厚量測則適用於外齒輪與內齒輪，以使用廣泛性而言跨銷厚量測優於跨齒厚量測；游標卡尺為一般常用工具，若以量測外齒輪而言，跨齒厚量測方便性大大優於跨銷厚量測。

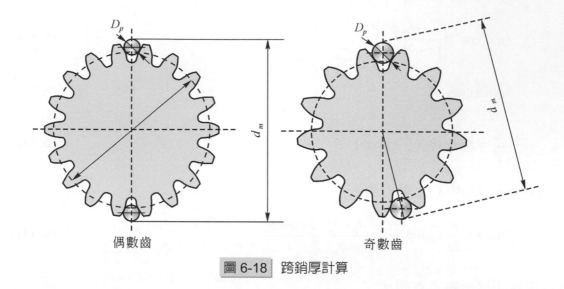

偶數齒   奇數齒

圖 6-18　跨銷厚計算

習　題

1. 假設一漸開線標準外嚙合齒輪對減速比爲 1.67、徑節爲 12.7(1/mm)、壓力角爲 20 度、螺旋角爲 0 度、小齒輪齒數爲 21 及大、小齒輪轉位係數皆爲 0，依據此齒輪對參數分別求出其嚙合壓力角、中心距、節圓直徑、基圓直徑、外徑、齒冠高、齒根高、齒頂隙、全齒高、齒底圓直徑及其接觸率。

2. 假設一漸開線標準外嚙合齒輪對減速比爲 1.67、徑節爲 12.7(1/mm)、壓力角爲 20 度、螺旋角爲 0 度、小齒輪齒數爲 21、大、小齒輪轉位係數皆爲 0 及大小齒輪面寬皆爲 20mm，輸入端爲小齒輪、輸入力矩爲 20N-m、輸入轉速爲 100rpm、大小齒輪材料等級爲 AGMA7 級、大小齒輪材料彎曲強度爲 300MPa、齒輪材料接觸強度爲 1100MPa、蒲松比爲 0.3、楊氏係數爲 206000MPa、大小齒輪硬度相同、運轉壽命要求爲 5 年、工作溫度爲攝氏 100 度，請列出所有設計假設及修正參數值並判斷此齒輪對是否符合設計安全要求。

3. 假設一漸開線標準內嚙合正齒輪對減速比爲 4、徑節爲 12.7(1/mm)、壓力角爲 20 度、螺角爲 0 度、小齒輪齒數爲 18 及大、小齒輪轉位係數皆爲 0，請提供小齒輪之跨齒數 Z_m、跨齒厚值 S_m 及大齒輪選用的銷球徑 d_p、跨銷徑值 d_m，以便齒輪加工後檢驗用。

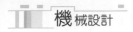

附錄

漸開線函數表 1

	2°	3°	4°	5°	6°	7°	8°	9°	10°	11°
0	0.00001418	0.00004790	0.0001136	0.0002222	0.0003845	0.0006115	0.0009145	0.001305	0.001794	0.002394
1	0.00001454	0.00004871	0.0001151	0.0002244	0.0003877	0.0006159	0.0009203	0.001312	0.001803	0.002405
2	0.00001491	0.00004952	0.0001165	0.0002267	0.0003909	0.0006203	0.0009260	0.001319	0.001812	0.002416
3	0.00001528	0.00005034	0.0001180	0.0002289	0.0003942	0.0006248	0.0009318	0.001327	0.001821	0.002427
4	0.00001565	0.00005117	0.0001194	0.0002312	0.0003975	0.0006292	0.0009377	0.001334	0.001830	0.002438
5	0.00001603	0.00005201	0.0001209	0.0002335	0.0004008	0.0006337	0.0009435	0.001342	0.001840	0.002449
6	0.00001642	0.00005286	0.0001224	0.0002358	0.0004041	0.0006382	0.0009494	0.001349	0.001849	0.002461
7	0.00001682	0.00005372	0.0001239	0.0002382	0.0004074	0.0006427	0.0009553	0.001357	0.001858	0.002472
8	0.00001722	0.00005458	0.0001254	0.0002405	0.0004108	0.0006473	0.0009612	0.001364	0.001867	0.002483
9	0.00001762	0.00005546	0.0001269	0.0002429	0.0004141	0.0006518	0.0009672	0.001372	0.001877	0.002494
10	0.00001804	0.00005634	0.0001285	0.0002452	0.0004175	0.0006564	0.0009732	0.001379	0.001886	0.002506
11	0.00001846	0.00005724	0.0001300	0.0002476	0.0004209	0.0006610	0.0009792	0.001387	0.001895	0.002517
12	0.00001888	0.00005814	0.0001316	0.0002500	0.0004244	0.0006657	0.0009852	0.001394	0.001905	0.002528
13	0.00001931	0.00005906	0.0001332	0.0002524	0.0004278	0.0006703	0.0009913	0.001402	0.001914	0.002540
14	0.00001975	0.00005998	0.0001347	0.0002549	0.0004313	0.0006750	0.0009973	0.001410	0.001924	0.002551
15	0.00002020	0.00006091	0.0001363	0.0002573	0.0004347	0.0006797	0.0010034	0.001417	0.001933	0.002563
16	0.00002065	0.00006186	0.0001380	0.0002598	0.0004382	0.0006844	0.0010096	0.001425	0.001943	0.002574
17	0.00002111	0.00006281	0.0001396	0.0002622	0.0004417	0.0006892	0.0010157	0.001433	0.001952	0.002586
18	0.00002158	0.00006377	0.0001412	0.0002647	0.0004453	0.0006939	0.0010219	0.001441	0.001962	0.002598
19	0.00002205	0.00006474	0.0001429	0.0002673	0.0004488	0.0006987	0.0010281	0.001448	0.001972	0.002609
20	0.00002253	0.00006573	0.0001445	0.0002698	0.0004524	0.0007035	0.0010343	0.001456	0.001981	0.002621
21	0.00002301	0.00006672	0.0001462	0.0002723	0.0004560	0.0007083	0.0010406	0.001464	0.001991	0.002633
22	0.00002351	0.00006772	0.0001479	0.0002749	0.0004596	0.0007132	0.0010469	0.001472	0.002001	0.002644
23	0.00002401	0.00006873	0.0001496	0.0002775	0.0004632	0.0007181	0.0010532	0.001480	0.002010	0.002656
24	0.00002452	0.00006975	0.0001513	0.0002801	0.0004669	0.0007230	0.0010595	0.001488	0.002020	0.002668
25	0.00002503	0.00007078	0.0001530	0.0002827	0.0004706	0.0007279	0.0010659	0.001496	0.002030	0.002680
26	0.00002555	0.00007183	0.0001548	0.0002853	0.0004743	0.0007328	0.0010722	0.001504	0.002040	0.002692
27	0.00002608	0.00007288	0.0001565	0.0002879	0.0004780	0.0007378	0.0010786	0.001512	0.002050	0.002703
28	0.00002662	0.00007394	0.0001583	0.0002906	0.0004817	0.0007428	0.0010851	0.001520	0.002060	0.002715
29	0.00002716	0.00007501	0.0001601	0.0002933	0.0004854	0.0007478	0.0010915	0.001528	0.002069	0.002727
30	0.00002771	0.00007610	0.0001619	0.0002959	0.0004892	0.0007528	0.0010980	0.001536	0.002079	0.002739
31	0.00002827	0.00007719	0.0001637	0.0002986	0.0004930	0.0007579	0.0011045	0.001544	0.002089	0.002751
32	0.00002884	0.00007829	0.0001655	0.0003014	0.0004968	0.0007629	0.0011111	0.001553	0.002100	0.002764
33	0.00002941	0.00007941	0.0001674	0.0003041	0.0005006	0.0007680	0.0011176	0.001561	0.002110	0.002776
34	0.00002999	0.00008053	0.0001692	0.0003069	0.0005045	0.0007732	0.0011242	0.001569	0.002120	0.002788
35	0.00003058	0.00008167	0.0001711	0.0003096	0.0005083	0.0007783	0.0011308	0.001577	0.002130	0.002800
36	0.00003117	0.00008281	0.0001729	0.0003124	0.0005122	0.0007835	0.0011375	0.001586	0.002140	0.002812
37	0.00003178	0.00008397	0.0001748	0.0003152	0.0005161	0.0007887	0.0011441	0.001594	0.002150	0.002825
38	0.00003239	0.00008514	0.0001767	0.0003180	0.0005200	0.0007939	0.0011508	0.001602	0.002160	0.002837
39	0.00003301	0.00008632	0.0001787	0.0003209	0.0005240	0.0007991	0.0011575	0.001611	0.002171	0.002849
40	0.00003364	0.00008751	0.0001806	0.0003237	0.0005280	0.0008044	0.0011643	0.001619	0.002181	0.002862
41	0.00003427	0.00008871	0.0001825	0.0003266	0.0005319	0.0008096	0.0011711	0.001628	0.002191	0.002874
42	0.00003491	0.00008992	0.0001845	0.0003295	0.0005359	0.0008150	0.0011779	0.001636	0.002202	0.002887
43	0.00003556	0.00009114	0.0001865	0.0003324	0.0005400	0.0008203	0.0011847	0.001645	0.002212	0.002899
44	0.00003622	0.00009237	0.0001885	0.0003353	0.0005440	0.0008256	0.0011915	0.001653	0.002223	0.002912
45	0.00003689	0.00009362	0.0001905	0.0003383	0.0005481	0.0008310	0.0011984	0.001662	0.002233	0.002924
46	0.00003757	0.00009487	0.0001925	0.0003412	0.0005522	0.0008364	0.0012053	0.001670	0.002244	0.002937
47	0.00003825	0.00009614	0.0001945	0.0003442	0.0005563	0.0008418	0.0012122	0.001679	0.002254	0.002949
48	0.00003894	0.00009742	0.0001965	0.0003472	0.0005604	0.0008473	0.0012192	0.001688	0.002265	0.002962
49	0.00003964	0.00009870	0.0001986	0.0003502	0.0005645	0.0008527	0.0012262	0.001696	0.002275	0.002975
50	0.00004035	0.00010000	0.0002007	0.0003532	0.0005687	0.0008582	0.0012332	0.001705	0.002286	0.002987
51	0.00004107	0.00010132	0.0002028	0.0003563	0.0005729	0.0008638	0.0012402	0.001714	0.002297	0.003000
52	0.00004179	0.00010264	0.0002049	0.0003593	0.0005771	0.0008693	0.0012473	0.001723	0.002307	0.003013
53	0.00004252	0.00010397	0.0002070	0.0003624	0.0005813	0.0008749	0.0012544	0.001731	0.002318	0.003026
54	0.00004327	0.00010532	0.0002091	0.0003655	0.0005856	0.0008805	0.0012615	0.001740	0.002329	0.003039
55	0.00004402	0.00010668	0.0002113	0.0003686	0.0005898	0.0008861	0.0012687	0.001749	0.002340	0.003052
56	0.00004478	0.00010805	0.0002134	0.0003718	0.0005941	0.0008917	0.0012758	0.001758	0.002350	0.003065
57	0.00004554	0.00010943	0.0002156	0.0003749	0.0005985	0.0008974	0.0012830	0.001767	0.002361	0.003078
58	0.00004632	0.00011082	0.0002178	0.0003781	0.0006028	0.0009031	0.0012903	0.001776	0.002372	0.003091
59	0.00004711	0.00011223	0.0002200	0.0003813	0.0006071	0.0009088	0.0012975	0.001785	0.002383	0.003104
60	0.00004790	0.00011364	0.0002222	0.0003845	0.0006115	0.0009145	0.0013048	0.001794	0.002394	0.003117

漸開線函數表 2

	12°	13°	14°	15°	16°	17°	18°	19°	20°	21°
0	0.003117	0.003975	0.004982	0.006150	0.007493	0.009025	0.010760	0.012715	0.014904	0.017345
1	0.003130	0.003991	0.005000	0.006171	0.007517	0.009052	0.010791	0.012750	0.014943	0.017388
2	0.003143	0.004006	0.005018	0.006192	0.007541	0.009079	0.010822	0.012784	0.014982	0.017431
3	0.003157	0.004022	0.005036	0.006213	0.007565	0.009107	0.010853	0.012819	0.015020	0.017474
4	0.003170	0.004038	0.005055	0.006234	0.007589	0.009134	0.010884	0.012854	0.015059	0.017517
5	0.003183	0.004053	0.005073	0.006255	0.007613	0.009161	0.010915	0.012888	0.015098	0.017560
6	0.003197	0.004069	0.005091	0.006276	0.007637	0.009189	0.010946	0.012923	0.015137	0.017603
7	0.003210	0.004085	0.005110	0.006297	0.007661	0.009216	0.010977	0.012958	0.015176	0.017647
8	0.003223	0.004101	0.005128	0.006318	0.007686	0.009244	0.011008	0.012993	0.015215	0.017690
9	0.003237	0.004117	0.005146	0.006340	0.007710	0.009272	0.011039	0.013028	0.015254	0.017734
10	0.003250	0.004132	0.005165	0.006361	0.007735	0.009299	0.011071	0.013063	0.015293	0.017777
11	0.003264	0.004148	0.005184	0.006382	0.007759	0.009327	0.011102	0.013098	0.015333	0.017821
12	0.003277	0.004164	0.005202	0.006404	0.007784	0.009355	0.011133	0.013134	0.015372	0.017865
13	0.003291	0.004180	0.005221	0.006425	0.007808	0.009383	0.011165	0.013169	0.015411	0.017908
14	0.003305	0.004197	0.005239	0.006447	0.007833	0.009411	0.011196	0.013204	0.015451	0.017952
15	0.003318	0.004213	0.005258	0.006469	0.007857	0.009439	0.011228	0.013240	0.015490	0.017996
16	0.003332	0.004229	0.005277	0.006490	0.007882	0.009467	0.011260	0.013275	0.015530	0.018040
17	0.003346	0.004245	0.005296	0.006512	0.007907	0.009495	0.011291	0.013311	0.015570	0.018084
18	0.003360	0.004261	0.005315	0.006534	0.007932	0.009523	0.011323	0.013346	0.015609	0.018129
19	0.003374	0.004277	0.005334	0.006555	0.007957	0.009552	0.011355	0.013382	0.015649	0.018173
20	0.003387	0.004294	0.005353	0.006577	0.007982	0.009580	0.011387	0.013418	0.015689	0.018217
21	0.003401	0.004310	0.005372	0.006599	0.008007	0.009608	0.011419	0.013454	0.015729	0.018262
22	0.003415	0.004327	0.005391	0.006621	0.008032	0.009637	0.011451	0.013490	0.015769	0.018306
23	0.003429	0.004343	0.005410	0.006643	0.008057	0.009665	0.011483	0.013526	0.015809	0.018351
24	0.003443	0.004359	0.005429	0.006665	0.008082	0.009694	0.011515	0.013562	0.015849	0.018395
25	0.003458	0.004376	0.005448	0.006687	0.008107	0.009722	0.011547	0.013598	0.015890	0.018440
26	0.003472	0.004393	0.005467	0.006709	0.008133	0.009751	0.011580	0.013634	0.015930	0.018485
27	0.003486	0.004409	0.005487	0.006732	0.008158	0.009780	0.011612	0.013670	0.015971	0.018530
28	0.003500	0.004426	0.005506	0.006754	0.008183	0.009808	0.011644	0.013707	0.016011	0.018575
29	0.003514	0.004443	0.005525	0.006776	0.008209	0.009837	0.011677	0.013743	0.016052	0.018620
30	0.003529	0.004459	0.005545	0.006799	0.008234	0.009866	0.011709	0.013779	0.016092	0.018665
31	0.003543	0.004476	0.005564	0.006821	0.008260	0.009895	0.011742	0.013816	0.016133	0.018710
32	0.003557	0.004493	0.005584	0.006843	0.008285	0.009924	0.011775	0.013852	0.016174	0.018755
33	0.003572	0.004510	0.005603	0.006866	0.008311	0.009953	0.011807	0.013889	0.016214	0.018800
34	0.003586	0.004527	0.005623	0.006888	0.008337	0.009982	0.011840	0.013926	0.016255	0.018846
35	0.003600	0.004544	0.005643	0.006911	0.008362	0.010011	0.011873	0.013963	0.016296	0.018891
36	0.003615	0.004561	0.005662	0.006934	0.008388	0.010041	0.011906	0.013999	0.016337	0.018937
37	0.003630	0.004578	0.005682	0.006956	0.008414	0.010070	0.011939	0.014036	0.016379	0.018983
38	0.003644	0.004595	0.005702	0.006979	0.008440	0.010099	0.011972	0.014073	0.016420	0.019028
39	0.003659	0.004612	0.005722	0.007002	0.008466	0.010129	0.012005	0.014110	0.016461	0.019074
40	0.003673	0.004629	0.005742	0.007025	0.008492	0.010158	0.012038	0.014148	0.016502	0.019120
41	0.003688	0.004646	0.005762	0.007048	0.008518	0.010188	0.012071	0.014185	0.016544	0.019166
42	0.003703	0.004664	0.005782	0.007071	0.008544	0.010217	0.012105	0.014222	0.016585	0.019212
43	0.003718	0.004681	0.005802	0.007094	0.008571	0.010247	0.012138	0.014259	0.016627	0.019258
44	0.003733	0.004698	0.005822	0.007117	0.008597	0.010277	0.012172	0.014297	0.016669	0.019304
45	0.003747	0.004716	0.005842	0.007140	0.008623	0.010307	0.012205	0.014334	0.016710	0.019350
46	0.003762	0.004733	0.005862	0.007163	0.008650	0.010336	0.012239	0.014372	0.016752	0.019397
47	0.003777	0.004751	0.005882	0.007186	0.008676	0.010366	0.012272	0.014409	0.016794	0.019443
48	0.003792	0.004768	0.005903	0.007209	0.008702	0.010396	0.012306	0.014447	0.016836	0.019490
49	0.003807	0.004786	0.005923	0.007233	0.008729	0.010426	0.012340	0.014485	0.016878	0.019536
50	0.003822	0.004803	0.005943	0.007256	0.008756	0.010456	0.012373	0.014523	0.016920	0.019583
51	0.003838	0.004821	0.005964	0.007280	0.008782	0.010486	0.012407	0.014560	0.016962	0.019630
52	0.003853	0.004839	0.005984	0.007303	0.008809	0.010517	0.012441	0.014598	0.017004	0.019676
53	0.003868	0.004856	0.006005	0.007327	0.008836	0.010547	0.012475	0.014636	0.017047	0.019723
54	0.003883	0.004874	0.006025	0.007350	0.008863	0.010577	0.012509	0.014674	0.017089	0.019770
55	0.003898	0.004892	0.006046	0.007374	0.008889	0.010608	0.012543	0.014713	0.017132	0.019817
56	0.003914	0.004910	0.006067	0.007397	0.008916	0.010638	0.012578	0.014751	0.017174	0.019864
57	0.003929	0.004928	0.006087	0.007421	0.008943	0.010669	0.012612	0.014789	0.017217	0.019912
58	0.003944	0.004946	0.006108	0.007445	0.008970	0.010699	0.012646	0.014827	0.017259	0.019959
59	0.003960	0.004964	0.006129	0.007469	0.008998	0.010730	0.012681	0.014866	0.017302	0.020006
60	0.003975	0.004982	0.006150	0.007493	0.009025	0.010760	0.012715	0.014904	0.017345	0.020054

漸開線函數表 3

	22°	23°	24°	25°	26°	27°	28°	29°	30°	31°
0	0.020054	0.023049	0.026350	0.029975	0.033947	0.038287	0.043017	0.048164	0.053751	0.059809
1	0.020101	0.023102	0.026407	0.030039	0.034016	0.038362	0.043100	0.048253	0.053849	0.059914
2	0.020149	0.023154	0.026465	0.030102	0.034086	0.038438	0.043182	0.048343	0.053946	0.060019
3	0.020197	0.023207	0.026523	0.030166	0.034155	0.038514	0.043264	0.048432	0.054043	0.060124
4	0.020244	0.023259	0.026581	0.030229	0.034225	0.038589	0.043347	0.048522	0.054140	0.060230
5	0.020292	0.023312	0.026639	0.030293	0.034294	0.038666	0.043430	0.048612	0.054238	0.060335
6	0.020340	0.023365	0.026697	0.030357	0.034364	0.038742	0.043513	0.048702	0.054336	0.060441
7	0.020388	0.023418	0.026756	0.030420	0.034434	0.038818	0.043596	0.048792	0.054433	0.060547
8	0.020436	0.023471	0.026814	0.030484	0.034504	0.038894	0.043679	0.048883	0.054531	0.060653
9	0.020484	0.023524	0.026872	0.030549	0.034574	0.038971	0.043762	0.048973	0.054629	0.060759
10	0.020533	0.023577	0.026931	0.030613	0.034644	0.039047	0.043845	0.049063	0.054728	0.060866
11	0.020581	0.023631	0.026989	0.030677	0.034714	0.039124	0.043929	0.049154	0.054826	0.060972
12	0.020629	0.023684	0.027048	0.030741	0.034785	0.039201	0.044012	0.049245	0.054924	0.061079
13	0.020678	0.023738	0.027107	0.030806	0.034855	0.039278	0.044096	0.049336	0.055023	0.061186
14	0.020726	0.023791	0.027166	0.030870	0.034926	0.039355	0.044180	0.049427	0.055122	0.061292
15	0.020775	0.023845	0.027225	0.030935	0.034996	0.039432	0.044264	0.049518	0.055221	0.061400
16	0.020824	0.023899	0.027284	0.031000	0.035067	0.039509	0.044348	0.049609	0.055320	0.061507
17	0.020873	0.023952	0.027343	0.031065	0.035138	0.039586	0.044432	0.049701	0.055419	0.061614
18	0.020921	0.024006	0.027402	0.031130	0.035209	0.039664	0.044516	0.049792	0.055518	0.061721
19	0.020970	0.024060	0.027462	0.031195	0.035280	0.039741	0.044601	0.049884	0.055617	0.061829
20	0.021019	0.024114	0.027521	0.031260	0.035352	0.039819	0.044685	0.049976	0.055717	0.061937
21	0.021069	0.024169	0.027581	0.031325	0.035423	0.039897	0.044770	0.050068	0.055817	0.062045
22	0.021118	0.024223	0.027640	0.031390	0.035494	0.039974	0.044855	0.050160	0.055916	0.062153
23	0.021167	0.024277	0.027700	0.031456	0.035566	0.040052	0.044939	0.050252	0.056016	0.062261
24	0.021217	0.024332	0.027760	0.031521	0.035637	0.040131	0.045024	0.050344	0.056116	0.062369
25	0.021266	0.024386	0.027820	0.031587	0.035709	0.040209	0.045110	0.050437	0.056217	0.062478
26	0.021315	0.024441	0.027880	0.031653	0.035781	0.040287	0.045195	0.050529	0.056317	0.062586
27	0.021365	0.024495	0.027940	0.031718	0.035853	0.040366	0.045280	0.050622	0.056417	0.062695
28	0.021415	0.024550	0.028000	0.031784	0.035925	0.040444	0.045366	0.050715	0.056518	0.062804
29	0.021465	0.024605	0.028060	0.031850	0.035997	0.040523	0.045451	0.050808	0.056619	0.062913
30	0.021514	0.024660	0.028121	0.031917	0.036069	0.040602	0.045537	0.050901	0.056720	0.063022
31	0.021564	0.024715	0.028181	0.031983	0.036142	0.040680	0.045623	0.050994	0.056821	0.063131
32	0.021614	0.024770	0.028242	0.032049	0.036214	0.040759	0.045709	0.051087	0.056922	0.063241
33	0.021665	0.024825	0.028302	0.032116	0.036287	0.040838	0.045795	0.051181	0.057023	0.063350
34	0.021715	0.024881	0.028363	0.032182	0.036359	0.040918	0.045881	0.051274	0.057124	0.063460
35	0.021765	0.024936	0.028424	0.032249	0.036432	0.040997	0.045967	0.051368	0.057226	0.063570
36	0.021815	0.024992	0.028485	0.032315	0.036505	0.041076	0.046054	0.051462	0.057328	0.063680
37	0.021866	0.025047	0.028546	0.032382	0.036578	0.041156	0.046140	0.051556	0.057429	0.063790
38	0.021916	0.025103	0.028607	0.032449	0.036651	0.041236	0.046227	0.051650	0.057531	0.063901
39	0.021967	0.025159	0.028668	0.032516	0.036724	0.041316	0.046313	0.051744	0.057633	0.064011
40	0.022018	0.025214	0.028729	0.032583	0.036798	0.041395	0.046400	0.051838	0.057736	0.064122
41	0.022068	0.025270	0.028791	0.032651	0.036871	0.041475	0.046487	0.051933	0.057838	0.064232
42	0.022119	0.025326	0.028852	0.032718	0.036945	0.041556	0.046575	0.052027	0.057940	0.064343
43	0.022170	0.025382	0.028914	0.032785	0.037018	0.041636	0.046662	0.052122	0.058043	0.064454
44	0.022221	0.025439	0.028976	0.032853	0.037092	0.041716	0.046749	0.052217	0.058146	0.064565
45	0.022272	0.025495	0.029037	0.032920	0.037166	0.041797	0.046837	0.052312	0.058249	0.064677
46	0.022324	0.025551	0.029099	0.032988	0.037240	0.041877	0.046924	0.052407	0.058352	0.064788
47	0.022375	0.025608	0.029161	0.033056	0.037314	0.041958	0.047012	0.052502	0.058455	0.064900
48	0.022426	0.025664	0.029223	0.033124	0.037388	0.042039	0.047100	0.052597	0.058558	0.065012
49	0.022478	0.025721	0.029285	0.033192	0.037462	0.042120	0.047188	0.052693	0.058662	0.065123
50	0.022529	0.025778	0.029348	0.033260	0.037537	0.042201	0.047276	0.052788	0.058765	0.065236
51	0.022581	0.025834	0.029410	0.033328	0.037611	0.042282	0.047364	0.052884	0.058869	0.065348
52	0.022632	0.025891	0.029472	0.033397	0.037686	0.042363	0.047452	0.052980	0.058973	0.065460
53	0.022684	0.025948	0.029535	0.033465	0.037761	0.042444	0.047541	0.053076	0.059077	0.065573
54	0.022736	0.026005	0.029598	0.033534	0.037835	0.042526	0.047630	0.053172	0.059181	0.065685
55	0.022788	0.026062	0.029660	0.033602	0.037910	0.042607	0.047718	0.053268	0.059285	0.065798
56	0.022840	0.026120	0.029723	0.033671	0.037985	0.042689	0.047807	0.053365	0.059390	0.065911
57	0.022892	0.026177	0.029786	0.033740	0.038060	0.042771	0.047896	0.053461	0.059494	0.066024
58	0.022944	0.026235	0.029849	0.033809	0.038136	0.042853	0.047985	0.053558	0.059599	0.066137
59	0.022997	0.026292	0.029912	0.033878	0.038211	0.042935	0.048074	0.053655	0.059704	0.066250
60	0.023049	0.026350	0.029975	0.033947	0.038287	0.043017	0.048164	0.053751	0.059809	0.066364

漸開線函數表 4

	32°	33°	34°	35°	36°	37°	38°	39°	40°	41°
0	0.066364	0.073449	0.081097	0.089342	0.098224	0.107782	0.118061	0.129106	0.140968	0.15370
1	0.066478	0.073572	0.081229	0.089485	0.098378	0.107948	0.118238	0.129296	0.141173	0.15392
2	0.066591	0.073695	0.081362	0.089628	0.098531	0.108113	0.118416	0.129488	0.141378	0.15414
3	0.066705	0.073818	0.081494	0.089771	0.098685	0.108279	0.118594	0.129679	0.141583	0.15436
4	0.066819	0.073941	0.081627	0.089914	0.098840	0.108445	0.118772	0.129870	0.141789	0.15458
5	0.066934	0.074064	0.081760	0.090058	0.098994	0.108611	0.118951	0.130062	0.141995	0.15480
6	0.067048	0.074188	0.081894	0.090201	0.099149	0.108777	0.119130	0.130254	0.142201	0.15503
7	0.067163	0.074312	0.082027	0.090345	0.099303	0.108943	0.119309	0.130446	0.142408	0.15525
8	0.067277	0.074435	0.082161	0.090489	0.099458	0.109110	0.119488	0.130639	0.142614	0.15547
9	0.067392	0.074559	0.082294	0.090633	0.099614	0.109277	0.119667	0.130832	0.142821	0.15569
10	0.067507	0.074684	0.082428	0.090777	0.099769	0.109444	0.119847	0.131025	0.143028	0.15591
11	0.067622	0.074808	0.082562	0.090922	0.099924	0.109611	0.120027	0.131218	0.143236	0.15614
12	0.067738	0.074932	0.082697	0.091067	0.100080	0.109779	0.120207	0.131411	0.143443	0.15636
13	0.067853	0.075057	0.082831	0.091211	0.100236	0.109947	0.120387	0.131605	0.143651	0.15658
14	0.067969	0.075182	0.082966	0.091356	0.100392	0.110114	0.120567	0.131798	0.143859	0.15680
15	0.068084	0.075307	0.083100	0.091502	0.100548	0.110283	0.120748	0.131993	0.144067	0.15703
16	0.068200	0.075432	0.083235	0.091647	0.100705	0.110451	0.120929	0.132187	0.144276	0.15725
17	0.068316	0.075557	0.083371	0.091793	0.100862	0.110619	0.121110	0.132381	0.144485	0.15748
18	0.068432	0.075683	0.083506	0.091938	0.101019	0.110788	0.121291	0.132576	0.144694	0.15770
19	0.068549	0.075808	0.083641	0.092084	0.101176	0.110957	0.121473	0.132771	0.144903	0.15793
20	0.068665	0.075934	0.083777	0.092230	0.101333	0.111126	0.121655	0.132966	0.145113	0.15815
21	0.068782	0.076060	0.083913	0.092377	0.101490	0.111295	0.121837	0.133162	0.145323	0.15838
22	0.068899	0.076186	0.084049	0.092523	0.101648	0.111465	0.122019	0.133357	0.145533	0.15860
23	0.069016	0.076312	0.084185	0.092670	0.101806	0.111635	0.122201	0.133553	0.145743	0.15883
24	0.069133	0.076439	0.084321	0.092816	0.101964	0.111805	0.122384	0.133750	0.145954	0.15905
25	0.069250	0.076565	0.084457	0.092963	0.102122	0.111975	0.122567	0.133946	0.146165	0.15928
26	0.069367	0.076692	0.084594	0.093111	0.102280	0.112145	0.122750	0.134143	0.146376	0.15950
27	0.069485	0.076819	0.084731	0.093258	0.102439	0.112316	0.122933	0.134339	0.146587	0.15973
28	0.069602	0.076946	0.084868	0.093406	0.102598	0.112486	0.123116	0.134536	0.146798	0.15996
29	0.069720	0.077073	0.085005	0.093553	0.102757	0.112657	0.123300	0.134734	0.147010	0.16019
30	0.069838	0.077200	0.085142	0.093701	0.102916	0.112829	0.123484	0.134931	0.147222	0.16041
31	0.069956	0.077328	0.085280	0.093849	0.103075	0.113000	0.123668	0.135129	0.147435	0.16064
32	0.070075	0.077455	0.085418	0.093998	0.103235	0.113171	0.123853	0.135327	0.147647	0.16087
33	0.070193	0.077583	0.085555	0.094146	0.103395	0.113343	0.124037	0.135525	0.147860	0.16110
34	0.070312	0.077711	0.085693	0.094295	0.103555	0.113515	0.124222	0.135724	0.148073	0.16133
35	0.070430	0.077839	0.085832	0.094443	0.103715	0.113687	0.124407	0.135923	0.148286	0.16156
36	0.070549	0.077968	0.085970	0.094592	0.103875	0.113860	0.124592	0.136122	0.148500	0.16178
37	0.070668	0.078096	0.086108	0.094742	0.104036	0.114032	0.124778	0.136321	0.148714	0.16201
38	0.070788	0.078225	0.086247	0.094891	0.104196	0.114205	0.124964	0.136520	0.148928	0.16224
39	0.070907	0.078354	0.086386	0.095041	0.104357	0.114378	0.125150	0.136720	0.149142	0.16247
40	0.071026	0.078483	0.086525	0.095190	0.104518	0.114552	0.125336	0.136920	0.149357	0.16270
41	0.071146	0.078612	0.086664	0.095340	0.104680	0.114725	0.125522	0.137120	0.149572	0.16293
42	0.071266	0.078741	0.086804	0.095490	0.104841	0.114899	0.125709	0.137320	0.149787	0.16317
43	0.071386	0.078871	0.086943	0.095641	0.105003	0.115073	0.125895	0.137521	0.150002	0.16340
44	0.071506	0.079000	0.087083	0.095791	0.105165	0.115247	0.126083	0.137722	0.150218	0.16363
45	0.071626	0.079130	0.087223	0.095942	0.105327	0.115421	0.126270	0.137923	0.150433	0.16386
46	0.071747	0.079260	0.087363	0.096093	0.105489	0.115595	0.126457	0.138124	0.150650	0.16409
47	0.071867	0.079390	0.087503	0.096244	0.105652	0.115770	0.126645	0.138326	0.150866	0.16432
48	0.071988	0.079520	0.087644	0.096395	0.105814	0.115945	0.126833	0.138528	0.151083	0.16456
49	0.072109	0.079651	0.087784	0.096546	0.105977	0.116120	0.127021	0.138730	0.151299	0.16479
50	0.072230	0.079781	0.087925	0.096698	0.106140	0.116296	0.127209	0.138932	0.151516	0.16502
51	0.072351	0.079912	0.088066	0.096850	0.106304	0.116471	0.127398	0.139134	0.151734	0.16525
52	0.072473	0.080043	0.088207	0.097002	0.106467	0.116647	0.127587	0.139337	0.151951	0.16549
53	0.072594	0.080174	0.088348	0.097154	0.106631	0.116823	0.127776	0.139540	0.152169	0.16572
54	0.072716	0.080305	0.088490	0.097306	0.106795	0.116999	0.127965	0.139743	0.152388	0.16596
55	0.072838	0.080437	0.088631	0.097459	0.106959	0.117175	0.128155	0.139947	0.152606	0.16619
56	0.072959	0.080569	0.088773	0.097611	0.107123	0.117352	0.128344	0.140151	0.152825	0.16642
57	0.073082	0.080700	0.088915	0.097764	0.107288	0.117529	0.128534	0.140355	0.153043	0.16666
58	0.073204	0.080832	0.089057	0.097917	0.107452	0.117706	0.128725	0.140559	0.153263	0.16689
59	0.073326	0.080964	0.089200	0.098071	0.107617	0.117883	0.128915	0.140763	0.153482	0.16713
60	0.073449	0.081097	0.089342	0.098224	0.107782	0.118061	0.129106	0.140968	0.153702	0.16737

漸開線函數表 5

	42°	43°	44°	45°	46°	47°	48°	49°	50°	51°
0	0.16737	0.18202	0.19774	0.21460	0.23268	0.25206	0.27285	0.29516	0.31909	0.34478
1	0.16760	0.18228	0.19802	0.21489	0.23299	0.25240	0.27321	0.29554	0.31950	0.34522
2	0.16784	0.18253	0.19829	0.21518	0.23330	0.25273	0.27357	0.29593	0.31992	0.34567
3	0.16807	0.18278	0.19856	0.21548	0.23362	0.25307	0.27393	0.29631	0.32033	0.34611
4	0.16831	0.18304	0.19883	0.21577	0.23393	0.25341	0.27429	0.29670	0.32075	0.34656
5	0.16855	0.18329	0.19910	0.21606	0.23424	0.25374	0.27465	0.29709	0.32116	0.34700
6	0.16879	0.18355	0.19938	0.21635	0.23456	0.25408	0.27501	0.29747	0.32158	0.34745
7	0.16902	0.18380	0.19965	0.21665	0.23487	0.25442	0.27538	0.29786	0.32199	0.34790
8	0.16926	0.18406	0.19992	0.21694	0.23519	0.25475	0.27574	0.29825	0.32241	0.34834
9	0.16950	0.18431	0.20020	0.21723	0.23550	0.25509	0.27610	0.29864	0.32283	0.34879
10	0.16974	0.18457	0.20047	0.21753	0.23582	0.25543	0.27646	0.29903	0.32324	0.34924
11	0.16998	0.18482	0.20075	0.21782	0.23613	0.25577	0.27683	0.29942	0.32366	0.34969
12	0.17022	0.18508	0.20102	0.21812	0.23645	0.25611	0.27719	0.29981	0.32408	0.35014
13	0.17045	0.18534	0.20130	0.21841	0.23676	0.25645	0.27755	0.30020	0.32450	0.35059
14	0.17069	0.18559	0.20157	0.21871	0.23708	0.25679	0.27792	0.30059	0.32492	0.35104
15	0.17093	0.18585	0.20185	0.21900	0.23740	0.25713	0.27828	0.30098	0.32534	0.35149
16	0.17117	0.18611	0.20212	0.21930	0.23772	0.25747	0.27865	0.30137	0.32576	0.35194
17	0.17142	0.18637	0.20240	0.21960	0.23803	0.25781	0.27902	0.30177	0.32618	0.35240
18	0.17166	0.18662	0.20268	0.21989	0.23835	0.25815	0.27938	0.30216	0.32661	0.35285
19	0.17190	0.18688	0.20296	0.22019	0.23867	0.25849	0.27975	0.30255	0.32703	0.35330
20	0.17214	0.18714	0.20323	0.22049	0.23899	0.25883	0.28012	0.30295	0.32745	0.35376
21	0.17238	0.18740	0.20351	0.22079	0.23931	0.25918	0.28048	0.30334	0.32787	0.35421
22	0.17262	0.18766	0.20379	0.22108	0.23963	0.25952	0.28085	0.30374	0.32830	0.35467
23	0.17286	0.18792	0.20407	0.22138	0.23995	0.25986	0.28122	0.30413	0.32872	0.35512
24	0.17311	0.18818	0.20435	0.22168	0.24027	0.26021	0.28159	0.30453	0.32915	0.35558
25	0.17335	0.18844	0.20463	0.22198	0.24059	0.26055	0.28196	0.30492	0.32957	0.35604
26	0.17359	0.18870	0.20490	0.22228	0.24091	0.26089	0.28233	0.30532	0.33000	0.35649
27	0.17383	0.18896	0.20518	0.22258	0.24123	0.26124	0.28270	0.30572	0.33042	0.35695
28	0.17408	0.18922	0.20546	0.22288	0.24156	0.26159	0.28307	0.30611	0.33085	0.35741
29	0.17432	0.18948	0.20575	0.22318	0.24188	0.26193	0.28344	0.30651	0.33128	0.35787
30	0.17457	0.18975	0.20603	0.22348	0.24220	0.26228	0.28381	0.30691	0.33171	0.35833
31	0.17481	0.19001	0.20631	0.22378	0.24253	0.26262	0.28418	0.30731	0.33213	0.35879
32	0.17506	0.19027	0.20659	0.22409	0.24285	0.26297	0.28455	0.30771	0.33256	0.35925
33	0.17530	0.19053	0.20687	0.22439	0.24317	0.26332	0.28493	0.30811	0.33299	0.35971
34	0.17555	0.19080	0.20715	0.22469	0.24350	0.26367	0.28530	0.30851	0.33342	0.36017
35	0.17579	0.19106	0.20743	0.22499	0.24382	0.26401	0.28567	0.30891	0.33385	0.36063
36	0.17604	0.19132	0.20772	0.22530	0.24415	0.26436	0.28605	0.30931	0.33428	0.36110
37	0.17628	0.19159	0.20800	0.22560	0.24447	0.26471	0.28642	0.30971	0.33471	0.36156
38	0.17653	0.19185	0.20828	0.22590	0.24480	0.26506	0.28680	0.31012	0.33515	0.36202
39	0.17678	0.19212	0.20857	0.22621	0.24512	0.26541	0.28717	0.31052	0.33558	0.36249
40	0.17702	0.19238	0.20885	0.22651	0.24545	0.26576	0.28755	0.31092	0.33601	0.36295
41	0.17727	0.19265	0.20914	0.22682	0.24578	0.26611	0.28792	0.31133	0.33645	0.36342
42	0.17752	0.19291	0.20942	0.22712	0.24611	0.26646	0.28830	0.31173	0.33688	0.36388
43	0.17777	0.19318	0.20971	0.22743	0.24643	0.26682	0.28868	0.31214	0.33731	0.36435
44	0.17801	0.19344	0.20999	0.22773	0.24676	0.26717	0.28906	0.31254	0.33775	0.36482
45	0.17826	0.19371	0.21028	0.22804	0.24709	0.26752	0.28943	0.31295	0.33818	0.36529
46	0.17851	0.19398	0.21056	0.22835	0.24742	0.26787	0.28981	0.31335	0.33862	0.36575
47	0.17876	0.19424	0.21085	0.22865	0.24775	0.26823	0.29019	0.31376	0.33906	0.36622
48	0.17901	0.19451	0.21114	0.22896	0.24808	0.26858	0.29057	0.31417	0.33949	0.36669
49	0.17926	0.19478	0.21142	0.22927	0.24841	0.26893	0.29095	0.31457	0.33993	0.36716
50	0.17951	0.19505	0.21171	0.22958	0.24874	0.26929	0.29133	0.31498	0.34037	0.36763
51	0.17976	0.19532	0.21200	0.22989	0.24907	0.26964	0.29171	0.31539	0.34081	0.36810
52	0.18001	0.19558	0.21229	0.23020	0.24940	0.27000	0.29209	0.31580	0.34125	0.36858
53	0.18026	0.19585	0.21257	0.23050	0.24973	0.27035	0.29247	0.31621	0.34169	0.36905
54	0.18051	0.19612	0.21286	0.23081	0.25006	0.27071	0.29286	0.31662	0.34213	0.36952
55	0.18076	0.19639	0.21315	0.23112	0.25040	0.27107	0.29324	0.31703	0.34257	0.36999
56	0.18101	0.19666	0.21344	0.23143	0.25073	0.27142	0.29362	0.31744	0.34301	0.37047
57	0.18127	0.19693	0.21373	0.23174	0.25106	0.27178	0.29400	0.31785	0.34345	0.37094
58	0.18152	0.19720	0.21402	0.23206	0.25140	0.27214	0.29439	0.31826	0.34389	0.37142
59	0.18177	0.19747	0.21431	0.23237	0.25173	0.27250	0.29477	0.31868	0.34434	0.37189
60	0.18202	0.19774	0.21460	0.23268	0.25206	0.27285	0.29516	0.31909	0.34478	0.37237

漸開線函數表 6

	52°	53°	54°	55°	56°	57°	58°	59°	60°	61°
0	0.37237	0.40202	0.43390	0.46822	0.50518	0.54503	0.58804	0.63454	0.68485	0.73940
1	0.37285	0.40253	0.43446	0.46881	0.50582	0.54572	0.58879	0.63534	0.68573	0.74034
2	0.37332	0.40305	0.43501	0.46940	0.50646	0.54641	0.58954	0.63615	0.68660	0.74129
3	0.37380	0.40356	0.43556	0.47000	0.50710	0.54710	0.59028	0.63696	0.68748	0.74224
4	0.37428	0.40407	0.43611	0.47060	0.50774	0.54779	0.59103	0.63777	0.68835	0.74319
5	0.37476	0.40459	0.43667	0.47119	0.50838	0.54849	0.59178	0.63858	0.68923	0.74415
6	0.37524	0.40511	0.43722	0.47179	0.50903	0.54918	0.59253	0.63939	0.69011	0.74510
7	0.37572	0.40562	0.43778	0.47239	0.50967	0.54988	0.59328	0.64020	0.69099	0.74606
8	0.37620	0.40614	0.43833	0.47299	0.51032	0.55057	0.59403	0.64102	0.69187	0.74701
9	0.37668	0.40666	0.43889	0.47359	0.51096	0.55127	0.59479	0.64183	0.69275	0.74797
10	0.37716	0.40717	0.43945	0.47419	0.51161	0.55197	0.59554	0.64265	0.69364	0.74893
11	0.37765	0.40769	0.44001	0.47479	0.51226	0.55267	0.59630	0.64346	0.69452	0.74989
12	0.37813	0.40821	0.44057	0.47539	0.51291	0.55337	0.59705	0.64428	0.69541	0.75085
13	0.37861	0.40873	0.44113	0.47599	0.51356	0.55407	0.59781	0.64510	0.69630	0.75181
14	0.37910	0.40925	0.44169	0.47660	0.51421	0.55477	0.59857	0.64592	0.69719	0.75278
15	0.37958	0.40977	0.44225	0.47720	0.51486	0.55547	0.59933	0.64674	0.69808	0.75375
16	0.38007	0.41030	0.44281	0.47780	0.51551	0.55618	0.60009	0.64756	0.69897	0.75471
17	0.38055	0.41082	0.44337	0.47841	0.51616	0.55688	0.60085	0.64839	0.69986	0.75568
18	0.38104	0.41134	0.44393	0.47902	0.51682	0.55759	0.60161	0.64921	0.70075	0.75665
19	0.38153	0.41187	0.44450	0.47962	0.51747	0.55829	0.60237	0.65004	0.70165	0.75762
20	0.38202	0.41239	0.44506	0.48023	0.51813	0.55900	0.60314	0.65086	0.70254	0.75859
21	0.38251	0.41292	0.44563	0.48084	0.51878	0.55971	0.60390	0.65169	0.70344	0.75957
22	0.38299	0.41344	0.44619	0.48145	0.51944	0.56042	0.60467	0.65252	0.70434	0.76054
23	0.38348	0.41397	0.44676	0.48206	0.52010	0.56113	0.60544	0.65335	0.70524	0.76152
24	0.38397	0.41450	0.44733	0.48267	0.52076	0.56184	0.60620	0.65418	0.70614	0.76250
25	0.38446	0.41502	0.44789	0.48328	0.52141	0.56255	0.60697	0.65501	0.70704	0.76348
26	0.38496	0.41555	0.44846	0.48389	0.52207	0.56326	0.60774	0.65585	0.70794	0.76446
27	0.38545	0.41608	0.44903	0.48451	0.52274	0.56398	0.60851	0.65668	0.70885	0.76544
28	0.38594	0.41661	0.44960	0.48512	0.52340	0.56469	0.60929	0.65752	0.70975	0.76642
29	0.38643	0.41714	0.45017	0.48574	0.52406	0.56540	0.61006	0.65835	0.71066	0.76741
30	0.38693	0.41767	0.45074	0.48635	0.52472	0.56612	0.61083	0.65919	0.71157	0.76839
31	0.38742	0.41820	0.45132	0.48697	0.52539	0.56684	0.61161	0.66003	0.71248	0.76938
32	0.38792	0.41874	0.45189	0.48758	0.52605	0.56756	0.61239	0.66087	0.71339	0.77037
33	0.38841	0.41927	0.45246	0.48820	0.52672	0.56828	0.61316	0.66171	0.71430	0.77136
34	0.38891	0.41980	0.45304	0.48882	0.52739	0.56900	0.61394	0.66255	0.71521	0.77235
35	0.38941	0.42034	0.45361	0.48944	0.52805	0.56972	0.61472	0.66340	0.71613	0.77334
36	0.38990	0.42087	0.45419	0.49006	0.52872	0.57044	0.61550	0.66424	0.71704	0.77434
37	0.39040	0.42141	0.45476	0.49068	0.52939	0.57116	0.61628	0.66509	0.71796	0.77533
38	0.39090	0.42194	0.45534	0.49130	0.53006	0.57188	0.61706	0.66593	0.71888	0.77633
39	0.39140	0.42248	0.45592	0.49192	0.53073	0.57261	0.61785	0.66678	0.71980	0.77733
40	0.39190	0.42302	0.45650	0.49255	0.53141	0.57333	0.61863	0.66763	0.72072	0.77833
41	0.39240	0.42355	0.45708	0.49317	0.53208	0.57406	0.61942	0.66848	0.72164	0.77933
42	0.39290	0.42409	0.45766	0.49380	0.53275	0.57479	0.62020	0.66933	0.72256	0.78033
43	0.39340	0.42463	0.45824	0.49442	0.53343	0.57552	0.62099	0.67019	0.72349	0.78134
44	0.39390	0.42517	0.45882	0.49505	0.53410	0.57625	0.62178	0.67104	0.72441	0.78234
45	0.39441	0.42571	0.45940	0.49568	0.53478	0.57698	0.62257	0.67189	0.72534	0.78335
46	0.39491	0.42625	0.45998	0.49630	0.53546	0.57771	0.62336	0.67275	0.72627	0.78436
47	0.39541	0.42680	0.46057	0.49693	0.53613	0.57844	0.62415	0.67361	0.72720	0.78537
48	0.39592	0.42734	0.46115	0.49756	0.53681	0.57917	0.62494	0.67447	0.72813	0.78638
49	0.39642	0.42788	0.46173	0.49819	0.53749	0.57991	0.62574	0.67532	0.72906	0.78739
50	0.39693	0.42843	0.46232	0.49882	0.53817	0.58064	0.62653	0.67618	0.72999	0.78841
51	0.39743	0.42897	0.46291	0.49945	0.53885	0.58138	0.62733	0.67705	0.73093	0.78942
52	0.39794	0.42952	0.46349	0.50009	0.53954	0.58211	0.62812	0.67791	0.73186	0.79044
53	0.39845	0.43006	0.46408	0.50072	0.54022	0.58285	0.62892	0.67877	0.73280	0.79146
54	0.39896	0.43061	0.46467	0.50135	0.54090	0.58359	0.62972	0.67964	0.73374	0.79247
55	0.39947	0.43116	0.46526	0.50199	0.54159	0.58433	0.63052	0.68050	0.73468	0.79350
56	0.39998	0.43171	0.46585	0.50263	0.54228	0.58507	0.63132	0.68137	0.73562	0.79452
57	0.40049	0.43225	0.46644	0.50326	0.54296	0.58581	0.63212	0.68224	0.73656	0.79554
58	0.40100	0.43280	0.46703	0.50390	0.54365	0.58656	0.63293	0.68311	0.73751	0.79657
59	0.40151	0.43335	0.46762	0.50454	0.54434	0.58730	0.63373	0.68398	0.73845	0.79759
60	0.40202	0.43390	0.46822	0.50518	0.54503	0.58804	0.63454	0.68485	0.73940	0.79862

漸開線函數表 7

	62°	63°	64°	65°	66°	67°	68°	69°	70°	71°
0	0.79862	0.86305	0.93329	1.01004	1.09412	1.18648	1.28826	1.40081	1.52575	1.66503
1	0.79965	0.86417	0.93452	1.01138	1.09559	1.18810	1.29005	1.40279	1.52794	1.66748
2	0.80068	0.86530	0.93574	1.01272	1.09706	1.18972	1.29183	1.40477	1.53015	1.66994
3	0.80172	0.86642	0.93697	1.01407	1.09853	1.19134	1.29362	1.40675	1.53235	1.67241
4	0.80275	0.86755	0.93820	1.01541	1.10001	1.19296	1.29541	1.40874	1.53456	1.67488
5	0.80378	0.86868	0.93943	1.01676	1.10149	1.19459	1.29721	1.41073	1.53678	1.67735
6	0.80482	0.86980	0.94066	1.01811	1.10297	1.19622	1.29901	1.41272	1.53899	1.67983
7	0.80586	0.87094	0.94190	1.01946	1.10445	1.19785	1.30081	1.41472	1.54122	1.68232
8	0.80690	0.87207	0.94313	1.02081	1.10593	1.19948	1.30262	1.41672	1.54344	1.68480
9	0.80794	0.87320	0.94437	1.02217	1.10742	1.20112	1.30442	1.41872	1.54567	1.68730
10	0.80898	0.87434	0.94561	1.02352	1.10891	1.20276	1.30623	1.42073	1.54791	1.68980
11	0.81003	0.87548	0.94685	1.02488	1.11040	1.20440	1.30805	1.42274	1.55014	1.69230
12	0.81107	0.87662	0.94810	1.02624	1.11190	1.20604	1.30986	1.42475	1.55239	1.69481
13	0.81212	0.87776	0.94934	1.02761	1.11339	1.20769	1.31168	1.42677	1.55463	1.69732
14	0.81317	0.87890	0.95059	1.02897	1.11489	1.20934	1.31351	1.42879	1.55688	1.69984
15	0.81422	0.88004	0.95184	1.03034	1.11639	1.21100	1.31533	1.43081	1.55914	1.70236
16	0.81527	0.88119	0.95309	1.03171	1.11790	1.21265	1.31716	1.43284	1.56140	1.70488
17	0.81632	0.88234	0.95434	1.03308	1.11940	1.21431	1.31899	1.43487	1.56366	1.70742
18	0.81738	0.88349	0.95560	1.03446	1.12091	1.21597	1.32083	1.43691	1.56593	1.70995
19	0.81844	0.88464	0.95686	1.03583	1.12242	1.21763	1.32267	1.43895	1.56820	1.71249
20	0.81949	0.88579	0.95812	1.03721	1.12393	1.21930	1.32451	1.44099	1.57047	1.71504
21	0.82055	0.88694	0.95938	1.03859	1.12545	1.22097	1.32635	1.44304	1.57275	1.71759
22	0.82161	0.88810	0.96064	1.03997	1.12697	1.22264	1.32820	1.44509	1.57503	1.72015
23	0.82267	0.88926	0.96190	1.04136	1.12849	1.22432	1.33005	1.44714	1.57732	1.72271
24	0.82374	0.89042	0.96317	1.04274	1.13001	1.22599	1.33191	1.44920	1.57961	1.72527
25	0.82480	0.89158	0.96444	1.04413	1.13154	1.22767	1.33376	1.45126	1.58191	1.72785
26	0.82587	0.89274	0.96571	1.04552	1.13306	1.22936	1.33562	1.45332	1.58421	1.73042
27	0.82694	0.89390	0.96698	1.04692	1.13459	1.23104	1.33749	1.45539	1.58652	1.73300
28	0.82801	0.89507	0.96825	1.04831	1.13613	1.23273	1.33935	1.45746	1.58882	1.73559
29	0.82908	0.89624	0.96953	1.04971	1.13766	1.23442	1.34122	1.45954	1.59114	1.73818
30	0.83015	0.89741	0.97081	1.05111	1.13920	1.23612	1.34310	1.46162	1.59346	1.74077
31	0.83123	0.89858	0.97209	1.05251	1.14074	1.23781	1.34497	1.46370	1.59578	1.74338
32	0.83230	0.89975	0.97337	1.05391	1.14228	1.23951	1.34685	1.46579	1.59810	1.74598
33	0.83338	0.90092	0.97465	1.05532	1.14383	1.24122	1.34874	1.46788	1.60043	1.74859
34	0.83446	0.90210	0.97594	1.05673	1.14537	1.24292	1.35062	1.46997	1.60277	1.75121
35	0.83554	0.90328	0.97722	1.05814	1.14692	1.24463	1.35251	1.47207	1.60511	1.75383
36	0.83662	0.90446	0.97851	1.05955	1.14847	1.24634	1.35440	1.47417	1.60745	1.75646
37	0.83770	0.90564	0.97980	1.06097	1.15003	1.24805	1.35630	1.47627	1.60980	1.75909
38	0.83879	0.90682	0.98110	1.06238	1.15159	1.24977	1.35820	1.47838	1.61215	1.76172
39	0.83987	0.90801	0.98239	1.06380	1.15315	1.25149	1.36010	1.48050	1.61451	1.76436
40	0.84096	0.90919	0.98369	1.06522	1.15471	1.25321	1.36201	1.48261	1.61687	1.76701
41	0.84205	0.91038	0.98499	1.06665	1.15627	1.25494	1.36391	1.48473	1.61923	1.76966
42	0.84314	0.91157	0.98629	1.06807	1.15784	1.25666	1.36583	1.48686	1.62160	1.77232
43	0.84424	0.91276	0.98759	1.06950	1.15941	1.25839	1.36774	1.48898	1.62398	1.77498
44	0.84533	0.91396	0.98890	1.07093	1.16098	1.26013	1.36966	1.49112	1.62636	1.77765
45	0.84643	0.91515	0.99020	1.07236	1.16256	1.26187	1.37158	1.49325	1.62874	1.78032
46	0.84752	0.91635	0.99151	1.07380	1.16413	1.26360	1.37351	1.49539	1.63113	1.78300
47	0.84862	0.91755	0.99282	1.07524	1.16571	1.26535	1.37544	1.49753	1.63352	1.78568
48	0.84972	0.91875	0.99413	1.07667	1.16729	1.26709	1.37737	1.49968	1.63592	1.78837
49	0.85082	0.91995	0.99545	1.07812	1.16888	1.26884	1.37930	1.50183	1.63832	1.79106
50	0.85193	0.92115	0.99677	1.07956	1.17047	1.27059	1.38124	1.50399	1.64072	1.79376
51	0.85303	0.92236	0.99808	1.08100	1.17206	1.27235	1.38318	1.50614	1.64313	1.79647
52	0.85414	0.92357	0.99941	1.08245	1.17365	1.27410	1.38513	1.50831	1.64555	1.79918
53	0.85525	0.92478	1.00073	1.08390	1.17524	1.27586	1.38708	1.51047	1.64797	1.80189
54	0.85636	0.92599	1.00205	1.08536	1.17684	1.27762	1.38903	1.51264	1.65039	1.80461
55	0.85747	0.92720	1.00338	1.08681	1.17844	1.27939	1.39098	1.51482	1.65282	1.80734
56	0.85858	0.92842	1.00471	1.08827	1.18004	1.28116	1.39294	1.51700	1.65525	1.81007
57	0.85970	0.92963	1.00604	1.08973	1.18165	1.28293	1.39490	1.51918	1.65769	1.81280
58	0.86082	0.93085	1.00737	1.09119	1.18326	1.28470	1.39687	1.52136	1.66013	1.81555
59	0.86193	0.93207	1.00871	1.09265	1.18487	1.28648	1.39884	1.52355	1.66258	1.81829
60	0.86305	0.93329	1.01004	1.09412	1.18648	1.28826	1.40081	1.52575	1.66503	1.82105

漸開線函數表 8

	72°	73°	74°	75°	76°	77°	78°	79°	80°	81°
0	1.82105	1.99676	2.19587	2.42305	2.68433	2.98757	3.34327	3.76574	4.27502	4.90003
1	1.82380	1.99988	2.19941	2.42711	2.68902	2.99304	3.34972	3.77345	4.28439	4.91165
2	1.82657	2.00300	2.20296	2.43118	2.69371	2.99852	3.35619	3.78119	4.29379	4.92331
3	1.82934	2.00613	2.20652	2.43525	2.69842	3.00401	3.36267	3.78895	4.30323	4.93502
4	1.83211	2.00926	2.21008	2.43934	2.70314	3.00952	3.36918	3.79673	4.31270	4.94677
5	1.83489	2.01240	2.21366	2.44343	2.70787	3.01504	3.37570	3.80454	4.32220	4.95856
6	1.83768	2.01555	2.21724	2.44753	2.71262	3.02058	3.38224	3.81237	4.33173	4.97040
7	1.84047	2.01871	2.22083	2.45165	2.71737	3.02613	3.38880	3.82023	4.34130	4.98229
8	1.84326	2.02187	2.22442	2.45577	2.72214	3.03170	3.39538	3.82811	4.35090	4.99422
9	1.84607	2.02504	2.22803	2.45990	2.72692	3.03728	3.40197	3.83601	4.36053	5.00620
10	1.84888	2.02821	2.23164	2.46405	2.73171	3.04288	3.40859	3.84395	4.37020	5.01822
11	1.85169	2.03139	2.23526	2.46820	2.73651	3.04849	3.41523	3.85190	4.37990	5.03029
12	1.85451	2.03458	2.23889	2.47236	2.74133	3.05412	3.42188	3.85988	4.38963	5.04240
13	1.85733	2.03777	2.24253	2.47653	2.74616	3.05977	3.42856	3.86789	4.39940	5.05456
14	1.86016	2.04097	2.24617	2.48071	2.75100	3.06542	3.43525	3.87592	4.40920	5.06677
15	1.86300	2.04418	2.24983	2.48491	2.75585	3.07110	3.44197	3.88398	4.41903	5.07902
16	1.86584	2.04740	2.25349	2.48911	2.76071	3.07679	3.44870	3.89206	4.42890	5.09133
17	1.86869	2.05062	2.25716	2.49332	2.76559	3.08249	3.45545	3.90017	4.43880	5.10368
18	1.87154	2.05385	2.26083	2.49754	2.77048	3.08821	3.46222	3.90830	4.44874	5.11608
19	1.87440	2.05708	2.26452	2.50177	2.77538	3.09395	3.46902	3.91646	4.45871	5.12852
20	1.87726	2.06032	2.26821	2.50601	2.78029	3.09970	3.47583	3.92465	4.46872	5.14102
21	1.88014	2.06357	2.27192	2.51027	2.78522	3.10546	3.48266	3.93286	4.47877	5.15356
22	1.88301	2.06683	2.27563	2.51453	2.79016	3.11125	3.48952	3.94110	4.48885	5.16616
23	1.88589	2.07009	2.27935	2.51880	2.79511	3.11704	3.49639	3.94937	4.49896	5.17880
24	1.88878	2.07336	2.28307	2.52308	2.80007	3.12286	3.50328	3.95766	4.50911	5.19149
25	1.89167	2.07664	2.28681	2.52737	2.80505	3.12869	3.51020	3.96598	4.51930	5.20424
26	1.89457	2.07992	2.29055	2.53168	2.81004	3.13453	3.51713	3.97433	4.52952	5.21703
27	1.89748	2.08321	2.29430	2.53599	2.81504	3.14040	3.52408	3.98270	4.53978	5.22987
28	1.90039	2.08651	2.29807	2.54031	2.82006	3.14627	3.53106	3.99110	4.55007	5.24277
29	1.90331	2.08981	2.30184	2.54465	2.82508	3.15217	3.53806	3.99953	4.56041	5.25572
30	1.90623	2.09313	2.30561	2.54899	2.83012	3.15808	3.54507	4.00798	4.57077	5.26871
31	1.90916	2.09645	2.30940	2.55334	2.83518	3.16401	3.55211	4.01646	4.58118	5.28176
32	1.91210	2.09977	2.31319	2.55771	2.84024	3.16995	3.55917	4.02497	4.59162	5.29486
33	1.91504	2.10310	2.31700	2.56208	2.84532	3.17591	3.56625	4.03351	4.60210	5.30802
34	1.91798	2.10644	2.32081	2.56647	2.85041	3.18188	3.57335	4.04207	4.61262	5.32122
35	1.92094	2.10979	2.32463	2.57087	2.85552	3.18788	3.58047	4.05067	4.62318	5.33448
36	1.92389	2.11315	2.32846	2.57527	2.86064	3.19389	3.58762	4.05929	4.63377	5.34780
37	1.92686	2.11651	2.33230	2.57969	2.86577	3.19991	3.59478	4.06794	4.64441	5.36117
38	1.92983	2.11988	2.33615	2.58412	2.87092	3.20595	3.60197	4.07662	4.65508	5.37459
39	1.93281	2.12325	2.34000	2.58856	2.87607	3.21201	3.60918	4.08532	4.66579	5.38806
40	1.93579	2.12664	2.34387	2.59301	2.88125	3.21809	3.61641	4.09406	4.67654	5.40159
41	1.93878	2.13003	2.34774	2.59747	2.88643	3.22418	3.62366	4.10282	4.68733	5.41518
42	1.94178	2.13343	2.35162	2.60194	2.89163	3.23029	3.63094	4.11162	4.69816	5.42882
43	1.94478	2.13683	2.35551	2.60642	2.89684	3.23642	3.63823	4.12044	4.70902	5.44251
44	1.94779	2.14024	2.35941	2.61092	2.90207	3.24257	3.64555	4.12929	4.71993	5.45626
45	1.95080	2.14366	2.36332	2.61542	2.90731	3.24873	3.65289	4.13817	4.73088	5.47007
46	1.95382	2.14709	2.36724	2.61994	2.91256	3.25491	3.66026	4.14708	4.74186	5.48394
47	1.95685	2.15053	2.37117	2.62446	2.91783	3.26110	3.66764	4.15602	4.75289	5.49786
48	1.95988	2.15397	2.37511	2.62900	2.92311	3.26732	3.67505	4.16499	4.76396	5.51184
49	1.96292	2.15742	2.37905	2.63355	2.92840	3.27355	3.68248	4.17399	4.77507	5.52588
50	1.96596	2.16088	2.38300	2.63811	2.93371	3.27980	3.68993	4.18302	4.78622	5.53997
51	1.96901	2.16434	2.38697	2.64268	2.93903	3.28606	3.69741	4.19208	4.79741	5.55413
52	1.97207	2.16781	2.39094	2.64726	2.94437	3.29235	3.70491	4.20118	4.80865	5.56834
53	1.97514	2.17130	2.39492	2.65186	2.94972	3.29865	3.71243	4.21030	4.81992	5.58261
54	1.97821	2.17478	2.39891	2.65646	2.95509	3.30497	3.71998	4.21945	4.83124	5.59694
55	1.98128	2.17828	2.40291	2.66108	2.96046	3.31131	3.72755	4.22863	4.84260	5.61133
56	1.98437	2.18178	2.40692	2.66571	2.96586	3.31767	3.73514	4.23785	4.85400	5.62578
57	1.98746	2.18529	2.41094	2.67034	2.97126	3.32404	3.74275	4.24709	4.86544	5.64030
58	1.99055	2.18881	2.41497	2.67500	2.97669	3.33043	3.75039	4.25637	4.87693	5.65487
59	1.99365	2.19234	2.41901	2.67966	2.98212	3.33684	3.75806	4.26568	4.88846	5.66950
60	1.99676	2.19587	2.42305	2.68433	2.98757	3.34327	3.76574	4.27502	4.90003	5.68420

第7章

傳動與定位

7.1 概論

　　傳動與定位之技術近年來隨著工具機台、量測機台以及各種產業機械的高精度化，而要求更加準確的可靠性與速度性的精密傳動定位技術。在機械元件中，可傳達動力者稱為傳動元件，它是構成機械的基本部分，其中包含齒輪(gear)、軸承(bearing)、心軸(shaft)、馬達、滾珠導螺桿(ball screw)、線性滑軌(linear guideway)、皮帶(belt)、鏈條(chain)、聯軸器(couplings)……等等基本元件(如圖 7-1 所示)。在設計傳動元件時，對於各個部分的強度、壽命以及功能選用上必須嚴密的考慮與計算。

　　近年來由於伺服馬達、編碼器及位置感測器元件的大量使用，以及機械傳動機構大幅簡化，機械效率及定位精度要求相對提高，因而開始重視系統定位的問題。而定位之技術是指由致動器產生外力推動物體上的傳動元件，使其沿著規定路徑的導軌元件移到平面或空間中之位置，並達成高速與高精度化之技術。其運動變換方法有直線傳直線、直線傳旋轉、旋轉傳直線與旋轉傳旋轉運動等，而其元件運用上有進給螺桿裝置、齒輪系、皮帶傳動裝置、摩擦輪裝置、凸輪裝置、連桿裝置等等。導軌元件的使用上以滾動導軌居多，但對於超精密定位則採用氣體式靜壓導軌，而滑動導軌雖然動態剛性較好，但其摩擦力及磨耗大，已逐漸被滾動導軌所取代。而定位之檢測由高解析度的位置感測器元件來檢測，包含光學尺(linear encoders)、編碼器、極限開關、差動變壓器、線性電位計、雷射干涉裝置等等，並且要求在靜態時的定位精度之外，在動態及各種負載條件下時也能達到高重現性的定位精度。

　　傳動與定位零組件的選用正確性相當重要，若選用不當，可能造成機台壽命的降低，也可能造成機台精度無法達到預期效果。在此，特別針對馬達、滾珠螺桿、線性滑軌及位置感測器等四種較常用之傳動零組件之特性與選用作介紹。

圖 7-1　傳動元件

7.2　馬達

▶ 7.2.1　前言

　　致動器是指從各種能源轉換為旋轉運動、直線運動等機械性能量的機器。其輸出為驅動物件時所必要的物理力。其種類有電動馬達、油壓致動器、空壓致動器等。在工業上，機電整合的驅動源則以馬達為主要運用之致動器，也是伺服系統的構成要素之一，馬達接受來自系統內部信號，配合驅動器直接作用於控制對象的動作，輕易達成高精度之扭力控制、速度控制及位置控制，因此其具有良好的可控性、靈活性及準確性。

　　本節說明馬達控制之基本原理，同時針對應用日趨廣泛且需以回授控制技術達到變速控制目的作介紹。各式各樣的馬達種類繁多，其工作原理、特性、應用、乃至於使用的材料均有所不同，因此大致上馬達依其作動方式可分為直流馬達(DC motor)、交流馬達(AC motor)、步進馬達(stepping motor)等幾類，依不同運動方式可分為旋轉運動致動器的電氣馬達(electric motor)及直線運動致動器的電氣線型馬達(electric linear motor)二種。本節取常用於定位的馬達，就其基礎知識和使用方法加以說明。

➡️ 7.2.2　直流馬達

　　直流馬達主要由產生磁通的固定靜態磁場、產生扭力的轉子稱為電樞，由二個或二個以上的電磁線圈組合而成，以及將電樞電流整流的整流子三大部分。圖 7-2 為一簡單的直流馬達運作原理示意圖，電流經電刷和整流子流向電樞，直流電源經過電樞線圈而產生電樞磁場，而直流馬達的固定磁場可能是永久磁鐵或電磁場，N 極 S 極成對組合。

7.2.2.1　直流馬達之工作原理

　　馬達的工作原理可以依據 Fleming「左手定則」來說明，左手定則可判斷載有電流的導線的受力方向。若以左手之食指表示磁場方向，中指表示電流方向，則大姆指表示此導線受力的方向，如圖所示之電流方向，則環狀線圈受磁場之作用，將順時鐘方向旋轉，產生之電磁力 F 可以下式表示

$$F = Bil \tag{7.1}$$

其中 B 為磁通密度(T)，i 為流經線圈之電流(A)，l 為線圈之有效長度。

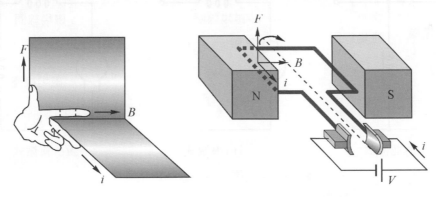

圖 7-2　馬達之工作原理

　　而電樞周圍之各導線作用力如圖 7-3 所示，使電樞往同一個方向作旋轉，因為方向和電極之圓周切線方向一致，因此當電樞與磁極數目增加則使馬達的扭矩更圓滑且維持一定。扭矩 τ (N・m)與磁場強度有關且與電樞電流成線性的關係：

$$\tau = ZBlri = K_t i \tag{7.2}$$

其中 Z 為線圈相數，r 為電樞的半徑(m)，K_t 為扭矩常數。

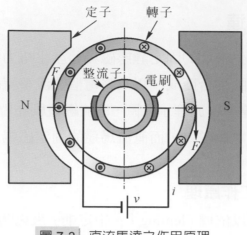

圖 7-3 直流馬達之作用原理

7.2.2.2 直流馬達之分類

傳統的直流馬達具有永久磁鐵產生磁場稱爲永久磁鐵式。也有依據磁場繞組和電樞繞組的連接方式，可分爲並激式、串激式及複激式三類，如圖 7-4 所示爲其連接之電路圖。

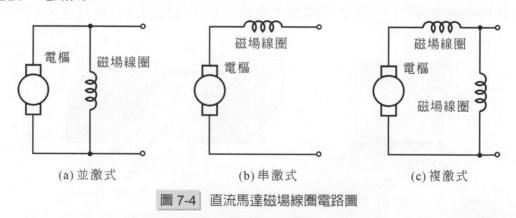

(a) 並激式　　　　　　(b) 串激式　　　　　　(c) 複激式

圖 7-4 直流馬達磁場線圈電路圖

並激式意即將電樞與磁場線圈以並聯的方式接連起來；而串激式則把電樞與磁場線圈以串聯方式接連；複激式即爲並聯與串聯組合而成。並激式直流馬達的速度能由改變端電壓來控制，其電樞電流與控制永久磁式的直流馬達一樣。並激式的優點在於馬達速度對扭矩短改變的靈敏度較小，適用於定速度運轉。串激式直流馬達的磁場電流與電樞電流隨電樞速度改變，隨著扭矩的變動有明顯的改變，因此對於負荷的變動更靈敏。而其優點在於電樞電流在失速扭矩時受磁場電阻限制，適用於大起動扭力的應用；缺點則在於沒有負荷時馬達會超速，且無法

以反向電壓來控制其反向迴轉，須另加一組磁場線圈來提供反向。複激式直流馬達具有較大的起動扭矩且在相對的定速度下有較寬廣的扭矩輸出，同時具有並激式及串激式的特性。

7.2.2.3　直流伺服馬達

直流伺服馬達一般以永磁式居多，磁通由永久磁鐵產生，主要特色為馬達輸入電壓愈高則轉速愈快，電流與扭力成正比線性的關係。圖 7-5 為直流伺服馬達之基本方塊圖。v 為馬達輸入電壓，R 為線圈電阻，L 為電樞線圈的電感，J 為馬達之慣性矩，b 為黏滯摩擦，e 為反電動勢，k_e 為電壓常數，ω 為額定轉速

$$\tau = k_t i \tag{7.3}$$

$$e = k_e \omega \tag{7.4}$$

$$v = L\frac{di}{dt} + Ri + e = L\frac{di}{dt} + Ri + k_e \omega \tag{7.5}$$

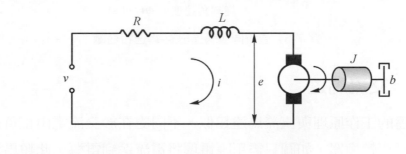

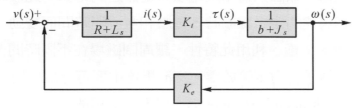

圖 7-5　直流伺服馬達的等值電路與方塊圖

當穩態時，電流對 di/dt 時間的微分為 0，可得馬達靜特性之關係式

$$v = Ri + k_e \omega \tag{7.6}$$

將公式(7.6)代入公式(7.3)，則可以得到馬達的發生扭矩、施加電壓及轉速的特性關係式

$$\tau = \frac{k_t}{R}(v - k_e\omega) \tag{7.7}$$

直流馬達的扭矩與轉速特性如圖 7-6 所示,由圖可知轉速為 0 時扭矩最大,稱為起動扭矩,而施加之電壓與轉速成正比線性關係。直流伺服馬達主要是調整電流、電壓來控制扭矩及轉速,此種易控制性為直流伺服馬達的最大特色。

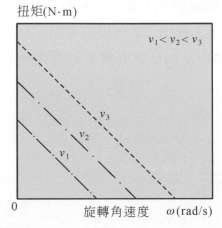

圖 7-6 直流伺服馬達扭矩-轉速特性圖

7.2.3 交流馬達

交流馬達的工作原理與直流馬達類似,不同處在於交流電由正負電壓循環而成,所以不需要轉換器,如圖只需用匯電環將電流送到電樞,此類馬達又稱為同步馬達;交流電通過馬達的定子線圈時,電壓和電流隨時間而變動,因此產生的磁場隨時間變化為 N、S 極。利用此特性,讓周圍磁場在不同時間、位置推動轉子,因此交流馬達中轉子合力不等於零。交流馬達主要可分為感應馬達(induction motor)與同步馬達(synchronous AC motor)。但實際應用的交流馬達大多為感應馬達如圖 7-7。感應馬達的工作原理是馬達定子用三對固定的電磁鐵對稱地安裝在圓周上,而馬達轉子為裝有銅棒的鐵質圓柱。當三組電磁鐵都接通三相交流電源時,轉子將被一個旋轉磁場所環繞,此時電磁感應產生渦電流(eddy current)使轉子轉動。

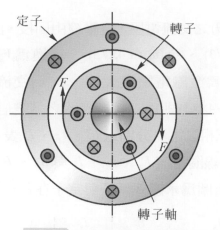

圖 7-7 交流感應馬達示意圖

7.2.3.1 交流電原理

　　交流電由正負電源交互轉換輸出，在一個循環內電壓由零上昇至最大值，再回到零值，並延續至一負峰值，最後回歸零電壓。常用之交流電為 60 赫茲也就是每秒 60 次循環，電壓則有 110V、220V 等。電力公司多提供單相和三相交流電如圖 7-8，一般家庭使用單相電源，因此家電多使用單相交流馬達，使用時利用串接分相電容以產生不同相位。普遍在工廠裡三相的交流電動機，因交流馬達結構單純、動作確實而被廣泛採用；當馬達需反方向旋轉時，只需將三相電源中的 R 相和 T 相兩條線交換即可。

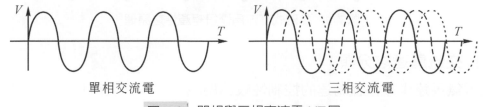

單相交流電　　　　　　　　　　三相交流電

圖 7-8 單相與三相交流電 VT 圖

7.2.3.2 交流馬達的工作原理

　　電流由電晶體三相換流器(inverter)經由脈寬調變(pulse width modulation)在馬達之定子造成旋轉磁場，它與轉子所造成之磁場相互作用產生旋轉扭矩。電子換相器(electronic commutator)之目的在於使定子磁場方向與轉子磁場方向垂直，產生最大扭矩，可經由解角器與電子換相器來達成。在解角器之初級線圈施以 90 度相位差的交流電壓 $V_m \sin \omega_e t$ 與 $V_m \cos \omega_e t$，則在次級線圈隨轉子旋轉之角度 θ，由變

壓器效應產生 $V_m \sin(\omega_e t + \theta)$ 之交流電壓，電壓經由回授，由相位同步器將三相參考電壓 $\sin \omega_e t$、$\sin(\omega_e t + 2\pi/3)$、$\sin(\omega_e t + 4\pi/3)$、轉換為 $V_m \sin \theta$、$V_m \sin(\theta + 2\pi/3)$、$V_m \sin(\theta + 4\pi/3)$，其中 V_m 為激磁電壓最大值，ω_e 為交流電壓角頻率。$V_m \sin \theta$、$V_m \sin(\theta + 2\pi/3)$、$V_m \sin(\theta + 4\pi/3)$ 即為三相換流器之調變信號(modulation signals)，如圖 7-9 所示 A、B、C 三相之電流分別以 I_A、I_B、I_C 表示，電樞線圈正交磁場強度為 B_A、B_B、B_C，電樞線圈電流 I_A、I_B、I_C 與 B_A、B_B、B_C 分別產生之旋轉扭矩表示為 T_A、T_B、T_C。下圖為永磁式轉子與定子在各相位磁極分布與位置。

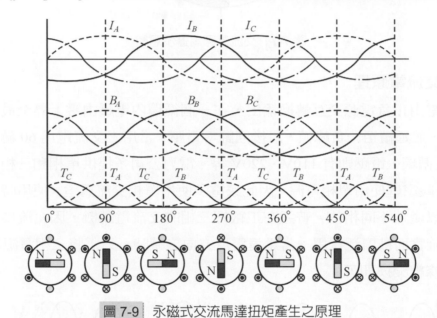

圖 7-9　永磁式交流馬達扭矩產生之原理

7.2.3.3 交流馬達之分類

在電氣馬達中以直流馬達的控制性較為優越；但因為直流馬達的電刷及整流子具有火花、噪音等問題，因此以交流馬達的可靠度較為優勢。交流馬達主要分為同步馬達及感應馬達二種，以下一一介紹。

同步交流馬達，如圖 7-10 轉子於馬達內轉動時，恰好依循其磁場之轉動，故稱為同步。利用三相交流電造成磁場轉動，使具有磁性的轉子鎖定磁極之轉動而旋轉。永磁式交流同步伺服馬達的結構如圖所示，由圖中可看出轉子由永久磁鐵構成，定子線圈置於外圍，容易散熱，同時由於不需要換向器，也就沒有碳刷維修的問題，因此特別適合應用於自動化製造設備；但其轉子為永久磁鐵，在高轉

速時易脫落，且在長期使用或高溫時，有磁力減弱現象。永磁式交流同步伺服馬達的工作原理是有其中三相換流器經由脈寬調變在馬達之定子造成一旋轉磁場，它與轉子永久磁鐵所造成之磁場相互作用而產生旋轉扭矩。電子換相器之目的即在於使定子所造成之磁場方向與轉子永久磁鐵之磁場方向保持垂直，而產生最大之扭矩，為了達到這個目的可經由轉子位置的回授信號，再由電子換相器來達成。

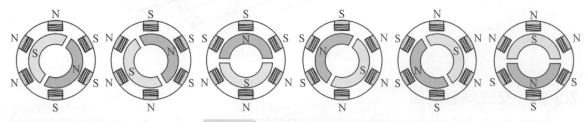

圖 7-10　交流同步馬達示意圖

　　感應交流馬達構造簡單堅固、沒有電刷易保養，因此家電小型馬達大多選用感應馬達。馬達轉子由定子磁場感應而產生磁力而旋轉，原理如同轉動磁鐵以帶動圓盤的道理，不過實際馬達裡，是讓繞在定子上的線圈電流相位不同，產生 S、N 極時間差，以形成旋轉磁場；以線圈繞的電磁鐵磁場，用感應的方式讓轉子產生渦流而旋轉。為了維持磁場產生旋轉扭矩，轉子與定子之間必須有一相對滑動，稱為滑動值(slip)，此值不為 0%，隨負載增加而上升，一般介於 1%至 5%，因此感應馬達轉速無法達到同步轉速。磁場及轉子轉動速度愈不匹配，轉子感應電流愈大，故轉子靜止時電流最大，轉子會以愈大扭力加速旋轉(左手法則)。當磁場與轉子轉速差漸小，感應電流亦減小，兩者轉速趨向一致時，只提供足夠扭力使轉子及負載轉動。

　　感應交流馬達因其轉子結構又可分為(1)鼠籠式(squirrel-cage type)與(2)繞線式(wound-rotor type)。如圖 7-11 所示鼠籠式感應馬達因其結構簡單、堅固、不需磁性材料，容易大量製造，有較高的功率／體積比，較低的轉子慣量，較高的起動轉矩與轉速，其堅固、耐溫、防爆等特性均適合應用於環境惡劣的工作場所。

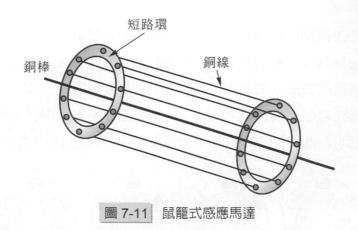

圖 7-11　鼠籠式感應馬達

7.2.3.4　交流伺服馬達

　　交流馬達雖然結構簡單價格低廉，但其變速控制較為困難，主要應用於定轉速或多段變速場合。近年來大型積體電路使交流馬達變速控制快速發展；由於功率電子元件進步，藉微處理器處理複雜的控制法則，建立數位式變頻器驅動系統而達成變速控制。由於數控與軟體控制可作較大彈性之修改，目前已逐漸取代了類比式變頻器而成為主流。若需控制轉矩、轉速或定位，最常用感應型馬達，而最簡易的控制方法就是改變交流電之頻率。轉子中之電流由線圈運動而產生，運動時磁場生成之扭力使轉子轉動。交流伺服馬達之電流控制迴路與直流伺服類似，其系統等效電路方塊圖如圖 7-12 所示。經由電流迴路調節電樞之電流，其結構與直流伺服馬達類似。參考電流 i_a^* 經由相移位器(phase shifter)產生三相參考電流 $i_a^* \sin\theta$、$i_a^* \sin(\theta + 2\pi/3)$、$i_a^* \sin(\theta + 4\pi/3)$。其中 R_a、L_s 分別為各相電樞線圈之等效電阻與電感，K_p 為控制器的誤差放大增益；K_t 為力矩常數；J_m 為馬達轉動慣量。

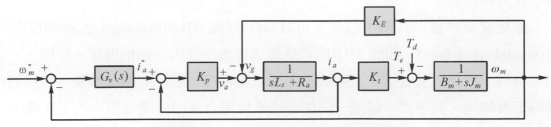

圖 7-12　簡化的永磁式交流伺服馬達方塊圖

7.2.4　步進馬達

步進馬達為脈衝馬達的一種，將脈波訊號以固定時間輸出，經由驅動電路切換流向固定子線圈的電流，則馬達之轉子以一定角度逐步轉動，例如步進馬達旋轉一圈 360 度分為 100 步，則一步為 3.6 度。因此步進馬達可作為精確的達到位置與速度控制，穩定性佳。

7.2.4.1　步進馬達之分類

步進馬達可依磁氣回路的構造上，一般有下列三種的分類：

1. 永久磁鐵型：PM 型，permanent magnet type。
2. 可變磁阻型：VR 型，variable reluctance type。
3. 混合型：HB 型，hybrid type。

永久磁鐵型(PM)步進馬達，其原理構造如圖 7-13(a)所示，此馬達為四相 PM 型，回轉子由永久磁鐵構成，在周圍配置四個固定子線圈，固定子個數與步進角度相關，當激磁線圈輪流通電後產生磁力，回轉子將產生旋轉，因此若需要更細微步進角度時，可增加回轉子磁鐵極數和產生驅動力的定子線圈數，而 PM 型之特點為當固定子線圈無激磁時，回轉子本身具有磁力仍能保有轉矩。

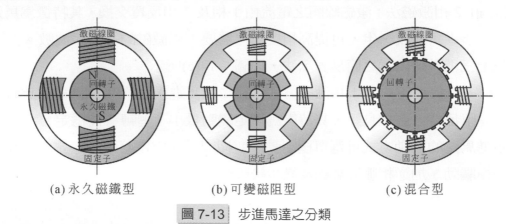

(a) 永久磁鐵型　　　　(b) 可變磁阻型　　　　(c) 混合型

圖 7-13　步進馬達之分類

可變磁阻型(VR)步進馬達，其原理構造如圖 7-13(b)所示，馬達之轉子以軟鐵加工成齒狀，本身並不具有磁性，定子之個數比轉子多，當固定子線圈激磁產生電磁吸引力帶動回轉子旋轉，因此當固定子線圈不通電時無任何轉矩。

混合型(HB)步進馬達，其構造如圖 7-13(c)所示，在回轉子外圍及固定子上設置許多齒輪狀之電極，而回轉子構造同時具有 PM 型和 VR 型之一體化構造，因此稱爲混合型步進馬達，具有精確度高，轉矩大，步進角度小相對解析角度更爲精細等特性，比起其他馬達具有較細之步進角，一般在 0.9 度～3.6 度之間，常用於 OA 器材如影印機、印表機及攝影器材上。

7.2.4.2 步進馬達之激磁方式

步進馬達的固定子繞圈相數，一般常見的有 2 相、4 相、5 相……等等，而其激磁方式 2 相馬達有單相激磁法、二相激磁法、1-2 相激磁法；4 相馬達有 4 相激磁法、3-4 相激磁法等方式。

(1) 單相激磁法：一個輸入脈波訊號，使 1 相激磁的方式，因此當輸入一個脈波時，即產生一步級的迴轉角，其特徵爲線圈之消耗功率小，靜止角度良好，且轉矩小，但阻尼特性較差，如圖 7-14(a)所示。

(2) 二相激磁法：每次有 2 相激磁的方式，如圖 7-14(b)所示，其部分輸出轉矩大，阻尼特性較優，因此可追蹤較高的脈波率，但因爲有 2 相的線圈電流，其發熱量大。

(3) 1-2 相激磁法：激磁線圈之電流由 1 相及 2 相反覆交換，其特徵爲馬達的步進角變成一半，可提高精度，但需要 1 相激磁的二倍脈波數。

以上三種激磁方式之簡易表示法，如圖 7-14(c)所示。

(4) 4 相激磁法：以 4 相激磁方式，與二相步進馬達的 2 相激磁法比較，其阻尼特性更加良好，其特徵爲轉矩變動量小，迴轉特性穩定。

步進馬達的驅動方式可選單極驅動、雙極驅動、定電壓驅動、定電流驅動、電壓切換驅動、加逆相脈波驅動及微步級驅動方式等等。

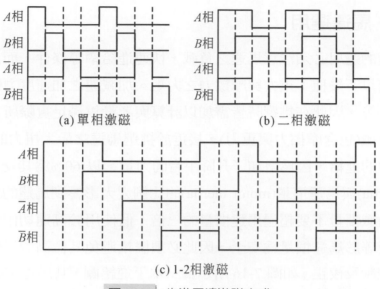

(a) 單相激磁　　　　　　　　(b) 二相激磁

(c) 1-2相激磁

圖 7-14　步進馬達激磁方式

7.2.4.3　步進馬達之運轉特性

步進馬達的轉矩與轉速關係,如圖 7-15 所表示為步進馬達之特性曲線,橫軸轉速單位 pps(pulse per second)為每秒脈波之數目,其具有二條特性曲線,在引入轉矩之內的區域為自起動區域,可瞬時且正確的起動、靜止或逆轉,但自起動區隨著負載的增大而縮小;而在脫出轉矩與引入轉矩之範圍內的區域,其超過自起動區域,要加速、減速或增加轉矩時,馬達不只同步而可響應的區域稱為旋轉區域,在此區域內驅動步進馬達,須作適當的加速或減速。

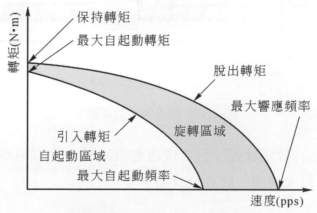

圖 7-15　步進馬達之特性曲線

7.2.5　馬達選用

一般馬達的選用必須注意馬達之負載，快速進給率等條件。而馬達的挑選時的負載類別有以下幾種：重力與摩擦力之力矩、加減速之加速度力矩及加工機刀具之切削力矩等。因此在挑選時皆需加以計算與考量以滿足實際所需。馬達所要承受之固定負載(包含摩擦力與重力)，接近於挑選馬達之最大扭力的 70%；若平台為垂直方向的進給，因為增加了升降平台的力量，以 60%為其安全選用。負載慣量(load inertia)與馬達慣量(motor inertia)的比例大大影響到馬達的控制。一般經驗值設計取負載慣量不要超過馬達慣量的三倍；假使用於高速切削時，則設計負載慣量小於或等於馬達慣量為安全。因此必須儘量避免其值高於三倍，否則將不利於馬達的控制及校正。如圖 7-16 所示為一水平進給圖，其馬達主軸上之負載T_m可由下式得之：

$$T_m = \frac{F \times l}{2\pi\eta} + T_f \tag{7.8}$$

其中 F 為移動平台施於螺桿上之力量(單位：N)；l 為螺桿節距(單位：m/rev)；η 為傳動效率；T_f為導螺桿及螺帽摩擦扭力。

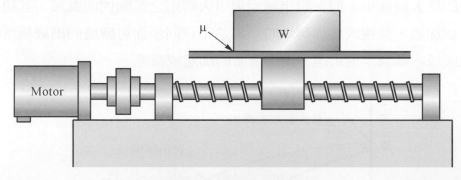

圖 7-16　馬達選用計算圖

馬達轉速 V_m 之計算為移動平台之快速進給速率 V 除以導螺桿節距 l，其值不得超過選用馬達之最大轉速，計算公式如下：

$$V_m = \frac{V}{l} \quad (\text{單位：min}^{-1}) \tag{7.9}$$

導螺桿轉動慣量其計算式為：

$$J_b = \frac{\pi r_b}{32} D_b^4 L_b \quad (\text{單位：kg} \cdot \text{m}^2) \tag{7.10}$$

其中 r_b 為螺桿密度(單位：kg/m^3)；D_b 為螺桿直徑(單位：m)；L_b 為螺桿長度(單位：m)

平台及工件之轉動慣量其計算式為：

$$J_w = W \times \left(\frac{l}{2\pi} \right)^2 \quad (\text{單位：kg} \cdot \text{m}^2) \tag{7.11}$$

因此，負載總慣性矩 J_s：

$$J_s = J_b + J_w \quad (\text{單位：kg} \cdot \text{m}^2) \tag{7.12}$$

加速度扭矩(Acceleration torque)T_a 及馬達之最大加速扭力速度值 V_r 如圖 7-17 及下式：

$$T_a = V_m \times \frac{2\pi}{60} \times \frac{1}{t_a} \times (J_M + J_s/\eta) \times (1 - e^{-k_s t_a}) \quad (\text{單位：N} \cdot \text{m}) \tag{7.13}$$

$$V_r = V_m \times \left\{ 1 - \frac{1}{k_s t_a} (1 - e^{-k_s t_a}) \right\} \quad (\text{單位：min}^{-1}) \tag{7.14}$$

其中 t_a 為加速時間(單位：sec)；J_M 為馬達慣性矩(單位：$\text{kg} \cdot \text{m}^2$)；$k_s$ 為位置增益量；e 為自然指數(一般取 2.71)。

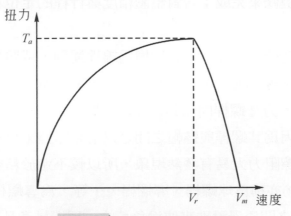

圖 7-17　扭力與速度關係圖

由公式(7.8)及公式(7.13)可得到馬達轉軸總力矩為：

$$T = T_a + T_m \tag{7.15}$$

在選用馬達時，必須將計算出之總力矩及馬達最大扭力之速度值落在適用之範圍內，如圖 7-18，若超出範圍則需選用更大之馬達型號。

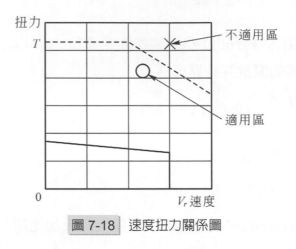

圖 7-18　速度扭力關係圖

7.3　滾珠導螺桿

7.3.1　前言

馬達皆為旋轉運動，因此機構需要作直線的定位運動時，則需要靠螺桿來改變作動方向，當然一般假使要求精度不高時，要由馬達的旋轉運動轉變為直線運動常運用皮帶或是鏈條來完成；若對整體精度與行程的定位精度有要求時，就必須倚靠螺桿來定位。

定位螺桿主要功能為將旋轉運動轉換為線性運動，或將扭矩轉換為軸向反覆作用力，其大致上分為二種，一種為艾克姆方牙螺桿(ACME)，另一種則為滾珠螺桿(如圖 7-19 所示)。方牙螺桿因為其正反轉變換時背隙較大，反覆移動之間較易產生機械誤差，且因為其螺桿與螺帽之間是以滑動摩擦來接觸，因此馬達在帶動時較為吃力，且摩擦阻力大易有發熱現象，所以較不適於精密定位上使用。而滾珠導螺桿(ball screw)亦稱為球螺桿、導螺桿……等，為導螺桿(ball screw shaft)與螺帽(ball screw nut)之間透過滾珠來傳送負荷的一種機械產品，其主要將傳統螺桿之滑動接觸轉換成鋼珠滾動接觸之傳動機械組件，因為滾動摩擦阻力遠小於滑動摩擦阻力，故其馬達在推動時較為省力，大幅降低摩擦損耗且在滾珠螺桿其背隙

較小，反覆作動產生之機械誤差也較小，故機械效率將可大幅提高 2~3 倍，同時具備低背隙、可逆性、高效率和高精度的特色，因此較適於精密定位來使用。

7.3.2　滾珠導螺桿之應用與特點

滾珠導螺桿廣泛的運用於精密產業當中且其市場急速地擴大，產業由精密工具機、機械手臂、光電、半導體製造設備等電子機械及一般產業機械、檢測分析機械、輸送搬運機械、航空業、船舶機械、醫療精密儀器等等，為最常使用的傳動元件。

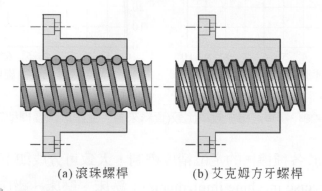

(a) 滾珠螺桿　　　　　(b) 艾克姆方牙螺桿

圖 7-19　滾珠螺桿與艾克姆方牙螺桿比較(資料來源：上銀滾珠螺桿型錄)

滾珠螺桿除了具有螺旋傳動的特性外還具有其他特點，分述如下：

1. 傳動效率高及可逆性：滾珠導螺桿其運轉是靠螺帽內的滾珠與螺桿作點接觸之滾動摩擦，比傳統導螺桿有更高的機械效率高達 90%以上(如圖 7-20 所示)。

2. 無間隙及高剛性：滾珠導螺桿採用歌德式溝槽，施加適當預壓力，可使軸向間隙降低趨於零，因此滾珠導螺桿可獲得更佳的剛性，減少螺帽、滾珠和螺桿間的彈性變形，達到更高的精度。

3. 低起動扭矩及順暢性：在伺服控制系統中採用滾珠螺桿，不只提高傳動效率，且其傳動扭矩僅為傳統導螺桿的 1/3 倍。

4. 傳動定位精度高：滾珠導螺桿效率高、且摩擦阻力小，工作時螺桿的發熱變形量低，經調整預壓後可得到無間隙傳動，因此具有高傳動精度、定位精度以及軸向剛性，適用於高速定位進給。

5. 可作為直線與旋轉運動之變換傳動元件。

6. 可高速進給及正逆向傳輸，但不能自鎖，在於垂直升降傳動時須附加制動裝置。

7. 製造較為複雜，成本較高，但其使用壽命長，維修簡單。

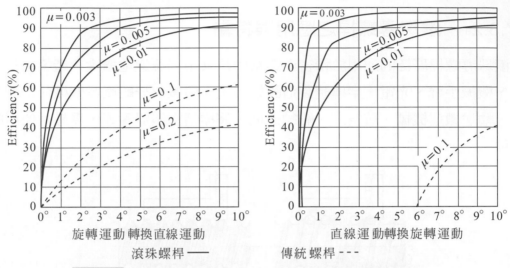

滾珠螺桿 ——　　傳統 螺桿 ---

圖 7-20　螺桿之機械效率比較(資料來源：上銀滾珠螺桿型錄)

滾珠螺桿廣泛運用於各種機械的定位精度控制，大致可分成如下五類應用範圍：

1. 精密工具機(precise machine implements)：銑床、磨床、鑽床、鉋床、齒輪加工機……等。

2. 產業機械(industrial machinery)：自動化機械、印刷機、紡織機……等專用機。

3. 電子機械(electronic machinery)：自動化設備、半導體設備、IC 封裝、醫學設備……等。

4. 輸送機械(transport machinery)：材料搬送設備、自動倉儲設備……等。

5. 航太工業(aerospace industry)：機場負載設備、飛機機翼、尾翼致動器……等。

▶ 7.3.3　滾珠螺桿傳動結構與類型

　　滾珠螺桿係由滾珠、螺桿、螺帽、固定片、刮刷器、迴流管、塵封、潤滑油嘴及調整墊片構成，當螺桿轉動時，滾珠沿螺紋滾道滾動，為了防止滾珠掉出，螺帽上設有迴流管迴路裝置，構成一個閉合迴路的循環通道。其主要構造滾珠、螺桿及螺帽以下個別介紹。

7.3.3.1 滾珠循環方式

　　一般而言，在構造允許的範圍下，儘可能選用珠徑較大之滾珠。根據滾珠的迴圈循環方式可分為：外循環式滾珠螺桿、內循環式滾珠螺桿及端蓋式滾珠螺桿三種(如圖 7-21 所示)。分別介紹如下：

(a)　外循環式滾珠螺桿：其主要為螺桿、螺帽、滾珠、導管及固定塊組合而成。滾珠介於螺桿與螺帽之間，經由導管的連接讓滾珠進行迴圈，使其得以在螺帽上迴流，而導管裝置在螺帽外部，因此取名為外循環式滾珠螺桿，其製造容易價格較低。

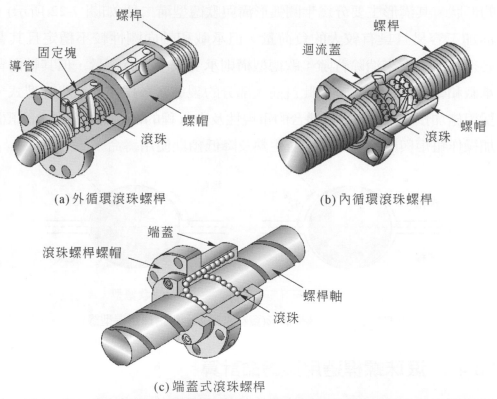

(a) 外循環滾珠螺桿　　　　　　　　(b) 內循環滾珠螺桿

(c) 端蓋式滾珠螺桿

圖 7-21　滾珠螺桿的循環方式(資料來源：THK 型錄)

(b)　內循環式滾珠螺桿：其主要為螺桿、螺帽、滾珠及迴流蓋組合而成。滾珠採用單圈循環，以迴流蓋跨越連接兩相鄰珠槽，連接構成一個單一封閉迴流路徑。由於其迴流蓋組裝在螺帽內部，故稱之為內循環式滾珠螺桿。此種型式螺桿所佔空間較小，其滾珠流暢性較佳，迴流路徑較短，

摩擦損失少，因此其靈敏度、剛性及傳動精度較高。

(c) 端蓋式滾珠螺桿：其主要爲螺桿、螺帽、滾珠及端蓋板組合而成。其基本迴流系統的設計與外循環式滾珠螺桿類似，而主要的差別在於螺帽上加工一貫穿孔作爲滾珠迴流。此一設計滾珠可利用端蓋板迴流經過整個螺帽前後二端。在所有珠槽上都布滿有效滾珠，因此在相同的動負荷下，螺帽長度較傳統設計短，此型式適合於高速進給使用。

7.3.3.2 螺紋滾道之法向截形

螺紋滾道法向截形是指通過滾珠中心且垂直於滾道螺旋面的平面和滾道表面交線的形狀。其溝形主要分爲半圓弧形溝與歌德型溝二種(如圖 7-22 所示)。半圓弧形溝加工容易且具有較大的負荷量，但承載和軸向剛性較不穩定且其背隙較大，必須利用預壓來消除背隙；歌德型構則承受較小的負荷量，但其軸向背隙極小且承載和軸向剛性穩定，因此目前大部分的製造廠多採用此種設計型式。滾珠螺桿採用施加預壓大，來達到機台的重現性及全行程的高剛性。但過大的預壓力，會增加操作扭矩與摩擦扭矩，會產生熱及降低預期使用壽命。

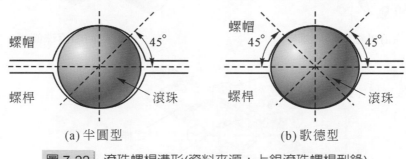

(a) 半圓型　　　　　　　　(b) 歌德型

圖 7-22　滾珠螺桿溝形(資料來源：上銀滾珠螺桿型錄)

7.3.4　滾珠螺桿選用與壽命計算

滾珠螺桿的選定，主要根據使用條件的不同從各方面的角度作計算，通常須注意以下各事項於各小節介紹。

7.3.4.1 滾珠螺桿之精度

滾珠螺桿之用途相當廣泛，從高精密之航太器到低精度的搬運系統都有運用，而大部分使用的還是伺服馬達來驅動，編碼器作位置定位，因此控制系統所抓之訊號爲軸桿的角度，並非機器平台之眞實位置，在軸桿每轉一圈螺帽移動的

導程精度，所以選擇一符合需求的導程精度等級。圖 7-23 為依據 DIN 規定的滾珠螺桿精度所繪製的導程測定圖，分述其要義如下：

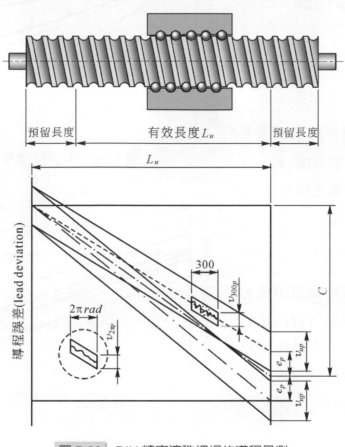

圖 7-23　DIN 精密滾珠螺桿的導程量測

L_u：滾珠螺桿有效行程。

e_{oa}：平均導程偏差，其為累積實際導程量測結果之趨勢直線。此直線由雷射導程量測並以最小平方法計算得到，其數值需在累積目標導程 C 加上全行程偏差 $\pm e_p$ 的範圍之內，如圖 7-24 所示。

計算公式：

$$C - e_p \leq e_{oa} \leq C + e_p \tag{7.16}$$

C　：累積目標導程。

e_p　：螺桿全行程偏差。

v_{up} ：有效行程之導程變動。

v_{ua} ：有效行程內，其導程變動之最大寬幅，如圖 7-25 所示。

計算公式：

$$v_{ua} \leq v_{up}$$

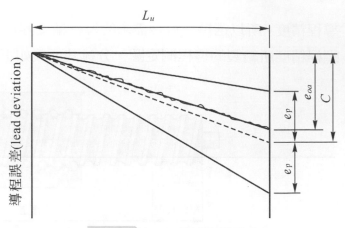

圖 7-24 平均導程偏差例子

v_{300p} ：螺桿導程實際量測後，全長內任意長度 300 的許可最大偏差變動值。

計算公式：

$$v_{300a} \leq v_{300p}$$

$v_{2\pi p}$ ：螺桿導程實際量測後，用二根直線將實際量測值夾起來，全長內螺桿迴轉一圈的許可最大導程變動值。

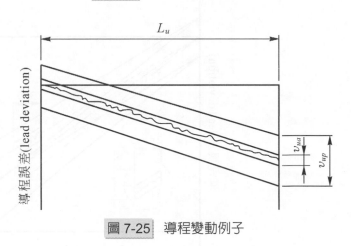

圖 7-25 導程變動例子

計算公式：

$$v_{2\pi a} \leq v_{2\pi p} \tag{7.19}$$

　　國際標準 ISO 與各國標準在螺桿導程的精度規範大致相同，表 7-1 列出幾種標準之比較，表 7-2 詳細列出 HIWIN 之導程精度標準作為參考，詳細須依照各製造廠其自行定訂之標準來選定。

表 7-1　滾珠螺桿國際標準精度等級比較

精度等級		C0	C1	C2	C3	C4	C5	C6	C7	C8	C9	C10
導程變動 v_{300}	ISO, DIN		6		12		23		52			210
	JIS	3.5	5		8		18		50			210
	CNS		5		8		18		50	100		210

表 7-2　HIWIN 之導程精度標準

精度等級		C0		C1		C2		C3		C4		C5		C6	
單一導程變動 v_{2p}		3		4		4		6		8		8		8	
任意 300mm 導程變動 v_{300}		3.5		5		6		8		12		18		23	
牙長 以上	以下	e_p	v_u	e_p	v_u	e_p	v_u	e_p	v_u	e_p	v_u	e_p	v_u	e_p	v_u
–	315	4	3.5	6	5	6	6	12	8	12	12	23	18	23	23
315	400	5	3.5	7	5	7	6	13	10	13	12	25	20	25	25
400	500	6	4	8	5	8	7	15	10	15	13	27	20	27	26
500	630	6	4	9	6	9	7	16	12	16	14	30	23	30	29
630	800	7	5	10	7	10	8	18	13	18	16	35	25	35	31
800	1000	8	6	11	8	11	9	21	15	21	17	40	27	40	35
1000	1250	9	6	13	9	13	10	24	16	24	19	46	30	46	39
1250	1600	11	7	15	10	15	11	29	18	29	22	54	35	54	44
1600	2000			18	11	18	13	35	24	35	25	65	40	65	51
2000	2500			22	13	22	15	41	24	41	29	77	46	77	59
2500	3150			26	15	26	17	50	29	50	34	93	54	93	69
3150	4000			30	18	32	21	60	35	62	41	115	65	115	82
4000	5000							72	41	76	49	140	77	140	99
5000	6300							90	50	100	60	170	93	170	119
6300	8000							110	60	125	75	210	115	210	130
8000	10000											260	140	260	145
10000	12000											320	170	320	180

7.3.4.2 容許軸向負荷

1. 滾珠螺桿軸的容許彎曲負荷 P_b

   滾珠螺桿在軸向受到壓縮負荷時，計算其螺桿軸不發生彎曲形變與挫曲的安全性，其挫曲負荷 P_b 可由下式計算：

   $$P_b = 0.5 \frac{\pi^2 \xi EI}{L^2} \tag{7.20}$$

   $$I = \frac{\pi d_r^4}{64} \tag{7.21}$$

   其中 ξ 為滾珠螺桿安裝係數，如表 7-3；E 為楊氏模數（$2.1 \times 10^5 \, \text{N/mm}^2$）；$I$ 為螺桿軸截面二次矩；L 為安裝面之間距(mm)；d_r 為螺桿軸牙底直徑(mm)。

2. 滾珠螺桿的容許拉伸壓縮負荷 P_c

滾珠螺桿在軸向受到負荷時，需計算其最大之壓曲負荷及螺桿軸之降伏應力的容許拉伸壓縮負荷，可由下式求得：

$$P_c = \sigma \cdot A = \sigma \cdot \frac{\pi d_r^2}{4}$$ (7.22)

其中 σ 為容許拉伸壓縮應力；A 為螺桿軸之截面面積($A = \pi d_r^2 / 4$)。

7.3.4.3 容許轉速計算

隨著滾珠螺桿的轉速提高，將逐漸接近螺桿的自然頻率，因而引起共振現象，進而影響加工品質及機台壽命至不能繼續轉動，所以螺桿軸之轉速必須在引起共振的臨界轉速以下。一般取臨界轉速的 0.8 倍為其安全容許轉速 N_c，其計算公式如下：

$$N_c = 0.8 \frac{60\lambda_1^2}{2\pi L^2} \sqrt{\frac{EIg}{\rho A}} = \lambda_2 \frac{d_r}{L^2} \times 10^7$$ (7.23)

其中 λ_1, λ_2 為安裝係數，參考表 7-4；g 為重力加速度；ρ 為材料密度

表 7-3　滾珠螺桿安裝係數	
安裝種類	安裝係數 ξ
固定端-固定端	4.0
固定端-支持端	2.0
支持端-支持端	1.0
固定端-自由端	0.25

表 7-4　安裝係數 λ_1, λ_2		
安裝種類	安裝係數 λ_1	安裝係數 λ_2
固定端-固定端	4.73	21.9
固定端-支持端	3.927	15.1
支持端-支持端	3.142	9.7
固定端-自由端	1.875	3.4

7.3.4.4 螺桿之剛性探討

為了提高精密機械及機器的良好定位精度，以及減少切削力所引起的位移，設計時必須考量螺桿各個組件之軸向剛性及扭曲剛性，以避免剛性太弱而造成太大的定位誤差。傳動螺桿的軸向彈性變形量 $\delta(\mu m)$ 及傳動螺桿系統之軸向剛性 K 可由下式求得：

$$\delta = \frac{F_a}{K}$$ (7.24)

$$\frac{1}{K} = \frac{1}{K_s} + \frac{1}{K_N} + \frac{1}{K_B} + \frac{1}{K_H}$$ (7.25)

其中 F_a 為軸向負荷(N)；K_s 為螺桿軸之軸向剛性(N/μm)；K_N 為螺帽之軸向剛性 (N/μm)；K_B 為支撐軸承之軸向剛性(N/μm)；K_H 為螺帽支座與軸承支撐座之軸向 剛性(N/μm)。

1. 螺桿軸之軸向剛性 K_s 為螺桿軸受負荷之剛性，其與軸桿之根徑與安裝方式有 關，軸桿愈長則剛性就愈差，而依其安裝方式不同，而有以下二種不同之計 算方式：

   (1) 固定-自由之螺桿，其軸向剛性可以下式求得：

   $$K_s = \frac{A \cdot E}{1000x}$$ (7.26)

   (2) 固定-固定之螺桿，其公式如下：

   $$K_s = \frac{A \cdot E \cdot L}{1000x \cdot (L-x)}$$ (7.27)

   其中 x 為負荷作用點間距(mm)。

2. 螺帽之軸向剛性 K_N 為螺帽承受軸向負荷之剛性，可依其有無預壓而不同分為 以下二種計算方式：

   (1) 無預壓螺帽，以30%的基本動額定負荷 C_a (N)做為軸向負荷施加於滾珠螺 桿上，藉由產生於溝槽與鋼珠之間的變形量可求得剛性理論值 K，而其 值可由各製造廠型錄查得。若軸向力不為 $0.3C_a$，一般而言，以剛性值 K 的 80%為基準，三次根號的軸向負荷 F_a (N)除以基本動額定負荷的 30%， 其軸向剛性可以下式求得：

   $$K_N = 0.8K \cdot \sqrt[3]{\frac{F_a}{0.3C_a}}$$ (7.28)

   (2) 有預壓螺帽，以 10%的基本動額定負荷做為軸向負荷施加於滾珠螺桿 上，藉由產生於溝槽與鋼珠之間的變形量可求得剛性理論值 K，而其值 可由各製造廠查得。一般而言，以剛性值 K 的 80%為基準，當預壓力 F_{ao} 不等於基本動額定負荷 C_a 的 10%，其軸向剛性可以下式求得：

$$K_N = 0.8K \cdot \sqrt[3]{\frac{F_{ao}}{0.1C_a}} \qquad (7.29)$$

3. 支撐軸承之軸向剛性 K_B 為滾珠螺桿支撐軸承的剛性，依軸承不同而有差異，
若為角接觸滾珠軸承，其計算公式如下：

$$K_B = \frac{3F_{ao}}{\delta_{ao}} \qquad (7.30)$$

$$\delta_{ao} = \frac{0.45}{\sin\varphi}\sqrt[3]{\frac{Q^2}{D_a}} \qquad (7.31)$$

$$Q = \frac{F_{ao}}{Z \cdot \sin\varphi} \qquad (7.32)$$

其中 δ_{ao} 為施預壓之軸向變形量(μm)；φ 為鋼珠與溝槽之接觸角度(度)；Q 為
鋼珠之軸向負荷(N)；D_a 為鋼珠之直徑(mm)；Z 為軸承之鋼珠數目。

7.3.4.5 定位精度探討

1. 偏斜誤差

在螺旋傳動機構當中，若螺桿的軸線方向與移動件的運動方向不平行，而有
一偏斜的角度 φ 時，就會產生偏斜誤差，如圖 7-26。設螺桿軸的總移動量為 l，移
動件的實際移動量為 x，則偏斜誤差為

$$\Delta l = l - x = l(1 - \cos\varphi) = 2l\sin^2\frac{\varphi}{2} \qquad (7.33)$$

由於偏斜角 φ 很小，所以 $\sin\frac{\varphi}{2} \cong \frac{\varphi}{2}$ ，誤差簡化為

$$\Delta l = \frac{1}{2}l\varphi^2 \qquad (7.34)$$

因此偏斜角誤差造成螺桿的偏斜誤差影響很大，對其值須加以控制。

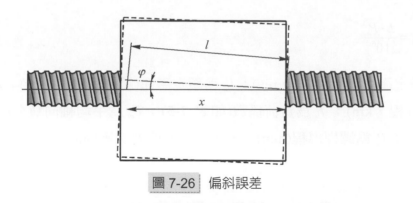

圖 7-26　偏斜誤差

2. 溫度偏差

　　當螺桿軸在運轉時的工作溫度不同時，將引起螺桿長度和螺距發生變化，進而產生傳動誤差，稱為溫度偏差 ΔL_{ut}，其大小計算公式為

$$\Delta L_{ut} = L_u \alpha \Delta t \tag{7.35}$$

式中，L_u 為螺桿軸的有效長度；α 為螺桿軸的線膨脹係數，鋼材一般取為 $11.6 \times 10^{-6}/°C$；Δt 為工作溫度與製造溫度之溫差。

7.3.4.6 滾珠螺桿之壽命計算

　　滾珠螺桿在正常狀態作動時，螺桿在滾動面與滾珠連續承受迴圈應力的作用，當滾動面發生材料的疲勞破壞而產生表面疲勞魚鱗狀剝落的情形，即為螺桿的壽命。而滾珠螺桿的疲勞壽命可藉由基本動額定負荷來作計算。

　　基本動額定負荷和使用壽命有關，一批相同規格的產品，在相同的條件下來回運轉 10^6 次，其中的 90% 的螺桿不產生表面疲勞剝落現象的最大負荷，稱為基本動額定負荷 C_a。而壽命長度為隨著每一批製造出來的產品與材料的特性而有所不同，因此為了定義滾珠螺桿的壽命，一般以額定壽命為其基準。額定壽命 L 是一組相同的滾珠螺桿在相同的條件下運行，其中的 90% 不產生表面疲勞剝落現象所能達到的旋轉總轉數，稱為額定壽命。可依照下式來計算其壽命：

$$L = (\frac{C_a}{f_w \cdot F_m})^3 \times 10^6 \tag{7.36}$$

$$L_h = \frac{L}{60 \cdot N} = \frac{L \cdot P_h}{2 \cdot 60 \cdot n \cdot l_s} \tag{7.37}$$

$$L_s = \frac{L \cdot P_h}{10^6} \tag{7.38}$$

其中 L 為額定壽命(總迴轉數，rev)；L_h 為額定壽命(總運轉時間，hr)；L_s 為額定壽命(總運轉行程，km)；f_w 為負荷係數(如表 7-5)；F_m 為平均軸向負荷(N)；N 為馬達轉速(rpm)；P_h 為螺桿導程(mm)；n 為每分鐘往返次數(min^{-1})；l_s 為螺桿行程長度(mm)。

表 7-5 負荷係數 f_w (資料來源：THK 型錄)

振動／衝擊	速度		f_W
微小	微速時	$v \leq 0.25(\text{m/s})$	1.0~1.2
小	低速時	$0.25 < v \leq 1.0(\text{m/s})$	1.2~1.5
中	中速時	$1.0 < v \leq 2.0(\text{m/s})$	1.5~2.0
大	高速時	$v > 2.0(\text{m/s})$	2.0~3.5

當作用於滾珠螺桿之軸向負荷不斷在變動時，必須先求得其平均軸向負荷，再計算其疲勞額定壽命。所謂平均軸向負荷 F_m，是指變動負荷作用於滾珠螺桿上時具有相同壽命的一定大小的負荷，其公式如下：

$$F_m = \sqrt[3]{\frac{F_{a1}{}^3 N_1 t_1 + F_{a2}{}^3 N_2 t_2 + \cdots + F_{an}{}^3 N_n t_n}{N_1 t_1 + N_2 t_2 + \cdots + N_n t_n}} \tag{7.39}$$

$$N_m = \frac{N_1 t_1 + N_2 t_2 + \cdots + N_n t_n}{t_1 + t_2 + \cdots + t_n} \tag{7.40}$$

式中，F_m 為平均軸向負荷(N)；N_m 為平均轉速(rpm)；F_{an} 為變動負荷(N)；N_n 為變動負荷下之轉速(rpm)；t_n 為變動負荷下之時間。

7.3.4.7 滾珠螺桿之馬達驅動扭矩

1. 滾珠螺桿之扭矩計算公式如下：

   (1) 順向作動扭矩 T_a：轉換迴轉運動為直線運動稱為順向作動

   $$T_a = \frac{F_a \cdot P_h}{2\pi\eta_1} \tag{7.41}$$

式中 η_1 為機械正效率。

(2) 逆向作動扭矩 T_b：轉換直線運動為迴轉運動稱為逆向作動

$$T_b = \frac{F_a \cdot P_h \cdot \eta_2}{2\pi} \tag{7.42}$$

式中 η_2 為機械逆效率。

(3) 有預壓力螺帽之摩擦扭矩 T_P

$$T_p = \frac{0.05 \cdot F_{ao} \cdot P_h}{2\pi \tan \beta} \tag{7.43}$$

式中，F_{ao} 為預壓力；β 為螺桿導程角。

2. 馬達驅動扭矩之計算

(1) 當外部負荷作用於滾珠螺桿，而螺桿本身抗衡外部負荷使其作等速運轉時所需之扭矩，稱為定速時驅動扭矩 T_M，其可由下式求得：

$$T_M = (T_a + T_p + T_B) \cdot \frac{n_1}{n_2} \tag{7.44}$$

式中，T_B 為支撐軸承之摩擦扭矩(N-mm)；n_1 為齒輪 1 之齒數；n_2 為齒輪 2 之齒數。一般而言定速時之驅動扭矩不得超過馬達額定扭矩之百分之三十為選用標準。

(2) 當外部負荷作用於滾珠螺桿，使其作等加速度運轉時所需之最大扭矩，稱為加速度之驅動扭矩 T_α，其扭矩可由下式求得：

$$T_\alpha = J \cdot \alpha \tag{7.45}$$

總系統慣性矩 J 即為馬達之慣性矩 J_M、齒輪 1、2 之慣性矩 J_{ni}、聯軸器之慣性矩 J_c、滾珠螺桿軸之慣性矩及可動部之慣性矩相加，公式如下：

$$J = J_M + J_{n1} + \left(J_{n2} + J_c + \frac{W_s D_s^2}{8g} + \frac{W P_h}{4g\pi^2} \right) \cdot \left(\frac{n_1}{n_2} \right)^2 \tag{7.46}$$

式中，α 為角加速度；W_s 為滾珠螺桿重量；D_s 為滾珠螺桿公稱直徑(mm)；W 為螺帽、工作台面及工作物之重量。

(3) 系統總扭矩爲

$$T_t = T_M + T_\alpha \tag{7.47}$$

7.4 線性滑軌

7.4.1 前言

工具機的導軌設計，以滑動導軌與線性導軌居多，雖然滾珠螺桿提供了相當好的定位精度，但由於傳統的滑動導軌爲鏟花軌道上經由油潤滑之後的滑動摩擦，其摩擦阻力高，因此當機構自靜止狀態要開始運動時需要克服很大的靜摩擦力，當潤滑不足或不均勻時，摩擦力更加顯著的增大。假使機構要作一微小的調整並不易達到，另外因靜摩擦力較大的關係，其驅動馬達之動力源相對也須提高馬力來帶動機構。

近年來，工具機對自動化與高速切削的精度要求不斷提高，線性滑軌已成爲必備的關鍵組件，其運動精度、剛性、速度、可靠度及摩擦特性都有顯著提升，而在導軌上也有改以低摩擦係數的塑膠材料或以氣壓源來降低摩擦。

線性滑軌(如圖7-27)係爲一種滾動導引，藉由滾珠或滾柱在滑塊與滑軌之間作滾動循環，負載機構或平台能沿著滑軌輕易地以高精度作線性運動。與傳統的滑動導軌相比較，其接觸方式由滾動替代滑動，滾動導引的摩擦係數大約可降低到只有滑動導引的五十分之一，因此其摩擦力與無效的運動皆大大減少，故機構之精度能輕易達到 μm 級的進給與定位。而滑軌與滑塊間爲互相拘束的設計，使得線性滑軌可同時承受上下左右等各方向的負荷與高速運動，必能大幅提高設備的精度與增進機械之加工效能。

7.4.2 線性滑軌之特點

線性滑軌之特點如下：

1. 定位精度高，重現性佳：線性滑軌的摩擦方式爲滾動摩擦，且動摩擦力與靜摩擦力的差距很小，因此台面運行時打滑現象較不明顯，精度高。

2. 摩擦阻力小，可長期維持高精度：傳統滑動接觸面之磨損明顯，而線性滑軌裡面滾動鋼珠的磨耗較小，因此可長期維持高精度。

3. 適用高速化運用且大幅降低機台所需之驅動馬力：線性滑軌移動時之摩擦力
   小，因此其發熱量較小且驅動馬力相對降低。
4. 高剛性且可同時承受上下左右方向之高負荷能力。
5. 組裝容易並具互換性，潤滑構造簡單。
6. 節省能源及降低成本，提高機械生產率。

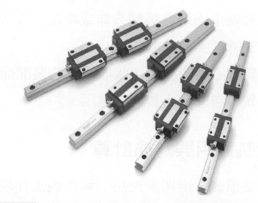

圖 7-27　線性滑軌(資料來源：銀泰線性滑軌型錄)

7.4.3　線性滑軌構造

線性滑軌係由滑軌、鋼珠、滑塊、端蓋、刮油片、防塵片構成，如圖 7-28 所示。

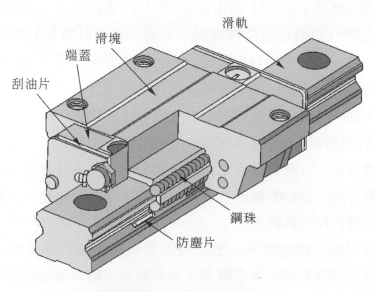

圖 7-28　線性滑軌構造

線性滑軌種類相當多，基本上仍可區分為五大類型，分別是：

(1) 超重負荷型：同級產品中增加滑塊長度，相對增加鋼珠數目及提高承受負載及剛性。

(2) 重負荷型：滑塊長度較超重負荷型短 20%，相對動額定負荷及剛性較超重負荷型減少 20~30%。

(3) 低噪音型：改變軌道與鋼珠接觸方向或增加鋼珠迴流管半徑，使滑塊能平滑運動，相對降低噪音的發生。

(4) 調心型：軌道為調心型設計，可吸收較大的裝配面加工誤差量。

(5) 薄型：適用於狹小空間及小負荷之運用。

7.4.4　線性滑軌選用與壽命計算

線性滑軌之選用，必須先考慮所要使用的條件與工作環境，包含尺寸大小、滑塊個數、滑軌支數、使用行程、安裝位置與配置、工作負荷大小、方向、使用頻率……等等，再選擇適用的線性滑軌類型，計算其各種負荷大小，判斷其安全係數，最後在作使用壽命的計算，各細部計算在以下各小節作介紹。

7.4.4.1 基本靜額定負荷

線性滑軌的應用，必須對選用之型式與使用條件來計算其負荷容量及壽命，並判斷選用之線性滑軌是否符合需求。負荷容量的計算是利用基本靜額定負荷 C_o，求出靜安全係數，確定負荷限度大小，基本靜額定負荷是指直線運動系統在靜止或運動狀態中，常常出現承受過大的負荷或受到很大的衝擊負荷時，因而使導軌表面與轉動本體之間產生局部的永久變形，此種永久變形量如果超過某一限度時，則將會影響線性滑軌直線運動的平穩性。所謂基本靜額定負荷是方向和大小一定的靜態負荷，在受有最大應力的接觸面處，使永久變形量之總和達到轉動本體直徑的萬分之一倍時的變形負荷，即為基本靜額定負荷。一般將基本靜額定負荷作為容許靜負荷的極限。

一般線性滑軌在使用時，由於環境因素會造成振動與衝擊而有大的負荷產生，因此必須考慮靜負荷安全係數 f_s，而其關係式為作用在線性滑軌上的最大靜負荷 P_0，等於是線性滑軌的基本靜額定負荷 C_o 除以靜負荷安全係數 f_s 來表示，如

下式所示：

$$P_0 = \frac{C_o}{f_s} \tag{7.48}$$

式中，P_0 為最大設計靜負荷(N)；C_o 為基本靜額定負荷(N)；f_s 為靜負荷安全係數(如表 7-6)。

表 7-6　靜負荷安全係數

負荷條件	f_s 下限
一般負荷狀態	1.0~1.5
運動時受衝擊、振動	2.5~5.0

7.4.4.2 基本動額定負荷

基本動額定負荷 C 和線性滑軌的使用壽命有關，一般製造出來的產品，在相同的條件下來回運動時，導軌滾動體會發生材料的疲勞破壞，產生表面疲勞剝落的情況。而基本動額定負荷的定義是在負荷方向與大小不改變的作用下，線性滑軌行走 50 km 時，其中的 90% 不產生表面疲勞剝落現象的最大負荷，稱為基本動額定負荷。

7.4.4.3 壽命計算

線性滑軌作動時，滑軌內部之珠道與鋼珠不斷受到應力作用，當達到疲勞臨界點，其接觸面產生表面疲勞剝落現象時，即為使用壽命。但其壽命長度為隨著每一批製造出來的產品與材料的特性而有所不同，因此為了定義線性滑軌的壽命，一般以額定壽命為其基準。額定壽命 L 是一組相同的滑軌在相同的條件下運行，其中的 90% 不產生表面疲勞剝落現象所能行走的運行距離，稱為額定壽命。可依照下式來計算其壽命：

(1) 若不考慮線性滑軌之環境因素的影響，可由下式表示：

$$L = \left(\frac{C}{P} \right)^3 \cdot 50 \tag{7.49}$$

式中，L 為額定壽命(km)；C 為基本動額定負荷(N)；P 為滑軌之工作負荷(N)。

(2) 若考慮線性滑軌之環境因素，其使用壽命會隨著運動狀態、滾動面硬度及系統環境溫度而變化，可由下式表示

$$L = \left(\frac{f_H f_T f_c}{f_W} \cdot \frac{C}{P} \right)^3 \cdot 50 \tag{7.50}$$

式中，L 為額定壽命(km)；C 為基本動額定負荷(N)；P 為滑軌之工作負荷(N)；f_H 為硬度係數(參考各廠牌之型錄，如圖 7-29)；f_T 為溫度係數(參考各廠牌之型錄，如圖 7-30)；f_W 為負荷係數(參考各廠牌之型錄，如表 7-7)；f_c 為接觸係數(參考各廠牌之型錄，如表 7-8)。

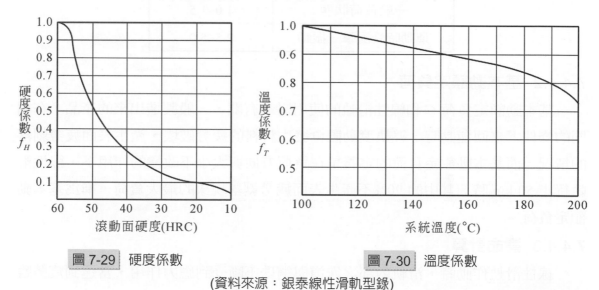

圖 7-29　硬度係數　　　　　　　　　　　　圖 7-30　溫度係數

(資料來源：銀泰線性滑軌型錄)

表 7-7　負荷係數

負荷條件	使用速度 (m/min)	f_W
無衝擊力且平滑	$v \le 15$	1.0~1.2
微小衝擊力及振動	$15 < v \le 60$	1.2~1.5
中等衝擊力及振動	$60 < v \le 120$	1.5~2.0
強烈衝擊力及振動	$v > 120$	2.0~3.5

表 7-8　接觸係數(資料來源：THK 型錄)

一根滑軌上安裝之滑塊個數	f_c
一般	1.0
2	0.81
3	0.72
4	0.66
5	0.61
6 以上	0.6

(3) 依照線性滑軌使用的行程長度及頻率，可將公式(7.49)所得之額定壽命換算成壽命時間 L_h，如下式所示：

$$L_h = \frac{L \cdot 10^3}{120 \cdot l_s \cdot n} = \frac{(\frac{C}{P})^3 \cdot 50 \cdot 10^3}{120 \cdot l_s \cdot n} \tag{7.51}$$

式中，L_h 為額定壽命時間(hr)；L 為額定壽命(km)；l_s 為行程長度(m)；n 為每分鐘往復次數($\min^{-1}$)。

7.4.4.4 線性滑軌工作負荷計算

線性滑軌是進給系統的必要零組件，雖然構造並不複雜，但因為滑軌與材料的各種特性都不相同、環境因素、操作條件與使用位置都會影響線性滑軌的效能，因此計算線性滑軌的工作負荷，必須考量到滑軌所承受物體的重心位置、施力位置與運轉時啟動、停止的加減速度產生之慣性力等因素的作用而不同，受力分布的情況也會不同，以下列出幾項不同條件時計算工作負荷的方法。

1. 單組滑塊承受之負荷計算

線性滑軌受力分布圖	滑塊負荷與偏移量
(1)	$P_1 = \dfrac{W}{4} + \dfrac{F}{4} + \dfrac{F \cdot a}{2c} + \dfrac{F \cdot b}{2d}$ $P_2 = \dfrac{W}{4} + \dfrac{F}{4} + \dfrac{F \cdot a}{2c} - \dfrac{F \cdot b}{2d}$ $P_3 = \dfrac{W}{4} + \dfrac{F}{4} - \dfrac{F \cdot a}{2c} + \dfrac{F \cdot b}{2d}$ $P_4 = \dfrac{W}{4} + \dfrac{F}{4} - \dfrac{F \cdot a}{2c} - \dfrac{F \cdot b}{2d}$ $\delta x = -Zu \cdot \dfrac{P_1 - P_2}{d \cdot K}, \delta y = -Zu \cdot \dfrac{P_1 - P_3}{c \cdot K}$ $\delta z = \dfrac{F}{4 \cdot K} + Xu \cdot \dfrac{P_1 - P_2}{d \cdot K} - Yu \cdot \dfrac{P_1 - P_3}{c \cdot K}$

	線性滑軌受力分布圖	滑塊負荷與偏移量
(2)		$P_1 = \dfrac{W}{4} + \dfrac{F}{4} + \dfrac{F \cdot a}{2c} + \dfrac{F \cdot b}{2d}$ $P_2 = \dfrac{W}{4} + \dfrac{F}{4} + \dfrac{F \cdot a}{2c} - \dfrac{F \cdot b}{2d}$ $P_3 = \dfrac{W}{4} + \dfrac{F}{4} - \dfrac{F \cdot a}{2c} + \dfrac{F \cdot b}{2d}$ $P_4 = \dfrac{W}{4} + \dfrac{F}{4} - \dfrac{F \cdot a}{2c} - \dfrac{F \cdot b}{2d}$ $\delta x = -Zu \cdot \dfrac{P_1 - P_2}{d \cdot K},\ \delta y = -Zu \cdot \dfrac{P_1 - P_3}{c \cdot K}$ $\delta z = \dfrac{F}{4 \cdot K} + Xu \cdot \dfrac{P_1 - P_2}{d \cdot K} - Yu \cdot \dfrac{P_1 - P_3}{c \cdot K}$
(3)		$P_1 = P_3 = \dfrac{W}{4} - \dfrac{F \cdot l}{2d}$ $P_2 = P_4 = \dfrac{W}{4} + \dfrac{F \cdot l}{2d}$ $\delta x = -Zu \cdot \dfrac{P_1 + P_2}{d \cdot K}$ $\delta y = 0$ $\delta z = Xu \cdot \dfrac{P_1 + P_2}{d \cdot K}$
(4)		$P_1 \square P_4 = \dfrac{W \cdot h}{2d} - \dfrac{F \cdot l}{2d}$ $\delta x = -Zu \cdot \dfrac{P_1 - P_2}{d \cdot K}$ $\delta y = 0$ $\delta z = -Xu \cdot \dfrac{P_1 + P_2}{d \cdot K}$

線性滑軌受力分布圖	滑塊負荷與偏移量
(5) 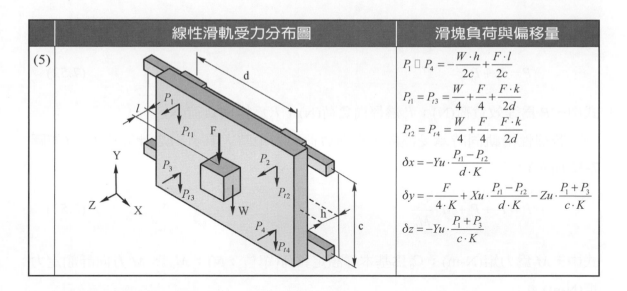	$P_1 \boxdot P_4 = -\dfrac{W \cdot h}{2c} + \dfrac{F \cdot l}{2c}$ $P_{t1} = P_{t3} = \dfrac{W}{4} + \dfrac{F}{4} + \dfrac{F \cdot k}{2d}$ $P_{t2} = P_{t4} = \dfrac{W}{4} + \dfrac{F}{4} - \dfrac{F \cdot k}{2d}$ $\delta x = -Yu \cdot \dfrac{P_{t1} - P_{t2}}{d \cdot K}$ $\delta y = -\dfrac{F}{4 \cdot K} + Xu \cdot \dfrac{P_{t1} - P_{t2}}{d \cdot K} - Zu \cdot \dfrac{P_1 + P_3}{c \cdot K}$ $\delta z = -Yu \cdot \dfrac{P_1 + P_3}{c \cdot K}$

2. 具有慣性力之負荷計算

等速、加速、減速滑軌受慣性力圖	滑塊負荷
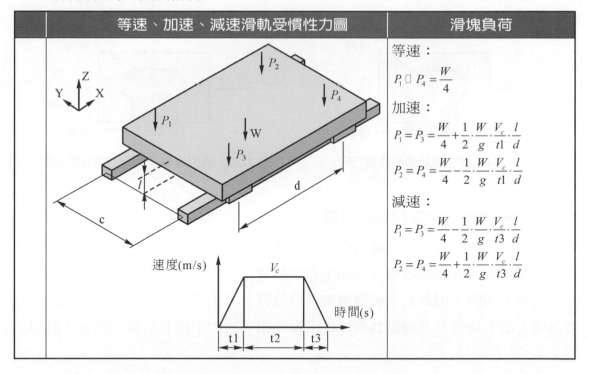	等速： $P_1 \boxdot P_4 = \dfrac{W}{4}$ 加速： $P_1 = P_3 = \dfrac{W}{4} + \dfrac{1}{2} \cdot \dfrac{W}{g} \cdot \dfrac{V_c}{t1} \cdot \dfrac{l}{d}$ $P_2 = P_4 = \dfrac{W}{4} - \dfrac{1}{2} \cdot \dfrac{W}{g} \cdot \dfrac{V_c}{t1} \cdot \dfrac{l}{d}$ 減速： $P_1 = P_3 = \dfrac{W}{4} - \dfrac{1}{2} \cdot \dfrac{W}{g} \cdot \dfrac{V_c}{t3} \cdot \dfrac{l}{d}$ $P_2 = P_4 = \dfrac{W}{4} + \dfrac{1}{2} \cdot \dfrac{W}{g} \cdot \dfrac{V_c}{t3} \cdot \dfrac{l}{d}$

7.4.4.5 線性滑軌等效負荷計算

　　線性滑軌之滑塊一般可同時承受徑向與橫向的負荷與力矩，當承受多方向之受力負荷作用時，可將受力方向分散為徑向與橫向之等效負荷作計算(如圖 7-31)，

假設其徑向與橫向等剛性時，其公式計算如下：

$$P = P_r + P_t \tag{7.52}$$

式中，P 為等效負荷(N)；P_r 為徑向負荷(N)；P_t 為橫向負荷(N)。

若線性滑軌同時承受徑向、橫向負荷與力矩時，其合力之計算式如下(如圖 7-32 所示)：

$$P = P_r + P_t + M \cdot \frac{C_0}{M_0} \tag{7.53}$$

式中，M 為力矩(N-m)；C_0 為基本靜額定負荷(單位：N)；M_0 為 M 方向靜額定力矩(N-m)。

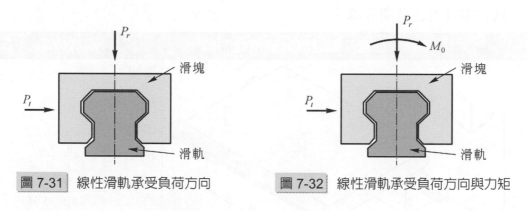

圖 7-31 線性滑軌承受負荷方向　　　　**圖 7-32** 線性滑軌承受負荷方向與力矩

7.4.4.6 負荷變化之平均負荷計算

平均負荷的定義是，當運行中加於滑塊上的負荷大小會隨著各式各樣的工作條件與環境不同而產生改變，例如平台上的貨物會有不同的重量，滑軌上所承受的負荷就不相同。因此必須依變動的負荷條件下求出運行中的平均負荷以計算疲勞壽命，而平均負荷在變動負荷條件下壽命相等時的不變負荷值，其基本計算式如下：

$$P_m = \sqrt[3]{\frac{1}{L} \cdot \sum_{n=1}^{n} (P_n^3 \cdot L_n)} \tag{7.54}$$

式中，P_m 為平均負荷(N)；P_n 為變動負荷(N)；L 為總運行距離(mm)；L_n 為負荷 P_n 作用時所運行之距離(mm)。

負荷的變動種類又可分為以下三種，有不同的計算方法：

1. 階梯式變動(如圖 7-33)

$$P_m = \sqrt[3]{\frac{1}{L}(P_1^3 \cdot L_1 + P_2^3 \cdot L_2 + ... + P_n^3 \cdot L_n)} \qquad (7.55)$$

2. 單調式變化(如圖 7-34)

$$P_m \cong \frac{1}{3}(P_{min} + 2 \cdot P_{max}) \qquad (7.56)$$

式中，P_{min} 為最小負荷(N)；P_{max} 為最大負荷(N)。

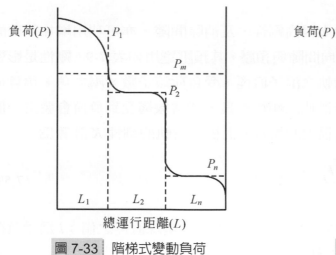

圖 7-33　階梯式變動負荷

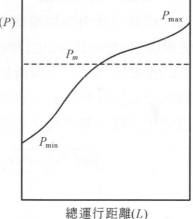

圖 7-34　單調式變動負荷

(資料來源：THK 型錄)

3. 正弦曲線式變化(如圖 7-35)

    a. $P_m \cong 0.65 P_{max}$ (7.57)

    b. $P_m \cong 0.75 P_{max}$ (7.58)

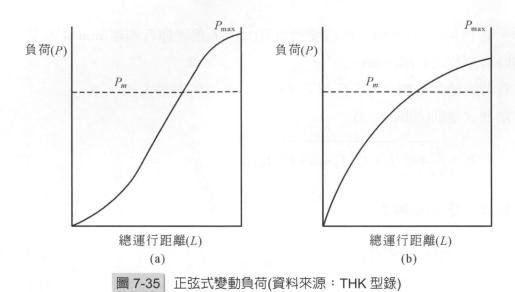

圖 7-35　正弦式變動負荷(資料來源：THK 型錄)

7.4.4.7 預壓與剛性探討

　　線性滑軌可藉由施加預壓來提高剛性，及消除間隙，亦可利用增加鋼珠的直徑，使鋼珠與滾動面間產生負向間隙與預壓，其預壓選用如表 7-9。剛性是影響機構精度的重要因素之一，與滑軌之滾子直徑、受負荷滾子數、壓力角、預負荷、材料特性及形狀係數有關，若滑軌之剛性不良，則當機構受到負荷會發生一個大位移造成加工時，真實尺寸有很大的誤差。而線性滑軌的剛性 K 計算為

$$K = \sqrt{8} \cdot \sqrt[3]{\frac{\sin^5 \vartheta \cdot L_e^2 \cdot i^2 \cdot F_p}{D_w \cdot C_k^2}} \qquad (7.59)$$

式中，ϑ 為壓力角(度)；L_e 為每列負荷鋼珠總數乘上鋼珠直徑之值；i 為受負荷之鋼珠總列數；F_p 為預負荷(N)；D_w 為鋼珠直徑(mm)；C_k 為材料及形狀係數。若想要提高線性滑軌之剛性，可藉由提高預負荷來達到，但預負荷提高會降低滑軌的使用壽命，一般將預負荷設定於基本動額定負荷的 2%～12%內。

表 7-9　預壓力選用

預壓等級	預壓力	使用條件
無預壓	0~0.02*C	負荷衝擊小，精度要求低
輕預壓	0.05~0.07*C	輕負荷，精度要求高
中預壓	0.1~0.12*C	高剛性要求，振動及衝擊

7.5　位置感測器

➡ 7.5.1　前言

　　精密定位技術需要高解析度與高精度檢測之位置感測器。而位置感測器為檢測物件距離基準點的位置，包含直線位移或旋轉角度，將位置量利用編碼器轉換為更加精準及更容易處理的資料，並產生數位訊號輸出之感測元件。位置感測器的種類很多，可依其作動原理分為光學式、磁性式、刷子式、電磁感應式、靜電容量式等；依使用對象又可分為量測直線位移的線性編碼器與量測轉角位移的角度編碼器；又可依照輸出訊號為相對位移量的增量式與絕對位移量的絕對式二種。

　　目前較常用的以光學式與磁性式為主，尤其以光學式之光學尺與角度編碼器為位置感測器使用的主流。其特點為光學式為非接觸式，較不易受到周遭環境因素的影響，且其訊號較不易受到雜訊干擾，目前光學式之光學尺解析度可達 $0.1\mu m$；角度編碼器之解析度可達 $1''$，而其解析度當然也隨著物件運動的速度而有所限制。角度編碼器與光學尺已廣泛使用於各種機台之軸定位、轉角、轉速控制等。

➡ 7.5.2　角度編碼器(angle encoders)

　　光學式角度編碼器(如圖 7-36 所示)，其作動原理主要是一個玻璃圓盤上繪出數條透光光柵，在此圓盤之兩側固定一光源(二極體)與一感光器(光二極體或電晶體)，當光柵設置於光源與感光器之間時，光源即可穿透光柵到感光器上，此時感光器接收後即產生一高電位，將光強度轉換為電氣信號，因此當圓盤轉動時，即可使感光器產生一連串的電壓脈衝，計數此電壓脈衝數量轉換取得圓盤的轉動角度。

　　角度編碼器依其輸出型式，可分為增量式(incremental)和絕對式(absolute)二種。增量式為每一單位距離就輸出一個相差 90° 由受光器 A、B 取出的脈波信號，且每回轉一圈發出一 Z 相的單獨脈衝信號作為位置控制時的基準，如圖 7-37 所示。而輸出個數與所量測距離成正比，以計數器計算脈波數乘以每一個脈波所相當之長度即為距離。其特點為構造簡單、解析度高、體積小，但因為其輸出為脈波串列，在斷電後資料即消失，因此在增量式編碼器上設有原點記號，每次檢測

到原點記號即修正計數值之誤差的方式。絕對式編碼器為將絕對位置編碼為 2 進位數的資料，讀取編碼記號後輸出絕對位置，其特點為不需計算脈波數即可得到檢測之絕對位置，因此在斷電後資料仍可保存，但其構造複雜且解析度較增量式低。

圖 7-36　角度編碼器(資料來源：德國海德漢型錄)

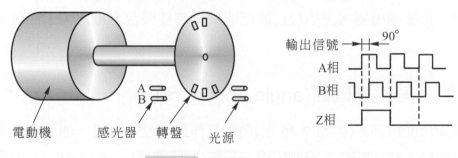

圖 7-37　增量式光學編碼器

7.5.3　光學尺(linear encoders)

光學尺(如圖 7-38 所示)其基本作動原理與角度編碼器一樣，主要其主尺為長條形，一般用來作直線方向的位移檢測。一般常見的光學尺可分為穿透式(如圖 7-39)與反射式(如圖 7-40)二種；而其量測方法又可分為線性平行格子型與疊紋型；輸出方式與角度編碼器一樣有增量式輸出與絕對式輸出二種。

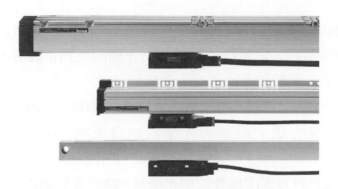

圖 7-38　光學尺(資料來源：德國海德漢型錄)

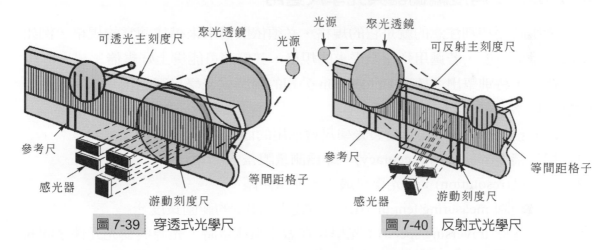

圖 7-39　穿透式光學尺　　　　　**圖 7-40**　反射式光學尺

　　光學尺的量測方式會利用疊紋(moire fringe)來放大訊號，而疊紋的產生係由兩組光柵(grating)重疊時產生。其產生之方式有二：

1. 光柵平行但節距不等。
2. 光柵節距相等，但不平行。

　　將等間隔光柵平行重疊，此時尚看不到疊紋，但一旦輕輕轉動上面一張光柵使其與下面之光柵呈一夾角，則可發現有間隔很大的疊紋出現，其間隔與已有之光柵間隔差異很大，當轉動的角度越大時，疊紋的間隔就變得越小，但條紋明暗對比卻越強烈，當上下兩片光柵之夾角為 90 度時，疊紋間隔最密，仔細觀察仍然可以找到疊紋的存在，其間隔與已有之光柵間隔接近。當將上面的一片光柵輕微移動，此時將可看到疊紋圖形產生劇烈的變化，疊紋移動的速度大小與光柵移動之速度成等比例放大的結果，此即疊紋將小位移信號轉換成大位移信號的具體呈現。

　　即使是線性平行格子型之光學尺，其輸出信號之原理仍可視同疊紋之原理，

只是與兩組光柵的夾角 θ 很小，因此疊紋的間距 θ 可視同無窮大，但無論是兩組光柵的平行度作得多好，仍然很難作到兩組光柵的夾角 θ 爲零，因此疊紋的產生是必然的，只是現象明顯與否的程度上差異而已。

三豐、日本光學等皆採線性平行格子型，而雙葉電子、ACU RITE、QUALITY 則採疊紋型之量測方法。最早的光學尺始自英國 NEL(National Engineering Laboratory)及 NPL (National Physical Laboratory)所開發之光柵(optical grating)式精密量測，當時所採取的方式即爲疊紋型光學尺，時至今日仍然被許多廠商所選用。

➡ 7.5.4　角度編碼器與光學尺選用

選用時要特別注意的就是它的規格，必須依照需求來尋找適當的規格，例如精度或是解析度，若選用到超出需求的規格，其價差可能貴上好幾倍。

在此，特別舉出海德漢 Heidenhain 公司的封閉式光學尺產品，介紹其較重要的參考規格：

1. 截面積(cross section)：安裝光學尺會佔用的面積。
2. 指示精度(measuring accuracy)：即爲測量誤差。
3. 解析度(resolution)：爲光學尺最小的測量距離。
4. 測量範圍(measuring length ML)：光學尺可測量的範圍長度。
5. 移動速度(traversing speed)：光學尺在做距離測量時，光源與受光元件之間的相對運動速度有其額定。
6. 容許振動頻率(vibration)、可承受外力(shock)、容許加速度(acceleration)：光學尺響應速度受限制，同時其相對運動加速度亦受限制，機台振動頻率與搖晃力道都會影響光學尺的精度。
7. 滑動需求力(required move force)：要使光學尺感測子做相對運動測量距離，所需的最小力量。
8. 使用溫度(service temperature)：光學尺的測量環境溫度，對於其測量精密度將造成影響。
9. 信號線長度 L(singnal cable length)：一般信號線的配備是視光學尺的有效長度決定。
10. 參考原點(reference marks)：光學尺在做測量時，會產生累積誤差，一般光學尺的輸出均設有參考原點。
11. 電源供應(power supply)：會有電壓與允許變動範圍，以及供應電流強度。

習 題

EXERCISE

1. 直流馬達依據磁場繞組和電樞繞組方式可分為哪幾類，並簡述之。

2. 試述步進馬達依磁氣迴路分為哪幾類？並簡述步進馬達之激磁方式。

3. 一水平加工平台如下圖所示，其平台及工件重量 W=1200kg，摩擦係數 μ=0.05，螺桿上之摩擦扭力 T_f=0.8N·m，螺桿節距 l=20mm/rev，直徑 D_b=40mm，長度 L_b=1000mm，螺桿密度 $\gamma_b = 7.8 \times 10^3$ kg/m³；傳動效率 η=0.9，工件進給速 V=60m/min，加速時間 t_a=0.08s，馬達慣量 0.0053kg·m²，位置增益量 k_s=30s⁻¹，試計算其馬達轉軸之總力矩與最大加速扭力之速度值。

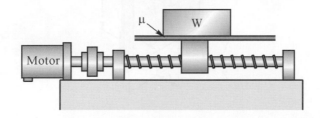

4. 一加工工作母機其台面重量為 1200kg，台面上之工件重量為 800kg，其受軸向負荷如下表所示。螺桿長為 1200mm，進給速度為 14m/min，而其驅動馬達最大轉速為 2000rpm，若要求其壽命為 25000 小時，螺桿軸牙底直徑為 35.5mm，試選定適用之螺桿導程，並計算其基本動額定負荷與最大容許轉速。

切削條件	導程 / 軸向負荷	變動負荷下之轉速 (rpm)		變動負荷下之時間
		6mm	8mm	
無切削	$F_1 = 1862$(N)	$N_1 = 2000$	$N_1 = 1750$	$t_1 = 30$
輕中切削	$F_2 = 6762$(N)	$N_2 = 95$	$N_2 = 75$	$t_2 = 55$
重切削	$F_3 = 11172$(N)	$N_3 = 20$	$N_3 = 15$	$t_3 = 55$

5. 一工件在加工平面上(如下圖所示)，受一鑽孔作用力 F=1kN，加工裝置之重量 W=4kN，c=400mm，d=600mm，h=200mm，l=250mm，假設其基本動額定負荷為 38.74kN，滑軌預壓等級為輕預壓，負荷條件為中等衝擊，試計算各滑塊之負荷及線性滑軌之壽命。

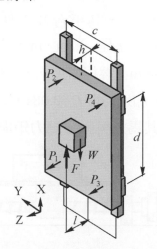

第三篇

元件設計

第 8 章　　皮帶及傳動

第 9 章　　鍊條與鍊條傳動

第 10 章　彈簧

第 11 章　離合器與制動器

第 8 章
皮帶及傳動

皮帶傳動是在兩個或多個帶輪之間,使用皮帶作為撓性元件,利用皮帶和帶輪間的摩擦或嚙合,在兩軸或多軸之間傳遞運動和動力的傳動裝置。

8.1　皮帶傳動的特性、分類與應用

依照工作原理的不同,皮帶傳動可分為摩擦型皮帶傳動與嚙合型皮帶傳動兩類;摩擦型皮帶傳動是利用摩擦原理進行工作,具有構造簡單、運轉平穩、維護方便等特點,因此廣泛應用於汽車、紡織、家電等領域。嚙合型皮帶傳動為近幾十年來所開發之新型傳動裝置,結合皮帶傳動、鏈條傳動及齒輪傳動的優點,經由帶齒與帶輪的齒槽嚙合來傳遞動力,最典型之代表為同步皮帶,具有傳動比準確、傳動效率高之優點,因此其形式與用途也逐漸增加。

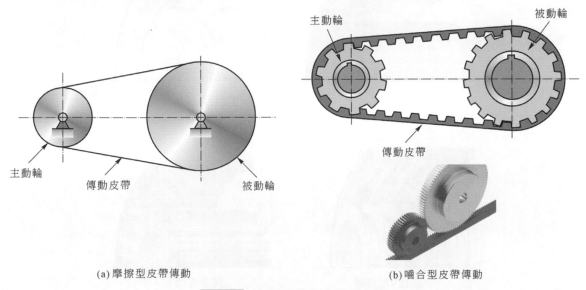

(a) 摩擦型皮帶傳動　　　　　　　　　(b) 嚙合型皮帶傳動

圖 8-1　皮帶傳動的基本構造[5]

皮帶傳動的基本構造如圖 8-1 所示，包括主動輪、被動輪與傳動皮帶。皮帶傳動使用於軸間距離較長，使用齒輪傳動較不實際或使用鏈條傳動不適當之場合。皮帶傳動具有之優點為[6]

1. 可使用於中心距離較大的傳動，最大可到 15m。

2. 由於傳動皮帶為彈性體，可以吸收振動、緩和衝擊，因此傳動平穩、噪音很低。

3. 構造簡單，裝卸方便，成本低廉。

4. 過載時，皮帶與皮帶輪間會產生打滑，可以避免零件損壞。

皮帶傳動雖然具有上述優點，但亦有缺點存在，即

1. 由於在運轉過程中，皮帶會有打滑現象，因此無法獲得非常準確的速比。

2. 傳動效率低，皮帶使用壽命短。

3. 不宜使用於高速及易燃場所。

4. 外部輪廓尺寸大，需要較大的使用空間。

依照皮帶截面形狀之不同，皮帶傳動可分為平皮帶傳動、V 型皮帶傳動、組合的 V 型皮帶傳動及同步皮帶傳動，各種皮帶的截面形狀如圖 8-2 所示。

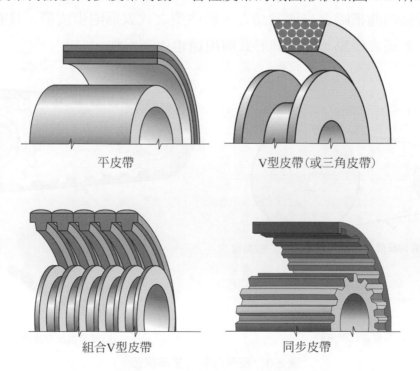

平皮帶　　　　　　　　　　V型皮帶(或三角皮帶)

組合V型皮帶　　　　　　　同步皮帶

圖 8-2　各種皮帶的截面形狀[1]

平皮帶的橫截面爲矩形，工作面爲寬平面，構造簡單、價格便宜；而且撓曲性良好、易於加工，常用於傳動中心距離較大的場合。

V 型皮帶的橫截面爲梯形，皮帶與帶輪輪槽相接觸的兩側面爲工作面，由於輪槽的楔形效應，在張緊力和摩擦條件相同的情況下，其摩擦力比平皮帶傳動大，因此具有較佳的動力傳送能力，其應用比平皮帶傳動廣泛。

帶狀的 V 型多楔皮帶傳動是平皮帶和 V 型皮帶的組合結構，兼具有平皮帶和 V 型皮帶的優點，可避免多條 V 型皮帶因長度不同而導致各帶受力不均的現象發生，主要使用於需要傳遞較大動力的場合。

同步皮帶或稱定時皮帶，是由一條內圓表面具有等間距齒型的環型帶及具有相應齒槽的帶輪所組成，轉動時經由帶齒與帶輪齒槽的嚙合來傳遞動力；同步皮帶的傳動比準確，傳動效率高，但對於製造及安裝的要求也較高。

8.2　皮帶傳動分析

8.2.1　基本幾何尺寸

皮帶傳動的基本幾何尺寸包括接觸角 θ、皮帶基準長度 L、中心距離 C、主動輪直徑 d 及被動輪直徑 D，開口皮帶傳動的幾何外型如圖 8-3 所示。

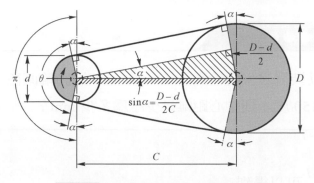

圖 8-3　開口皮帶傳動的幾何外型[1]

1. 接觸角

接觸角爲皮帶與皮帶輪接觸圓弧所對應的圓心角，由圖 8-3 可以看出

$$\sin\alpha = \frac{D-d}{2C}$$

當 α 很小時，$\sin \alpha \fallingdotseq \alpha$

接觸角 $\quad \theta = \pi - 2\alpha \fallingdotseq \pi - \dfrac{D-d}{C}(\text{rad})$ \hfill (8.1)

接觸角是決定皮帶傳送動力能力的重要因素，對於開口皮帶而言，其值一般在 120 度到 180 度之間；若接觸角小於 120 度的話，將會增加皮帶張力與皮帶滑動情形，導致皮帶壽命減少。由於中心距離減小時，接觸角也會減小；因此，皮帶安裝時之最小中心距離會受到接觸角之限制。

例題 8-1 ●●●

有一開口皮帶傳動裝置之主動輪直徑 $d = 60\text{mm}$，被動輪直徑 $D = 160\text{mm}$，而中心距離 $C = 300\text{mm}$，則皮帶與皮帶輪之接觸角 θ 為幾度？

解

$$\theta \fallingdotseq \pi - \frac{D-d}{C} = \pi - \frac{160-60}{300} = 2.81(\text{rad}) = 161(\text{度})$$

此值將滿足皮帶傳動的要求，因為 θ 大於 120 度。

例題 8-2 ●●●

有一開口皮帶傳動裝置之主動輪直徑 $d = 80\text{mm}$，被動輪直徑 $D = 200\text{mm}$，若接觸角不得小於 150 度，則中心距離最少應為多少 mm？

解

由 $\theta \fallingdotseq \pi - \dfrac{D-d}{C}$ 可以得到

$$C \cong \frac{D-d}{\pi - \theta} = \frac{200-80}{\pi - \dfrac{150\pi}{180}} = 229.18(\text{mm})$$

中心距離應該大於 230mm 以上較佳。

2. 皮帶長度與中心距離

　由圖 8-3，皮帶長度 L 為

$$L = 2C \cdot \cos\alpha + (\pi - 2\alpha) \cdot \frac{d}{2} + (\pi + 2\alpha) \cdot \frac{D}{2}$$

$$= 2C \cdot \cos\alpha + \frac{\pi}{2} \cdot (D+d) + \alpha \cdot (D-d)$$

$$\cos\alpha = \sqrt{1 - \sin^2\alpha} = \sqrt{1 - (\frac{D-d}{2C})^2} \cong 1 - \frac{1}{2}(\frac{D-d}{2C})^2 + 高階項$$

(依據泰勒氏展開 $f(x) = f(0) + f'(0) \cdot x + \frac{f''(0)}{2!}x^2 + \cdots\cdots + \frac{f^{(n)}(0)}{n!}x^n$，

$f(x) = (1+x)^n = 1 + nx + \frac{n(n-1)}{2!}x^2 + \cdots\cdots$)

$$\therefore L = \frac{\pi}{2}(D+d) + \frac{(D-d)^2}{2C} + 2C \cdot \sqrt{1 - \frac{(D-d)^2}{4C^2}}$$

$$\cong 2C + \frac{\pi}{2} \cdot (D+d) + \frac{(D-d)^2}{4C} \tag{8.2}$$

　若皮帶長度 L 已知的話，則中心距離 C 為

$$C \cong \frac{2L - \pi \cdot (D+d) + \sqrt{[2L - \pi \cdot (D+d)]^2 - 8(D-d)^2}}{8} \tag{8.3}$$

例題 8-3　●●●

有一開口皮帶傳動裝置之主動輪直徑 $d = 90\text{mm}$，被動輪直徑 $D = 240\text{mm}$，而中心距離 $C = 450\text{mm}$，則此皮帶傳動裝置之皮帶長度約為多少 mm？

解

$$L \cong 2C + \frac{\pi}{2} \cdot (D+d) + \frac{(D-d)^2}{4C}$$

$$= 2 \times 450 + \frac{\pi}{2} \cdot (240 + 90) + \frac{(240 - 90)^2}{4 \times 450}$$

$$= 1430.86(\text{mm})$$

例題 8-4 ●●●

欲將標稱長度為 1400mm 的 V 型皮帶，安裝於主動輪直徑 $d = 80$mm，被動輪直徑 $D = 280$mm 的開口皮帶裝置上，則其安裝完成之中心距離大約為多少 mm？

解

$$C \cong \frac{2L - \pi \cdot (D + d) + \sqrt{[2L - \pi \cdot (D + d)]^2 - 8(D - d)^2}}{8}$$

$$= \frac{2 \times 1400 - \pi \cdot (80 + 280) + \sqrt{[2 \times 1400 - \pi \cdot (280 + 80)]^2 - 8 \cdot (280 - 80)^2}}{8}$$

$$= 404.91 (\text{mm})$$

此時之接觸角 θ 為

$$\theta \doteqdot \pi - \frac{D - d}{C} = \pi - \frac{280 - 80}{404.91} = 2.648 (\text{rad}) = 151.71 \,(\text{度})$$

合乎要求。

3. 速比

由於大多數機械設備的主動軸轉速都會比被動軸轉速高，因此皮帶傳動裝置常被使用作為減速裝置，此時之減速比 i 為

$$i = \frac{主動軸轉速}{被動軸轉速} = \frac{n_d}{n_D} \tag{8.4}$$

皮帶傳動時，若不考慮滑動現象的話，則整條皮帶應具有相同的線速度，即皮帶速率 v 為

$$v = \pi \cdot D \cdot n_D = \pi \cdot d \cdot n_d$$

由公式(8.4)可以得到

$$\frac{n_d}{n_D} = \frac{D}{d} = i \tag{8.5}$$

例題 8-5 ●●●

有一皮帶傳動裝置之主動輪直徑 $d = 60$mm，被動輪直徑 $D = 270$mm，若主動輪轉速為 1800rpm，則(1)被動輪轉速為多少 rpm？(2)皮帶的線速率為多少 m/min？

解

(1) $\dfrac{n_d}{n_D} = \dfrac{D}{d}$

$n_D = \dfrac{d}{D} \cdot n_d = \dfrac{60}{270} \times 1800 = 400 \text{(rpm)}$

(2) $v = \dfrac{\pi \cdot d \cdot n_d}{1000} = \dfrac{\pi \cdot 60 \times 1800}{1000} = 339.29 \text{(m/min)}$

8.2.2　皮帶傳動的受力分析

1. 皮帶傳動的受力情況

摩擦型皮帶傳動是靠摩擦力傳遞運動與動力，因此，當皮帶要安裝於皮帶輪上時，如圖 8-4 所示，必須有一初始拉力 F_0，使皮帶與皮帶輪的接觸面產生正壓力，皮帶才會緊緊的夾持住皮帶輪。當皮帶輪靜止不動時，皮帶兩端的張力均為 F_0。當主動輪開始旋轉時，在初始拉力的作用下，皮帶與皮帶輪之間產生摩擦力，摩擦力的方向會與皮帶輪的圓周速度方向相同，因此皮帶在摩擦力的驅動下會隨皮帶輪一起運動，並帶動被動輪旋轉。由於摩擦力的作用，皮帶兩端的拉力也會產生改變，皮帶進入主動輪的一邊會被進一步拉緊，稱為緊邊，其所受拉力 F_1 會增加；皮帶的另一邊則會被放鬆，稱為鬆邊，其所受拉力 F_2 會減少。若不考慮離心力的話，則皮帶緊邊所增加的拉力會等於皮帶鬆邊所減少的拉力。即

$F_1 = F_0 + \Delta F$

$F_2 = F_0 - \Delta F$

$F_1 + F_2 = 2F_0$

當動力一直增加時，F_2 會逐漸減少，最後會變成零，此時之 F_1 為最大即 $F_1 = 2F_0$。

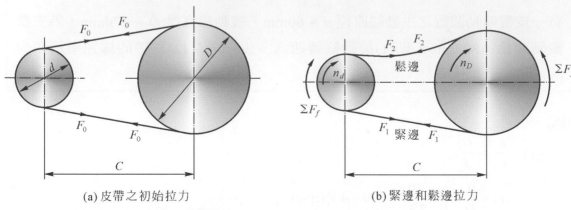

(a) 皮帶之初始拉力　　　　　　　　　(b) 緊邊和鬆邊拉力

圖 8-4　皮帶傳動的受力情況[3,5,6]

2. 離心力效應

當皮帶以一定速度沿半徑為 R 的皮帶輪緣作圓周運動時，會因圓周速度 v 的作用而產生向心加速度 $a_n(a_n = \dfrac{v^2}{r})$，使得皮帶上每一質點都會受到離心慣性力 dF_C' 作用。若單位長度的皮帶質量為 m(kg/m)，由圖 8-5 取微小片段 dl 所對應的同心角為 $d\theta$ 的話，則由牛頓第二運動定律($F = m \cdot a$)可以得到

$$dF_C' = m \cdot r \cdot d\theta \cdot \frac{v^2}{r} = m \cdot v^2 \cdot d\theta$$

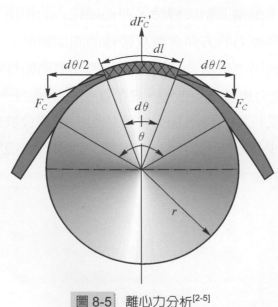

圖 8-5　離心力分析[2-5]

離心慣性力會與離心力的徑向分量維持平衡，即

$$m \cdot v^2 \cdot d\theta = 2 \cdot F_C \cdot \sin\frac{d\theta}{2}$$

因 $d\theta$ 很小，故可取 $\sin\dfrac{d\theta}{2} \approx \dfrac{d\theta}{2}$，得到離心力 F_C 的大小為

$$F_C = m \cdot v^2 \tag{8.6}$$

可見皮帶的離心拉力與皮帶的材質及速度有關，因此高速皮帶應選擇質量較輕的材質，以降低離心拉力。

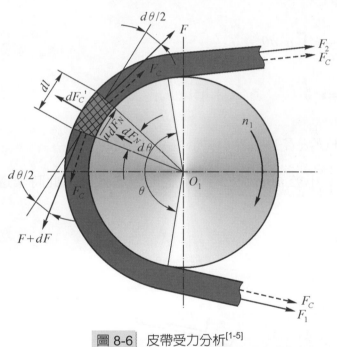

圖 8-6　皮帶受力分析[1-5]

3. 受力分析

假設皮帶繞著皮帶輪作等速圓周運動，皮帶與皮帶輪接觸弧面間的摩擦係數 μ 為常數，忽略皮帶在皮帶輪上的彎曲阻力。在圖 8-6 中，取一微小皮帶長度 dl 進行分析，皮帶上、下端分別受到拉力 F 和 $F + dF$ 作用，皮帶輪對皮帶所產生的正向壓力為 dF_N、摩擦力為 μdF_N、離心力為 dF_C'，則由力的平衡方程式可以得到

$$dF_N + dF_C' - F\sin\frac{d\theta}{2} - (F+dF)\sin\frac{d\theta}{2} = 0$$

$$\mu dF_N + F\cos\frac{d\theta}{2} - (F+dF)\cos\frac{d\theta}{2} = 0$$

上式中之 μ 為皮帶與皮帶輪間的摩擦係數。

因 $d\theta$ 很小，故可取 $\sin\dfrac{d\theta}{2} \approx \dfrac{d\theta}{2}$，$\cos\dfrac{d\theta}{2} \approx 1$，$dF_C' = m \cdot v^2 \cdot d\theta$，略去二次微分項 $dF \cdot \sin\dfrac{d\theta}{2}$，解聯立方程式可以得到

$$\frac{dF}{F - m \cdot v^2} = \mu \cdot d\theta$$

$$\int_{F_2}^{F_1} \frac{dF}{F - F_C} = \int_0^\theta \mu \cdot d\theta$$

$$\frac{F_1 - F_C}{F_2 - F_C} = e^{\mu \cdot \theta} \tag{8.7}$$

$$F_1 = F_C + (F_2 - F_C)e^{\mu \cdot \theta}$$

當運轉速率 v 小於 10m/sec 時，可忽略離心效應，此時緊邊拉力與鬆邊拉力之關係變成

$$F_1 = F_2 e^{\mu \cdot \theta} \tag{8.8}$$

4. 傳達動力

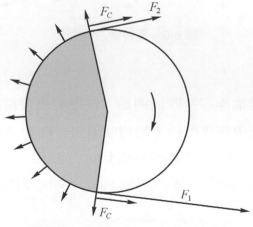

圖 8-7　考慮離心力的皮帶拉力[1]

緊邊拉力與鬆邊拉力之差稱爲有效拉力 F_t，有效拉力爲皮帶與皮帶輪接觸面上的總摩擦力，爲皮帶傳遞動力時的有效圓周力，其值爲

$$F_t = F_1 - F_2 \tag{8.9}$$

有效拉力差愈大，承載力愈大。當皮帶的運轉速率爲 v(m/sec)時，則所傳遞的功率 P 爲

$$P = \frac{F_t \cdot v}{1000}(\text{kW}) \tag{8.10}$$

離心力的淨效應增加了皮帶拉力(圖 8-7)，但卻不會增加動力能力，所以它只是一項浪費的負荷。當考慮離心效應時：

　緊邊拉力：$F_{1,C} = F_1 + F_C$

　鬆邊拉力：$F_{2,C} = F_2 + F_C$

　$F_t = F_{1,C} - F_{2,C} = F_1 - F_2$

考慮離心力時，皮帶所傳遞的動力爲

$$P = \frac{F_1 - [F_C + (F_1 - F_C) \cdot e^{-\mu \cdot \theta}]}{1000} \cdot v = (F_1 - m \cdot v^2)(1 - e^{-\mu \cdot \theta}) \cdot v \cdot 10^{-3}(\text{kW}) \tag{8.11}$$

當速度增加時，可傳遞的動力會增加，但由於離心力也會增加，因此可傳遞動力不會隨著速度的增加而單調地增加。皮帶可傳遞之最大動力位於 $\dfrac{dP}{dv} = 0$ 之點。

$$\frac{dP}{dv} = F_1 - 3m \cdot v^2 = 0$$

所以，當 $v = \sqrt{\dfrac{F_1}{3m}}$ 時，可傳遞之動力會最大。當 P 要最大，必須緊邊張力最大才可以；而 $F_{1,max} = 2F_0$，故 P 爲最大時，

$$v_0 = \sqrt{\frac{2F_0}{3m}} \tag{8.12}$$

所以要傳遞最大動力，必須增大皮帶之初始拉力 F_0 才可以。

另外，當 $F_1 = m \cdot v^2$，即 $v_1 = \sqrt{\dfrac{F_1}{m}}$ 時，皮帶可傳遞之動力 P=0。皮帶可傳遞動力 P 與圓周速度 v 之關係曲線如圖 8-8 所示。

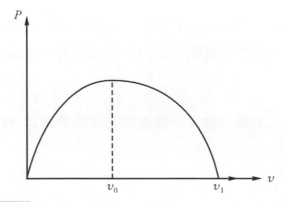

圖 8-8　皮帶可傳遞動力 P 與圓周速度 v 之關係曲線

例題 8-6 ●●●

一皮帶在兩個皮帶輪直徑皆為 700mm 的皮帶輪間傳送動力，主動輪以 600rpm 之速率運轉；若作用在傳動軸上之負荷不超過 1000N，且不考慮離心力效應，試計算主動輪可傳遞之動力，若皮帶與皮帶輪間之摩擦係數為 0.3 且皮帶安裝採開口皮帶方式安裝。

[解]

軸向負荷約為緊邊與鬆邊之拉力和

$F_1 + F_2 = 1000$

由於兩個皮帶輪的直徑相同，因此其接觸角 $\theta = 180° = \pi\ \text{rad}$

$F_1 = F_2 \cdot e^{\mu \cdot \theta} = F_2 \cdot e^{0.3\pi}$

聯立求解可得到

$F_1 = 720\text{N}$

$F_2 = 280\text{N}$

$F_t = F_1 - F_2 = 720 - 280 = 440(\text{N})$

$v = \pi \cdot d \cdot n = \pi \cdot 700 \cdot 600 / (60 \times 1000) = 22\,(\text{m}/\text{sec})$

$P = \dfrac{F_t \cdot v}{1000} = \dfrac{440 \times 22}{1000} = 9.68(\text{kW})$

例題 8-7 ●●●

有一皮帶傳動裝置，皮帶輪直徑分別為 400 及 700mm，中心距離為 1200mm，皮帶與皮帶輪間的摩擦係數為 0.3，皮帶質量為 0.50kg/m。若主動輪以 800rpm 之速率運轉，且皮帶採用開口皮帶方式安裝，安裝時之初始拉力為 1200N，試求主動輪可傳送之最大動力？

解

接觸角 $\theta \doteqdot \pi - \dfrac{D-d}{C} = \pi - \dfrac{700-400}{1200} = 2.89 \,(\text{rad})$

$v = \pi \cdot d \cdot n = \dfrac{\pi \cdot 400 \cdot 800}{1000 \times 60} = 16.76 \,(\text{m}/\sec)$

$F_C = m \cdot v^2 = 0.5 \times 16.76^2 = 140.45 \,(\text{N})$

$\dfrac{F_1 - F_C}{F_2 - F_C} = e^{\mu \cdot \theta}$

$\dfrac{F_1 - 140.45}{F_2 - 140.45} = e^{0.3 \times 2.89} = 2.38$

$F_1 + F_2 = 2F_0 = 2 \times 1200 = 2400 \,(\text{N})$

聯立求解得到

$F_1 = 1632.6 \text{N}$

$F_2 = 767.4 \text{N}$

$F_t = F_1 - F_2 = 1632.6 - 767.4 = 865.2 \,(\text{N})$

$P = F_t \times v = 865.2 \times 16.76 \div 1000 = 14.50 \,(\text{kW})$

➡ 8.2.3　皮帶傳動的應力分析

傳動皮帶在工作過程中會產生三種應力，其分別為

1. 鬆邊拉應力 σ_2 與緊邊拉應力 σ_1

   皮帶傳動過程中，若皮帶的截面積為 A，則由緊邊拉力 F_1 所產生之拉應力 σ_1 為

   $$\sigma_1 = \frac{F_1}{A} \tag{8.13}$$

   由皮帶鬆邊拉力 F_2 所產生之拉應力 σ_2 為

$$\sigma_2 = \frac{F_2}{A} \tag{8.14}$$

2. 離心拉應力 σ_C

   當皮帶沿帶輪輪緣作圓周運動時,皮帶上每一質點都承受離心力的作用,皮帶中所產生的離心拉力 F_C 會在皮帶的所有截面上產生相等的離心拉應力 σ_C

   $$\sigma_C = \frac{F_C}{A} = \frac{m \cdot v^2}{A} \tag{8.15}$$

   由公式(8.15)可看出,離心應力與單位長度的皮帶質量成正比,且與速度的平方成正比;所以皮帶在高速運轉時,為了降低離心力效應,應該採用單位長度的皮帶質量較低的皮帶材料。

3. 彎曲應力 σ_b

   當皮帶繞過皮帶輪時,皮帶會因彎曲變形而產生彎曲應力,而且最大的彎曲應力會發生在皮帶的最外層;若皮帶材料的彈性模數為 E,皮帶最外層到皮帶中性層的距離為 y,皮帶輪的基準直徑為 d 的話,則皮帶所承受的彎曲應力 σ_b 為

   $$\sigma_b = \frac{2E \cdot y}{d} \tag{8.16}$$

   由公式(8.16)可看出,皮帶輪愈小時,皮帶所產生的彎曲應力會愈大;為了減小皮帶的彎曲應力,必須設法增大皮帶輪直徑才可以。

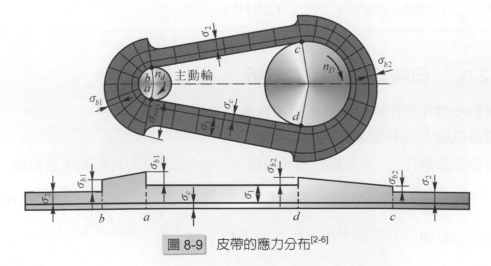

圖 8-9　皮帶的應力分布[2-6]

皮帶的應力分布如圖 8-9 所示，由圖中可看出，最大拉應力會發生在皮帶緊邊進入主動輪的位置，其值為

$$\sigma_{\max} = \sigma_1 + \sigma_{b1} + \sigma_C$$

也就是說，最大拉應力為緊邊拉應力、離心拉應力及主動輪上的彎曲應力之和。在一般情況下，彎曲應力會比離心應力大；當皮帶輪直徑減小時，皮帶壽命會縮短。因此，增大皮帶輪直徑為提高皮帶壽命的有效方法之一。

➡ 8.2.4　皮帶傳動的彈性滑動與打滑

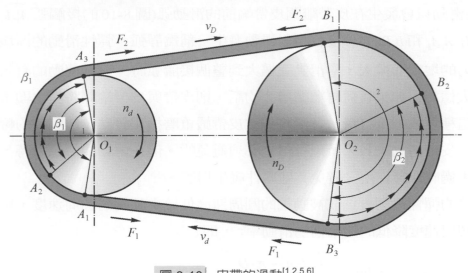

圖 8-10　皮帶的滑動[1,2,5,6]

皮帶是彈性體，受到拉力作用會產生拉伸彈性變形；而且受力愈大，其變形量會愈大。皮帶緊邊與鬆邊的拉力大小不一樣，因此其伸長變形量也會不同。由於緊邊拉力大於鬆邊拉力，因此皮帶緊邊的伸長量將會大於鬆邊。如圖 8-10 所示，在主動輪上，皮帶由 A_1 點移動到 A_3 點的過程中，皮帶的拉力會由 F_1 減小為 F_2。若皮帶在 A_1 點的彈性伸長量為 δ_1，在 A_3 點的彈性伸長量為 δ_3 的話，則因為 F_1 大於 F_2，δ_1 必然會大於 δ_3。也就是說，皮帶在繞過主動輪的過程中，由於皮帶伸長量逐漸縮短而使皮帶在皮帶輪上產生向後滑動，使皮帶速度 v 低於主動輪的圓周速度 v_d；同樣地，當皮帶繞過被動輪時，由於拉力逐漸增加，皮帶會被逐漸拉長，皮帶在皮帶輪上會產生向前的微量滑動，使皮帶速度 v 高於被動輪的圓周速度 v_D。

這種因為皮帶的彈性變形而產生皮帶與皮帶輪間的微量相對滑動現象，稱為皮帶的彈性滑動。

彈性滑動會導致被動輪的圓周速度低於主動輪的圓周速度，降低皮帶傳動效率，使皮帶與帶輪的磨損增加及溫度升高，降低皮帶壽命。

皮帶的彈性滑動是由於皮帶的拉力差和彈性變形所引起，而彈性變形與皮帶材料的彈性模數有關；選用彈性模數大的皮帶材料，可以降低彈性滑動，但不能完全消除彈性滑動。這是因為摩擦型皮帶傳動是利用彈性皮帶的拉力差來傳遞負荷。所以，彈性滑動是皮帶傳動正常工作時的特有特性，是不可避免的。

正常情況下，彈性滑動並不是在皮帶與皮帶輪接觸的全部接觸弧上都會發生；彈性滑動只會發生在皮帶離開皮帶輪前的滑動弧(圖 8-10 的接觸弧 $\overset{\frown}{A_2A_3}$ 和 $\overset{\frown}{B_2B_3}$)部分，在 $\overset{\frown}{A_1A_2}$ 和 $\overset{\frown}{B_1B_2}$ 部分沒有相對滑動發生，稱為靜弧。彈性滑動的區域會隨著有效拉力的增大而擴大，當滑動弧擴大到整個接觸弧時，皮帶傳動的有效拉力便達到最大值。但如果負荷再繼續增大的話，則皮帶與皮帶輪間將產生顯著的相對滑動，這種現象稱為打滑。打滑將導致皮帶嚴重磨損和發熱，被動輪的轉速會急劇下降，皮帶傳動失效，所以打滑是必須避免的。但在傳動突然超載時，打滑卻可以產生過載保護作用，避免其他零件發生損壞。

皮帶的彈性滑動會造成被動輪的圓周速度低於主動輪的圓周速度，由於滑動而造成圓周速度降低的比率稱為滑動率 ε，即

$$\varepsilon = \frac{v_d - v_D}{v_d} \times 100\% = \frac{\pi \cdot d \cdot n_d - \pi \cdot D \cdot n_D}{\pi \cdot d \cdot n_d} \times 100\% \tag{8.17}$$

$$n_D = \frac{d}{D} \cdot n_d \cdot (1 - \varepsilon)$$

考慮彈性滑動時，皮帶傳動的速比 i 為

$$i = \frac{n_d}{n_D} = \frac{D}{d} \cdot \frac{1}{(1 - \varepsilon)} \tag{8.18}$$

皮帶傳動正常工作時，滑動率 ε 會隨著所傳遞有效拉力的變化而成正比的變化，因此皮帶傳動無法維持固定的傳動速比，滑動率 ε 大約為 1 至 2%，在一般工程計算中常忽略不計。

例題 8-8　●●●

有一開口皮帶裝置，其主動輪直徑為 75mm，轉速為 1400rpm，被動輪直徑為 200mm；若皮帶滑動率為 0.015，則被動輪轉速為多少rpm？傳動速比 i 為多大？

解

$$n_D = \frac{d}{D} \cdot n_d \cdot (1-\varepsilon) = \frac{75}{200} \cdot 1400 \cdot (1-0.015) = 517.13 (\text{rpm})$$

$$i = \frac{n_d}{n_D} = \frac{1400}{517.13} = 2.707$$

8.3　V 型皮帶傳動的設計與計算

8.3.1　V 型皮帶類型與特點

V 型皮帶的種類很多，主要有普通 V 型皮帶、窄 V 型皮帶、大楔角 V 型皮帶、多楔皮帶等，普通 V 型皮帶與窄 V 型皮帶已經標準化並大量生產。

普通 V 型皮帶可以依照剖面基本尺寸之不同而分為 M、A、B、C、D、E 等六種型號，窄 V 型皮帶則分為 3V、5V 和 8V 三種型號，普通 V 型皮帶與窄 V 型皮帶的各種型號尺寸與機械性質比較如表 8.1 所示，可傳遞功率及適合速度範圍比較則如圖 8-11 所示。由於在相同傳動尺寸下，窄 V 型皮帶的傳動功率比普通 V 型皮帶大 50% 至 150%；在相同的傳遞功率下，窄 V 型傳動的結構尺寸可以減小 50%；窄 V 型皮帶的容許帶速也可以高達 40 至 45m/sec。因此，普通 V 型皮帶已有逐漸被窄 V 型皮帶取代的趨勢。本章將以窄 V 型皮帶為範例說明 V 型皮帶傳動裝置之選用與設計。

表 8-1 普通 V 型皮帶與窄 V 型皮帶的剖面尺寸與機械性質比較[7]

剖面	a×b		
	標準	窄 V 型	
M	10.0×5.5	3V	9.5×8.0
A	12.5×9.0		
B	16.5×11.0	5V	16.0×13.5
C	22.0×14.0		
D	31.5×19.0	8V	25.5×23.0
E	38.0×25.5		

V 型皮帶之抗拉強度(kg)		伸長率%	最大速度 m/s
標準	窄 V 型		
M 100	3V 250	標準	標準
A 180		15%以下	M 15
B 300	5V 550		A~E 25
C 500		窄 V 型	窄 V 型
D 1000	8V 1300	8%以下	35
E 1500			

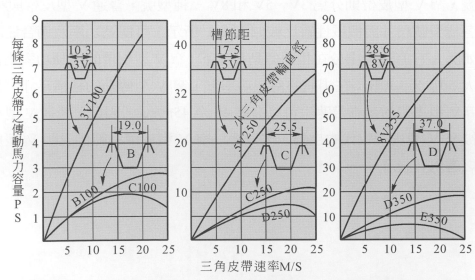

圖 8-11 普通 V 型皮帶與窄 V 型皮帶的可傳遞功率及適合速度範圍比較[7]

8.3.2　單條 V 型皮帶的傳遞馬力能力

皮帶傳動的設計準則是保證皮帶在不打滑的情況下，具有一定的疲勞強度和壽命，所以 V 型皮帶的傳遞馬力能力是由疲勞強度決定的。V 型皮帶所能傳遞的功率大小與皮帶的型號、長度、速度、皮帶輪直徑、接觸角大小及負荷性質有關，V 型皮帶的傳遞馬力能力 P_e 為

$$P_e = (P_0 + \Delta P_0) \cdot K_l \cdot K_\theta \tag{8.19}$$

P_0 為皮帶在負荷平穩、接觸角 180 度及特定條件下，經由試驗及計算所得到單條 V 型皮帶在保證不打滑且具有一定疲勞強度時所能傳遞的功率，稱為單條 V 型皮帶的基本額定功率(PS)。窄 V 型皮帶的基本額定功率值如表 8-2 至 8-4 所示。

ΔP_0 為考慮傳動速比差異對皮帶壽命影響進行修正之附加馬力容量(PS)，其值如表 8-5 至 8-7 所示。

K_l 為皮帶長度修正係數，其值如表 8-8 所示，K_θ 為接觸角修正係數，其值如表 8-9 所示；皮帶長度規格表則如表 8-10 所示。

表 8-2　窄 V 型皮帶 3V 的基本額定功率 P_0(PS)[7]

JIS K 6368-1977(參考)

主動輪轉速	主動輪之標稱外徑(mm)											
(rpm)	67	71	75	80	90	100	112	125	140	160	180	200
575	0.71	0.81	0.92	1.05	1.32	1.58	1.90	2.23	2.62	3.12	3.62	4.12
690	0.82	0.92	1.07	1.23	1.55	1.86	2.23	2.62	3.08	3.68	4.27	4.85
725	0.85	0.99	1.12	1.29	1.61	1.94	2.33	2.74	3.22	3.84	4.46	5.07
870	0.99	1.15	1.30	1.50	1.89	2.27	2.73	3.22	3.78	4.52	5.24	5.96
950	1.06	1.23	1.40	1.61	2.04	2.45	2.95	3.48	4.08	4.89	5.66	6.44
1160	1.24	1.45	1.65	1.91	2.41	2.91	3.51	4.14	4.86	5.81	6.74	7.65
1425	1.46	1.71	1.95	2.26	2.87	3.47	4.18	4.94	5.80	6.93	8.03	9.11
1750	1.71	2.01	2.30	2.67	3.40	4.12	4.97	5.88	6.90	8.23	9.51	10.8
2850	2.42	2.88	3.33	3.89	5.00	6.07	7.32	8.63	10.1	11.9	13.6	15.1
3450	2.74	3.27	3.80	4.46	5.73	6.97	8.39	9.85	11.4	13.4	15.0	
100	0.16	0.18	0.20	0.23	0.28	0.33	0.39	0.45	0.54	0.64	0.74	0.83
200	0.29	0.33	0.37	0.42	0.52	0.62	0.74	0.86	1.01	1.20	1.39	1.58
300	0.41	0.47	0.53	0.60	0.75	0.89	1.06	1.25	1.46	1.74	2.01	2.29
400	0.52	0.60	0.68	0.77	0.96	1.15	1.37	1.61	1.89	2.25	2.61	2.97
500	0.63	0.72	0.82	0.94	1.17	1.40	1.68	1.97	2.31	2.75	3.20	3.63
600	0.73	0.84	0.95	1.09	1.37	1.64	1.97	2.32	2.72	3.24	3.77	4.28
700	0.82	0.96	1.09	1.25	1.57	1.88	2.26	2.66	3.12	3.72	4.32	4.91
800	0.92	1.07	1.22	1.40	1.76	2.11	2.54	2.99	3.51	4.19	4.87	5.53

表 8-2 窄 V 型皮帶 3V 的基本額定功率 P_0(PS)(續)[7]

主動輪轉速 (rpm)	主動輪之標稱外徑(mm)											
	67	71	75	80	90	100	112	125	140	160	180	200
900	1.02	1.18	1.34	1.54	1.94	2.34	2.81	3.32	3.89	4.65	5.40	5.14
1000	1.10	1.28	1.46	1.69	2.13	2.56	3.08	3.64	4.27	5.11	5.92	6.73
1100	1.19	1.39	1.58	1.83	2.31	2.78	3.35	3.95	4.64	5.55	6.44	7.31
1200	1.23	1.49	1.70	1.96	2.48	3.00	3.61	4.26	5.01	5.98	6.94	7.88
1300	1.36	1.59	1.81	2.10	2.66	3.21	3.87	4.57	5.37	6.41	7.43	8.43
1400	1.44	1.68	1.93	2.23	2.83	3.42	4.12	4.87	5.72	6.83	7.91	8.97
1500	1.52	1.78	2.04	2.36	2.99	3.62	4.37	5.16	6.06	7.24	8.38	9.50
1600	1.59	1.87	2.14	2.49	3.16	3.82	4.61	5.45	6.40	7.64	8.84	10.0
1700	1.67	1.96	2.25	2.61	3.32	4.02	4.85	5.74	6.73	8.03	9.29	10.5
1800	1.74	2.05	2.35	2.73	3.48	4.22	5.09	6.01	7.06	8.42	9.73	11.0
1900	1.81	2.14	2.46	2.85	3.64	4.41	5.32	6.29	7.38	8.79	10.2	11.5
2000	1.89	2.22	2.56	2.97	3.79	4.60	5.55	6.56	7.69	9.16	10.6	11.9
2100	1.95	2.31	2.65	3.09	3.94	4.78	5.77	6.82	8.00	9.52	11.0	12.4
2200	2.02	2.39	2.75	3.20	4.09	4.97	5.99	7.08	8.30	9.87	11.4	12.8
2300	2.09	2.47	2.85	3.31	4.24	5.14	6.21	7.34	8.59	10.2	11.7	13.2
2400	2.15	2.55	2.94	3.42	4.38	5.32	6.42	7.58	8.88	10.5	12.1	13.6
2500	2.21	2.62	3.03	3.53	4.52	5.49	6.63	7.83	9.16	10.9	12.5	13.9
2600	2.27	2.70	3.12	3.64	4.66	5.66	6.83	8.06	9.43	11.2	12.8	14.3
2700	2.33	2.77	3.29	3.74	4.80	5.83	7.03	8.30	9.70	11.5	13.1	14.6
2800	2.39	2.84	3.38	3.84	4.93	5.99	7.23	8.52	9.95	11.8	13.4	14.8
2900	2.45	2.91	3.46	3.94	5.06	6.15	7.42	8.74	10.2	12.0	13.7	15.2
3000	2.51	2.98	3.54	4.04	5.19	6.31	7.61	8.96	10.4	12.3	14.0	15.5
3100	2.56	3.05	3.62	4.14	5.31	6.46	7.79	9.17	10.7	12.6	14.2	15.7
3200	2.61	3.12	3.69	4.23	5.44	6.61	7.96	9.37	10.9	12.8	14.5	16.0
3300	2.66	3.18	3.77	4.32	5.56	6.75	8.14	9.57	11.1	13.0	14.7	16.2
3400	2.71	3.24	3.84	4.41	5.67	6.90	8.30	9.76	11.3	13.2	14.9	
3500	2.76	3.30	3.91	4.50	5.79	7.03	8.47	9.94	11.5	13.5	15.1	
3600	2.81	3.36	3.91	4.59	5.90	7.17	8.63	10.1	11.7	13.6	15.3	
3700	2.86	3.42	3.98	4.67	6.01	7.30	8.78	10.3	11.9	13.8	15.5	
3800	2.90	3.48	4.05	4.75	6.12	7.43	8.93	10.5	12.1	14.0		
3900	2.94	3.53	4.11	4.83	6.22	7.55	9.07	10.6	12.2	14.1		
4000	2.98	3.59	4.18	4.91	6.32	7.67	9.21	10.8	12.4	14.3		
4100	3.02	3.64	4.24	4.98	6.42	7.79	9.34	10.9	12.5	14.4		
4200	3.06	3.69	4.30	5.05	6.51	7.90	9.47	11.0	12.7	14.5		
4300	3.10	3.73	4.36	5.12	6.60	8.01	9.59	11.2	12.8			
4400	3.13	3.78	4.41	5.19	6.69	8.11	9.70	11.3	12.9			

表 8-3　窄 V 型皮帶 5V 的基本額定功率 P_0(PS)[7]

JIS K 6368-1977(參考)

主動輪轉速 (rpm)	主動輪之標稱外徑(mm)											
	180	190	200	212	224	236	250	280	315	335	400	450
485	6.29	6.92	7.55	8.29	9.04	9.77	10.6	12.5	14.5	16.9	19.5	22.4
575	7.29	8.02	8.75	9.62	10.5	11.3	12.3	14.5	16.9	19.6	22.6	25.9
690	8.52	9.38	10.2	11.3	12.3	13.3	14.5	16.9	19.8	23.0	26.4	30.2
725	8.80	9.78	10.7	11.8	12.8	13.9	15.1	17.7	20.6	23.9	27.6	31.5
870	10.4	11.4	12.5	13.7	15.0	16.2	17.6	20.6	24.1	27.9	32.0	36.3
950	11.1	12.3	13.4	14.8	16.1	17.4	19.0	22.2	25.9	29.9	24.2	38.8
1160	13.1	14.5	15.8	17.4	19.0	20.5	22.3	26.1	30.3	34.8	39.6	44.6
1425	15.4	17.0	18.6	20.4	22.3	24.1	26.1	30.4	35.1	40.1	45.1	49.9
1750	17.9	19.7	21.6	23.7	25.8	27.8	30.1	34.8	39.8	44.8		
2850	23.5	25.8	28.0	30.5	32.7	34.8						
3450	24.4	26.6										
100	1.56	1.71	1.85	2.03	2.20	2.37	2.57	2.99	3.49	4.04	4.66	5.35
200	2.90	3.17	3.45	3.78	4.11	4.43	4.82	5.62	6.56	7.62	8.80	10.1
300	4.14	4.54	4.95	5.43	5.90	6.38	6.93	8.11	9.47	11.0	12.7	14.6
400	5.33	5.85	6.38	7.00	7.62	8.24	8.96	10.5	12.3	14.3	16.5	18.9
500	6.46	7.11	7.75	8.52	9.28	10.0	10.9	12.8	14.9	17.4	20.0	23.0
600	7.56	8.32	9.08	9.98	10.9	11.8	12.8	15.0	17.5	20.4	23.5	26.9
700	8.62	9.50	10.4	11.4	12.4	13.5	14.6	17.2	20.0	23.2	26.8	30.6
800	9.65	10.6	11.6	12.8	13.9	15.1	16.4	19.2	22.4	26.0	29.9	34.0
900	10.6	11.7	12.8	14.1	15.4	16.7	18.1	21.2	24.7	28.6	32.8	37.3
1000	11.6	12.8	14.0	15.4	16.8	18.2	19.8	23.0	26.9	31.1	35.6	40.3
1100	12.5	13.8	15.1	16.7	18.2	19.7	21.4	25.0	29.0	33.5	38.2	43.1
1200	13.5	14.8	16.2	17.9	19.5	21.1	22.9	26.7	31.0	35.7	40.6	45.5
1300	14.3	15.8	17.3	19.0	20.7	22.4	24.4	28.4	32.9	37.7	42.7	47.7
1400	15.2	16.8	18.3	20.1	22.0	23.7	25.8	30.3	34.7	39.6	44.7	49.5
1500	16.0	17.6	19.3	21.2	23.1	25.0	27.1	31.5	36.3	41.3	46.3	
1600	16.8	18.5	20.2	22.3	24.2	26.2	28.4	32.9	37.8	42.9	47.8	
1700	17.5	19.3	21.1	23.2	25.3	27.3	29.6	34.2	39.2	44.2		
1800	18.2	20.1	22.0	24.2	26.3	28.3	30.7	35.4	40.4	45.3		
1900	18.9	20.9	22.8	25.0	27.2	29.3	31.7	36.5	41.4			
2000	19.6	21.6	23.6	25.9	28.1	30.2	32.7	37.5	42.4			
2100	20.2	22.3	24.3	26.6	28.9	31.1	33.5	38.3	43.1			
2200	20.8	22.9	24.9	27.3	29.6	31.8	34.3	39.0				
2300	21.3	23.5	25.6	28.0	30.3	32.5	35.0	39.6				
2400	21.8	24.0	26.1	28.6	30.9	33.1	36.5	40.1				
2500	22.3	24.5	26.6	29.1	31.5	33.7	36.0					
2600	22.7	24.9	27.1	29.6	31.9	34.1	36.4					
2700	23.0	25.3	27.5	30.0	32.3	34.4	36.7					
2800	23.4	25.7	27.9	30.3	32.6	34.7						
2900	23.7	26.0	28.1	30.6	32.8							
3000	23.9	26.2	28.4	30.8	33.0							
3100	24.1	26.4	28.5	30.9								
3200	24.3	26.5	28.6									
3300	24.4	26.6	28.7									
3400	24.4	26.6										
3500	24.4	26.6										
3600	24.3											
3700	24.2											
3800												

表 8-4　窄 V 型皮帶 8V 的基本額定功率 P_0(PS)[7]

JIS K 6368-1977(參考)

主動輪轉速 (rpm)	主動輪之標稱外徑(mm)											
	315	335	355	375	400	425	450	475	500	560	630	710
485	26.2	29.5	32.7	35.9	39.9	43.9	47.8	51.7	55.5	64.6	74.8	86.2
575	30.1	33.9	37.7	41.4	46.0	50.6	55.0	59.5	63.9	74.2	85.7	98.3
690	34.9	39.3	43.7	48.0	53.3	58.5	63.7	68.8	73.8	85.4	98.2	111.9
725	36.2	40.8	45.4	49.9	55.4	60.8	66.2	71.4	76.6	88.5	101.7	115.5
870	41.6	46.9	52.1	57.3	63.6	69.7	75.7	81.6	87.3	100.2	114.1	128.0
950	44.4	50.0	55.6	61.0	67.7	74.1	80.4	86.5	92.4	105.7	119.5	
1160	50.7	57.1	63.4	69.5	76.8	83.9	90.6	97.0	103.0	116.6		
1425	56.8	63.9	70.7	77.2	84.8	91.9	98.5					
1750	61.0	68.3	75.1	81.3								
50	3.59	3.99	4.39	4.79	5.28	5.78	6.27	6.76	7.25	8.41	9.76	11.3
100	6.66	7.43	8.19	8.95	9.90	10.8	11.8	12.7	13.6	15.9	18.4	21.4
150	9.53	10.6	11.8	12.9	14.3	15.6	17.0	18.4	19.7	23.0	26.7	30.9
200	12.3	13.7	15.2	16.6	18.4	20.2	22.0	23.8	25.5	29.8	34.6	40.1
250	14.9	16.7	18.5	20.2	22.5	24.7	26.8	29.0	31.2	36.3	42.3	49.0
300	17.4	19.5	21.7	23.8	26.4	29.0	31.5	34.1	36.7	42.7	49.7	57.5
350	19.9	22.3	24.8	27.2	30.2	33.1	36.1	39.0	42.0	48.9	56.8	65.7
400	22.3	25.0	27.8	30.5	33.9	37.2	40.5	43.8	47.1	54.9	63.7	73.6
450	24.6	27.7	30.7	33.7	37.3	41.2	44.8	48.5	52.1	60.6	70.4	81.1
500	26.9	30.2	33.5	36.9	40.9	45.0	49.0	53.0	56.9	66.2	76.7	88.3
550	29.0	32.7	36.2	39.9	44.5	48.7	53.1	57.4	61.6	71.6	82.6	95.1
600	31.2	35.1	39.0	42.9	47.6	52.3	57.0	61.6	66.1	76.7	88.6	101.5
650	33.3	37.5	41.6	45.7	50.8	55.8	60.8	65.6	70.4	81.6	94.1	107.4
700	35.3	39.7	44.2	48.5	53.9	59.2	64.4	69.6	74.6	86.3	99.2	113.0
750	37.2	41.9	46.6	51.2	56.9	62.5	67.9	73.3	78.6	90.7	104.0	118.0
800	39.1	44.1	49.0	53.8	59.8	65.6	71.3	76.9	82.3	94.9	108.5	122.5
850	40.9	46.1	51.3	56.3	62.5	68.6	74.5	80.3	85.9	98.8	112.6	126.6
900	42.7	48.1	53.5	58.7	65.1	71.4	77.5	83.5	89.3	102.4	116.2	130.0
950	44.4	50.0	55.6	61.0	67.7	74.1	80.4	86.5	92.4	105.7	119.5	
1000	46.0	51.8	57.6	63.2	70.1	76.7	83.1	89.3	95.3	108.7	122.3	
1050	47.5	53.6	59.5	65.3	72.3	79.1	85.7	92.0	98.0	111.3	124.7	
1100	49.0	55.3	61.3	67.3	74.5	81.4	88.0	94.4	100.4	113.7		
1150	50.4	56.8	63.1	69.1	76.5	83.5	90.2	96.6	102.6	115.7		
1200	51.8	58.3	64.7	70.9	78.3	85.4	92.2	98.5	104.6	117.3		
1250	53.0	59.7	66.2	72.5	80.0	87.2	93.9	100.3	106.2			
1300	54.2	61.0	67.6	74.0	81.6	88.8	95.5	101.8	107.6			
1350	55.3	62.3	68.9	75.4	83.0	90.2	96.8	103.0	108.7			
1400	56.3	63.4	70.1	76.6	84.2	91.4	98.0	104.0				
1450	57.3	64.4	71.2	77.7	85.3	92.4	98.9					
1500	58.1	65.3	72.2	78.7	86.3	93.2	99.5					
1550	58.9	66.1	73.0	79.5	87.0	93.9						
1600	59.6	66.8	73.7	80.2	87.6							
1650	60.1	67.4	74.3	80.7	88.0							
1700	60.6	67.9	74.7	81.1								
1750	61.0	68.3	75.1	81.3								
1800	61.3	68.6	75.2	81.3								
1850	61.5	68.7	75.3									
1900	61.6	68.7	75.1									
1950	61.6	68.6										
2000	61.4	68.3										

表 8-5　窄 V 型皮帶 3V 的附加馬力容量 ΔP_0 (PS)[7]

JIS K 6368-1977(參考)

迴轉比										主動輪轉速 rpm
1.00 1.01	1.02 1.05	1.06 1.11	1.12 1.18	1.19 1.26	1.27 1.38	1.39 1.57	1.58 1.94	1.95 3.38	3.39 以上	
0.00	0.01	0.03	0.05	0.07	0.09	0.10	0.12	0.13	0.14	575
0.00	0.01	0.04	0.06	0.09	0.11	0.13	0.14	0.15	0.16	690
0.00	0.01	0.04	0.07	0.09	0.11	0.13	0.15	0.16	0.17	725
0.00	0.02	0.05	0.08	0.11	0.14	0.16	0.18	0.19	0.21	870
0.00	0.02	0.05	0.09	0.12	0.15	0.17	0.19	0.21	0.22	950
0.00	0.02	0.06	0.11	0.15	0.18	0.21	0.24	0.26	0.27	1160
0.00	0.03	0.08	0.13	0.18	0.22	0.26	0.29	0.32	0.34	1425
0.00	0.03	0.09	0.16	0.22	0.27	0.32	0.36	0.39	0.41	1750
0.00	0.06	0.15	0.27	0.37	0.34	0.52	0.58	0.64	0.67	2850
0.00	0.07	0.19	0.32	0.44	0.44	0.63	0.71	0.77	0.81	3450
0.00	0.00	0.01	0.01	0.01	0.02	0.02	0.02	0.02	0.02	100
0.00	0.00	0.01	0.02	0.03	0.03	0.04	0.04	0.04	0.05	200
0.00	0.01	0.02	0.03	0.04	0.05	0.05	0.06	0.07	0.07	300
0.00	0.01	0.02	0.04	0.05	0.06	0.07	0.08	0.09	0.09	400
0.00	0.01	0.03	0.05	0.06	0.08	0.09	0.10	0.11	0.12	500
0.00	0.01	0.03	0.06	0.08	0.09	0.11	0.12	0.13	0.14	600
0.00	0.01	0.04	0.07	0.09	0.11	0.13	0.14	0.16	0.17	700
0.00	0.02	0.04	0.08	0.10	0.12	0.15	0.16	0.18	0.19	800
0.00	0.02	0.05	0.08	0.11	0.14	0.16	0.18	0.20	0.21	900
0.00	0.02	0.05	0.09	0.12	0.16	0.18	0.20	0.22	0.24	1000
0.00	0.02	0.06	0.10	0.14	0.17	0.20	0.23	0.25	0.26	1100
0.00	0.02	0.06	0.11	0.15	0.19	0.22	0.25	0.27	0.28	1200
0.00	0.03	0.07	0.12	0.17	0.20	0.24	0.27	0.29	0.31	1300
0.00	0.03	0.07	0.13	0.18	0.22	0.25	0.29	0.31	0.33	1400
0.00	0.03	0.08	0.14	0.19	0.23	0.27	0.31	0.33	0.35	1500
0.00	0.03	0.09	0.15	0.21	0.25	0.29	0.33	0.36	0.38	1600
0.00	0.03	0.09	0.16	0.22	0.26	0.31	0.35	0.38	0.40	1700
0.00	0.04	0.10	0.17	0.23	0.28	0.33	0.37	0.40	0.43	1800
0.00	0.04	0.10	0.18	0.24	0.30	0.35	0.39	0.42	0.45	1900
0.00	0.04	0.11	0.19	0.26	0.31	0.36	0.41	0.45	0.47	2000
0.00	0.04	0.11	0.20	0.27	0.33	0.38	0.43	0.47	0.50	2100
0.00	0.04	0.12	0.21	0.28	0.34	0.40	0.45	0.49	0.52	2200
0.00	0.05	0.12	0.22	0.29	0.36	0.42	0.47	0.51	0.54	2300
0.00	0.05	0.13	0.23	0.31	0.37	0.44	0.49	0.54	0.57	2400
0.00	0.05	0.14	0.24	0.32	0.39	0.45	0.51	0.56	0.59	2500
0.00	0.05	0.14	0.24	0.33	0.40	0.47	0.53	0.58	0.61	2600
0.00	0.05	0.15	0.25	0.35	0.42	0.49	0.55	0.60	0.64	2700
0.00	0.06	0.15	0.26	0.36	0.43	0.51	0.57	0.62	0.66	2800
0.00	0.06	0.16	0.27	0.37	0.45	0.53	0.59	0.65	0.68	2900
0.00	0.06	0.16	0.28	0.38	0.47	0.55	0.61	0.67	0.71	3000
0.00	0.06	0.17	0.29	0.40	0.48	0.56	0.63	0.69	0.73	3100
0.00	0.06	0.17	0.30	0.41	0.50	0.58	0.66	0.71	0.76	3200

表 8-5　窄 V 型皮帶 3V 的附加馬力容量 ΔP_0 (PS)(續)[7]

迴轉比										主動輪轉速 rpm
1.00 1.01	1.02 1.05	1.06 1.11	1.12 1.18	1.19 1.26	1.27 1.38	1.39 1.57	1.58 1.94	1.95 3.38	3.39 以上	
0.00	0.07	0.18	0.31	0.42	0.51	0.60	0.68	0.74	0.78	3300
0.00	0.07	0.18	0.32	0.44	0.53	0.62	0.70	0.76	0.80	3400
0.00	0.07	0.19	0.33	0.45	0.54	0.64	0.72	0.78	0.83	3500
0.00	0.07	0.19	0.34	0.46	0.56	0.65	0.74	0.80	0.85	3600
0.00	0.07	0.20	0.35	0.47	0.57	0.67	0.76	0.83	0.87	3700
0.00	0.08	0.21	0.36	0.49	0.59	0.69	0.78	0.85	0.90	3800
0.00	0.08	0.21	0.37	0.50	0.61	0.71	0.80	0.87	0.92	3900
0.00	0.08	0.22	0.38	0.51	0.62	0.73	0.82	0.89	0.94	4000
0.00	0.08	0.22	0.39	0.53	0.64	0.75	0.84	0.91	0.97	4100
0.00	0.08	0.23	0.40	0.54	0.65	0.76	0.86	0.94	0.99	4200
0.00	0.09	0.23	0.40	0.55	0.67	0.78	0.88	0.96	1.02	4300
0.00	0.09	0.24	0.41	0.56	0.68	0.80	0.90	0.98	1.04	4400

表 8-6　窄 V 型皮帶 5V 的附加馬力容量 ΔP_0 (PS)[7]

JIS K 6368-1977(參考)

迴轉比										主動輪轉速 rpm
1.00 1.01	1.02 1.05	1.06 1.11	1.12 1.18	1.19 1.26	1.27 1.38	1.39 1.57	1.58 1.94	1.95 3.38	3.39 以上	
0.00	0.05	0.15	0.26	0.35	0.43	0.50	0.56	0.61	0.65	485
0.00	0.06	0.18	0.31	0.42	0.51	0.59	0.67	0.73	0.77	575
0.00	0.08	0.21	0.37	0.50	0.64	0.71	0.80	0.87	0.92	690
0.00	0.08	0.22	0.39	0.53	0.64	0.75	0.84	0.92	0.97	725
0.00	0.10	0.27	0.46	0.63	0.76	0.90	1.01	1.10	1.16	870
0.00	0.11	0.29	0.51	0.69	0.84	0.98	1.10	1.20	1.27	950
0.00	0.13	0.35	0.62	0.84	1.02	1.19	1.34	1.46	1.55	1160
0.00	0.16	0.44	0.76	1.03	1.25	1.47	1.65	1.80	1.91	1425
0.00	0.20	0.54	0.93	1.27	1.54	1.80	2.03	2.21	2.34	1750
0.00	0.32	0.87	1.52	2.07	2.51	2.93	3.30	3.60	3.81	2850
0.00	0.39	1.05	1.84	2.50	3.03	3.55	4.00	4.36	4.61	3450
0.00	0.01	0.03	0.05	0.07	0.09	0.10	0.12	0.13	0.13	100
0.00	0.02	0.06	0.11	0.15	0.18	0.21	0.23	0.25	0.27	200
0.00	0.03	0.09	0.16	0.22	0.26	0.31	0.35	0.38	0.40	300
0.00	0.04	0.12	0.21	0.29	0.35	0.41	0.46	0.50	0.53	400
0.00	0.06	0.15	0.27	0.36	0.44	0.51	0.58	0.63	0.67	500
0.00	0.07	0.18	0.32	0.44	0.53	0.62	0.70	0.76	0.80	600
0.00	0.08	0.21	0.37	0.51	0.62	0.72	0.81	0.88	0.94	700
0.00	0.09	0.24	0.43	0.58	0.70	0.82	0.93	1.01	1.07	800
0.00	0.10	0.28	0.48	0.65	0.79	0.93	1.04	1.14	1.20	900
0.00	0.11	0.31	0.53	0.73	0.88	1.03	1.16	1.26	1.34	1000
0.00	0.12	0.34	0.59	0.80	0.97	1.13	1.27	1.39	1.47	1100
0.00	0.13	0.37	0.64	0.87	1.05	1.24	1.39	1.51	1.60	1200

表 8-6　窄 V 型皮帶 5V 的附加馬力容量 ΔP_0 (PS)(續)[7]

| 迴轉比 | | | | | | | | | | 主動輪轉速 rpm |
1.00 1.01	1.02 1.05	1.06 1.11	1.12 1.18	1.19 1.26	1.27 1.38	1.39 1.57	1.58 1.94	1.95 3.38	3.39 以上	
0.00 0.00	0.15 0.16	0.40 0.43	0.69 0.75	0.94 1.02	1.14 1.23	1.34 1.44	1.51 1.62	1.64 1.77	1.74 1.87	1300 1400
0.00 0.00	0.17 0.18	0.46 0.49	0.80 0.85	1.09 1.16	1.32 1.41	1.54 1.65	1.74 1.85	1.89 2.02	2.01 2.14	1500 1600
0.00 0.00	0.19 0.20	0.52 0.55	0.91 0.96	1.23 1.31	1.49 1.58	1.75 1.85	1.97 2.09	2.15 2.27	2.27 2.41	1700 1800
0.00 0.00	0.21 0.22	0.58 0.61	1.01 1.07	1.38 1.45	1.67 1.76	1.96 2.06	2.20 2.32	2.40 2.52	2.54 2.67	1900 2000
0.00 0.00	0.24 0.25	0.64 0.67	1.12 1.17	1.52 1.60	1.85 1.93	2.16 2.27	2.43 2.55	2.65 2.78	2.81 2.94	2100 2200
0.00 0.00	0.26 0.27	0.70 0.73	1.23 1.28	1.67 1.74	2.02 2.11	2.37 2.47	2.67 2.78	2.90 3.03	3.08 3.21	2300 2400
0.00 0.00	0.28 0.29	0.76 0.79	1.33 1.39	1.81 1.89	2.20 2.29	2.57 2.68	2.90 3.01	3.16 3.28	3.34 3.48	2500 2600
0.00 0.00	0.30 0.31	0.83 0.86	1.44 1.49	1.96 2.03	2.37 2.46	2.78 2.88	3.13 3.24	3.41 3.53	3.61 3.75	2700 2800
0.00 0.00	0.33 0.34	0.89 0.92	1.55 1.60	2.10 2.18	2.55 2.64	2.99 3.09	3.36 3.48	3.66 3.79	3.88 4.01	2900 3000
0.00 0.00	0.35 0.36	0.95 0.98	1.65 1.71	2.25 2.32	2.73 2.81	3.19 3.29	3.59 3.71	3.91 4.04	4.15 4.28	3100 3200
0.00 0.00	0.37 0.38	1.01 1.04	1.76 1.81	2.39 2.47	2.90 2.99	3.40 3.50	3.82 3.94	4.17 4.29	4.41 4.55	3300 3400
0.00 0.00	0.39 0.40	1.07 1.10	1.87 1.92	2.54 2.61	3.08 3.16	3.60 3.71	4.06 4.17	4.42 4.54	4.68 4.81	3500 3600
0.00 0.00	0.42 0.43	1.13 1.16	1.97 2.03	2.68 2.76	3.25 3.34	3.81 3.91	4.29 4.40	4.67 4.80	4.95 5.08	3700 3800

表 8-7　窄 V 型皮帶 8V 的附加馬力容量 ΔP_0 (PS)[7]

| 迴轉比 | | | | | | | | | | 主動輪轉速 (rpm) |
1.00 1.01	1.02 1.05	1.06 1.11	1.12 1.18	1.19 1.26	1.27 1.38	1.39 1.57	1.58 1.94	1.95 3.38	3.39 以上	
0.00	0.28	0.75	1.31	1.79	2.17	2.54	2.86	3.11	3.30	485
0.00 0.00	0.33 0.39	0.89 1.07	1.56 1.87	2.12 2.54	2.57 3.08	3.01 3.61	3.39 4.07	3.69 4.43	3.91 4.69	575 690
0.00 0.00	0.41 0.50	1.13 1.35	1.96 2.36	2.67 3.21	3.24 3.89	3.80 4.55	4.27 5.13	4.65 5.58	4.93 5.91	725 870
0.00 0.00	0.54 0.66	1.48 1.80	2.57 3.14	3.50 4.28	4.25 5.19	4.97 6.07	5.60 6.83	6.10 7.45	6.46 7.89	950 1160
0.00 0.00	0.81 1.00	2.22 2.72	3.86 4.74	5.26 6.45	6.37 7.82	7.46 9.16	8.40 10.31	9.15 11.23	9.69 11.90	1425 1750

表 8-7 窄 V 型皮帶 8V 的附加馬力容量 ΔP_0 (PS)(續)[7]

迴轉比										主動輪轉速 (rpm)
1.00 1.01	1.02 1.05	1.06 1.11	1.12 1.18	1.19 1.26	1.27 1.38	1.39 1.57	1.58 1.94	1.95 3.38	3.39 以上	
0.00	0.03	0.08	0.14	0.18	0.22	0.26	0.29	0.32	0.34	50
0.00	0.06	0.16	0.27	0.37	0.45	0.52	0.59	0.64	0.68	100
0.00	0.09	0.23	0.41	0.55	0.67	0.79	0.88	0.96	1.02	150
0.00	0.11	0.31	0.54	0.74	0.89	1.05	1.18	1.28	1.36	200
0.00	0.14	0.39	0.68	0.92	1.12	1.31	1.47	1.60	1.70	250
0.00	0.17	0.47	0.81	1.11	1.34	1.57	1.77	1.93	2.04	300
0.00	0.20	0.54	0.95	1.29	1.56	1.83	2.06	2.25	2.38	350
0.00	0.23	0.62	1.08	1.48	1.79	2.09	2.36	2.57	2.72	400
0.00	0.26	0.70	1.22	1.66	2.01	2.36	2.65	2.89	3.06	450
0.00	0.29	0.78	1.35	1.84	2.23	2.62	2.95	3.21	3.40	500
0.00	0.31	0.86	1.49	2.03	2.46	2.88	3.24	3.53	3.74	550
0.00	0.34	0.93	1.63	2.21	2.68	3.14	3.54	3.85	4.08	600
0.00	0.37	1.01	1.76	2.40	2.91	3.40	3.83	4.17	4.42	650
0.00	0.40	1.09	1.90	2.58	3.13	3.66	4.12	4.49	4.76	700
0.00	0.43	1.17	2.03	2.77	3.35	3.93	4.42	4.81	5.10	750
0.00	0.46	1.24	2.17	2.95	3.58	4.19	4.71	5.14	5.44	800
0.00	0.48	1.32	2.30	3.14	3.80	4.45	5.01	5.46	5.78	850
0.00	0.50	1.40	2.44	3.32	4.02	4.71	5.30	5.78	6.12	900
0.00	0.54	1.48	2.57	3.50	4.25	4.97	5.60	6.10	6.46	950
0.00	0.57	1.55	2.71	3.69	4.47	5.24	5.89	6.42	6.80	1000
0.00	0.60	1.63	2.85	3.87	4.69	5.50	6.19	6.74	7.14	1050
0.00	0.63	1.71	2.98	4.06	4.92	5.76	6.48	7.06	7.48	1100
0.00	0.66	1.79	3.12	4.24	5.14	6.02	6.78	7.38	7.82	1150
0.00	0.68	1.87	3.25	4.43	5.36	6.28	7.07	7.70	8.16	1200
0.00	0.71	1.94	3.39	4.61	5.59	6.54	7.37	8.02	8.50	1250
0.00	0.74	2.02	3.52	4.79	5.81	6.81	7.66	8.34	8.84	1300
0.00	0.77	2.10	3.66	4.98	6.03	7.07	7.95	8.67	9.18	1350
0.00	0.80	2.18	3.79	5.16	6.26	7.33	8.25	8.99	9.52	1400
0.00	0.83	2.25	3.93	5.35	6.48	7.59	8.54	9.31	9.86	1450
0.00	0.86	2.33	4.06	5.53	6.70	7.85	8.84	9.63	10.20	1500
0.00	0.88	2.41	4.20	5.72	6.93	8.11	9.13	9.95	10.54	1550
0.00	0.91	2.49	4.34	5.90	7.15	8.38	9.43	10.27	10.88	1600
0.00	0.94	2.57	4.47	6.09	7.38	8.64	9.72	10.59	11.22	1650
0.00	0.97	2.64	4.61	6.27	7.60	8.90	10.02	10.91	11.56	1700
0.00	1.00	2.72	4.74	6.45	7.82	9.16	10.31	11.23	11.90	1750
0.00	1.03	2.80	4.88	6.65	8.05	9.42	10.61	11.55	12.24	1800
0.00	1.06	2.88	5.01	6.82	8.27	9.69	10.90	11.87	12.58	1850
0.00	1.08	2.95	5.15	7.01	8.49	9.95	11.19	12.20	12.92	1900
0.00	1.11	3.03	5.28	7.19	8.72	10.21	11.49	12.52	13.26	1950
0.00	1.14	3.11	5.42	7.38	8.94	10.47	11.78	12.84	13.60	2000

表 8-8　皮帶長度修正係數 K_l [7]

三角皮帶之標稱號碼	長度補正係數(K_l)			三角皮帶之標稱號碼	長度補正係數(K_l)		
	3V	5V	8V		3V	5V	8V
250	0.83	-	-	1400	1.15	1.02	0.92
265	0.84	-	-	1500	-	1.03	0.93
280	0.85	-	-	1600	-	1.04	0.94
300	0.86	-	-	1700	-	1.05	0.94
315	0.87	-	-	1800	-	1.06	0.95
335	0.88	-	-	1900	-	1.07	0.96
355	0.89	-	-	2000	-	1.08	0.97
375	0.90	-	-	2120	-	1.09	0.98
400	0.92	-	-	2240	-	1.09	0.98
425	0.93	-	-	2360	-	1.10	0.99
450	0.94	-	-	2500	-	1.11	1.00
475	0.95	-	-	2650	-	1.12	1.01
500	0.96	0.85	-	2800	-	1.13	1.02
530	0.97	0.86	-	3000	-	1.14	1.03
560	0.98	0.87	-	3150	-	1.15	1.03
600	0.99	0.88	-	3350	-	1.16	1.04
630	1.00	0.89	-	3550	-	1.17	1.05
670	1.01	0.90	-	3750	-	-	1.06
710	1.02	0.91	-	4000	-	-	1.07
750	1.03	0.92	-	4250	-	-	1.08
800	1.04	0.93	-	4500	-	-	1.09
850	1.06	0.94	-	4750	-	-	1.09
900	1.07	0.95	-	5000	-	-	1.10
950	1.08	0.96	-				
1000	1.09	0.96	0.87				
1060	1.10	0.97	0.88				
1120	1.11	0.98	0.88				
1180	1.12	0.99	0.89				
1250	1.13	1.00	0.90				
1320	1.14	1.01	0.91				

表 8-9　接觸角修正係數 K_θ [7]

小輪包角	180°	175°	170°	165°	160°	155°	150°	145°	140°	135°	130°	125°	120°	110°	100°	90°
K_θ	1.00	0.99	0.98	0.96	0.95	0.93	0.92	0.91	0.89	0.88	0.86	0.84	0.82	0.78	0.74	0.69

表 8-10　皮帶長度規格表[7]

標稱號碼	長度			容許差
	3V	5V	8V	
250	635	-	-	
265	673	-	-	
280	711	-	-	
300	762	-	-	
315	800	-	-	
335	851	-	-	
355	902	-	-	
375	953	-	-	
400	1016	-	-	
425	1080	-	-	
450	1143	-	-	
475	1207	-	-	
500	1270	1270	-	±10
530	1346	1346	-	
560	1422	1422	-	
600	1524	1524	-	
630	1600	1600	-	
670	1702	1702	-	
710	1803	1803	-	
750	1905	1905	-	
800	2032	2032	-	
850	2159	2159	-	
900	2286	2286	-	
950	2413	2413	-	
1000	2540	2540	-	
1060	2692	2692	2692	
1120	2845	2845	2845	
1180	2997	2997	2997	
1250	3175	3175	3175	
1320	3353	3353	3353	
1400	3556	3556	3556	±15
1500	-	3810	3810	
1600	-	4064	4064	
1700	-	4318	4318	
1800	-	4572	4572	
1900	-	4826	4826	
2000	-	5080	5080	
2120	-	5385	5385	
2240	-	5690	5690	
2360	-	5994	5994	
2500	-	6350	6350	±20
2650	-	6731	6731	
2800	-	7112	7112	
3000	-	7620	7620	
3150	-	8001	8001	
3350	-	8509	8509	
3550	-	9017	9017	±25
3750	-	-	9525	
4000	-	-	10160	
4250	-	-	10795	
4500	-	-	11430	±30
4750	-	-	12065	
5000	-	-	12700	

例題 8-9 ●●●

有一標稱號碼為 750 之 3V 型窄 V 皮帶，主動輪直徑為 80mm，轉速為 1200rpm，
若被動輪直徑為 300mm，中心距離為 550mm，則可以傳遞的功率為多少 PS？

解

由表 8-2 查得，3V 型皮帶 $d = 80mm$，$n_1 = 1200rpm$ 時，基本額定功率 $P_0 = 1.96 \, PS$；

其速比 $i = \dfrac{D}{d} = \dfrac{300}{80} = 3.75$

由表 8-5 查得附加馬力 $\Delta P_0 = 0.27 \, PS$

由表 8-8 查得標稱號碼為 750 之 3V 皮帶，皮帶長度修正係數 $K_l = 1.03$

皮帶輪接觸角 $\theta \doteqdot \pi - \dfrac{D-d}{C} = \pi - \dfrac{300-80}{550} = 2.74\text{rad} = 157.1°$

由表 8-9 查得接觸角修正係數 $K_\theta = 0.94$

$$
\begin{aligned}
P_e &= (P_0 + \Delta P_0) \cdot K_l \cdot K_\theta \\
&= (1.96 + 0.27) \times 1.03 \times 0.94 \\
&= 2.16 \, PS
\end{aligned}
$$

▶ 8-3.3　V 型皮帶的設計與選用

　　設計 V 型皮帶傳動裝置時，必須知道之參數為總傳遞功率、主動輪轉速、被動輪轉速、傳動位置和外部尺寸要求以及工作條件等；接下來說明設計流程。

1. 確定皮帶傳動的設計馬力 P_d

$$
P_d = P_r \times K_0 \tag{8.20}
$$

P_r 為原動機的額定馬力或從動機械的實際負載能力，K_0 稱為過負載修正係數，根據原動機及負載特性對設計馬力進行修正，其值如表 8-11 所示。

表 8-11　過負載修正係數 K_0 [7]

使用機械	原動機					
	最大發出功率在定額之 300%以下者			最大發出功率超過定額之 300%者		
	交流電動機(標準同步)直流電動機(分卷)雙汽缸以上之原動機			特殊電動機(高扭矩)直流電動機(串聯)單汽缸原動機，使用總軸或離合器之操作		
	I*	II*	III*	I*	II*	III*
攪拌機(流體)，鼓風機(10HP 以下)，離心泵壓縮機，輕負載用運送機	1.0	1.1	1.2	1.1	1.2	1.3
帶式運送機(沙、五穀)，粉末配料機，鼓風機(10HP 以上)，發電機，總軸，大型洗衣機，車床，衝床，壓機，剪機，印刷機械，旋轉泵，旋動篩	1.1	1.2	1.3	1.2	1.3	1.4
箕斗升運器，激磁機，往復壓縮機，運送機(箕式，螺旋式)，鎚碎機，造紙機，攪打機，活塞泵，魯氏鼓風機，磨機，木工機械，纖維機械	1.2	1.3	1.4	1.4	1.5	1.6
軋碎機，球磨粉機，滾磨粉機，吊車，橡膠加工機(輥壓機、膠布機、擠製機)	1.3	1.4	1.5	1.5	1.6	1.8
註：I*斷續工作(每日 3～5 小時或季節性工作)　II*正常工作(每日 8～10 小時)　III*連續工作(每日 16～24 小時)						

2. 選擇 V 型皮帶型號

根據設計馬力 P_d 和主動輪轉速 n_1，由圖 8-12 之窄 V 型皮帶型號選擇基準，概略選擇合適的皮帶型號。

註：設計馬力之功率換算

(1)公制馬力(PS)之單位換算

$1\,\text{PS} = 75\,\text{kg} \cdot \text{m/sec} = 75 \times 9.81 = 736\,\text{N} \cdot \text{m/sec} = 736\,\text{Watt} = 0.736\,\text{kw}$

(2)英制馬力(HP)之單位換算

$1\,\text{HP} = 550\,\text{ft-lb/sec} = 550 \times \dfrac{12 \times 25.4}{1000} \times \dfrac{453.6}{1000} \times 9.81 = 746\,\text{N-m/sec} = 746\,\text{Watt} = 0.746\,\text{kw}$

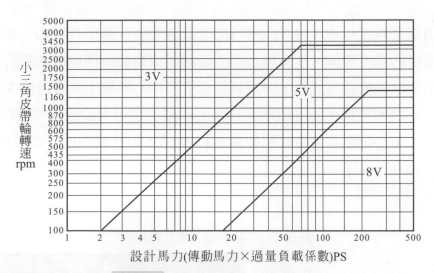

設計馬力(傳動馬力×過量負載係數)PS

圖 8-12　窄 V 型皮帶型號選擇基準

3. 確定皮帶輪的基準直徑 D 和 d

　皮帶輪直徑愈小時，皮帶傳動之結構尺寸會愈小；但皮帶彎曲應力會愈大，皮帶的疲勞強度會愈低。相反地，皮帶輪直徑愈大時，皮帶傳動之結構尺寸會愈大。主動輪直徑應依據表 8-2 至表 8-4 所列的標稱直徑進行選擇，被動輪直徑 D 則由傳動速比計算得到後，再予以進整為皮帶輪之標稱直徑系列值。皮帶輪直徑決定以後，再計算皮帶速度。

4. 確定中心距離和皮帶基準長度

　減小中心距離可以縮小皮帶傳動結構尺寸，但會增加皮帶的應力循環次數，降低皮帶壽命；而且接觸角會減小，皮帶傳動能力會降低。

　當中心距離未知時，可以由下列的經驗公式

$$C_0 = D + 1.5d \qquad \text{when} \quad i < 3.0 \quad i \text{ 表速比} \tag{8.21a}$$
$$ = D \qquad\qquad \text{when} \quad i > 3.0$$

或者是

$$0.7(d+D) \le C_0 \le 2(d+D) \tag{8.21b}$$

選擇初步的中心距離 C_0，再計算皮帶初步長度 L_0

$$L_0 \cong 2C_0 + \frac{\pi}{2} \cdot (D+d) + \frac{(D-d)^2}{4C_0} \tag{8.22}$$

計算出皮帶長度以後，選擇合適的皮帶標稱號碼及基準長度 L_d；如果 L_d 超出該型皮帶的長度範圍，則應修正中心距離或皮帶輪直徑後再重新計算。

當皮帶基準長度確定以後，要重新計算實際中心距離 C。考慮到 V 型皮帶的安裝、更換和調整、補償初始拉力等，V 型皮帶通常設計成中心距離可調整的型式；中心距離可調整範圍如表 8-12 所示，因此實際中心距離為

$$C \approx C_0 + \frac{L_d - L_0}{2} \tag{8.23}$$

表 8-12　中心距離可調整範圍[7]

軸間距離

$$C = \frac{B + \sqrt{B^2 + 2(D_e - d_e)^2}}{4}$$

$C =$ 軸間距離(mm)
$D_e =$ 大三角皮帶輪之標稱外徑(mm)
$d_e =$ 小三角皮帶輪之標稱外徑(mm)
$B = L - 1.57(D_e + d_e)$
$L =$ 三角皮帶長度(mm)

軸間距離之最小調整範圍

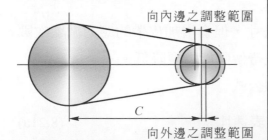

向內邊之調整範圍
C
向外邊之調整範圍

向內邊之調整範圍⋯⋯⋯三角皮帶裝配裕度
向外邊之調整範圍⋯⋯⋯三角皮帶拉伸裕度

種類	三角皮帶之標稱號碼	由適宜位置向內邊之調整範圍 (mm)	由適宜位置向外邊之調整範圍 (mm)	全調整範圍 (mm)
3V	250~475	15	25	40
	500~710	20	35	55
	750~1060	20	40	60
	1120~1250	20	50	70
	1320, 1400	20	60	80
5V	500~710	25	35	60
	750~1060	25	40	65
	1120~1250	25	50	75
	1320~1700	25	60	85
	1800~2000	25	65	90
	2120, 2240	35	75	110
	2360,	35	80	115
	2500, 2650	35	85	120
	2800, 3000	35	90	125
	3150, 3550	35	105	140
8V	1000, 1060	40	40	80
	1120~1250	40	50	90
	1320~1700	40	60	100
	1800~2000	50	65	115
	2120, 2240	50	75	125
	2360,	50	80	130
	2500, 2650	50	85	135
	2800, 3000	50	90	140
	3150,	50	105	155
	3350, 3550	55	105	160
	3750,	55	115	170
	4000~5000	55	140	195

5. 確認主動輪的接觸角

$$\theta \doteq \pi - \frac{D-d}{C}$$

6. 確認 V 型皮帶的傳遞馬力能力

    依據公式(8.19)計算單條皮帶可傳遞之馬力大小

7. 確定 V 型皮帶所需條數 Z

$$Z \geq \frac{P_d}{P_e} \tag{8.24}$$

例題 8-10

試設計某銑床傳動系統中與馬達連結的 V 型皮帶傳動裝置,已知三相感應馬達之額定功率爲 7.5kW,其輸出轉速爲 1160rpm,傳動速比 $i = 2$,機器每日工作 10 小時。

解

1. 確定設計功率 P_d

    由表 8-11 查得 $K_0 = 1.2$

    $P_d = K_0 \times P_r = 1.2 \times 7.5 \div 0.736 = 12.23$ (PS)

2. 選擇皮帶型式

    由圖 8-12 選擇 3V 型皮帶

3. 確定皮帶輪直徑 d 及 D

    由表 8-2 選擇 $d = 67$mm

    由 $D = i \times d = 2 \times 67 = 134$(mm)

    選擇 $D = 140$mm

    計算皮帶速度,由

$$v = \frac{\pi \cdot d \cdot n_1}{60 \times 1000} = \frac{\pi \cdot 67 \cdot 1160}{60 \times 1000} = 4.07\,(\text{m/sec}) < 5\,(\text{m/sec})$$

    皮帶速度太低,重新選擇皮帶輪直徑,以 $v = 5$m/sec 代入計算,由

$$d = \frac{60 \times 1000 v}{\pi \cdot n_1} = \frac{60 \times 1000 \times 5}{\pi \cdot 1160} = 82.32 \, (\text{mm})$$

由表 8-2，取主動輪直徑 $d = 90$mm

被動輪直徑 $D = i \times d = 2 \times 90 = 180 \, (\text{mm})$

此時之速度

$$v = \frac{\pi \cdot d \cdot n_1}{60 \times 1000} = \frac{\pi \cdot 90 \cdot 1160}{60 \times 1000} = 5.47 \, (\text{m/sec})$$

4. 確定中心距離 C 及皮帶長度 L_d

由公式(8.21)及(8.22)

$$C_0 \fallingdotseq D + 1.5d = 180 + 1.5 \times 90 = 315 \, (\text{mm})$$
$$0.7(d + D) \leq C_0 \leq 2(d + D)$$
$$0.7(90 + 180) \leq C_0 \leq 2(90 + 180)$$
$$189 \leq C_0 \leq 540$$

經評估後，取 $C_0 = 320$mm

計算初始皮帶長度 L_0

$$L_0 \cong 2C_0 + \frac{\pi}{2} \cdot (D + d) + \frac{(D - d)^2}{4C_0}$$
$$\cong 2 \times 320 + \frac{\pi}{2} \cdot (180 + 90) + \frac{(180 - 90)^2}{4 \times 320}$$
$$= 1070.44 \, (\text{mm})$$

由表 8-10，選取標稱號碼為 425 之 V 型皮帶，其基準長度 $L_d = 1080$mm

由公式(8.23)，計算實際中心距離 C

$$C \approx C_0 + \frac{L_d - L_0}{2} = 320 + \frac{1080 - 1070.44}{2} = 324.78 \, (\text{mm}) \approx 325 \, (\text{mm})$$

5. 確認主動輪之接觸角

$$\theta \fallingdotseq \pi - \frac{D - d}{C} = \pi - \frac{180 - 90}{325} = 2.865 \, (\text{rad}) = 164.15^\circ$$

合乎要求。

6. 確認小皮帶輪的傳動馬力 P_e

由表 8-2 查得，3V 型皮帶 $d = 90mm$，$n_1 = 1160rpm$ 時，基本額定功率 $P_0 = 2.41\,PS$；

由表 8-5 查得附加馬力 $\Delta P_0 = 0.26\,PS$，

由表 8-8 查得標稱號碼為 425 之 3V 皮帶，皮帶長度修正係數 $K_l = 0.93$，

由表 8-9 查得接觸角修正係數 $K_\theta = 0.96$，

$$\begin{aligned}
P_e &= (P_0 + \Delta P_0) \cdot K_l \cdot K_\alpha \\
&= (2.41 + 0.26) \times 0.93 \times 0.96 \\
&= 2.384\,PS
\end{aligned}$$

7. 確定 V 型皮帶所需條數

由公式(8.24)

$$Z \geq \frac{P_d}{P_e} = \frac{12.23}{2.384} = 5.13$$

取 $Z = 6$ 條。

8.4　皮帶傳動的調整裝置

　　由於傳動皮帶不是完全的彈性體，因此工作一段時間以後，皮帶會因伸長變形而發生鬆弛現象，使皮帶的初始拉力降低，傳動能力下降。為確保皮帶可以正常工作，皮帶傳動裝置必須有拉力調整裝置。拉力調整方法有兩種，一種是調整中心距離以獲得所需拉力的方式，另一種是利用張力調整輪來調整皮帶拉力的方式，現在分別說明之。

1. 調整中心距離以調整皮帶拉力

圖 8-13 所示是利用手動方式轉動皮帶中心距離調整螺栓，以改變皮帶中心距離的方式來調整皮帶的初始拉力大小，圖 8-13(a)主要用於水平或接近水平的皮帶傳動裝置，圖 8-13(b)則用於垂直或接近垂直的皮帶傳動裝置。圖 8-14 是利用皮帶裝置本身的重量自動改變皮帶中心距離以調整皮帶初始拉力的調整裝置。

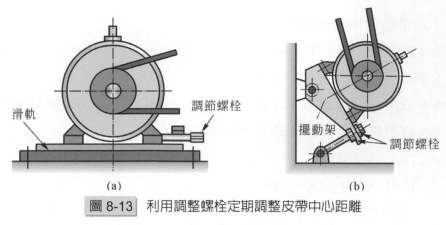

圖 8-13　利用調整螺栓定期調整皮帶中心距離

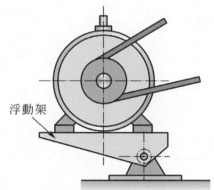

圖 8-14　利用皮帶輪重量自動調整皮帶中心距離[2-6]

2. 利用張力調整輪來調整皮帶拉力

圖 8-15 與圖 8-16 的裝置都不改變皮帶中心距離而利用張力調整輪來調整皮帶的初始拉力，張力調整輪一般都安裝在皮帶鬆邊，因此皮帶不能反轉。圖 8-15 是利用手動方式調整張力調整輪的位置，圖 8-16 則是利用配重方式自動調整張力調整輪的位置。

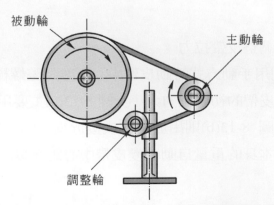

圖 8-15　利用手動方式定期調整張力調整輪以調整皮帶拉力[2-6]

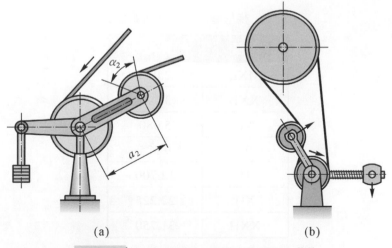

(a)　　　　　　　　　(b)

圖 8-16　利用配重自動調整皮帶拉力[2-6]

8.5　同步皮帶傳動

　　同步皮帶又稱時規皮帶是由美國 Uniroyal 公司於 1946 年研製成功，並使用於汽車引擎之動力傳遞，以代替原來的鏈條傳動，以後世界各國開始針對同步皮帶之用途材料及結構進行探討及改進，使得同步皮帶之使用範圍不斷的擴大。其使用領域已涵蓋 V 型皮帶傳動、鏈條傳動及齒輪傳動的範圍，其生產量已接近 V 型皮帶，而且應用領域還在不斷地擴大。

　　目前，世界上著名的同步皮帶生產廠商有義大利 Pirelli 公司，德國 Berstoff 公司、日本的 Bando 和 Unita 公司、美國 Uniroyal 和 Goodyear 公司及英國的 Denlop Gates 公司等。

1. 同步皮帶尺寸與規格

　　同步皮帶可依其齒形不同而分為梯形齒同步皮帶和圓弧齒同步皮帶，早期的同步皮帶齒形大多為梯形，現有 MXL，XXL，XL，L，H，XH，XXH 等型號，各個不同型號同步皮帶的節距尺寸如表 8-13 所示。以 H 型為例，其皮帶尺寸與形狀如圖 8.17 所示，其尺寸表示法為長度-規格-寬度，以 450-H-100 為例，450 代表皮帶長度為 45in，H 代表節距為 12.7mm(1/2in)的梯形齒同步皮帶，100 代表皮帶寬度為 1in。

表 8-13　梯形齒同步皮帶的節距規格

型號	節距(mm)
MXL	2.032
XXL	3.175
XL	5.080
L	9.525
H	12.700
XH	22.225
XXH	31.750

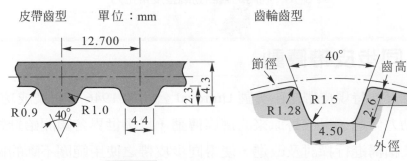

圖 8-17　H 規格梯形齒同步皮帶[8]

圓弧齒同步皮帶現有兩種產品標準，一種是以美國 Uniroyal 公司為代表所生產的 HTD 同步皮帶，結構為半圓弧，現有 3M，5M，8M，14M 及 20M 等型號。型號數字表示皮帶的節距尺寸，例如：5M 代表節距為 5mm 的圓弧齒同步皮帶，以 3M 為例，其皮帶尺寸與形狀如圖 8-18 所示，其尺寸表示法為長度-規格-寬度，以 87-3M-10 為例，87 代表皮帶長度為 87mm，3M 代表節距為 3mm 的圓弧齒同步皮帶，10 代表皮帶寬度為 10mm。

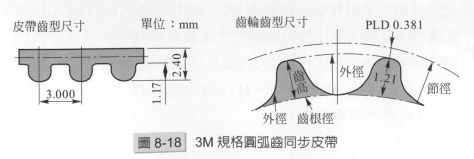

圖 8-18　3M 規格圓弧齒同步皮帶

另一種圓弧齒同步皮帶是以美國 Goodyear 公司為代表所生產的 STPD 同步皮帶，結構為平頂圓弧齒，現有 S2M，S3M，S4.5M，S5M，S8M 及 S14M 等型號。型號數字表示皮帶的節距尺寸，例如：S5M 代表節距為 5mm 的平頂圓弧齒同步皮帶，以 S3M 為例，其皮帶尺寸與形狀如圖 8-19 所示，其尺寸表示法為寬度-規格-長度，以 80-S3M-360 為例，360 代表皮帶長度為 360mm，S3M 代表節距為 3mm 的平頂圓弧齒同步皮帶，80 代表皮帶寬度為 8mm。

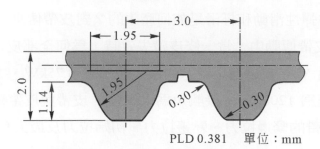

圖 8-19　S3M 規格圓弧齒同步皮帶[8]

2. 同步皮帶的囓合條件

同步皮帶的帶輪與帶齒能夠平穩囓合的條件為：

(1) 皮帶齒距與帶輪齒距必須相等。

(2) 在囓合的開始點與囓合結束點不能有干涉發生。

3. 同步皮帶傳動具有之特點

(1) 傳動精確，傳動效率高

皮帶與帶輪之間的間隙很小，不打滑，傳動比準確，角速度固定，傳動效率高，因此常用於精確傳動。

(2) 傳動速度高，衝擊小，傳動平穩

傳動速度高達 80m/s，仍然非常平穩，衝擊比齒輪傳動小，因此振動噪音非常小。

(3) 不需潤滑，維護保養方便

由於同步皮帶之齒面具有自潤特性，再加上皮帶在使用過程中幾乎不會伸長，因此在使用過程中不需調整皮帶初始拉力，可使用於人員不易操作維護的地方。

1. 在設計皮帶傳動時，為什麼要限制皮帶輪的最小基準直徑及皮帶的傳動速度？

2. 皮帶的緊邊拉力與鬆邊拉力之間有何關係？其大小取決於哪些因素？

3. 皮帶傳動過程中，在皮帶中會產生哪些應力？最大應力會發生於何處？

4. 皮帶傳動中的彈性滑動和打滑是如何產生的？對皮帶傳動有何影響？

5. 在多條 V 型皮帶傳動中，當一條皮帶失效時，為何全部皮帶都須要更換？

6. 已知單條普通 V 型皮帶可以傳遞的最大功率為 3.75kW，主動輪基準直徑為 100mm，轉速為 1200rpm，接觸角為 150 度，皮帶與皮帶輪間的摩擦係數為 0.35；試求皮帶的緊邊拉力、鬆邊拉力、初始拉力及最大有效圓周力(不考慮離心力)。

7. 已知皮帶傳遞的實際動力為 7.5kW，皮帶速度為 10m/sec，緊邊拉力為鬆邊拉力的 1.8 倍；試求圓周力與緊邊拉力的大小(不考慮離心力)。

8. 一帶式輸送機採用 V 型皮帶傳動，已知馬達輸出功率為 10kW，輸出轉速為 1500rpm，要求傳動速比為 3.5，傳動速比之最大容許誤差為 ±5%，兩班制工作，試設計此皮帶傳動裝置。

9. 設計一 V 型皮帶傳動，已知馬達額定功率為 10kW，主動輪轉速為 1760rpm，主動輪直徑為 125mm，被輪直徑為 450mm，中心距離約為 1200mm，每日工作 8 小時，試選擇所用 V 型皮帶的型號、長度和條數。

10. 已知一窄 V 型皮帶傳動中，中心距離約為 1500mm，主動輪轉速為 1200rpm，被動輪轉速為 650rpm，主動輪直徑為 335mm，使用 3 條 8V 皮帶傳動，負荷平穩，兩班制工作，試求此 V 型皮帶可以傳遞的功率為多大？

參考書目

[1]　何榮松等譯，機械設計(上)，高立圖書有限公司，1995 年 8 月出版。

[2]　羅善明等編著，帶傳動理論與新型帶傳動，國防工業出版社，2008 年 2 月出版。

[3]　許菊若主編，機械設計，化學工業出版社，2005 年 6 月。

[4]　王爲、汪建曉主編，機械設計，華中科學大學出版社，2007 年 2 月。

[5]　楊世明主編，機械設計，電子工業出版社，2007 年 3 月。

[6]　馬保吉主編，機械設計基礎，西北工業大學主編，2005 年 9 月。

[7]　小栗富士雄、小栗達男共著，機械設計圖表便覽，台隆書店出版，1986 年 8 月。

[8]　伍得福企業有限公司，同步皮帶產品型錄。

第 9 章

鏈條與鏈條傳動

9.1　鏈條功能與分類

　　鏈條傳動是利用安裝在兩平行軸上的鏈輪與跨繞在兩個鏈輪上的鏈條所組成，如圖 9-1 所示，當主動鏈輪旋轉時，經由鏈輪輪齒與鏈條的嚙合作用，帶動被動鏈輪旋轉，以傳遞運動與動力。

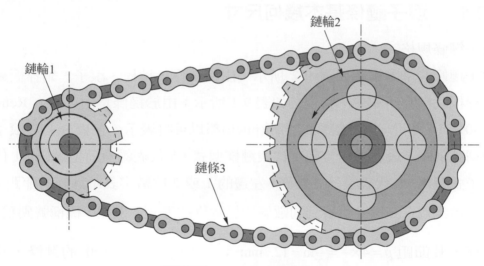

鏈輪2

鏈輪1

鏈條3

圖 9-1　鏈條傳動簡圖[2,4,5]

　　鏈條傳動結合皮帶傳動與齒輪傳動的某些優點，可應用於較大中心距離之傳動，其優於皮帶傳動之處為平均傳動比準確，沒有彈性滑動與打滑現象，可以在高溫及具有油污的惡劣環境下工作；但缺點是需要經常潤滑，無過載保護功能以及成本較皮帶傳動高。

　　鏈條傳動與齒輪傳動比較，其優點為製造與安裝精度的要求較低，因此具有較低製造成本的優勢，而且可用於遠距離傳動；但缺點是瞬時速度不均勻，瞬時傳動比不穩定，而且運轉時之振動、噪音比較大。

鏈條可依其用途不同而分爲傳動鏈、起重鏈和牽引鏈三種，起重鏈主要用於起重機械以提升重物爲主，其鏈條線速度常低於 0.25m/s；牽引鏈主要用於輸送機械以移動物體，其鏈條移動速度約在 2~4m/s 之間；傳動鏈則主要用於傳遞動力與運動，常用於傳遞功率在 100kW 以下，傳遞速率在 20m/s 以下，而最大傳動速比在 8 以下的動力傳遞，廣泛應用於產業機械及交通工具領域。本章主要介紹動力傳動用鏈條，而動力傳動用鏈條中以滾子鏈條之使用最爲廣泛，因此，接下來將介紹滾子鏈條之規格尺寸、動力傳送及設計選用技術。

9.2　鏈條傳動分析

9.2.1　滾子鏈條基本幾何尺寸

1. 滾子鏈條規格

 滾子鏈條的基本構造如圖 9-2 所示，由滾子桿、銷桿、滾子、銷桿板銷、滾子桿板及襯套所組成，其規格如表 9-1 所示；由於鏈條是由英國人 Renold 於 1880 年所發明，因此鏈條的節距(pitch)都以英吋表示。在表 9-1 之滾子鏈條標稱號碼中，最右邊一位數字代表鏈條型式，5 代表輕負荷型鏈條，1 代表無滾子式鏈條，0 代表滾子式鏈條。左邊的 1 或 2 位數字表示鏈條的節距大小，將其值乘以 $\frac{1}{8}$ in 以後所得到的數值便是鏈條的節距；例如，標稱號碼爲 40 的鏈條，其節距 $p = 4 \times \frac{1}{8} = \frac{1}{2}$ in $= 12.7$mm；而標稱號碼爲 120 的鏈條，其節距 $p = 12 \times \frac{1}{8} = \frac{3}{2}$ in $= 38.1$mm，鏈條其餘部位之尺寸如表所示。

表 9-1　傳動用滾子鏈之尺寸(JIS B 1801)[6,7]　　　(單位 mm)

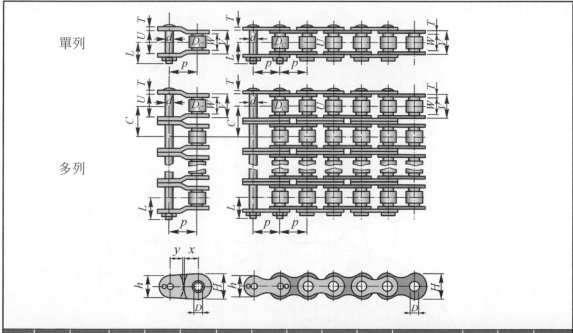

稱呼號碼	節距 p	滾子外徑 D_c (最大)	滾子桿內寬 W (最小)	滾子桿外寬 V (最大)	銷桿內寬 U (最小)	銷外徑 d (最大)	襯套內徑 D (最小)	銷 L 部	銷桿板高度 h (最大)	滾子桿板高度 H (最大)	偏位桿板 x (最小)	偏位桿板 y (最小)	橫鏈節 C(多列時用)	桿板的厚度 T	破裂負荷(最小) (kgf)
25	6.35	3.30[1]	3.18	4.80	4.86	2.31	2.33	4.8	5.2	6.0	2.7	3.1	6.4	0.75	360
35	9.525	5.08[1]	4.78	7.46	7.52	3.59	3.61	8.6	7.8	9.0	4.0	4.6	10.1	1.25	800
41[2]	12.70	7.77	6.38	9.06	9.12	3.59	3.61	9.0	8.5	9.9	5.3	6.1	-	1.25	680
40	12.70	7.94	7.95	11.17	11.23	3.97	4.00	10.6	10.4	12.0	5.3	6.1	14.4	1.5	1420
50	15.875	10.16	9.53	13.84	13.90	5.09	5.12	12.1	13.0	15.0	6.6	7.7	18.1	2.0	2210
60	19.05	11.91	12.70	17.75	17.81	5.96	5.99	16.2	15.6	18.1	7.9	9.2	22.8	2.4	3200
80	25.40	15.88	15.88	22.60	22.66	7.94	7.97	20.0	20.8	24.1	10.6	12.2	29.3	3.2	5650
100	31.75	19.05	19.05	27.45	27.51	9.54	9.57	24.1	26.0	30.1	13.2	15.3	35.8	4.0	8850
120	38.10	22.23	25.40	35.45	35.51	11.11	11.15	29.2	31.2	36.2	15.8	18.3	45.4	4.8	12800
140	44.45	25.40	25.40	37.18	37.24	12.71	12.75	32.2	36.4	42.2	18.5	21.4	48.9	5.6	17400
160	50.80	28.58	31.75	45.21	45.27	14.29	14.33	37.3	41.6	48.2	21.1	24.4	58.5	6.4	22700
200	63.50	39.69	38.10	54.88	54.94	19.85	19.89	48.5	52.0	60.3	26.3	30.4	71.6	8.0	35400
240	76.20	47.63	47.63	67.81	67.87	23.81	23.85	55.8	62.4	72.4	31.5	36.4	87.8	9.5	51100

[註]　(1)　此時之 D_c 是指襯套外徑。

　　　(2)　41 為輕量形、單列式。

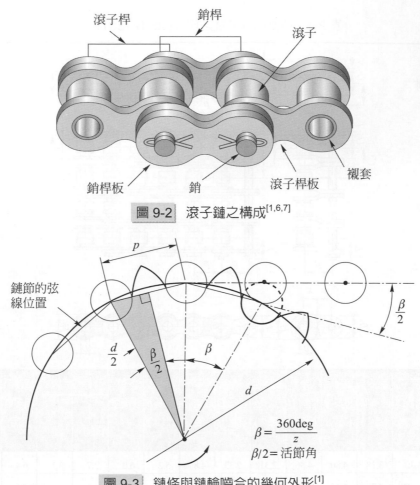

滾子桿　　銷桿

滾子

銷桿板　　　　銷　　　　滾子桿板　　　襯套

圖 9-2　滾子鏈之構成[1,6,7]

鏈節的弦
線位置

$$\beta = \frac{360\text{deg}}{z}$$

$\beta/2 = $ 活節角

圖 9-3　鏈條與鏈輪嚙合的幾何外形[1]

2. 鏈輪直徑

鏈條與鏈輪相互嚙合時，其嚙合狀況如圖 9-3 所示，由圖 9-3 可推導出齒數
為 z 之鏈輪，其節圓直徑 d 與鏈條節距 p 的關係為

$$d = \frac{p}{\sin\left(\dfrac{180^{\circ}}{z}\right)} \tag{9.1}$$

例題 9-1 ●●●

標稱號碼為 60 的滾子鏈條與齒數 $z = 20$ 的鏈輪嚙合時，鏈輪節圓直徑 d 應為
多少 mm？

解

鏈條節距 $p = 6 \times \dfrac{1}{8} = \dfrac{3}{4} \text{in} = 19.05\text{mm}$

節圓直徑 $d = \dfrac{p}{\sin\left(\dfrac{180°}{z}\right)} = \dfrac{19.05}{\sin\left(\dfrac{180°}{20}\right)} = 121.78\text{mm}$

3. 接觸角

鏈條與鏈輪的接觸角 θ，其計算方法與皮帶相同，由圖 9-4 可得到 θ 為

$$\theta = \pi - 2\alpha \cong \pi - \frac{D-d}{C} \tag{9.2}$$

鏈條傳動時，其接觸角應大於 120 度，當主動輪與被動輪的齒數差變大時，鏈條與鏈輪的接觸角會變小，鏈條與鏈輪的嚙合齒數會變少，結果每一鏈齒所負擔的負荷會增大。因此，當接觸角小於 120 度時，θ 變成設計鏈條驅動的臨界係數。

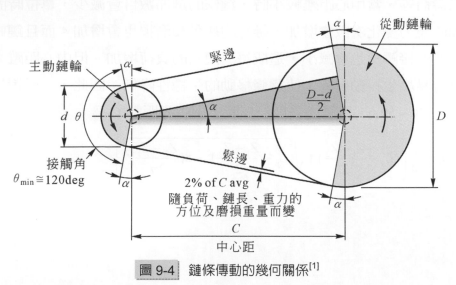

圖 9-4　鏈條傳動的幾何關係[1]

4. 鏈條長度 L

由於鏈條是由許多長度為 p 的鏈節 L_p 所組成，因此鏈條長度 L 除取決於主動鏈輪齒數 Z_1、被動鏈輪齒數 Z_2 及中心距離 C 以外，亦與鏈條節距 p 有關，因為鏈輪的節圓周長 $\pi \cdot d \cong Z_1 \cdot p$，$\pi \cdot D \cong Z_2 \cdot p$，所以由圖 9-4 可以得到

$$L = 2C + \frac{\pi}{2}(D+d) + (\frac{D-d}{4C})^2$$

$$= 2C + \frac{p}{2}(Z_1+Z_2) + \frac{p^2}{4\pi^2 C}(Z_2-Z_1)^2 \tag{9.3}$$

$$L_p = \frac{L}{p} = \frac{2C}{p} + \frac{Z_1+Z_2}{2} + \frac{p}{4\pi^2 C}(Z_2-Z_1)^2 \tag{9.4}$$

L_p 的值應調整為整數，而且最好取偶數，以避免使用偏位連桿設計，增加鏈條傳動時之不穩定性。

5. 中心距離 C

中心距離大小會影響到鏈條傳動機構的空間尺寸大小、鏈條傳動的穩定性及鏈條壽命等，當中心距離較小時，鏈條的鏈節數目會減少，單位時間內每一鏈節的應力變化次數會增加，鏈條的疲勞和磨損也會增加。而且鏈條與主動鏈輪間的接觸角也會減小，造成每一鏈齒的負荷增加。但中心距離太大時，鏈條容易發生抖動現象，使鏈條移動的平穩性降低；因此，一般選擇中心距離 $C = (30 \sim 50)p$。當鏈條長度已知時，則中心距離 C 為

$$C = \frac{p}{4}\left[(L_p - \frac{Z_1+Z_2}{2}) + \sqrt{(L_p - \frac{Z_1+Z_2}{2})^2 - 8(\frac{Z_2-Z_1}{2\pi})^2}\right] \tag{9.5}$$

例題 9-2 ●●●

有一鏈條傳動裝置，使用標稱號碼為 80 的滾子鏈條，主動鏈輪齒數 $Z_1 = 19$，被動鏈輪齒數 $Z_2 = 56$，中心距離 C 大約為 900 mm，則鏈條長度 L 為多少 mm？中心距離 C 為多少 mm？

解

由表 9-1 查得，標稱號碼為 80 的滾子鏈條，其節距 $p = 25.4$mm，由公式(9.4)可以求出

$$L_p = \frac{L}{p} = \frac{2C}{p} + \frac{Z_1 + Z_2}{2} + \frac{p}{4\pi^2 C}(Z_2 - Z_1)^2$$

$$= \frac{2 \times 900}{25.4} + \frac{19 + 56}{2} + \frac{25.4}{4 \times \pi^2 \times 900} \times (56 - 19)^2 = 109.35 \text{ 節}$$

鏈節 L_p 應該取整數，而且最好取偶數。

因此取 $L_p = 110$ 節

此時之鏈條長度 L 為

$L = p \times L_p = 25.4 \times 110 = 2794$ mm

此時之中心距離 C，由公式(9.5)可以求出

$$C = \frac{P}{4}\left[\left(L_p - \frac{Z_1 + Z_2}{2}\right) + \sqrt{(L_p - \frac{Z_1 + Z_2}{2})^2 - 8 \times (\frac{Z_2 - Z_1}{2\pi})^2}\right]$$

$$= \frac{25.4}{4} \times [(110 - \frac{19 + 56}{2}) + \sqrt{(110 - \frac{19 + 56}{2})^2 - 8 \times (\frac{56 - 19}{2\pi})^2}]$$

$$= 908.44 \text{ mm}$$

9.2.2　鏈條傳動的速度分析

鏈條傳動時，鏈條與相應的鏈輪輪齒相互嚙合，鏈輪每轉過一齒時，會帶動鏈條前進一個節距 p 的距離，當鏈輪旋轉一圈時，鏈條移動長度為 $Z \cdot p$，若主動鏈輪轉速為 n，被動鏈輪轉速為 N，則鏈條速度 v 為

$$v = \frac{Z_1 \cdot p \cdot n}{60 \cdot 1000} = \frac{Z_2 \cdot p \cdot N}{60 \cdot 1000} (\text{m/sec}) \tag{9.6}$$

鏈條傳動的傳動速比 i 為

$$i = \frac{n}{N} = \frac{Z_2}{Z_1} \tag{9.7}$$

例題 9-3 ●●●

有一鏈條傳動裝置，使用標稱號碼為 100 的滾子鏈條，主動鏈輪齒數 $Z_1 = 21$，被動鏈輪齒數 $Z_2 = 83$，中心距離 C 為 1250 mm，主動輪轉速為 800 rpm；試求鏈條速度 v、傳動速比 i 及鏈條與鏈輪接觸角 θ。

解

由表 9-1 查得，標稱號碼為 100 的滾子鏈條，其節距 $p = 31.75\,\text{mm}$，由式(9.6)可以求出鏈條速度 v 為

$$v = \frac{Z_1 p n}{60 \times 1000} = \frac{21 \times 31.75 \times 800}{60 \times 1000} = 8.89 \text{ m/sec}$$

由式(9.7)可以得到鏈條傳動的傳動速比 i 為

$$i = \frac{Z_2}{Z_1} = \frac{83}{21} = 3.95$$

由式(9.1)可以求出鏈輪的節圓直徑

主動輪的節圓直徑 d 為

$$d = \frac{p}{\sin(\frac{180°}{Z_1})} = \frac{31.75}{\sin(\frac{180°}{21})} = 213.03 \text{ mm}$$

被動輪的節圓直徑 D 為

$$D = \frac{p}{\sin(\frac{180°}{Z_2})} = \frac{31.75}{\sin(\frac{180°}{83})} = 839.03 \text{ mm}$$

由式(9.2)得到鏈條與鏈輪的接觸角 θ

$$\theta = \pi - 2\alpha \approx \pi - \frac{D - d}{C} = \pi - \frac{839.03 - 213.03}{1250} = 2.64 \text{ rad} = 151.3°$$

9.3　鏈條傳動的設計與計算

進行鏈條傳動設計時，必須瞭解傳遞功率 P 的大小、主動鏈輪轉速 n、被動鏈輪轉速 N、原動機種類、負荷性質、外部輪廓尺寸大小及鏈條傳動的用途等。

接下來要確定鏈條型號、節距、鏈條長度(鏈節數目)、鏈條列數、中心距離及鏈輪齒數、尺寸、材料、結構等。

鏈條傳動設計的一般設計步驟為：

1. 決定鏈條傳動的設計功率 P_0

    P_0 為單列鏈條在特定條件下所能傳遞的功率，其值為

    $$P_0 = K_A \times P \tag{9.8}$$

    式中，K_A 為工作情況修正係數，係考慮鏈條的工作情況及原動機種類以後，針對鏈條所要傳遞功率 P 的大小進行修正，工作情況修正係數 K_A 的值如表 9-2 所示。

表 9-2　修正係數 K_A [6,7]

使用機械[1]		馬達或渦輪	內燃機構	
			流體機構	非流體機構
A	平滑傳動	1.0	1.0	1.2
B	稍有衝擊的傳動	1.3	1.2	1.4
C	衝動激烈的傳動	1.5	1.4	1.7

[註]　(1)　使用機械的分類如下：

A= 負荷變動少的皮帶輸送機、鏈輸送機、離心泵、離心鼓風機、一般纖維機械、無負荷變動的普通機械。

B= 離心壓縮機、船舶推進機、有少許負荷變動的運輸送機、自動爐、乾燥機、粉碎機、工具機、壓縮機、土木建設機械、製紙機械。

C= 壓沖床、破碎機、開礦機械、振動機械、石油開採機、混膠機器、輥軋機、逆轉或衝擊負荷之一般機械。

2. 選擇鏈條標稱號碼、鏈條列數及鏈條節距

依據主動鏈輪轉速 n 及設計功率 P_0，由圖 9-5 選擇合適的鏈條型號、鏈條節距及鏈條列數。鏈條節距愈大時，所能傳遞功率會愈大，但傳動的不穩定性及振動、噪音也會愈大。一般，在負荷能力足夠的條件下，為使傳動平穩、結構緊湊，應儘量選用小節距的單列鏈條。

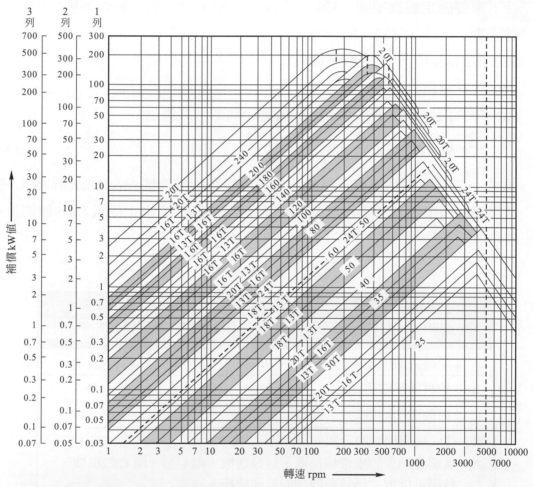

圖 9-5 滾子鏈的選用圖[6,7]

3. 決定主被動鏈輪齒數與節圓直徑

為了減少鏈輪傳動時之不均勻性，延長鏈條壽命，鏈輪齒數不宜太少；但齒數過多也會造成鏈輪尺寸過大。一般情況下，主動鏈輪齒數不宜少於 17 齒；被動鏈輪齒數則由傳動速比決定。再加上鏈節數目一般都取偶數，為使鏈條與鏈輪的磨耗均勻，鏈輪齒數最好都取與鏈節數目互為質數的奇數。

4. 決定初步中心距離 C_0

鏈條傳動時，最小的中心距離為兩鏈輪相接觸或稍大於兩鏈輪半徑和的情況；依據經驗，若考慮接觸角、鏈條磨損及設備成本時，最佳的中心距離為 30 到 50 個節距長度。進行鏈條傳動設計時，可以選擇被動鏈輪節圓直徑加上主動鏈輪節圓半徑的尺寸，當作初始中心距離 C_0，即

$$C_0 = D + 0.5d \tag{9.9}$$

5. 決定鏈條長度與鏈節數目 L_p

依據初始中心距離 C_0，利用公式(9.4)計算鏈節數目 L_p；計算出的 L_p 值應取整數，而且最好取偶數，以減少鏈條在安裝時之困擾。

6. 決定鏈條傳動時的中心距離 C

當鏈節數目 L_p 確定以後，利用公式(9.5)計算鏈條傳動時之實際中心距離 C；為了便於鏈條安裝，實際安裝的中心距離應比由公式(9.5)計算得到的中心距離小 2 至 5mm。中心距離一般設計成可以調整的方式，以便鏈條磨損時，可以調整鏈條的鬆緊程度。

例題 9-4 ●●●

試設計乾燥機用鏈條傳動裝置，已知馬達傳遞動力 $P = 3.5\text{kW}$，主動鏈輪轉速 $n = 900 \text{ rpm}$，被動輪轉速 $N = 300 \text{ rpm}$，鏈條傳動採水平設置方式。

解

(1) 決定鏈條傳動的設計功率

由表 9-2 得到修正係數 $K_A = 1.3$

所以由公式(9.8)設計功率 $P_0 = K_A \times P = 1.3 \times 3.5 = 4.55\text{kW}$

(2) 決定鏈條標稱號碼與節距

由圖 9-5 決定使用標稱號碼 50 的單列滾子鏈條

再由表 9-1 查得，鏈條規格為標稱號碼 50 的滾子鏈條

其節距 $p = 5 \times \dfrac{1}{8} = \dfrac{5}{8}\text{in} = 15.875\text{mm}$

(3) 決定鏈輪齒數與節圓直徑

選擇主動鏈輪齒數 $Z_1 = 17$

傳動速比 $i = \dfrac{n}{N} = \dfrac{900}{300} = 3$

被動鏈輪齒數 $Z_2 = i \times Z_1 = 3 \times 17 = 51$

主動鏈輪節圓直徑 $d = \dfrac{p}{\sin\dfrac{180°}{Z_1}} = \dfrac{15.875}{\sin\dfrac{180°}{17}} = 86.39 \,(\text{mm})$

被動鏈輪節圓直徑 $D = \dfrac{p}{\sin\dfrac{180°}{Z_2}} = \dfrac{15.875}{\sin\dfrac{180°}{51}} = 257.87 \,(\text{mm})$

(4) 決定初步中心距離 C_0

$C_0 = D + 0.5d = 257.87 + 0.5 \times 86.39 = 301.07 \,(\text{mm})$

取 $C_0 = 302\text{mm}$

(5) 決定鏈節數目 L_p

由公式(9.4)得到

$$L_p = \frac{L}{p} = \frac{2C_0}{p} + \frac{Z_1 + Z_2}{2} + \frac{p}{4\pi^2 C_0} \cdot (Z_2 - Z_1)^2$$

$$= \frac{2 \times 302}{15.875} + \frac{17 + 51}{2} + \frac{15.875}{4\pi^2 \times 302} \cdot (51 - 17)^2$$

$$= 73.58 \,\text{節}$$

取 $L_p = 74$ 節

(6) 決定鏈條傳動中心距離 C

由公式(9.5)

$$C = \frac{p}{4}\left[\left(L_p - \frac{Z_1 + Z_2}{2}\right) + \sqrt{(L_p - \frac{Z_1 + Z_2}{2})^2 - 8(\frac{Z_2 - Z_1}{2\pi})^2} \right]$$

$$= \frac{15.875}{4}\left[\left(74 - \frac{17 + 51}{2}\right) + \sqrt{(74 - \frac{17 + 51}{2})^2 - 8(\frac{51 - 17}{2\pi})^2} \right]$$

$$= 305.42 \,(\text{mm})$$

取 $C = 305.42\text{mm}$

9.4　鏈條安裝與調整

1. 鏈條安裝

   鏈條傳動時，兩鏈輪的轉動平面應該在同一平面內，而且兩軸線必須平行。
   水平驅動時，應如圖 9-6(a)所示，使鏈輪緊邊在上、鬆邊在下，以便鏈條與
   鏈輪可以順利嚙合。假如鬆邊在上的話，可能會因鏈條過度鬆垂而出現鏈條
   與鏈輪鉤住或鬆邊與緊邊相互碰撞的現象。如果必須設計成鬆邊在上的話，
   則必須如圖 9-6(b)或(c)所示，使用支撐惰輪或張力調整裝置，以減少困擾。

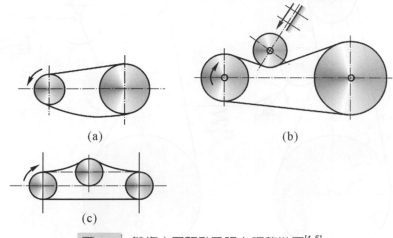

圖 9-6　鏈條水平驅動及張力調整裝置[1-5]

如果鏈條必須設計成傾斜驅動，其傾斜角度最好控制在 60 度以內，而且應使
鬆邊在下(如圖 9-7(a)所示)，並在鬆邊設置張力調整裝置(如圖 9-7(b)所示)。
除非不得已，鏈條傳動盡量不要設計成垂直驅動或接近垂直驅動的方式；因
為鏈條下垂會造成下方鏈輪與鏈條的嚙合不良，鏈條傳動能力降低，並使鏈
條快速磨損。如果必須採取垂直驅動設計的話，應儘可能使主動鏈輪在上方，
並如圖 9-8 所示，採用張力調整裝置。

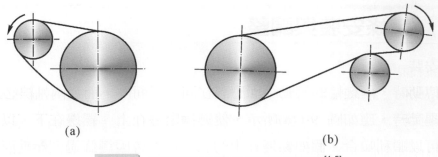

(a)　　　　　　　　　　　　　　　(b)

圖 9-7　鏈條傾斜驅動及張力調整裝置[1-5]

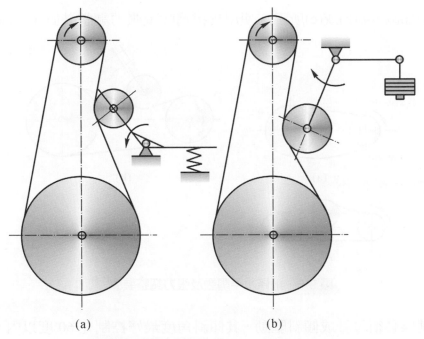

(a)　　　　　　　　　　　　　　　(b)

圖 9-8　鏈條垂直驅動及張力調整裝置[1-5]

2. 鏈條張力調整

鏈條傳動過程中，會因為鏈條磨損而造成鏈條節距增長、鏈條伸長，使鏈條鬆垂程度增大而造成振動加劇，並使鏈條嚙合狀況變差。因此鏈條使用一段期間以後，必須進行調整。最常用的調整方法有直接調整中心距離、使用張力調整輪或直接將鏈條去掉 1 至 2 節的方式；中心距離調整方法，可以參考皮帶傳動裝置的中心距離調整裝置。使用張力調整輪時，調整輪應設置在鬆邊，調整方法有利用彈簧、配重(如圖 9-8 所示)的自動調整裝置，利用螺旋、偏心(如圖 9-6(b)所示)的手動定期調整裝置。

習　題

1. 鏈條傳動時，為何主動鏈輪齒數不能太少？被動鏈輪齒數不能太多？

2. 當鏈條速度一定時，鏈輪齒數大小與鏈條節距大小對鏈條傳動負荷大小有何影響？

3. 為何鏈條傳動時，需要有中心距離調整裝置或張力調整裝置？

4. 已知一雙列滾子鏈條，主動鏈輪轉速 $n = 1200$rpm，$Z_1 = 21$，$Z_2 = 59$，使用標稱號碼 80 的鏈條，$K_A = 1.5$，試計算此鏈條所能傳遞的最大功率。

5. 單列滾子鏈條傳動中，主動鏈輪轉速 $n = 860$rpm，$Z_1 = 19$，$Z_2 = 91$，$K_A = 1.3$，中心距離大約為 900mm，該鏈條的極限拉伸負荷為 30 kN，則此鏈條所能傳遞的最大功率為多少 kW？

6. 某鏈條傳動水平放置，傳遞功率 $P = 7.5$kW，主動鏈輪與馬達連接，轉速為 760rpm，被動鏈輪轉速為 185rpm，負荷平穩，潤滑良好，試設計此鏈條傳動裝置(包括鏈條標稱號碼、節距、鏈節數目、中心距離、鏈輪齒數及節圓直徑)。

參考書目

[1] 何榮松等譯，機械設計(上)，高立圖書有限公司，1995 年 8 月出版。

[2] 許菊若主編，機械設計，化學工業出版社，2005 年 6 月。

[3] 王爲、汪建曉主編，機械設計，華中科學大學出版社，2007 年 2 月。

[4] 楊世明主編，機械設計，電子工業出版社，2007 年 3 月。

[5] 馬保吉主編，機械設計基礎，西北工業大學主編，2005 年 9 月。

[6] 小栗富士雄、小栗達男共著，機械設計圖表便覽，台隆書店出版，1986 年 8 月。

[7] 黃廷合、洪榮哲編譯，機械設計製圖便覽，全華科技圖書公司，1998 年 12 月。

第 10 章

彈簧

10.1 彈簧的種類及功用

10.1.1 概述

彈簧是一種常用的彈性零件,在承受負荷時能隨著負荷的大小產生相對應大小的彈性變形,能將機械能或動能轉換爲應變能之元件。彈簧常運作於高工作應力與連續變化的負荷之應用。一般而言,彈簧大致分爲線性彈簧(linear spring)、非線性漸硬彈簧(nonlinear stiffening spring)及非線性漸軟彈簧(nonlinear softening spring)等三種型式,其負荷與變形間的關係分別如圖 10-1(a)(b)(c)所示。

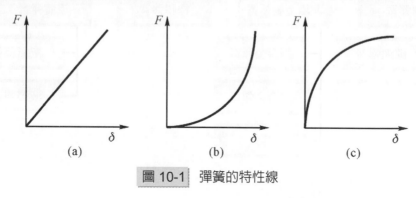

圖 10-1 彈簧的特性線

彈簧的功用:

功用	特性與應用
緩和衝擊、減少振動	吸收振動能。 汽車及火車之避震器、機車支架上之緩衝器和飛機之起落架。
產生作用力	利用彈簧的彈力維持特定的動作。 離合器、煞車機構、內燃機的閥、流體的流量閥。

功用	特性與應用
儲存能量	彈簧能夠儲存彈性能做為動力的來源。 鐘錶發條、鑽床回彈把手及各種彈簧動力玩具。
測量力或力矩的大小	日常重量的檢測。 彈簧秤和各種功率指示器。
冷熱補償	機件受溫變化熱脹冷縮時、藉由彈簧伸縮，補償機件受溫度變化的變形量。

➡ 10.1.2 彈簧的類型、特性及用途

1. 根據材料的分類

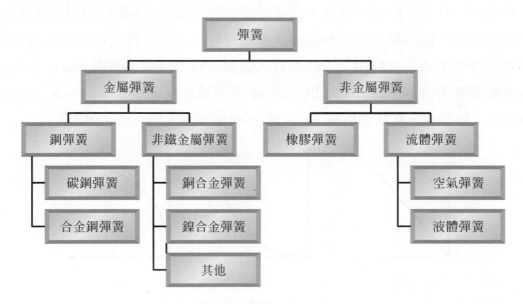

2. 根據形狀的分類

類型		結構	特性線	特性及用途
圓柱螺旋壓縮彈簧	圓形截面			結構簡單、製造方便,特性線接近直線,剛性較穩定,應用最廣。
	矩形截面			矩形截面材料比圓形截面材料的剛度大,吸收的能量多。特性線更接近於直線,剛性更接近於常數,多用於模具。
	不等節距			剛性逐漸增大,自然頻率為變數,利於消除或緩和共振效應的影響,多用於高速變載荷的機構。
	多股			柔度比較大,在一定載荷作用下,可以得到小的振幅,它比普通螺旋彈簧的強度要高。由於鋼絲之間的相互摩擦,具有較大減振的作用。
圓柱螺旋拉伸彈簧				性能和特點與螺旋壓縮彈簧相同。

類型	結構	特性線	特性及用途
圓柱螺旋扭轉彈簧			主要用於壓緊和儲能以及傳動系統中的彈性環。
變徑螺旋彈簧 — 圓錐			剛性逐漸增大，特性線為漸增形，有利於消除或緩和共振效應。結構緊密、穩定性好，多用於承受較大載荷和減振。
變徑螺旋彈簧 — 中凹和中凸形			這類彈簧的特性相當於圓錐形螺旋彈簧。中凸形螺旋彈簧在有些場合下代替圓錐形螺旋彈簧使用。中凹形螺旋彈簧多用作坐墊或床墊。
變徑螺旋彈簧 — 組合			可以得到任意特定的特性線。
非圓形螺旋彈簧			主要用在外廓尺寸有限制的情況下。

類型	結構	特性線	特性及用途
扭桿彈簧			結構簡單，但材料和製造精度要求高，單位體積變形能大，主要用於各種車輛的懸掛裝置上。
碟形彈簧			加載與卸載特性線不重合，在工作過程中有能量消耗，緩衝和減振能力強，多用於要求緩衝和減振能力強之場合。
環形彈簧			在承受載荷時，圓錐面之間產生較大的摩擦力，因而減振能力很強，多用於要求緩衝能力強之場合。
平面蝸捲彈簧			分非接觸式型和接觸型兩種，前者特性線為直線形，後者由於彈簧圈之間有摩擦，特性線為非線性，而具有能量損耗。這類彈簧圈數多，變形角大，儲存能量大，多用作壓緊及儀器和鐘錶等的儲能裝置。
片彈簧			材料的厚度一般不超過4mm。多根據特定要求確定其結構形狀，因此這類彈簧結構形狀繁多，多用作儀表的彈性元件。
板彈簧			板與板之間在工作時有摩擦力，加載與卸載特性線不重合，減振能力強，多用於車輛的懸吊裝置。

類型	結構	特性線	特性及用途
空氣彈簧	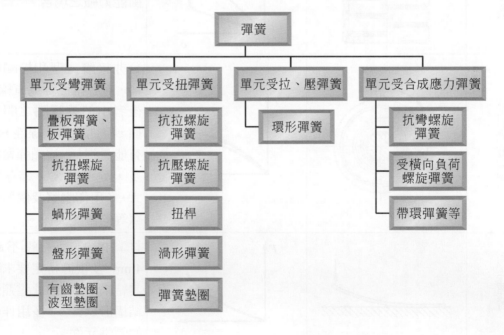		可按特性線要求設計而且高度可以調節。多用在車輛的懸掛裝置和機械設備的隔振裝置上。
橡膠彈簧			彈性模數小，形狀不受限制，各方向剛性可以自由選擇，容易達到理想的非線型特性，同時可承受多方向的載荷。

3. 根據所受應力狀態的分類

4. 根據使用條件的分類

(1) 在靜定的情況下使用彈簧

a. 負荷規定及調整：如秤、安全閥、彈簧墊圈。

b. 利用在能量的積蓄：如鐘錶的發條、留聲機、計器的馬達彈簧。

(2)　在動態的情況下使用彈簧

　　a. 利用恢復性：如閥、調速器的彈簧

　　b. 緩和振動：如車輛的懸架彈簧。

　　c. 吸收衝擊能：如聯結器、昇降機的緩衝彈簧。

(3)　因應環境條件的彈簧

　　a. 用於普通環境的彈簧

　　b. 耐熱、耐蝕性的彈簧。

5.　其他分類

(1)　由組合分類

　　a. 串聯組合彈簧。

　　b. 並聯組合彈簧。

(2)　由特性分類

　　a. 線型彈簧。

　　b. 非線性彈簧。

10.1.3　彈簧材質

　　選擇彈簧的材料時，強度是非常重要特性之一，此強度可能是金屬或是聚合體的降伏強度或陶瓷的壓縮破壞強度或線彈性行為下的撕裂型破壞強度，或複合材料及木材的拉伸強度。大部分彈簧使用高強度，且能量損失係數低的材質，表10-1 為常用彈簧材質的一般特性值及特性。

表 10-1　常用彈簧材質的一般特性

	名稱	規範	彈性係數 E(psi)	剪彈性係數 G(psi)	密度 ρ (lbm/in^3)	最大操作溫度(°F)	主要特性
高碳鋼	琴鋼線	ASTM A228	30×10^6	11.5×10^6	0.283	250	高強度，良好的疲勞壽命。
	硬抽鋼線	ASTM A227	30×10^6	11.5×10^6	0.283	250	一般使用，較差的疲勞壽命。

表 10-1　常用彈簧材質的一般特性(續)

	名稱	規範	彈性係數 E(psi)	剪彈性係數 G(psi)	密度 ρ (lbm/in^3)	最大操作溫度(°F)	主要特性
不銹鋼	麻田散鐵	AISI 410,420	29×10^6	11×10^6	0.280	500	不適合於華氏零度下使用。
	沃斯田鐵	AISI 301,302	28×10^6	10×10^6	0.282	600	於適當的溫度下有良好的強度,低應力釋放能力。
銅基合金	黃銅彈簧	ASTM B134	16×10^6	6×10^6	0.308	200	低成本,高傳導性,低機械性質。
	磷銅合金	ASTM B159	15×10^6	6.3×10^6	0.320	200	良好之抗反覆彎曲能力,通用的合金。
	鈹銅合金	ASTM B197	19×10^6	6.5×10^6	0.297	400	高彈性及疲勞強度,可硬化。
鎳合金	Inconel 600	-	31×10^6	11×10^6	0.307	600	較佳的強度,良好的抗腐蝕。
	Inconel X-750	-	31×10^6	11×10^6	0.298	1100	急速硬化,可在高溫下操作。
	Ni-Span C	-	27×10^6	9.6×10^6	0.294	200	在廣泛的溫度有固定的模數。

彈簧的材料,將分別說明如下:

1. **彈簧鋼**:舉凡車輛、汽車等所使用的疊板彈簧、螺旋彈簧、扭桿等的大型彈簧,都是這種材料。剖面有圓形和扁形。

2. **高合金彈簧鋼**

   (1) 耐蝕彈簧鋼:有麻田散鐵系不銹鋼及析出硬化型不銹鋼。

   (2) 耐熱彈簧鋼:從常溫到 200℃的溫度範圍是使用經淬火回火的低合金彈簧鋼,用於更高溫度的彈簧鋼沒有特別的規定。

   (3) 淬火中成形鋼:這是將鋼在淬火的中途,施以很強的加工,來獲得具有強韌性的一種彈簧鋼。抗拉強度約為 250kgf/mm^2。

3. **琴鋼線條、硬鋼線條**:琴鋼線條是將 P、S 及 Cu 等不純物較少的生鐵和高級廢料,用電爐或酸性平爐熔解,用高溫輥軋,並去除皺皮、傷痕及脫碳等,避免造成破裂現象的「魔線」出現。硬鋼線條沒有琴鋼線條那樣高級,一般

都是用平爐來大量製造，並以退火軟化以後的常溫抽線加工，來提升其機械性質。

4. **不銹鋼線**：為不銹鋼的板、圓鋼的輥軋鋼料，使用於耐蝕性、耐熱性的地方。其代表者有 SUS 440 和 SUS 630，都是麻田散鐵組織，抗拉強度約為 50kg/mm^2，故彈簧用的容許設計應力不能取得太高。

5. **琴鋼絲**：用高碳含量之琴鋼線條，施以韌化處理，由於強度的抽絲加工，來獲得良好的尺寸精度、良質表面和高的機械性質。

6. **硬鋼絲**：這是用硬鋼線條，在退火軟化處理以後，再以常溫抽絲加工來製成，一般強度都是比琴鋼絲差一些，以用於應力覆變次數不多或沒有衝擊負荷的彈簧為多。

7. **油回火鋼絲**：所謂油回火，乃是油中淬火後再回火，鋼絲經過油回火處理，其目的乃在提高其機械性質。

8. **不銹鋼絲**：不銹鋼絲可以分為 3 類

   (1) 麻田散鐵系是 Fe-Cr-C 系的鋼，乃是從高溫而安定的沃斯田鐵組織開始淬火，來產生麻田散鐵組織，由麻淬火與麻回火來硬化，具有韌性和耐蝕性。

   (2) 肥粒鐵系的含 Cr 量較麻田散鐵系多，組織本來是含有碳化物的肥粒鐵，由於淬火產生的硬化能較少，在退火狀態富韌性，常溫加工也很容易。

   (3) 沃斯田鐵系的主要成分是含有 Cr 及 Ni 的 Fe-Cr-Ni 系，一般都是以 SUS 304 型不銹鋼而為人所熟知的。

9. **麻田時效鋼絲**：為 Nickel 公司所研發之低碳高鎳的高強度鋼，從沃斯田鐵化溫度開始冷卻，在麻田散鐵大量析出以後，因為會使這個麻田散鐵老化稱之，如 SUS 630。

10. **鋼帶**：鋼帶有高碳鋼、低合金鋼、不銹鋼。這些都是對於良質的鋼塊開始經輥軋的毛胚，反覆加以退火與常溫輥軋加工，才做出最後之尺寸。

11. **黃銅**：彈簧所使用的黃銅，銅與鋅的重量比幾乎都是以 65/35 為主體之 α 固溶體範圍的材質。其製法是將中間退火溫度維持在 400~450℃，並由於適當的常溫加工度和 200~250℃ 的常溫退火，就可以得到足夠使用的彈簧性。

12. **磷青銅**：Cu-Sn 系的磷青銅，自古以來就是常被使用而有名的彈簧材料，現在一般都是含 Sn 量 6%的，而機器用則是含 Sn 量 8%。

13. **白銅**：實用的彈簧用白銅是 Ni 18%，Zn 27%，Cu 55%的合金，常溫輥軋率愈大，強度愈會增加，彈簧特性也會大起來。

14. **鈹銅合金**：為美國 Beryllum 公司所研究出來之叫做 Berylco 的合金，而以 Berylco 25 為 Be-Cu 合金的代表者。

15. **銅鈦合金**：增加 Ti，雖會提高抗拉強度與彈性係數，增加析出硬化能，卻會降低延展性，損及加工性。因此，實用化的是 Ti 4.5%左右的 Cu-Ti 合金。

16. **鈷基彈簧合金**：Co 基合金，其高耐蝕性、高強度、高彈性、高疲勞限界、低凹痕敏感度，都是具有強韌性的高級彈簧材料。

17. **鎳基彈簧合金**：這種合金的特性是以耐蝕性為首重的情況下，高溫和低溫特性良好，屬於非磁性，但因導電性不佳，所以不適合用在電路開關那樣的接點彈簧。

18. **恒彈性彈簧合金**：這是用於想使特性不受溫度變化的影響，就必須控制彈性係數變化之精密機器的彈簧材料，其名稱有 Ni-Span C 合金和 Elinver 系合金。

19. **合成彈簧材料**：這是由於各種金屬材料性質的特長都各有其限度，將其合成起來，使其同時具有其特長。

10.2 螺旋彈簧

➡ 10.2.1 螺旋壓縮彈簧

彈簧種類的一種，它有固定的線圈直徑及相同的節距，節距為平行線圈軸，由一個線圈的中心到下一個鄰近線圈中心的距離。通常螺旋彈簧的製造是將圓的鋼線在相鄰的線圈以固定的節距纏繞於圓柱體上。最好產生方法是先將長度 L 及直徑 d 的鋼線，在兩端常以長度為 R 的托架上固定，然後提供此裝置如圖 10-2 的力 P，此力 P 距鋼線中心 R 的位置會產生扭矩。

$$T = PR \tag{10.1}$$

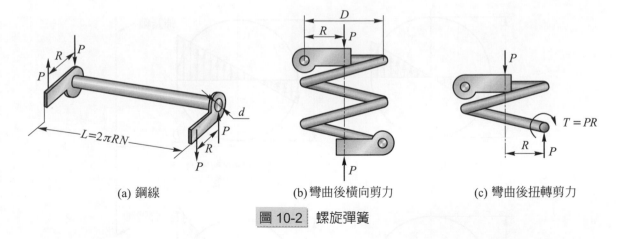

(a) 鋼線　　　　　　(b) 彎曲後橫向剪力　　　　　(c) 彎曲後扭轉剪力

圖 10-2　螺旋彈簧

1. 扭轉剪應力

   鋼線如圖 10-2(a)中的應力是由扭轉所造成的剪力，由公式(10.1)得之。螺旋彈簧主要應力是扭轉剪應力，如圖 10-2(c)所示。由材料力學可知，最大扭轉剪應力是在圓形截面，故可得

   $$\tau_{t,\max} = \frac{Tc}{J} = \frac{Td(32)}{(2)\pi d^4} = \frac{16PR}{\pi d^3} = \frac{8PD}{\pi d^3} \tag{10.2}$$

   式中 D 為線圈平均直徑(mm)及 d 為鋼線直徑(mm)。彈簧指數(c)為線圈曲率的量測值，並定義為

   $$c = \frac{D}{d} \tag{10.3}$$

   大部分彈簧指數介於 3 到 12 間。在圖 10-3 中線圈軸的方向向右，並表示鋼線截面的應力分布圖。又由圖 10-3(a)為純扭轉應力，剪應力在鋼線外緣有最大值，而在鋼線中心則為零。

2. 橫向剪應力(鋼線斷面)

   最大橫向剪應力如圖 10-3(b)所示，考量繞圈之應力集中，其應力集中因數為 1.23，最大橫向剪應力為

   $$\tau_{d,\max} = \frac{1.23P}{A} = \frac{1.23P}{\frac{\pi}{4}d^2} = \frac{4 \cdot 1.23P}{\pi d^2} \tag{10.4}$$

   最大剪應力產生於鋼線之實體橫斷面的中間層，如圖 10-3(b)所示。

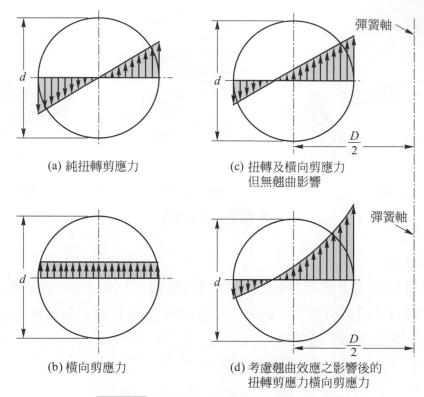

(a) 純扭轉剪應力

(c) 扭轉及橫向剪應力
但無翹曲影響

(b) 橫向剪應力

(d) 考慮翹曲效應之影響後的
扭轉剪應力橫向剪應力

圖 10-3　作用於鋼線橫斷面上的剪應力

3. 最大剪應力

最大剪應力為扭轉剪應力及橫向剪應力之總和，可利用公式(10.2)及(10.4)而
得知。

$$\tau_{max} = \tau_{t,max} + \tau_{d,max} = \frac{8PD}{\pi d^3} + \frac{4 \cdot 1.23P}{\pi d^2} = \frac{8PD}{\pi d^3}\left[1 + \frac{1.23d}{2D}\right] \tag{10.5}$$

圖 10-3(c)顯示最大剪應力發生於鋼線中間層及線圈的內徑。在公式(10.5)中並
不考慮翹曲效應，而圖 10-3(c)也沒有顯示翹曲效應的影響，公式(10.5)亦可表
現如下：

$$\tau_{max} = \frac{8DK_d P}{\pi d^3} \tag{10.6}$$

式中K_d為橫向剪應力係數，將彈簧指數 c 代入公式(10.5)，則

$$K_d = (c + 0.615) / c \tag{10.7}$$

當公式(10.5)的橫向剪應力遠小於扭轉剪應力時，公式(10.7)之 K_d 等於 1。如考慮橫向剪應力的影響，其橫向剪應力係數大於 1。公式(10.6)及(10.7)是使用於穩定狀態負荷情況。

對於彎曲物件而言，挫曲是一個待解決的問題，必須予以考慮。將橫向剪應力係數簡單置換成另一個係數時，翹曲影響可以將公式(10.6)做一個特別考慮。由 A. M. Wahl 所提出的翹曲修正係數，可以下式表示之

$$\tau_{\max} = \frac{8DK_w P}{\pi d^3} \tag{10.8}$$

式中

$$K_w = \frac{4c-1}{4c-4} + \frac{0.615}{c} \tag{10.9}$$

公式(10.9)中第一項為翹曲影響，而第二項為橫向剪應力，且公式(10.8)及(10.9)亦可應用於週期應力負荷。翹曲效應與扭轉及橫向剪應力的應力分布如圖 10-3(d)所示，而其最大應力發生於鋼線中間及線圈的內徑部分，此部分通常是彈簧最先產生破壞。

4. 撓度

根據材料力學可知，由扭轉載荷所產生的剪應變為

$$\gamma_{\theta z} = \frac{R\theta}{L} \tag{10.10}$$

因扭轉所產生的螺圈彈簧長度方向之撓度為

$$\delta_t = R\theta = 0.5 \times (D\theta) \tag{10.11}$$

因以軸作為彈簧線承受扭轉之分析基礎，扭轉扭矩造成之扭轉角為 $\theta = TL/GJ$ 可得

$$\delta_t = \left(\frac{D}{2}\right)\left(\frac{TL}{GJ}\right) \tag{10.12}$$

將公式(10.12)運用螺旋線圈彈簧，並且使用圖 10-2，且假設鋼線為圓形截面，可得

$$\delta_t = \left(\frac{D}{2}\right)\left[\frac{\left(\frac{D}{2}\right)P(2\pi)(D/2)N_a}{G\left(\pi d^4/32\right)}\right] = \frac{8PD^3N_a}{Gd^4} = \frac{8Pc^3N_a}{Gd} \tag{10.13}$$

式中 c 為彈簧指數、N_a 為有效線圈數及 G 為剪彈性模數(p_a)。因扭轉及橫向剪力在金屬圓周上所產生的撓度可經由 Castigliano 定理推導而得。總應變能可由扭矩應變能與軸向應變能相加可得

$$U = \frac{T^2L}{2GJ} + \frac{P^2L}{2AG} \tag{10.14}$$

利用公式(10.14)，可以得到具有圓形截面的螺旋彈簧之總應變能為

$$U = \frac{\left(\frac{PD}{2}\right)^2(\pi DN_a)}{2G\left(\pi d^4/32\right)} + \frac{P^2(\pi DN_a)}{2G\left(\pi d^2/4\right)}$$

$$= \frac{4P^2D^3N_a}{Gd^4} + \frac{2P^2DN_a}{Gd^2}$$

再利用 Castigliano 定理得

$$\delta = \frac{\delta U}{\delta P} = \frac{8PD^3N_a}{Gd^4} + \frac{4PDN_a}{Gd^2}$$

$$= \frac{8PD^3N_a}{Gd^4}\left(1 + \frac{d^2}{2D^2}\right) \tag{10.15}$$

$$= \frac{8Pc^3N_a}{Gd}\left(1 + \frac{0.5}{c^2}\right)$$

比較公式(10.13)及(10.15)，故可得知公式(10.15)中的第二項為橫向剪力，且彈簧指數的範圍介於 $3 \leq c \leq 12$ 時，因橫向剪力所產生的撓度非常小。根據公式(10.13)及(10.15)，彈簧之彈性係數(彈簧率)分別為

$$K_t = \frac{P}{\delta_t} = \frac{Gd}{8c^3N_a} \tag{10.16}$$

$$K = \frac{P}{\delta} = \frac{Gd}{8c^3N_a\left(1 + \frac{0.5}{c^2}\right)} \tag{10.17}$$

公式(10.16)僅適用於扭轉剪力，而公式(10.17)可應用於扭轉及橫向剪力，彈簧指數 c 與彈性係數 k 之間的差異非常大，通常彈簧指數為無因次單位，而彈性常數則為 N/m。彈性較強的彈簧有較小的彈簧指數及較大的彈性係數，有大撓度的彈簧則擁有較大的彈簧指數及較小的彈性係數。

5. 設計彈簧長度及尾端

圖 10-4 所示壓縮彈簧的四種較常用的尾端類型，端部的線圈會產生偏心力的作用，而使彈簧一端的應力增加，不同的尾端種類會有不同的偏心力，而彈簧的設計必須做補正，設計的改變為設定彈簧有效圈數，端部之總圈數的減少卻不能影響撓度，一般很難定義有效圈數的減少量，通常圈數是根據實驗所產生。

圖 10-4(a)畫出普通尾端為非中斷式螺旋體，當線圈不被剪斷時，在每一端的彈性係數都是相同，圖 10-4(b)清楚地描繪尾端研磨，在圖 10-4(c)，因 0°的螺旋角而成為方形(或是封閉)的尾端平面，圖 10-4(d)表示方形而磨平的端平面。要獲得較佳負荷的傳送則需使用尾端磨平的彈簧。

表 10-2 列出圖 10-4 中四種尾端條件平面之壓縮彈簧節距、長度及線圈數的公式。節距為平行心軸，由線圈的中心到下一個鄰近線圈中心的距離。表 10-2 中的公式因尾端情形而有所改變。實體長度為鄰近的線圈處於金屬與金屬相互接觸時之長度，而自由長度則為彈簧沒有受到外力時的長度，圖 10-5 畫出各種不同力施於壓縮彈簧的長度變化。

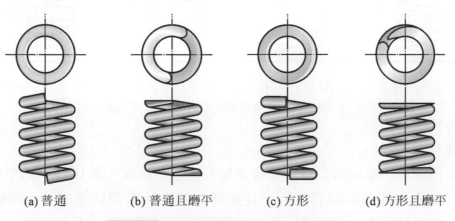

　　(a) 普通　　　　　(b) 普通且磨平　　　　(c) 方形　　　　(d) 方形且磨平

圖 10-4　四種壓縮彈簧常見的端部情形

圖 10-6 所示，四種特殊位置有關力、撓曲及彈簧長度的相互關係，其位置為
自由位置、初始位置、操作位置及實體位置。在右上角長度為零，向左為正
向，而且自由長度等於撓度加上實體長度。

$$L_f = L_s + \delta_s \tag{10.18}$$

表 10-2 四種壓縮彈簧尾端之有效公式

彈簧尾端的型態				
項目	普通	普通且磨平	方形	方形且研磨
尾端線圈數(N_e)	0	1	2	2
總線圈數(N_t)	N_a	N_a+1	N_a+2	N_a+2
自由長度(L_f)	pN_a+d	$p(N_a+1)$	pN_a+3d	pN_a+2d
實體長度(L_s)	$d(N_t+1)$	dN_t	$d(N_t+1)$	dN_t
節距(p)	$(L_f-d)/N_a$	$L_f/(N_a+1)$	$(L_f-3d)/N_a$	$(L_f-2d)/N_a$

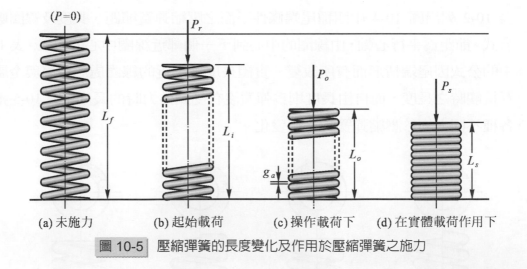

(a) 未施力　　　　(b) 起始載荷　　　　(c) 操作載荷下　　　(d) 在實體載荷作用下

圖 10-5 壓縮彈簧的長度變化及作用於壓縮彈簧之施力

6. 挫曲及顫振

一支相當長的壓縮彈簧應該要檢查是否會產生挫曲，圖 10-7 表示平行端與非
平行端發生挫曲的臨界條件。從此圖中首先計算開始產生挫曲時的臨界撓
度，如果彈簧產生挫曲時，則可將彈簧放置於圓管內或是圓桿外部以防止挫
曲的產生，然而，線圈與引導物間的摩擦將會減少一些彈力，因此降低在彈
簧兩端的載荷傳送。

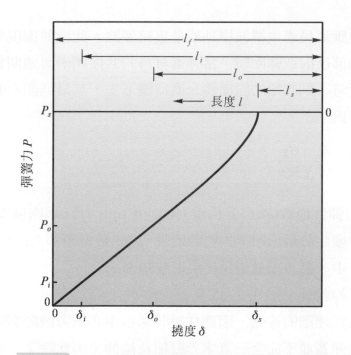

圖 10-6 四種彈簧位置的撓度、施力及長度的相關圖

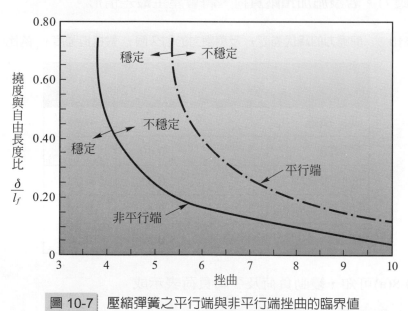

圖 10-7 壓縮彈簧之平行端與非平行端挫曲的臨界值

[Engineering Guide Spring Design, Barnes Group, Inc., 1987.]

彈簧的設計應避免產生縱波振動或是壓縮脈波，此種顫振現象出現於當脈衝通過彈簧端部反射或彈回時，當彈簧材料的共振頻率與週期負荷所產生的頻率非常接近時，則起始的脈衝將一直持續下去，其最低頻率的公式以每秒週期來表示時為

$$f_n = \frac{2}{\pi N_a} \frac{d}{D^2} \sqrt{\frac{Gg}{32\rho}} \tag{10.19}$$

式中 G 為剪彈性模數(Pa)、g 為重力加速度(m/s^2)及 ρ 為密度(kg/m^3)。

顫振動也會發生於最低頻率的整數倍數，諸如最低頻率之兩倍、三倍及四倍。在彈簧設計中，應該盡量避免使用這些頻率。

7. 變動負荷下的設計

由於彈簧力為連續的波動，因此在設計過程中必須考慮疲勞破壞及應力集中影響，螺旋彈簧並不完全一直處於壓縮及拉伸，因此除了工作應力之外，彈簧皆以預壓方式組裝，以預防其所受之應力變為零。週期變化將產生非零值的平均應力。若沒施加預壓負荷，將會產生最差情形。

表 10-3 剪應力的降伏強度 τ_y 及剪應力的耐久限 τ_e 對抗拉強度 τ_{ut} 的比值

型別	$\dfrac{\tau_y}{\tau_{ut}}$	$\dfrac{\tau_e}{\tau_{ut}}$
硬拉鋼線	0.42	0.21
琴鋼線	0.40	0.23
油回火鋼線	0.45	0.22
302 不銹鋼線(18-8)	0.46	0.20
鉻-釩，鉻-矽合金鋼線	0.51	0.20

由圖 10-8(a)可知，變動負荷及平均負荷表示成

$$P_{av} = \frac{P_{max} + P_{min}}{2} \tag{10.20}$$

$$P_r = \frac{P_{max} - P_{min}}{2} \tag{10.21}$$

對於週期負荷而言，Wahl 曲率修正係數所使用的公式(10.9)可以取代靜態情形之橫向剪應力係數公式(10.7)。Wahl 曲率修正係數可視爲疲勞應力集中係數，然而，彈簧與其他機器元件間的主要差異在於彈簧應用於平均應力及應力振幅，其原因爲 Wahl 曲率修正係數並不是眞正的疲勞應力集中係數，卻是計算線圈內部應力的方法。

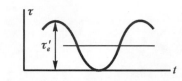

(a) 以振動剪力試驗時材料的疲勞極限

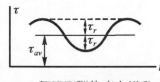

(b) 彈簧實際的應力變動

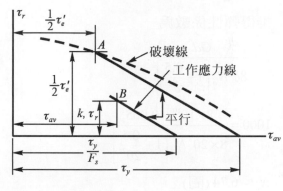

(c) 變動負荷之工作應力

圖 10-8　彈簧的工作應力圖

習慣上，承受變動負荷的設計，若平均應力從平均負荷來，於圖中時不考慮應力集中。並假設捲繞及負荷偏心引起的殘留應力，都小至可以忽略不計。利用圖 10-8(c)中相似三角形對應邊比例關係，可得公式

$$\frac{K_w \tau_r}{\dfrac{\tau_y}{N_{fs}} - \tau_{av}} = \frac{\dfrac{\tau_e}{2}}{\tau_y - \dfrac{\tau_e}{2}} \tag{10.22}$$

其中 N_{fs} 爲安全因數。

此爲設計彈簧承受連續變動負荷的基本公式。

例題 10-1 ●●●

有一螺旋彈簧之線徑為 5mm，螺圈直徑為 100mm，此彈簧線之剪彈性模數為 80000MPa，允許之最大剪應力為 600MPa，欲設計彈性係數為 1000N/m 之彈簧，試問螺圈彈簧之有效圈數為何。

解

因 $c = \dfrac{D}{d} = 20$，再由公式(10.17)

推得彈性係數為

$$k = \frac{Gd}{8c^3 N_a \left[1 + \dfrac{0.5}{c^2}\right]}$$

$$1000 = \frac{8 \times 10^{10} \times 0.005}{8 \times 20^3 N_a \left[1 + \dfrac{0.5}{20^2}\right]}$$

$$N_a = 6.24 \,(\text{圈})$$

例題 10-2 ●●●

飆車族為求行車穩定性常以降低車身達成，因此更換短彈簧或切斷彈簧均為可行途徑，上題中如有效圈數切掉一半，試問彈性係數為多少？

解

$$N_a = 6.24 / 2 = 3.12 \,(\text{圈})$$

$$k = \frac{Gd}{8c^3 N_a \left[1 + \dfrac{0.5}{c^2}\right]}$$

$$k = \frac{8 \times 10^{10} \times 0.005}{8 \times 20^3 \times 3.12 \left[1 + \dfrac{0.5}{20^2}\right]} = 2000 (\text{N / m})$$

例題 10-3

有一螺旋彈簧之線徑爲 5mm，以 100 N 之靜負荷達到 20 mm 之預變形，此彈簧之剪彈性模數爲 80000MPa，允許之最大剪應力爲 600 MPa，試求螺圈半徑及有效圈數。

解

由公式(10.5)

$$\tau_{max} = \frac{8PD}{\pi d^3}\left[1 + \frac{1.23d}{2D}\right]$$

$$6 \times 10^8 = \frac{8 \times 100 \times D}{\pi \times 0.005^3}\left[1 + \frac{1.23 \times 0.005}{2D}\right]$$

$$D = 291(mm)$$

因 $c = \dfrac{D}{d} = 58.2$ ，再由公式(10.15)

$$\delta = \frac{8Pc^3N_a}{Gd}\left[1 + \frac{0.5}{c^2}\right]$$

$$0.02 = \frac{8 \times 100 \times (58.2)^3 N_a}{8 \times 10^{10} \times 0.005}\left[1 + \frac{0.5}{(58.2)^2}\right]$$

$$N_a = 78.4(圈)$$

➡ 10.2.2　螺旋拉伸彈簧

　　螺旋拉伸彈簧的掛鉤外形或尾端必須使其彎曲位置的應力集中影響值盡量減少。在圖 10-9(a)及(b)中，拉伸彈簧端部僅爲半圈的彎曲形狀。當彎曲部分的半徑很小時，則圖 10-9(b)截面 B 點的應力集中會很大。

　　避免嚴重的應力集中的最好方法是將掛鉤的平均半徑 r_2 加大，圖 10-9(c)爲另一種達成方法。在此，其半徑依然小，這會增加應力集中，但卻因爲線圈直徑的減少，較小的力臂產生較小的應力值，因此大大地降低應力值。最大應力值出現於圖 10-9(d)截面 B 點處，圖 10-9(d)爲圖 10-9(c)的側視圖。

圖 10-10 繪出螺旋拉伸彈簧的重要尺寸，假設整體的線圈皆有作用，則線圈的總圈數為

$$N_t = N_a + 1 \qquad\qquad (10.23)$$

整體長度為

$$L_b = dN_t \qquad\qquad (10.24)$$

由端部環或是掛鉤內側量起的自由長度為

$$L_f = L_b + L_h + L_l \qquad\qquad (10.25)$$

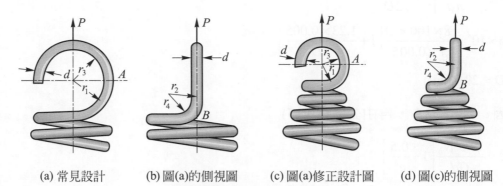

(a) 常見設計　　(b) 圖(a)的側視圖　　(c) 圖(a)修正設計圖　　(d) 圖(c)的側視圖

圖 10-9　拉伸彈簧之端部

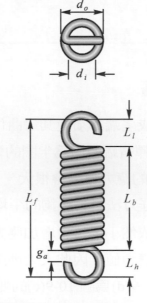

圖 10-10　螺旋拉伸彈簧之尺寸

對封閉纏繞的拉伸彈簧而言，在彈簧撓度產生之前須提供起始負荷，而在起始負荷之後的施力與撓度曲線爲線性關係，因此，施力等於

$$P = P_i + \frac{\delta G d^4}{8 N_a D^3} \tag{10.26}$$

式中 P_i 爲預壓負荷(N)。

彈簧彈性常數爲

$$k = \frac{P - P_i}{\delta} = \frac{d^4 G}{8 N_a D^3} = \frac{dG}{8 N_a c^3} \tag{10.27}$$

靜態及動態的剪應力分別如公式(10.6)及(10.8)所示，而預壓應力 τ_i 可由公式(10.2)求得。拉伸彈簧及壓縮彈簧的彈簧指數有效範圍都在 3 至 12 間，而彈簧之起始負荷稱爲預壓負荷，可以表示爲

$$P_i = \frac{\pi \tau_i d^3}{8D} = \frac{\pi \tau_i d^2}{8c} \tag{10.28}$$

τ_i 可以接受取決於圖 10-11 的彈簧指數值，而彈簧之設計需在圖 10-11 中彈簧指數良好範圍的中間部分。

掛鉤彈簧內的臨界應力產生於截面 A 與截面 B，如圖 10-9 所示。截面 A 是由彎矩及拉力所產生的應力，而在截面 B 則由扭轉及橫向剪力所產生的應力，作用於截面 A 之彎矩及拉應力可以表示成

$$\sigma_A = \left(\frac{Mc}{I} \right) \left(\frac{r_1}{r_3} \right) + \frac{P_A}{A} = \left(\frac{32 P_A r_1}{\pi d^3} \right) \left(\frac{r_1}{r_3} \right) + \frac{4 P_A}{\pi d^2} \tag{10.29}$$

作用於截面 B 的應力爲

$$\tau_B = \frac{9 P_B C}{\pi d^2} \left(\frac{r_2}{r_4} \right) \tag{10.30}$$

半徑 r_1、r_2、r_3 及 r_4 分別如圖 10-9 所示，較佳的彈簧設計取 $r_4 > 2d$。由公式(10.29)及(10.30)所得之 σ_A 及 τ_B 爲設計應力值與容許應力相比，可算出施力是否會發生破壞。

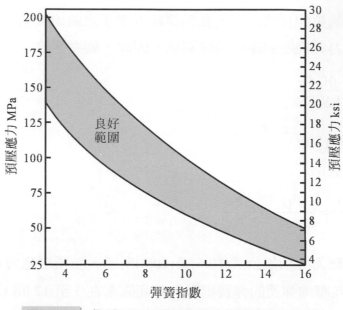

圖 10-11　各種不同的彈簧指數之預壓應力的範圍

10.3　扭轉彈簧

　　扭轉彈簧如圖 10-12 所示。此種彈簧的尾端有多樣性的外形，適合不同的應用。在圖 10-12 中，此種彈簧就如拉伸彈簧一樣，其線圈都是緊靠在一起，但是和拉伸彈簧不同的是扭轉彈簧在開始並不需施予任何負荷。雖然圖 10-12 中的尾端與壓縮及拉伸彈簧相同，但扭轉彈簧適用於扭矩的傳送而非負荷的傳送。扭矩作用於螺旋彈簧之彈簧軸且此扭矩對線圈每一個截面都產生彎矩，故扭轉彈簧所考慮的主要應力為彎曲應力。此彎矩 $M = Pa$ 在線圈內產生正應力(相對地，負荷作用於壓縮彈簧或拉伸彈簧所產生的應力為扭轉應力)。

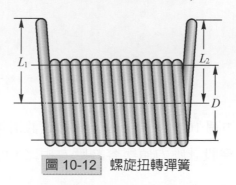

圖 10-12　螺旋扭轉彈簧

在纏繞彈簧所產生的殘留應力與此應力同方向，卻為相反符號且應力產生於彈簧使用的時候。因為殘留應力必須維持彈簧在彎曲狀況，故殘留應力使得彈簧在應用時更強而有力，由於殘留應力與工作應力相反，故扭轉彈簧設計的工作應力值等於或超過鋼線的降伏強度。

最大彎曲應力出現於線圈內緣的位置，且為

$$\sigma = \frac{K_i M \cdot \dfrac{d}{2}}{I} = \frac{32 K_i M}{\pi d^3} \tag{10.31}$$

式中

$$K_i = \frac{4c^2 - c - 1}{4c(c-1)} \tag{10.32}$$

並且假設鋼線為圓形截面。角撓度以徑度表示為

$$\theta_{\text{rad}} = \frac{M L_w}{EI} \tag{10.33}$$

式中 L_w 為彈簧鋼線長度(m)，$L_w = \pi D N_a$。

角撓度以圈數表示為

$$\theta_{\text{rev}} = \frac{M \pi D N_a}{E\left(\dfrac{\pi d^4}{64}\right)}\left(\frac{1\text{rev}}{2\pi \text{rad}}\right) = \frac{32 M D N_a}{\pi E d^4} = \frac{10.18 M D N_a}{E d^4} \tag{10.34}$$

角彈簧常數

$$k_\theta = \frac{M}{\theta_{\text{rev}}} = \frac{E d^4}{10.18 D N_a} \tag{10.35}$$

作用圈數為

$$N_a = N_b + N_e \tag{10.36}$$

式中 N_b 為整體線圈數、N_e 為尾端線圈數，$N_e = (L_1 + L_2)/3\pi D$，而 L_1 及 L_2 為彈簧端部長度(m)。

扭轉彈簧通常裝設在圓桿件上。當施力於扭轉彈簧時，彈簧會彎曲而造成彈簧內徑的減少。就設計的目的而言，彈簧的內徑不能等於圓桿的直徑，否則此彈簧會破壞。受力後之扭轉彈簧之內徑為

$$D_i' = \frac{N_a D_i}{N_a'} \tag{10.37}$$

式中 N_a 為無負荷之有效圈數、D_i 為無負荷之線圈內徑(m)、N_a' 為負荷下之有效圈數。D_i' 為負荷之線圈內徑(m)。

10.4 板片彈簧

複合板片彈簧使用範圍很廣，特別應用在汽車及火車工業上，板片彈簧的精確分析通常很複雜。複合板片彈簧可以視為如圖 10-13(b)之簡單懸吊樣式，亦可將它視為如圖 10-13(a)，由三角板切成 n 個寬為 b 的相等長條板，以階梯形式堆疊，如圖 10-13(b)所示。

在分析複合板片彈簧之前，先考慮單板片懸吊彈簧，此彈簧為固定矩形的截面，矩形截面其寬為 b 而高為 t 時，直樑所受的最大彎應力為

$$\sigma = \frac{6M}{bt^2} = \frac{6Px}{bt^2} \tag{10.38}$$

Px 為力矩而最大力矩產生於 $x = L$ 且為截面的外緣部分或

$$\sigma_{max} = \frac{6PL}{bt^2} \tag{10.39}$$

根據公式(10.38)可知，應力公式為沿著樑之 x 的函數，而設計工程師可假設樑的應力值為一常數。為了達成此項要求，不管 t 或是 b 改變，應力為任意 x 之常數值。

$$\frac{b(x)}{x} = \frac{6P}{t^2\sigma} \tag{10.40}$$

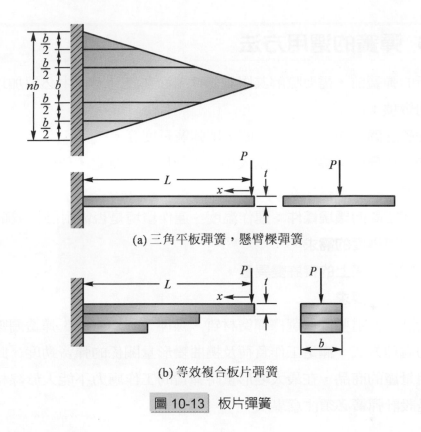

(a) 三角平板彈簧，懸臂樑彈簧

(b) 等效複合板片彈簧

圖 10-13 板片彈簧

由圖 10-13(a)所示的三角外形且任意 x 之應力為常數時，公式(10.40)為線性。

　　三角平板彈簧與等效之複合板片彈簧擁有相同的應力及變形的特性，但有兩項例外：

1. 複合板片彈簧之內部的摩擦力可提供阻尼。

2. 複合板片彈簧只能承受單一方向的負荷。

　　理想的板片彈簧之撓度及彈簧常數為

$$\delta = \frac{6PL^3}{Enbt^3} \qquad\qquad\qquad (10.41)$$

$$k = \frac{P}{\delta} = \frac{Enbt^3}{6L^3} \qquad\qquad\qquad (10.42)$$

10.5　彈簧的選用方法

　　設計新的彈簧前，需要瞭解其限制條件，而在設計過程中必須加以考慮的條件，如下列幾項：

1. **彈簧安置空間**：彈簧作動的空間，即彈簧長度等。

2. **承受的工作負荷與撓曲變形的大小**：設計目標的訂定，依照不同的限制選用彈簧材料。

3. **彈簧運作空間的環境條件**：運作溫度、運作環境是否需耐蝕性或耐熱性等。

4. **精確度與可靠度的需求。**

5. **所需間隙與規格上的容許變異量。**

6. **成本與批量的要求。**

　　彈簧設計依據這些條件選擇彈簧材質、線徑、平均直徑、彈簧圈數、自由長度、端圈的處理方式、滿足工作負荷及撓曲變形量關係的彈簧勁度。此外，彈簧線材應選用量產的商品，在最大變形量時彈簧的工作應力不能大於線材的降伏強度等，都是設計彈簧必須注意事項。

10.6　彈簧串聯與並聯使用之計算

1. 串聯使用如圖 10-14

   (1)　總變形量：ΔX

   $$\Delta X = \Delta X_1 + \Delta X_2 + \cdots\cdots + \Delta X_n$$

   (2)　總彈簧常數：K

   $$\because\ \frac{1}{K} = \frac{1}{K_1} + \frac{1}{K_2} + \cdots\cdots + \frac{1}{K_n}$$

   $$\therefore\ K = \frac{1}{\dfrac{1}{K_1} + \dfrac{1}{K_2} + \cdots\cdots + \dfrac{1}{K_n}}$$

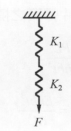

圖 10-14　彈簧串聯

2. 並聯使用如圖 10-15

(1) 總變形量：ΔX

$$\Delta X = \frac{1}{\Delta X_1} + \frac{1}{\Delta X_2} + \cdots\cdots + \frac{1}{\Delta X_n}$$

(2) 總彈簧常數：K

$$K = K_1 + K_2 + \cdots\cdots + K_n$$

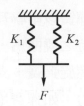

圖 10-15　彈簧並聯

習 題　　　　　　　　　　　　　　　　　　　　

1. 二拉伸彈簧以串聯互鉤承受 150kg 負載，彈簧常數為 150kg/cm 及 100kg/cm，則負載時之撓曲為，(A)0.5cm，(B)1cm，(C)1.5cm，(D)2.5cm。

2. 一鋼製螺旋彈簧，支持 100lb 負荷，有 2.3in 撓曲，彈簧指數為 6，試找出其最大應力。如彈簧是 8 號鋼絲做成，並同時找出其作用圈數。(鋼絲直徑 $d = 0.162$ inch)

3. 一螺旋彈簧由 10 號鋼絲做成，N_c 是 20，彈簧指數是 4.67 受靜止負荷，試用 SI 制，找出 25mm 撓曲下的應力。(鋼絲直徑 $d = 0.135$ inch，$G = 79310$ MPa)

4. 10 牛頓／毫米彈簧常數的螺旋彈簧，裝於 7 牛頓／毫米的另一彈簧上。試求有 50 毫米總撓曲所有需要的力。

5. 兩同心螺旋彈簧，外部的彈簧常數為 2,400 磅／吋，內彈簧常數為 1,750 磅／吋。外彈簧較內彈簧長 $\frac{1}{2}$ 吋。設總負荷為 8,000 磅，試求每一彈簧所支持的重量。

6. 兩同心壓縮彈簧中外部的彈簧由 38 毫米直徑圓桿製成，螺旋的外徑為 225 毫米，有 6 作用圈。內部彈簧由 25 毫米圓桿裝成，螺旋外徑 140 毫米，有 9 作用圈。外部彈簧比內部彈簧的自由高度大 19 毫米。試求在 90,000N 負荷每一彈簧的撓曲及負重。(取 $G = 77000$ MPa)

7. 一壓縮彈簧擬以直徑 0.120 吋鋼線製成，有 10 作用圈，螺旋的平均直徑為 1 吋。鋼線直徑的商業限界為 0.1185 和 0.1215 吋。螺旋直徑變化由 0.980 至 1.020 吋。作用圈數變化由 $9\frac{3}{4}$ 至 $10\frac{1}{4}$。彈性模數變化由 11,400,000 至 11,800,000 磅／吋^2。試求當一切變數趨向使彈簧最硬的彈簧常數。

8. 假設簡單支持的板片彈簧有負荷 P 在中央，其應變能可用式 $\frac{1}{2}Py$ 表示，而 y 為撓曲。試證明應力 $\sigma = c\sqrt{6EU/Il}$，而 c 為由中性軸至橫斷面邊緣的距離。試用此關係證明，矩形橫斷面在一定應力 σ 所吸收的能相同。

第 11 章
離合器與制動器

11.1 前言

　　離合器之功能為提供主動軸與被動軸之連結與分離，並可在主動軸仍處於運轉的過程中，將扭矩平穩地傳輸至被動軸，或將被動軸接收的扭矩平穩地切斷。主動軸傳輸扭矩與否，關乎被動軸角加速度之有無，主動軸與被動軸之角速度一致時，離合器即作為聯軸器之功能使用，對於必須時常停下機構作動之機械，為避免驅動馬達及驅動機構慣性之變化，以離合器接合或分離被動軸有其必要。制動器之功能則常以摩擦之熱能降低系統運轉之動能，使系統運轉之角速度或速度調整至所需要求。工業用離合器及制動器普遍以動摩擦及靜摩擦間之變換達成，因此摩擦元件間之摩擦係數及耐磨耗特性至為關鍵，蓋因高摩擦係數可提供較大之摩擦力，促使離合器傳輸較大之扭矩，亦提供制動器使之迅速降低系統動能。然而，摩擦熱能同時影響摩擦元件間之摩擦係數及其耐磨耗特性，於設計階段時摩擦元件之解熱途徑亦必須有所考量，而使用階段之定期保養維護是為必要。

11.2 離合器設計

➡ 11.2.1 軸向圓盤離合器

　　就軸向圓盤離合器之分析可參照圖 11-1，其中包括離合器之兩接觸圓盤的內孔半徑(r_i)及外圓半徑(r_o)，兩接觸圓盤之壓合推力(F)，兩接觸圓盤間之接觸壓力(P)，若距圓盤圓心之半徑r處，以微小半徑(dr)所圍成一微小角度($d\theta$)的面積上，可知其微小壓合推力(dF)為

$$dF = pdA = prd\theta dr \tag{11.1}$$

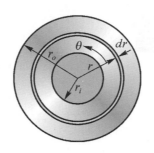

圖 11-1 軸向圓盤具有不同半徑的離合器表面

考量兩接觸圓盤間之摩擦係數(μ)，則其傳動之微小扭矩(dT)為

$$dT = \mu r dF = \mu r p r d\theta dr = \mu p r^2 d\theta dr \tag{11.2}$$

由公式(11.2)可知，傳動扭矩與圓盤尺寸、兩接觸圓盤間之接觸壓力及兩接觸圓盤間之摩擦係數成正相關，然而，兩接觸圓盤間任一處之接觸壓力是否均為定值，有其不同假設，若兩接觸圓盤均為剛體，則可將兩接觸圓盤間之接觸壓力(P)視為定值，而若兩接觸圓盤具有彈性時，則兩接觸圓盤間之接觸壓力(P)不為定值，因假設狀況不同，其解析程序亦有所不同。就古典磨耗理論而言，可知兩接觸元件之磨耗量(δ)與兩元件間之接觸壓力(P)及相對速度(v)成正比($\delta = kpv$)，將就二種假設分別分析如下。

1. 均勻壓力理論

對於精確製造及厚實的圓盤，承受軸向壓合推力時，可視為剛體進行分析。因剛體不變形，軸向壓合推力均勻分布於圓盤面上，因此兩接觸圓盤間之接觸壓力(P)視為定值，設 $p = p_o$，對公式(11.1)進行積分得到軸向壓合推力為

$$F = \int p_o dA = \int_{r_i}^{r_o} \int_0^{2\pi} p_o r d\theta dr = \pi p_o (r_o^2 - r_i^2) \tag{11.3}$$

而對公式(11.2)積分可得傳動扭矩為

$$T = \int \mu r dF = \int_{r_i}^{r_o} \int_0^{2\pi} \mu r p_o r d\theta dr = \int_{r_i}^{r_o} \int_0^{2\pi} \mu p_o r^2 d\theta dr$$

$$= \frac{2\pi \mu p_o}{3} (r_o^3 - r_i^3) \tag{11.4}$$

上述二方程式可助吾等設計人員反推設計條件，就設計階段已知欲傳遞之扭矩(T)，待摩擦係數及幾何尺寸確定後，即可知兩接觸圓盤間之接觸壓力(p_o)，可推演獲得軸向壓合推力，就傳動系統而言，此軸向壓合推力係由彈簧供給，因此彈簧的預置變形必須能提供足夠的軸向壓合推力，便於傳動系統傳輸扭矩，軸向壓合推力不足時，兩接觸圓盤將發生打滑，傳動扭矩亦因降低。

2. 均勻磨耗理論

　對於具有撓性之金屬圓盤或使用經過一段時間之離合器圓盤，於承受軸向壓合推力時，金屬圓盤往往產生受力變形之現象，使得兩接觸圓盤間之接觸壓力並非均勻分布，此時摩擦圓盤部位之均勻磨耗變為可能。因此就古典磨耗理論 $\delta = kpv = kpr\omega = k_1 pr$ 可知，又 $\delta = k_1 pr = k_1 p_{max} r_i = \text{constant}$ ，可得 $p = p_{max} r_i / r$ ，對公式(11.1)進行積分得到軸向壓合推力為

$$F = \int p dA = \int_{r_i}^{r_o} \int_0^{2\pi} pr d\theta dr = \int_{r_i}^{r_o} \int_0^{2\pi} p_{max} r_i d\theta dr = 2\pi p_{max} r_i (r_o - r_i) \tag{11.5}$$

而對公式(11.2)積分可得傳動扭矩為

$$T = \int \mu r dF = \int_{r_i}^{r_o} \int_0^{2\pi} \mu r p r d\theta dr = \int_{r_i}^{r_o} \int_0^{2\pi} \mu r^2 [p_{max} r_i / r] d\theta dr$$

$$= \pi \mu p_{max} r_i (r_o^2 - r_i^2) \tag{11.6}$$

使用均勻磨耗理論時，最大接觸壓力(p_{max})較難獲得，是為此理論運用時之困難。然而藉由均勻壓力及均勻磨耗理論所獲取之值，可助吾人獲取離合器設計之參考。

例題 11-1

一軸向圓盤離合器，其外徑為 400mm，內徑為 150mm，假設摩擦係數為 0.3，(a)若兩接觸圓盤間之接觸壓力(p_o)為 800kPa，請依均勻壓力理論求取軸向壓合推力及傳動扭矩；(b)若兩接觸圓盤間之最大接觸壓力(p_{max})為 800kPa，試以均勻磨耗理論求取軸向壓合推力及傳動扭矩。

解

(a) 均勻壓力理論

$r_i = 75\text{mm}$，$r_o = 200\text{mm}$，$p_o = 800\text{kPa}$，$\mu = 0.3$

$F = \pi p_o(r_o^2 - r_i^2) = \pi \cdot 800000(0.2^2 - 0.075^2) = 86393.8(\text{N})$

$T = \dfrac{2\pi\mu p_o}{3}(r_o^3 - r_i^3) = 2\pi \cdot 0.3 \cdot 800000(0.2^3 - 0.075^3)/3 = 3089.2(\text{N-m})$

(b) 均勻磨耗理論

$r_i = 75\text{mm}$，$r_o = 200\text{mm}$，$p_{max} = 800\text{kPa}$，$\mu = 0.3$

$F = 2\pi p_{max}r_i(r_o - r_i) = 2\pi \cdot 800000 \cdot 0.075(0.2 - 0.075) = 47123.8(\text{N})$

$T = \pi\mu p_{max}r_i(r_o^2 - r_i^2) = \pi \cdot 0.3 \cdot 800000 \cdot 0.075(0.2^2 - 0.075^2) = 1943.9(\text{N-m})$

➡ 11.2.2 錐形離合器

就軸向圓盤離合器之軸向壓合推力而言，其可提供垂直於摩擦面之法向力量，促使離合器能承受相當之扭矩。而錐形離合器之外形具有楔形作用，可提高兩摩擦元件之接觸壓合法向力，進而使傳輸扭矩提高。圖 11-2 表示一圓錐面上之元素受力狀況，此元素面積及受力為

$$dA = rd\theta(dr/\sin\alpha) \tag{11.7}$$

$$dF = pdA = (pr/\sin\alpha)d\theta dr \tag{11.8}$$

其中 α 為圓錐半角，p 為接觸面之壓力。離合器軸向壓合推力為 W，兩摩擦元件之接觸壓合法向力為 F，就幾何關係可知微小軸向壓合推力 dW 與微小接觸壓合

法向力為 dF 之關係為

$$dW = dF\sin\alpha = prd\theta dr \qquad (11.9)$$

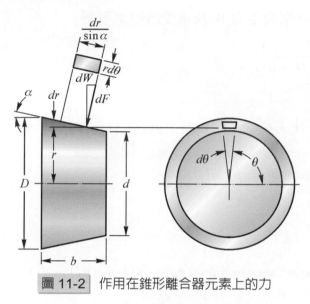

圖 11-2　作用在錐形離合器元素上的力

若錐形離合器之摩擦面外圓直徑為 D，摩擦面內圓直徑為 d，對公式(11.9)積分可得

$$W = \int_{d/2}^{D/2} \int_0^{2\pi} prd\theta dr \qquad (11.10)$$

同理可得承受扭矩 T 為

$$T = \int_{d/2}^{D/2} \int_0^{2\pi} \mu(pr/\sin\alpha)rd\theta dr \qquad (11.11)$$

分別就不同理論進行分析如下：

1. 均勻壓力理論

   如軸向圓盤離合器之接觸壓力假設均為 p_o，代入公式(11.10)及公式(11.11)後積分可得

$$W = \int_{d/2}^{D/2} \int_0^{2\pi} p_o rd\theta dr = \frac{\pi p_o}{4}(D^2 - d^2) \qquad (11.12)$$

$$T = \int_{d/2}^{D/2} \int_0^{2\pi} \mu(p_o r / \sin\alpha) r d\theta dr = \frac{\pi \mu p_o}{12\sin\alpha}(D^3 - d^3) \tag{11.13}$$

結合離合器軸向壓合推力 W 及承受扭矩 T 可得

$$T = \frac{\mu W(D^3 - d^3)}{3\sin\alpha(D^2 - d^2)} \tag{11.14}$$

2. 均勻磨耗理論

   將 $p = p_{max}d/2r$ 代入公式(11.10)及公式(11.11)可得到軸向壓合推力為

$$W = \int_{d/2}^{D/2} \int_0^{2\pi} pr d\theta dr = \pi p_{max} d(D - d)/2 \tag{11.15}$$

   承受扭矩 T 為

$$T = \int_{d/2}^{D/2} \int_0^{2\pi} \mu(pr/\sin\alpha) r d\theta dr = (\pi \mu p_{max} d / 4\sin\alpha)(D^2 - d^2) \tag{11.16}$$

   結合離合器軸向壓合推力 W 及承受扭矩 T 可得

$$T = \mu W(D + d)/2\sin\alpha \tag{11.17}$$

例題 11-2 ●●●

一錐形離合器，其摩擦面外圓直徑為 400mm，內圓直徑為 150mm，假設摩擦係數為 0.3，圓錐角為 60 度(圓錐半角為 30 度)，(a)若兩接觸圓盤間之接觸壓力(p_o)為 800kPa，請依均勻壓力理論求取軸向壓合推力及傳動扭矩；(b)若兩接觸圓盤間之最大接觸壓力(p_{max})為 800kPa，試以均勻磨耗理論求取軸向壓合推力及傳動扭矩。

解

(a) 均勻壓力理論

   d=150mm，D=400mm，p_o=800kPa，μ=0.3

   $W = \frac{\pi p_o}{4}(D^2 - d^2) = (\pi \cdot 800000/4)(0.4^2 - 0.15^2) = 86393.8(\text{N})$

$$T = \frac{\mu W (D^3 - d^3)}{3 \sin \alpha (D^2 - d^2)} = \frac{0.3 \cdot 86393.8(0.4^3 - 0.15^3)}{3(0.4^2 - 0.15^2) \sin(\pi/6)} = 7618.2 \text{(N-m)}$$

(b) 均勻磨耗理論

d=150mm，D=400mm，p_{max}=800kPa，μ=0.3

$$W = \pi p_{max} d (D - d)/2 = \pi \cdot 800000 \cdot 0.075(0.4 - 0.15) = 47123.8 \text{(N)}$$

$$T = \mu W(D + d)/2 \sin \alpha = \frac{0.3 \cdot 47123.8(0.4 + 0.15)}{2 \cdot \sin(\pi/6)} = 7775 \text{(N-m)}$$

11.3 短來令塊制動器

短煞車塊制動器藉槓桿原理之簡單省力機構，獲致摩擦力引致之阻塊，促使系統動能降低或鼓輪停止。圖 11-3 顯示作動力 W 及幾何尺寸 d_1，d_2，d_3 及 d_4。正向力 P 及摩擦力 μP 是作用在煞車上的力。對短塊煞車而言，通常假設其襯墊上的壓力為均勻壓力。只要襯墊長度相對於鼓輪圓周是短的，均勻壓力假設是正確的。

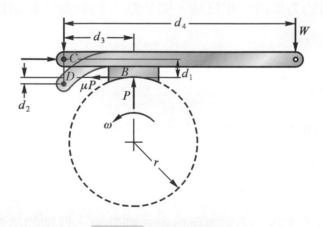

圖 11-3　短煞車塊煞車

假如摩擦力產生的力矩與施加在鼓輪上的作動力所產生的力矩方向一致時，則煞車可考慮為自給能量型，此表示摩擦力與作動力所產生的力矩符號相同。假如摩擦力矩與作動力矩方向相反的話，則會產生減能效應，圖 11-3 同時顯示自給

能量或減能效應。將鉸銷上的作用力對點 C 所做的力矩相加並且使其總和為零，則可得

$$d_4W + \mu Pd_1 - d_3P = 0 \tag{11.18}$$

摩擦力與作動力的力矩符號相同時，裝於 C 點的制動器鉸銷為自給能量型。由上式解正向力為

$$P = \frac{d_4W}{d_3 - \mu d_1} \tag{11.19}$$

在點 C 的煞車扭矩為

$$T = Fr = \mu rP = \frac{\mu rd_4W}{d_3 - \mu d_1} \tag{11.20}$$

其中 r 為鼓輪半徑(m)。

將鉸銷的力對點 D 所做力矩相加，並使其總和為零，則可得

$$-Wd_4 + \mu Pd_2 + d_3P = 0$$

當摩擦力和作動力的力矩符號相反時，裝於點 D 的制動器鉸銷為減能型。由上式解得正向力為

$$P = \frac{Wd_4}{d_3 + \mu d_2} \tag{11.21}$$

在圖 11-4 中，點 D 的煞車扭矩為

$$T = \frac{\mu d_4 rW}{d_3 + \mu d_2} \tag{11.22}$$

假如作動力等於零時，必須考慮自鎖式制動器。自鎖的煞車並非所要的，因為會卡住鼓輪而造成不滿意的操作，甚至產生危險。但自鎖式制動器常應用於危險運作之保護裝置，只要藉適當制動裝置即可解開自鎖而運轉。

11.4 長來令塊擴張型制動器

如圖 11-4 所示為具兩襯墊的長煞車塊且內部擴張型環狀煞車，右側煞車塊的鉸銷位於點 A。襯墊的根部最接近鉸銷，而其前端則最靠近作動力 W，長煞車塊與短煞車塊間有一個主要的差別為壓力在短煞車塊是假設均勻的，而在長煞車塊上則並非如此。在長煞車塊上，其根部處的壓力為零或是很小，而愈靠近前端壓力愈大，這種壓力的變化會令人聯想到壓力也許是以正弦的形式變化；因此，接觸壓力 p 與最大壓力 $p_{\max}$ 之間的關係可寫成

$$p = p_{\max}\left(\frac{\sin\theta}{\sin\theta_a}\right) \tag{11.23}$$

其中 θ_a 為 $p = p_{\max}$ 時的角度。

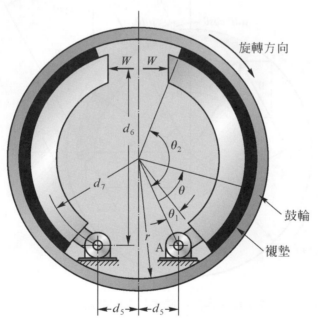

圖 11-4 兩個長來令塊且內部擴張型環狀制動器

圖 11-4 中的距離 d_6 是垂直於作動力，圖 11-5 顯示力及長煞車塊且內部的擴張型環狀煞車上的關鍵尺寸。在圖 11-5 中的 θ 座標開始於鼓輪中心與鉸銷中心的連線。同樣地，煞車塊襯墊並非由 $\theta=0°$ 處開始，其角度範圍由 θ_1 到 θ_2。在襯墊的任何角度 θ 都會得到不同的正向力 dP，其值為

$$dP = pbrd\theta \tag{11.24}$$

其中 b 為來令塊面寬(m)。

面寬是垂直於紙面的距離。將公式(11.23)代入(11.24)中可得

$$dP = \frac{p_{max} br \sin\theta d\theta}{\sin\theta_a} \tag{11.25}$$

由公式(11.25)可知對應力臂 $d_7 \sin\theta$ 的正向力矩為

$$\begin{aligned}
M_p &= \int d_7 \sin\theta dP = \frac{d_7 br p_{max}}{\sin\theta_a} \int_{\theta_2}^{\theta_1} \sin^2\theta d\theta \\
&= \frac{br d_7 p_{max}}{\sin\theta_a} \left[2(\theta_2 - \theta_1)\frac{\pi}{180°} - (\sin 2\theta_2 - \sin 2\theta_1) \right]
\end{aligned} \tag{11.26}$$

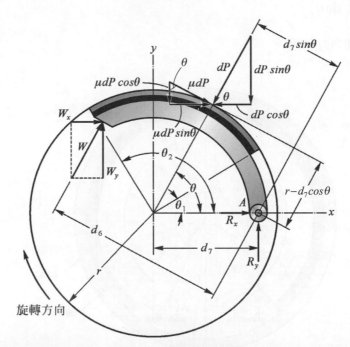

圖 11-5 長煞車塊且內部擴張型環狀煞車的作用力及尺寸

其中 θ_1 和 θ_2 的單位皆為強度。由公式(11.25)對應力臂 $r - d_7\cos\theta$ 的摩擦力矩為

$$\begin{aligned}
M_F &= \int (r - d_7\cos\theta)\mu dP \\
&= \frac{\mu p_{max} br}{\sin\theta_a} \int_{\theta_1}^{\theta_2} (r - d_7\cos\theta)\sin\theta d\theta \\
&= \frac{\mu p_{max} br}{\sin\theta_a} \left[-r(\cos\theta_1 - \cos\theta_2) - \frac{d_7}{2}(\sin^2\theta_2 - \sin^2\theta_1) \right]
\end{aligned} \tag{11.27}$$

11.5 碟式制動器

　　機械系統運轉速度日增，制動器藉摩擦力引致之扭矩可降低系統運轉動能，而摩擦能量以熱能型態散逸，機械系統受熱導致自體變形，對於機械之精密度影響甚大。碟式制動器的碟盤暴露在空氣中，使得碟式制動器具有優良的散熱性，當機械系統在高速度運轉狀態進行速度急降或在短時間內多次制動，來令片性能較不易衰退，可讓運轉系統獲得較佳的煞車效果。碟式制動器普遍以雙來令片箝制碟盤方式進行制動，其分析原理可參考第 11.2 節軸向圓盤離合器，而來令片內圓半徑 r_i 及外圓半徑 r_o，每片來令片與碟盤間之致動力 F，來令片與碟盤間之接觸壓力 P，而來令片角度為 β，分別以下列不同理論進行解析。

1. 均勻壓力理論

　　假設碟盤及兩來令片均為剛體，致動於來令片之壓合推力均勻分布於來令片上，並均勻施加在碟盤上，因此其接觸壓力視為定值 p_o，可得每一片來令片之制動力為

$$F = \int_{r_i}^{r_o} \int_0^\beta p_o r d\theta dr = \beta p_o (r_o^2 - r_i^2)/2 \tag{11.28}$$

而雙來令片箝制所產生之扭矩為

$$T = 2\int_{r_i}^{r_o} \int_0^\beta \mu r p_o r d\theta dr = 2\int_{r_i}^{r_o} \int_0^\beta \mu p_o r^2 d\theta dr$$

$$= \frac{2\beta\mu p_o}{3}(r_o^3 - r_i^3) \tag{11.29}$$

2. 均勻磨耗理論

　　假設來令片與碟盤間之接觸壓力並非均勻分布，其 $p = p_{max} r_i / r$，可得每片來令片之制動力為

$$F = \int_{r_i}^{r_o} \int_0^\beta p r d\theta dr = \beta p_{max} r_i (r_o - r_i) \tag{11.30}$$

而雙來令片箝制所產生之扭矩為

$$T = 2\int_{r_i}^{r_o} \int_0^\beta \mu r p r d\theta dr$$

$$= \beta \mu p_{max} r_i (r_o^2 - r_i^2) \qquad\qquad\qquad (11.31)$$

例題 11-3 ●●●

一穩定運轉於 600rpm 之系統，其質量慣性矩為 200（N-m·sec²），若有緊急狀況必須於 5 秒內完全停止，採用雙來令片箝制之碟式制動器，每片來令片角度為 120 度，而外徑為 400mm，內徑為 300mm，假設摩擦係數為 0.3，(a)請依均勻壓力理論求取每片來令片之制動力；(b)試以均勻磨耗理論求取每片來令片之制動力。

解

∵ $\omega_1 = 600 \cdot 2\pi/60 = 20\pi$ (1/sec)，$\omega_2 = 0$

∴ $\alpha = -4\pi$ (1/sec²)

因此制動扭矩必須為 $T = I\alpha = 200 \cdot (-4\pi) = -800\pi$ (N-m)，

負號為此扭矩與運轉方向相反之意，凡是欲降低動能之制動均為負號，因此於設計階段可忽略負號，便於計算。

(a) 均勻壓力理論

$r_i = 150mm$，$r_o = 200mm$，$\mu = 0.3$

$$T = \frac{2\beta\mu p_o}{3}(r_o^3 - r_i^3)$$

$$800\pi = 2(2\pi/3) \cdot 0.3 \cdot p_o \cdot (0.2^3 - 0.15^3)/3$$

$$p_o = 1297297 (N/m^2)$$

$$F = \beta p_o (r_o^2 - r_i^2)/2 = (2\pi/3) \cdot 1297297(0.2^2 - 0.15^2)/2 = 23774(N)$$

(b) 均勻磨耗理論

$r_i = 150mm$，$r_o = 200mm$，$\mu = 0.3$

$$T = \beta\mu p_{max} r_i (r_o^2 - r_i^2)$$

$$800\pi = 2\pi/3 \cdot 0.3 \cdot p_{max} \cdot 0.15(0.2^2 - 0.15^2)$$

$$p_{max} = 1523810(\text{N/m}^2)$$

$$F = \beta p_{max} r_i(r_o - r_i) = (2\pi/3) \cdot 1523810 \cdot 0.15(0.2 - 0.15) = 23923.8(\text{N})$$

11.6 對稱樞塊制動器

圖 11-6 所示為對稱樞塊制動器架構，其對稱樞塊煞車最大壓力發生在 $\theta_a = 0°$ 時，壓力變化表示為

$$p = p_{max}\left(\frac{\cos\theta}{\cos\theta_a}\right) = p_{max}\cos\theta \tag{11.32}$$

對任何 θ 而言，正向力的微分量 dF 為

$$dF = pbrd\theta = p_{max}br\cos\theta d\theta \tag{11.33}$$

對稱型負荷中樞煞車塊煞車的設計主要是 d_7，為鼓輪中心到中樞的距離，選擇適當的 d_7 使得對煞車塊的力矩為零。圖 11-6 可得摩擦力矩為

$$M_f = 2\int_0^{\theta_2} \mu dF(d_7\cos\theta - r)d\theta \tag{11.34}$$

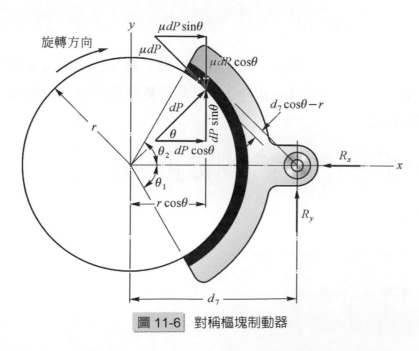

圖 11-6　對稱樞塊制動器

將公式(11.33)代入公式(11.34)中可得

$$M_f = 2\mu p_{max} br \int_0^{\theta_2} \left(d_7 \cos^2\theta - r\cos\theta \right) d\theta \tag{11.35}$$

如 $M_f = 0$，則可得

$$d_7 = \frac{4r\sin\theta_2}{2\theta_2 \left(\dfrac{\pi}{180°} \right) + \sin 2\theta_2} \tag{11.36}$$

此公式中的 d_7 會使摩擦力矩的值為零，制動扭矩為

$$T = 2\int_0^{\theta_2} r\mu dP = 2\mu r^2 bp_{max} \int_0^{\theta_2} \cos\theta d\theta = 2\mu r^2 bp_{max} \sin\theta_2 \tag{11.37}$$

　　圖 11-6 中，對任何 x 值而言其上半部及下半部水平摩擦力 $dp\cos\theta$ 的數值相同而符號相反。對一固定的 x 在上下半部的垂直摩擦力 $dp\sin\theta$ 則是數值與方向皆相同，所以水平方向的反作用力為

$$R_x = 2\int dF\cos\theta = \frac{p_{max}br}{2}\left[2\theta_2 \left(\frac{\pi}{180°} \right) + \sin 2\theta_2 \right] \tag{11.38}$$

由公式(11.36)可得

$$R_x = 2br^2 p_{max} \sin\theta_2 / d_7 \tag{11.39}$$

對一固定 y 值而言，其上半部及下半部垂直摩擦力部分數值相同而符號相同。對一固定的 y 值在上下半部的垂直正向力部分則是數值相同而方向相反，所以垂直方向的反作用力為

$$R_y = 2\int_0^{\theta_2} \mu dF\cos\theta = \frac{\mu p_{max}br}{2}\left[2\theta_2 \left(\frac{\pi}{180°} \right) + \sin 2\theta_2 \right] \tag{11.40}$$

由公式(11.36)可得

$$R_y = 2\mu br^2 p_{max} \sin\theta_2 / d_7 = \mu R_x \tag{11.41}$$

$$R_x = 2br^2 p_{max} \sin\theta_2 / d_7 \tag{11.42}$$

11.7 制動器之發熱量

　　制動器及離合器發散摩擦熱量的能力是決定其吸收動能的主要依據，而消散熱量的性質則由各種組成零件大小、形狀及表面狀況而決定。煞車及離合器未密封於殼中，或有空氣流動於其周圍，則較容易冷卻。使用煞車時間的長短及每次使用時間間隔皆為影響溫度因素。單位面積所吸收的馬力值可當作來令片溫度升高的近似指標，如一般工業使用之制動器指標為 $1HP/in^2$。

例題 11-4 ●●●

於例題 11.3 中，可否計算此制動器之制動馬力指標？

解

每片來令片之摩擦面積為

$$\pi(r_o^2 - r_i^2) = \pi(0.2^2 - 0.15^2) = 0.05495(m^2) = 85.2(in^2)$$

$$\omega_1 = 20\pi(1/\sec)，T = 800\pi(\text{N-m})$$

$$\omega_1 T = 16000\pi^2(\text{N-m/sec})$$

$$\because 1HP = 746 \text{ N-m/sec}$$

$$\therefore 馬力值 = 16000\pi^2/746 = 211.5(HP)$$

有二片來令片，因此每片來令片之制動馬力為 $211.5/2 = 105.75(HP)$

而單位面積之制動馬力為 $105.75/85.2 = 1.24 \ (HP/in^2)$

習題

1. 如圖單塊制動器，若轉軸之轉矩 $T = 1800$kg-cm，輪鼓直徑 30cm，摩擦係數 $\mu = 0.25$，求該輪作正、逆旋轉時，需最小制動作用力 F 各為若干 kg？

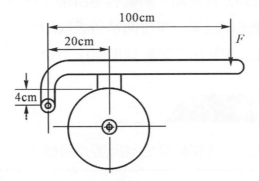

2. 如圖之摩擦圓盤制動器，若盤面摩擦係數 $\mu = 0.25$，則最大制動能力為若干馬力？

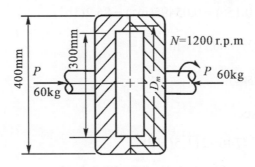

3. 如圖之摩擦圓盤制動器，若 $D_1 = 500$mm，$D_2 = 400$mm，轉速 900rpm，摩擦係數 $\mu = 0.3$，旋轉軸傳動馬力 5PS，則軸向上最小應施力若干公斤？

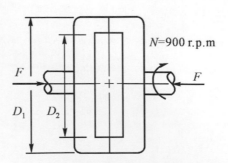

4. 如圖為摩擦圓盤制動器，若 $D_1 = 500$mm，$D_2 = 400$mm，轉速 900rpm，摩擦係數 $\mu = 0.3$，圓錐半頂角 $\theta = 20°$，旋轉軸傳動馬力 5PS，則軸向上最小應施力若干公斤？($\sin20° = 0.342$，$\cos20° = 0.940$)

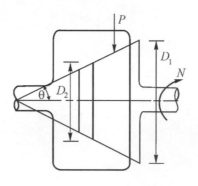

5. 如下圖所示的帶制動器，鼓輪直徑 8cm，$a = 3$cm，$l = 30$cm，當制動扭矩為 400kg-cm 時，緊邊張力 $F_1 = 2F_2$，則此時之操作力 F 為　(A)10kg　(B)15kg　(C)20kg　(D)25kg　(E)30kg。

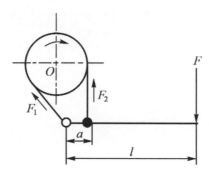

6. 同上題，若鼓輪之轉向為逆時針方向，則施力 F 應為若干？

7. 如圖所示鼓輪直徑為 8cm，平衡扭矩為 400kg-cm，當 $F_1 = \dfrac{7}{3}F_2$ 時，則停止轉動，試求制動力 P 為　(A)10kg　(B)15kg　(C)20kg　(D)25kg。

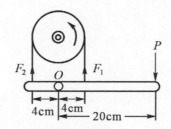

第四篇

機械系統設計

第 12 章　公差與配合

第 13 章　接合設計

第 14 章　疲勞設計

第 15 章　系統可靠度

第 12 章

公差與配合

公差技術是工業發展的重要基礎，並且為產品品質與成本的指標，隨著機械對於精度的要求提高，公差技術扮演的重要性逐漸顯現。一般由設計者的觀點而言，公差愈緊表示產品品質愈好，但由於製造成本、製程能力以及機具使用維護等考量，需在品質和上述因素間做一取捨，因此公差設計實則隱含產品功能、品質、製程、成本與產品性能等影響因素之間的取捨結果。對於精密機械而言，精度即為其品質的重要指標，尤其是準確度與重現性精度更是產品量產技術與品質穩定的指標。

公差概念源自於零件互換性的製造觀念，最早在 18 世紀起源於法國的兵工廠內，英國和美國的兵工廠大約在同時間也產生了相類似的觀念，互換性制度也擴展到其他類的製造工業，如鐘錶製造。十九世紀之前的觀念以支援設計者之功能需求為主，公差用以滿足客戶所需之功能，隨著生產技術的改善以及生活水準的提高，產品講究品質，同時因為大量生產模式的普遍化，公差設計重點則在於支援大量生產零組件的互換性，公差用以管理產品品質與零組件之間的互換性。

公差配合為公差技術之重要一環，尤其與產品組裝後之功能息息相關，本章針對機械元件說明其組裝配合條件之選用。

12.1 精密度、誤差、偏差與公差

機械產品甚為重視精度(precision)，或稱為精密度。精密度代表「精確」與「密集」，亦即一般所稱的「準確」(accuracy)與「重現性」(repeatability)，若以圖 12-1 的鏢靶為例，A 選手射出六發飛鏢，第一發 A_1 偏離靶心，偏離量為 a_1，則 a_1 是這一發的「偏差」，或稱為這一發的「誤差」或「不準度」。例如設計一支軸的直徑是 100mm，實際生產後取其中一根軸量得的尺寸是 99.95mm，那這支軸的尺寸誤差是 0.05mm，也就是和設計尺寸偏差了 0.05mm。然而在上述的鏢靶例子中，

A 射了六發平均分布在靶心附近，六發的平均值 μ_A 和靶心的距離稱為 A 的「平均值偏差」，若畫一個包含這六發飛鏢落點的最小圓，如圖中虛線所圍成的圓，這個圓可以表示 A 的變動範圍，也是一般稱為 A 的公差。以上述的軸為例，生產一批 50 支軸經量測直徑後平均值為 100.02mm，最大值是 100.11mm，最小值是 99.92mm，則平均值偏差是 100.02mm–100.00mm=0.02mm，但本批量生產的公差是 100.11mm–99.92mm=0.19mm。

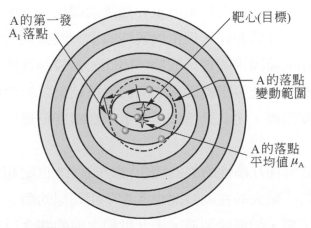

圖 12-1 以鏢靶為例說明誤差、偏差與公差

從統計的觀點來看，一批零件生產出來的尺寸不會都一樣，而往往是分布在一個區間，在上述的鏢靶例子中，此六發飛鏢每一發與平均值 μ_A 相差量的平方相加後的平均再開根號稱為標準偏差或標準差(standard deviation)，A 的平均值 μ_A 和標準差 σ_A 的定義分別如公式(12.1)和(12.2)所示，式中 n 為樣品數量，以上述的鏢靶為例 n 為 6。

$$\mu_A = (A_1 + A_2 + \cdots + A_n)/n = \frac{1}{n}\sum_{i=1}^{n} A_i \tag{12.1}$$

$$\sigma_A = \sqrt{\frac{1}{n}\sum_{i=1}^{n}(A_i - \mu_A)^2} \tag{12.2}$$

標準差是代表這份群體(例如 A 所射的六發飛鏢)的密集程度，也可以表示群體的「變動量」，標準差越高表示個體越分散，所以也常常用來表示「密集度」，或稱為「重現性」，也因此標準差也是作為「公差」的一個指標，這種以統計分

析爲基礎的公差稱爲統計公差，適用在大量生產的產品。也因爲大部分生產製程都存在這種變動量，所以機械產品或零件在加工時若考慮加工製程的變動量，每個設計規格需要給予一個允許的變動範圍，也就是「允差」或「公差」。

回到圖 12-1 的例子，參見圖 12-2 如果有 A 和 B 兩位選手各射出六發飛鏢的結果如該圖所示，A 選手射出的的結果都在靶心附近，也就是接近目標，所以 A 選手比較「準確」，也就是偏差比較小；反觀 B 選手射出的結果偏離靶心，所以比較不準。但若仔細分析，B 選手射出的結果相當集中，也就是「重現性」較高，換句話說就是標準差比較小，對於產品而言，這兩種指標都很重要。

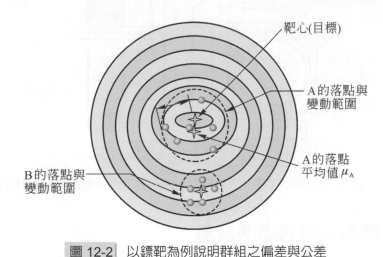

圖 12-2　以鏢靶爲例說明群組之偏差與公差

公差的種類可分爲三種，即尺寸公差(size tolerance)、形狀公差(form tolerance)與位置公差(position tolerance)。一般所稱的公差是指尺寸公差，而將形狀公差與位置公差合併稱爲幾何公差，本章主要說明用在組合件配合與其功能相關的尺寸公差分析及選用。

▌12.2　公差與偏差制度

產品在設計時主要是考慮它的功能性，所以設計時是以理想的尺寸進行分析，這個理想的尺寸是設計的基礎，也稱做基本尺寸(basic dimension)，但是產品生產製造設計後的尺寸無法和設計時尺寸完全一樣，尤其是大量生產時，個別零件分別生產後再進行組裝，所以重視的是零件之間的互換性，因此在設計時會根

據基本尺寸以及設計的功能和生產的考量給予一個變動的範圍，所允許的變動範圍內最大和最小的尺寸稱為限界尺寸(也稱為極限尺寸)，而最大和最小的尺寸分別稱為最大限界尺寸和最小限界尺寸，這兩個尺寸和基本尺寸的差異分別稱為上偏差與下偏差，而這個變動範圍(也就是最大限界尺寸和最小限界尺寸的差)就是這個尺寸的公差，而這兩個尺寸所圍成的區域稱為公差區域(tolerance zone)。圖 12-3 顯示一個圓孔之基本尺寸、限界尺寸、偏差與公差示意圖。

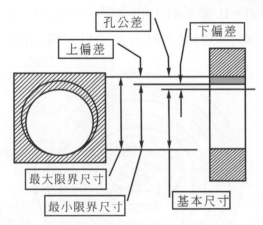

圖 12-3　一個孔的基本尺寸、限界尺寸、偏差與公差示意圖[CNS B1002-1]

12.2.1　精度等級與標準公差

如上所述，公差表示尺度設計時所允許的變動範圍，一般而言，公差越小表示該產品生產製造時越難達成，所以生產成本會比較高；但是例如飛機、汽車等大型產品的尺度比較大，要求達到像鐘錶這一類小產品一樣的公差就更為困難，也就是公差的設定應該和尺寸有一對應的關係。有鑑於此，國際標準組織(ISO)就訂定精度等級(IT grade)來表示產品不同尺度所對應的精度。

依照國際標準組織的定義，基礎精度等級分為 IT01、IT0、IT1、IT2、……、IT18 共計 20 個等級，等級越低表示精度越高，生產製造越困難。為了計算各尺度所對應的精度，首先定義尺度的公差單位如下：

$$i = 0.45\sqrt[3]{D} + 0.001D \tag{12.3}$$

式中 D 的單位為 mm，i 的單位為 μm (1μm=0.001mm)。透過這個單位，進一步定義各種精度所對應的公差值，如表 12-1 所示為小於 500mm 的尺度各個精度

等級所對應的公差數值。舉例來說，如果一個尺度是 64mm，那麼對應的標準公差數值 i 就是 $0.45\sqrt[3]{64}+0.001\times64=1.864\mu m$，所以如果選擇精度 IT11 級所要求的公差是 $100i=186.4\mu m=0.1864mm$，如果要求的精度提高到第 IT6 級，則公差要降爲 $10i=18.64\mu m=0.01864mm$，相差達十倍。我們也可以注意到在這個表中，IT6 以上的精度等級，每隔五級標準公差數值就加大 10 倍，所以這個規則在必要時也可應用於 IT16 以上的精度等級，例如 IT17 的公差等於 $1600i$，IT18 的公差等於 $2500i$。

表 12-1 只列出 IT5 到 IT16 的對應公差，至於 IT 4 以下精度等級的標準公差就根據表 12-2 來計算，計算式中 D 的單位爲 mm，i 的單位爲 μm。至於 IT2 至 IT4 的標準公差數值是在 IT1 與 IT5 的標準公差數值之間按幾何比例約略配置。

表 12-1　尺寸小於 500mm 時 IT5 至 IT16 之標準公差數值[CNS B1002-1]

級別	IT5	IT6	IT7	IT8	IT9	IT10	IT11	IT12	IT13	IT14	IT15	IT16
數值	$7i$	$10i$	$16i$	$25i$	$40i$	$64i$	$100i$	$160i$	$250i$	$400i$	$640i$	$1000i$

表 12-2　尺寸小於 500mm 時 IT01、IT0 及 IT1 之標準公差數值[CNS B1002-1]

級別	IT01	IT0	IT1
數值	$0.3+0.008D$	$0.5+0.012D$	$0.8+0.020D$

表 12-1 和 12-2 爲小於 500mm 的尺度各個精度等級所對應的常用公差數值，爲了讓常用公差級別可比照應用到超過 500mm 之尺寸，選擇自 IT6 至 IT16 共十一個級數，其每一精度等級對應的公差數值如表 12-3 所示，表中的公差單位 I 定義如下式決定，式中 I 的單位是 μm，而 D 是以 mm 爲單位。和表 12-1 相同地，表 12-3 顯示每隔五級標準公差數值就加大成爲 10 倍，所以這個規則在必要時也可應用於 IT16 以上的精度等級。

$$I = 0.004D + 2.1 \tag{12.4}$$

表 12-3　尺寸超過 500mm 至 3150mm 時 IT6 至 IT16 之標準公差數值[CNS B1002-1]

級別	IT6	IT7	IT8	IT9	IT10	IT11	IT12	IT13	IT14	IT15	IT16
數值	$10I$	$16I$	$25I$	$40I$	$64I$	$100I$	$160I$	$250I$	$400I$	$640I$	$1000I$

在實際使用上爲考慮尺寸的規格化以及計算簡便起見，上述計算的標準公差的公式可配合表 12-4 所列的直徑分段使用。每一分段內的所有直徑，可用該分段最大與最小極端直徑的幾何平均值 D 來計算公差及偏差數值，其結果列於附錄「A12-1：尺寸小於 500mm 之標準公差數值表」與「A12-2：尺寸超過 500mm 至 3150mm 之標準公差數值表」供設計選用。在上例中，尺寸 64mm 第六級的精度所對應的公差經計算爲 $18.64\mu m$，經有效位數的調整後選擇 $19\mu m$；若使用表 A12-1，在表中最左一欄選擇「＞50 至 80」，在這一行對應到第 6 級這一欄的值是 $19\mu m$，和上面的計算相同，在設計實務上，一般都使用表 A12-1 和表 A12-2 來選擇公差數值。

表 12-4　公差設計之標稱直徑分段[CNS B1002-1]

主要分段		中間分段		主要分段		中間分段	
超過	至	超過	至	超過	至	超過	至
-	3			80	120	80	100
						100	120
3	6			120	180	120	140
						140	160
6	10					160	180
10	18	10	14	180	250	180	200
		14	18			200	225
						225	250
18	30	18	24	250	315	250	280
		24	30			280	315
30	50	30	40	315	400	315	355
		40	50			355	400
50	80	50	65	400	500	400	450
		65	80			450	500

12.2.2　偏差制度

　　在圖 12-3 孔的尺度與偏差及公差的示意圖中，可以將基本尺寸的線當作基準線，也就是偏差為零的線，簡稱為零線。習慣上將零線以水平方向繪製，在零線以上的尺度表示正偏差，相反的在零線以下的尺度表示負偏差，而尺度的變動範圍以灰色區域表示，如圖 12-4 所示。當一個尺度的最大和最小限界尺度都大或等於或都小或等於基本尺寸尺度，也就是它的上下偏差都大或等於或都小或等於零線，所標示的公差都是正值或都是負值，例如$100^{-0.1}_{-0.2}$或$50^{+0.3}_{0}$，這種公差標示稱為單向公差；相對地，如果這個尺度的最大和最小限界尺度分別大於和小於基本尺寸尺度，也就是它的上下偏差跨越零線，則所標示的公差分別是正值和負值，例如$100^{+0.1}_{-0.2}$，這種公差標示稱為雙向公差。

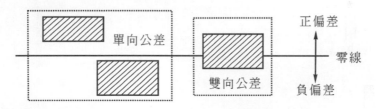

圖 12-4　零線、正偏差、負偏差、單向公差以及雙向公差示意圖

　　上述的規範顯示公差區域的位置有二個極端的偏差，亦即上偏差與下偏差。我們以「軸」來表示實體的特徵，它的上、下偏差分別用 es 與 ei 來表示，其中比較接近零線(基本尺寸)的極端偏差稱為基礎偏差。圖 12-5 所顯示的是軸的偏差符號和零線相對位置之示意圖，圖中顯示偏差 a 到 h 表示軸的尺寸上限比基本尺寸小，所以它們是以上偏差 es 作為基礎偏差，偏差 a 的基礎偏差比較大，b、c、d⋯則逐漸變小，到了偏差 h，基礎偏差就降為 0；而偏差 k 到 zc 是以下偏差 ei 作為基礎偏差，基礎偏差則由 0 逐漸增加。有了基礎偏差，另一個極端偏差就可以根據基礎偏差和公差數值Δ算出來，若基礎偏差是上偏差 es，則下偏差 ei=es−Δ，反之亦然；比較特殊的是 js 偏差，它的上、下偏差各是公差的一半 ei=es=(Δ/2)。例如尺寸 64mm 偏差 g 的基礎偏差為$-10\mu m$，第六級公差查「表 A12-1：尺寸小於 500mm 之標準公差數值表」的公差數值為$19\mu m$，所以 64g6 的上偏差是$-10\mu m$，下偏差是$-10\mu m-19\mu m=-29\mu m$，也就是 64g6 等於$64^{-0.010}_{-0.029}$或是寫成 63.990/63.971。至於各尺度對應的基礎偏差計算公式參見國家標準 CNS B1002-1，附錄「A12-3：

軸尺寸小於 500mm 的常用偏差數值表」列示常用的偏差數值表供設計時選用，讀者可以自行嘗試以上述尺寸 64mm 偏差爲 g 的基礎偏差爲例查表練習。

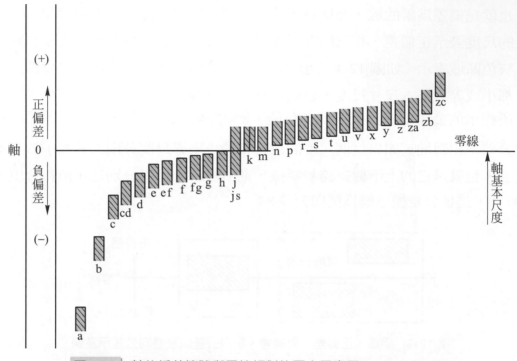

圖 12-5　軸的偏差符號與零線相對位置之示意圖[CNS B1002-1]

　　瞭解「軸」的上、下偏差計算方法，「孔」特徵的上、下偏差計算也就容易說明，「孔」特徵是指一般將實體去除後的孔、槽、洞等內凹的特徵，相對於軸用小寫符號，它的尺寸上、下偏差分別用 ES 與 EI 來表示，其中比較接近零線(基本尺寸)的極端偏差稱爲基礎偏差。孔的偏差符號意義和軸相反，圖 12-6 所顯示的是孔的偏差符號和零線相對位置之示意圖，圖中顯示偏差 A 至 H 表示孔的尺寸下限比基本尺寸大，所以它們是以下偏差 EI 作爲基礎偏差；偏差 A 的基礎偏差比較大，B、C、D……則逐漸變小，到了偏差 H，基礎偏差就降爲 0；而偏差 K 到 ZC 是以上偏差 ES 作爲基礎偏差，基礎偏差則由 0 逐漸增加。同樣的，有了基礎偏差另一個極端偏差就可以根據基礎偏差和公差數值Δ算出來，若基礎偏差是上偏差 ES，則下偏差 EI=ES−Δ，反之亦然。

　　孔的基礎偏差因爲和軸相反，在 A 到 H 中 EI=−es，在 J 到 ZC 中 ES=−ei，所以可以參考「A12-3：軸尺寸小於 500mm 的常用偏差數值表」來使用，例如尺

寸 64mm 偏差 H 的基礎偏差為 0，第七級公差查表 A12-1 的公差數值為 $30\mu m$，所以 64H7 的下偏差是 $0\mu m$，上偏差是 $0+30\mu m=30\mu m$，故可寫成 $64\,^{0.030}_{0}$ 。

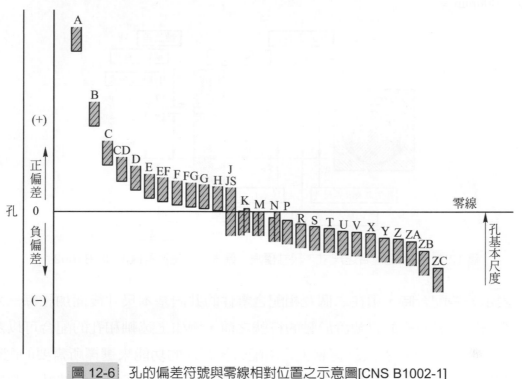

圖 12-6　孔的偏差符號與零線相對位置之示意圖[CNS B1002-1]

12.3　公差與配合

　　產品是由零件組合而成，若組合的零件中有尺寸的限制或拘束時稱為配合關係，這時配合件居於內部的零件稱為軸，而外部零件稱為孔，軸和孔在習慣上是用來標示零件所有外周特徵與內周特徵的名詞，所以也包含非圓柱形的零件在內。

　　軸和孔都是個別的零件，所以它們個別的尺寸、偏差和公差的標示都是根據 12.2 節所規範的方式來標示。以圖 12-7 來說明，設計分析時的尺寸為基本尺寸，例如基本尺寸是直徑 64mm；因為考慮軸和孔的組裝配合和相對運動的功能，所以軸的設計尺寸會比基本尺寸稍微小一些，而孔的尺寸會比基本尺寸大一些。假設軸選擇偏差 g 而公差為第六級，而孔選擇偏差 H 且公差是第七級，則軸和孔的尺寸分別為 $\phi64g6$ 和 $\phi64H7$，軸的上下偏差分別是 $-0.010mm$ 和 $-0.029mm$，所對

應的最大和最小極限尺寸經計算分別是 φ63.990mm 和 φ63.971mm；而孔的上下偏差分別是 0.030mm 和 0mm，所對應的最大和最小極限尺寸經計算分別是 φ64.030mm 和 φ64.000mm。

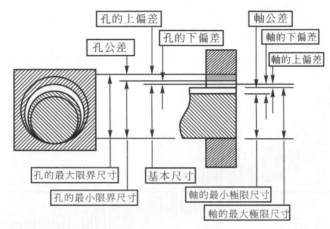

圖 12-7 軸與孔配合之尺寸、尺寸極限、偏差與公差示意圖[CNS B1002-1]

表示公差配合時，須在二個互相配合零件的共同基本尺寸後面加註每一零件的對應符號，且將孔的符號置於軸的符號之前，例如上述軸和孔的配合可以寫成 64H7/g6 或 64H7-g6。在設計實務上是由配合後組件的功能來選擇所需要的配合，以這個例子而言，假設軸和孔需要做相對的滑動，同時為了組裝的特性，選用孔稍大而軸稍小的配合，也就是為什麼選擇 H7/g6 的原因。事實上要孔稍大而軸稍小的配合也有很多種不同的組合可以選擇，例如也可以選擇 H8/d9、H7/f8 或是 G7/h6 等，本節後續說明這些選擇的差異性以及常用的配合制度。

在配合的制度中，如果兩個零件的原始尺寸在組裝後留有間隙，也就是孔的尺寸大於軸的尺寸，則稱為留隙配合；相反的，如果孔的尺寸小於軸的尺寸，那麼這兩個零件組裝時會產生干涉現象，則稱為過盈配合(又稱干涉配合)；如果組裝時因為公差的關係，有時是孔大於軸，有時是軸大於孔，這種配合稱為過渡配合。如果以公差區域的相對關係來看，留隙配合是軸的公差區域小或等於孔的公差區域，如圖 12-8(a)所示；如果是軸的公差區域大或等於孔的公差區域，如圖 12-8(c)所示，就是過盈配合，而若是軸的公差區域和孔的公差區域有相重疊，就表示是過渡配合，如圖 12-8(b)所示。

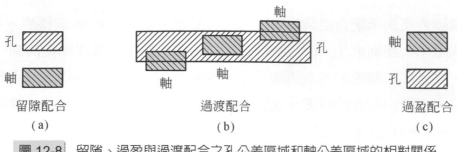

圖 12-8　留隙、過盈與過渡配合之孔公差區域和軸公差區域的相對關係

　　留隙配合因為孔大於軸，所以一般組裝時因為有間隙可以很容易地將兩個零件滑動配合在一起；過盈配合因為軸大於孔，所以無法自然裝入，一般需要將孔加溫膨脹或是將軸冷卻收縮才有辦法組裝；至於過渡配合因軸和孔有時略有干涉，有時留有小間隙，所以組裝時往往需要施加輕微的力量才容易裝好。

　　在留隙配合中，孔最小尺寸和軸最大尺寸的差值稱為最小間隙，而孔最大尺寸和軸最小尺寸的差值稱為最大間隙；相對地，在過盈配合中，孔最大尺寸和軸最小尺寸在裝配前的尺寸差(負數)稱為最小過盈，而孔最小尺寸和軸最大尺寸在裝配前的尺寸差稱為最大過盈。

　　在實際設計選擇時，會考慮選用已經標準化的零件，再加工或選用另一個零件來配合，以節省成本卻又能保有設計功能和的品質。所以在配合的設計中，若軸的公差不變，和它配合的孔可以選擇各種不同的間隙或過盈的方式稱為基軸制，如圖 12-9 所示，一般在基軸制中會將軸的基礎偏差也就是上偏差設定為零，也就是偏差為 h。相對地，在圖 12-9 配合的設計中，若選擇孔的公差不變，和它配合的軸公差可以調配來產生留隙、過盈或是過渡配合，這種方式稱為基孔制，一般在基孔制中會將孔的基礎偏差也就是下偏差設定為零，也就是偏差為 H。

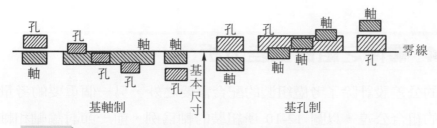

圖 12-9　基孔制與基軸制配合之公差區域變動範圍[CNS B1002-1]

　　在本節上面的例子中，64H7/g6 用的是基孔制，表 12-5 列出一些留隙配合常用的基孔制的設計選用例子，表中孔的偏差保持為 H，粗轉合座、輕轉合座、轉

合座與精轉合座表示配合組裝的狀態，軸的偏差由 c、d、e、f 調整到 g，也就是配合的間隙由大逐漸縮小，而孔和軸的尺寸精度也從 IT9 級逐漸提高到 IT6 級甚至 5 級，表示加工精度的要求更趨嚴苛。ISO 或 CNS 或 JIS 等國際或國家標準僅定義公差、偏差與配合的制度，在實際應用上，各公司可根據自己的經驗或需求訂定公差配合的設計選用制度。

表 12-5　使用基孔制之留隙配合之適用條件與應用例

配合狀況			適用條件	分類	應用例
留隙配合	粗轉合座	H9c9	運動需有大間隙者、高溫時需適當間隙者、組裝需要大間隙者	功能尚須能有大間隙者(但會膨脹故位置誤差大)考量製造與維修成本或大尺寸時	活塞環與活塞槽
	輕轉合座	H8d9、H9d9	運動需有較大間隙者		曲柄臂與銷軸承、排氣閥與彈簧座滑動部位
		H7e7、H8e8、H9e9	運動需有稍大間隙者、潤滑需稍大間隙者、高溫、高速、高負荷之軸承需潤滑者	一般旋轉或滑動要求好潤滑時、常拆裝之普通配合	排氣閥座之配合、曲柄軸主軸承、一般滑動配合
	轉合座	H6f6、H7f7、H8f7、H8f8	運動需有適當間隙者、油脂或油潤滑之一般常溫軸承		一般軸與套筒、連桿之桿與套筒
	精轉合座	H6g5、H7g6	輕負荷精密機械連續運轉需小間隙者、精密滑動者	要求無鬆動之精密運動者	連桿之銷與桿、鍵與鍵槽、精密閥桿

12.4　零件之組合公差分析

　　零件的公差設計除了考慮組裝的配合需要之外，另一個重要的考量因素是零件組裝後的組合公差，以圖 12-10 所組裝的軸為例，前一節討論軸和軸承的配合設計，但軸組裝後要考慮它旋轉的功能，所以組裝後軸的肩部和軸承之間要留有小的間隙，也就是如圖中的尺寸 D_0 在設計時要大於零。設計者在設計基本尺寸時會將這個條件列入考量，但因為各個零件尺寸有設計公差的關係，加工後零件尺

寸會有變異，所以組裝後這個間隙會因為相關零件尺寸的變異累積也會變化，如果累積的公差太大，有可能造成軸肩部和軸承干涉就無法達到設計的功能。

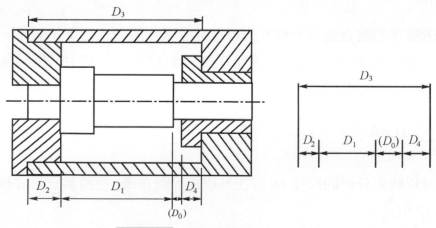

圖 12-10　組裝圖與對應的尺寸鏈

　　因為尺寸 D_0 會受到相關零件尺寸的影響，為了分析組裝後這個尺寸是否滿足設計要求，首先要找出和它相關的尺寸有哪些。最有效的作法是在組合圖上由這個尺寸循序找出相連的尺寸，例如在圖 12-10 由 D_0 的左端向左找，先找到 D_1，再接著 D_2，然後接 D_3 向右，再接 D_4 向左回到 D_0 的右端，這樣構成一個迴圈(loop)，如圖 12-10 右側的圖所示。這個迴圈稱為「尺寸鏈」(dimensional chain)，這個尺寸鏈代表和 D_0 相關的各個尺寸之間的關係，其中和 D_0 同向的尺寸(例如 D_1、D_2 和 D_4)取正值，和它反向的尺寸(例如 D_3)取負值，也就是這個尺寸鏈同時也代表一個方程式

$$D_0 + D_1 + D_2 - D_3 + D_4 = 0 \tag{12.5}$$

根據上式可進一步得到

$$D_0 = D_3 - D_1 - D_2 - D_4 \tag{12.6}$$

　　所以可以推導出 D_0 的尺寸變異量為 D_1、D_2、D_3 及 D_4 的尺寸變異和，也就是說，假設 D_1、D_2、D_3 及 D_4 的尺寸公差分別是 T_1、T_2、T_3 和 T_4，那麼這些零件組裝後間隙 D_0 的可能變動範圍或誤差範圍 T_0 將可根據公式(12.6)以及區間公差計算方法而得到如公式(12.7)所示。

$$T_0 = T_1 + T_2 + T_3 + T_4 \tag{12.7}$$

讀者應特別注意，雖然(12.6)式中右端的尺寸 D_1、D_2、D_3 及 D_4 有加有減，但他們的組合公差在(12.7)式中還是相加的，對詳細的推導方式有興趣的讀者請參見參考書目[11]。

上面所描述的組合公差分析方法可以推導成一個通式如下。假設一個組裝後的結果尺寸 D_R 相關的尺寸可以根據尺寸鏈寫成(12.8)式，式中 v_i 為+1 或−1 視對應尺寸 D_i 和 D_R 同向或反向而定。

$$\sum_{i=1}^{m} v_i D_i = 0 \tag{12.8}$$

我們可以將要分析的尺寸 D_R 留在方程式等號左邊，而將其它尺寸移到等號右邊而得到(12.9)式。

$$D_R = \sum_{i=1}^{m-1} v_i D_i \tag{12.9}$$

依照上面區間公差的觀念，組裝後的尺度變動範圍就是相關尺度的公差加總，也就是

$$T_R = T_1 + T_2 + \cdots + T_{m-1} = \sum_{i=1}^{m-1} T_i \tag{12.10}$$

(12.10)是由(12.9)推導而得，這是基於傳統上公差被視為是允許的尺度變動範圍，所以用一個數值區間來表示，例如尺度標示為 100±1，則這個尺度就被當作是介於 101 與 99 之間，因此在零件組裝後因為這些公差的累積會造成組裝尺度的變動，這種分析的方法符合一般人對於公差的想法，但所分析的結果尺寸變異範圍是指最惡劣的狀況，所以也稱為最惡狀況公差分析(the worst-case tolerance analysis)。

最惡狀況公差分析因為考慮極端的狀況，適用於少量或小批量生產的產品或是與安全性相關需要考慮最惡劣的狀況設計分析中使用；在現代有許多產品是大量生產的，如本章一開始 12-1 節所提到大量生產是由統計的觀點來看，一批零件生產出來的尺寸往往是呈統計的分布，比較好的製程是控制這一批零件的尺寸變動不超過設計的公差，所以尺寸和公差應該由統計分布的特性來探討，這種作法稱為統計公差分析(statistical tolerance analysis)。

在統計公差中，公差是由代表統計分布範圍如公式(12.2)的標準差 σ_D 來表示，σ_D 的意義是表示每個個體 D_i 離開平均值 μ_D 的平均距離，這個意義和公差的觀念也是一致的。如果以圖 12-11 所示的常態分布(normal distribution)來看，標準差 σ_D 是表示這個分布曲線寬或窄的指標，σ_D 比較小就表示分布比較集中，整體分布的範圍就比較小，由公差的觀念來看就是公差比較緊。

在常態分布中，個體分布的範圍是由無窮小到無窮大，實務上的使用是取平均值附近的分布來分析，在平均值前後一個標準差也就是 $\mu_D \pm \sigma_D$ 的範圍內將包含 68.5%的個體，也就是有 68.5%的個體會落在這個範圍內，而 $\mu_D \pm 2\sigma_D$、$\mu_D \pm 3\sigma_D$ 和 $\mu_D \pm 4\sigma_D$ 的範圍內分別包含 95.4%、99.73%以及 99.99%的個體，一般機械產業對於公差範圍是取 $\pm 3\sigma_D$，也就是大約 99.7%的良率，電子產業因為產量大，而且考慮生產製程的平均值飄移(drift)，所以會取到 $\pm 4.5\sigma_D$，有些公司對於良率要求更高就會取得更寬，例如 Motorola 公司就建議取到 $\pm 6\sigma_D$。在本書我們先以 $\pm 3\sigma_D$ 公差為例來說明，其他的相類似的設計選用也可以用同樣方法分析。

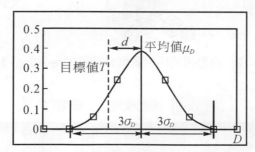

圖 12-11　常態分布之平均值與標準差示意圖

根據統計的運算，兩個統計分布合成結果的標準差平方(在統計中稱為變異數 variance)是個別統計分布的標準差平方和。假設組合件的尺寸鏈如公式(12.9)所示，根據統計公差的計算，組合後的累積公差可以用平方和均方根(Root Sum Square, RSS)法來計算，也就是組合的結果公差是尺寸鏈各相關尺寸公差之平方和再開根號，表示如公式(12.11)。

$$T_R = \sqrt{T_1^2 + T_2^2 + \cdots + T_{m-1}^2} = \sqrt{\sum_{i=1}^{m-1} T_i^2} \tag{12.11}$$

比較公式(12.11)和(12.10)兩式，可以發現如果各尺寸公差 T_i 為定值的話，根據(12.11)所計算的 T_R 會較根據(12.10)所計算的值為小，也就是應用最惡狀況公差分析所計算的組合公差會比較大，換句話說就是比較保守。因此在設計時，如果希望控制組合後的公差 T_R，則利用統計公差分配到各尺寸的公差 T_i 會比較大，相對地製造成本會比較低。

舉例來說，圖 12-12 所示為全錄公司(Xerox)早期影印機中所使用的一組傳動模組，其分解圖如其右方之爆炸圖所示，共計由 11 個主要零件所組成如表 12-6 所示，而其組裝之相對關係如圖 12-13 之示意圖所示。

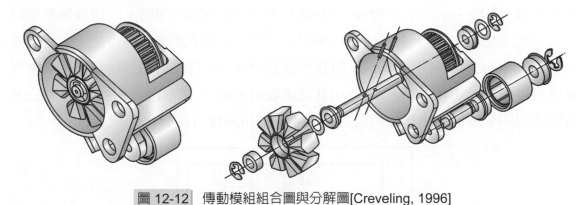

圖 12-12　傳動模組組合圖與分解圖[Creveling, 1996]

表 12-6　傳動模組之主要零件

項目	名稱	數量	主要功能
1	主軸	1	傳送動力
2	連軸器	1	傳送動力
3	銷	1	傳送動力
4	間隔環	1	支撐
5	扣環	2	支撐
6	華司	2	支撐
7	軸承	2	支撐
8	彈簧銷	1	傳送動力
9	外殼	1	支撐
10	時規皮帶輪	1	傳送動力
11	承座	1	支撐

G F E D　　　　CB　　AL　　　　　　　K　　J I H

圖 12-13　傳動模組零件組合示意圖

　　這個傳動模組的動力由左端的連軸器輸入驅動主軸，再經由主軸帶動時規皮帶輪，該皮帶輪帶動時規皮帶用來其他同步的動力系統，因此要確認組裝後時規皮帶輪與左軸承之間具有適當間隙 LA，以免干涉而無法轉動。根據本節所說明的尺寸鏈建構方法可以尋找出 LA 的尺寸鏈如下：

$$LA = -(AB+BC+CD+DE+EF+FG) + GH - (HI+IJ+JK+KL) \qquad (12.12)$$

　　假設設計者選用的各零件標稱尺寸與尺寸公差如表 12-7 所示，表中各零件尺寸項目對應圖 12-13 所標示的尺寸，則間隙 LA 的標稱尺寸可根據(12.12)式計算而得為 0.3mm，顯示組裝後還留有間隙。我們根據本節所說明的最惡公差分析方法，可以分析得到間隙 LA 在各零件組合後的變異範圍為各零件的公差和，根據式(12.10)計算其值為 0.4mm，如果以對稱的雙向公差而言，可以將間隙 LA 寫成 0.3±0.2mm，最大間隙為 0.5mm，最小間隙為 0.1mm，還算符合設計的要求。上述計算是根據最惡公差法來分析，如果是大量生產的組裝，讀者可以自行嘗試利用(12.11)採用統計公差法來分析間隙 LA 的尺寸變異範圍，並自行比較兩者的差異。

表 12-7　圖 12-13 傳動模組各零件之標稱尺寸與尺寸公差(單位：mm)

尺寸項目	標稱尺寸	尺寸公差
軸承寬度(AB)	2.0	0.01
華司寬度(BC)	0.3	0.03
連軸器寬度(CD)	9.0	0.07
間隔環寬度(DE)	2.5	0.05

表 12-7　圖 12-13 傳動模組各零件之標稱尺寸與尺寸公差(續) (單位：mm)

尺寸項目	標稱尺寸	尺寸公差
扣環寬度(EF)	0.2	0.03
左扣環至左基準面尺寸(FG)	0.6	0.04
左基準面至右扣環尺寸(GH)	25.4	0.05
扣環寬度(HI)	0.2	0.03
華司寬度(IJ)	0.3	0.03
軸承寬度(JK)	2.0	0.01
皮帶輪寬度(KL)	8.0	0.05

12.5 組合件之公差配置

　　前面章節介紹零件組合時尺寸公差的累積分析，但在設計實務上，設計者面臨的課題卻往往是給予組裝結果的累積公差範圍 T_R，也稱為設計的目標誤差(error budget)，設計者要想辦法配置相關零件尺寸合理的公差 T_i，這個過程也稱做公差配置(tolerance allocation)，也有些人稱為公差合成(tolerance synthesis)。

　　公差配置可視為公差分析的反向運算(inverse computation)，所以如 12-4 節所述，先建構尺寸鏈來建立尺寸方程式(12.9)，再根據公式(12.10)或(12.11)以最惡公差法或是統計公差法來配置相關尺寸之公差。然而公差配置是一個給予有限制要解多個未知數的過程，它的解並不是唯一解，所以可以有不同的配置方法，本節搭配圖 12-13 傳動模組的組裝例，以最惡公差分析法由簡入繁介紹幾種常用的公差配置方法。

　　在 12-13 例子中，間隙 LA 的標稱值是 0.3mm，假設這個傳動模組的零件中軸承、華司以及扣環是外購的零件，它們的尺寸和公差選購後就決定了，所以在表 12-7 中，能夠調整公差的尺寸為連軸器寬度(CD)、間隔環寬度(DE)、左扣環至左基準面尺寸(FG)、左基準面至右扣環尺寸(GH)以及皮帶輪寬度(KL)。根據表 12-7 的設計公差，最惡狀況公差分析結果間隙 LA 的變異量為 0.4mm，如果間隙的變異量想控制在 0.3mm 以內，那就需要調整上述五個尺寸的公差，扣除外購件的公差之後，將它們的累積量控制在 0.16mm 以內來滿足這個設計要求。

相等公差配置法：這是最簡單也最直接的方法，顧名思義就是將各個尺寸配置相同的公差，也就是

$$T_i = T_j \,;\, i, j = 1, 2, \dots, n \tag{12.13}$$

將這個條件代入公式(12.10)，可得到 $T_{CD}=T_{DE}=T_{FG}=T_{GH}=T_{KL}=0.032mm$，也就是這幾個尺寸的公差都設定為 0.032mm，讀者可以自行驗證組合的公差累積結果是否為設計的目標值 0.3mm。上述方法不管各尺寸大小將它們的公差都設定相同並不是恰當的作法，所以進一步發展下列的配置法。

等公差比例配置法：顧名思義，這個方法就是各尺寸的公差是根據尺寸的大小來設定，可以寫成下式：

$$\frac{T_i}{D_i} = \frac{T_j}{D_j} \,;\, i, j = 1, 2, \dots\dots, n \tag{12.14}$$

將這個條件代入公式(12.10)，經過四捨五入取一位有效位數可得到 $T_{CD} = 0.03mm$；$T_{DE} = 0.01mm$；$T_{FG} = 0.002mm$；$T_{GH} = 0.09mm$；$T_{KL} = 0.03mm$。聰明的讀者大概也注意到了，為何要採用等公差比例，難道不能採用平方比或其他的比例方式來配置嗎？因此有更進一步的公差配置方式如下：

相同精度配置法：回想本章一開始就提到精度、誤差與公差，在 12-2-1 節我們提到精度等級，精度隱含加工困難度或加工成本，所以更好公差配置是追求每個零件的精度等級接近，以降低製造成本而又能保障組裝品質。參考(12.3)式的定義，該式說明了精度等級所依循公差單位大約和尺寸 D 的開三次方成正比，因此相同精度配置法可根據下式來配置：

$$\frac{T_i}{\sqrt[3]{D_i}} = \frac{T_j}{\sqrt[3]{D_j}} \,;\, i, j = 1, 2, \dots\dots, n \tag{12.15}$$

以圖 12-13 傳動模組的組裝例而言，將公式(12.15)的條件代入其尺寸鏈，可解得 $T_{CD} = 0.036mm$；$T_{DE} = 0.023mm$；$T_{FG} = 0.015mm$；$T_{GH} = 0.051mm$；$T_{KL} = 0.035mm$。這個結果可以很容易代回尺寸鏈驗證其正確性。

　　以上例子是以最惡狀況公差法配合圖 12-13 的組合件為例，說明如何應用各種不同的公差配置方法來進行尺寸公差配置，讀者可以進一步應用統計公差法進行配置，並比較結果有何不同。進階的公差配置可以進一步以最低生產成本來配置，但這牽涉到製造與組裝成本的模式，超出本書的範圍，有興趣的讀者可參考相關資料來配置。

參考書目

[1] CNS 4-1，B1002-1 限界與配合(公差與偏差制度)，中華民國國家標準，2009。

[2] Creveling, C. M., Tolerance Design, A Handbook for Developing Optimal Specifications, 1996, Addison Wesley.

[3] ISO 286-1:1988 ISO system of limits and fits - Part 1: Bases of tolerances, deviations and fits.

[4] ISO 286-2:1988 ISO system of limits and fits - Part 2: Tables of standard tolerance grades and limit deviations for holes and shafts.

[5] Greenwood, W. H., and Chase, K. W., "A New Tolerance Analysis Method for Designers and Manufactures," Journal of Engineering for Industry, No.109, 1987, pp.112-116.

[6] Spotts, M. F., "Allocation of Tolerances to Minimize Cost of Assembly," Journal of Engineering for Industry, 1973, pp.762-764.

[7] 郭正德、鄧昭瑞，"組件容差之最佳分配"，中華民國機構與機器原理學會會刊，1996 四月號，33-40 頁。

[8] 蔡志成，尺寸公差設計，穩健化設計之尺寸公差設計研討會講義，台灣區電機電子工業同業公會印製，2000。

[9] 蔡志成，尺寸鏈與公差分析，尺寸鏈與應用研討會講義，精密機械研究發展中心印製，2008。

[10] 蔡志成，尺寸公差分析技術，工具機整機性能精進研習課程講義，工業技術研究院印製，2009。

[11] 蔡志成、鄭國德，"區間與統計公差正逆向四則運算方法之發展"，中國機械工程學會第十二屆學術研討會論文集，1995，731-740 頁。

附錄 A12-1　尺寸小於 500mm 之標準公差數值表[CNS-B1002-1]

單位：μm

級別 (mm) 直徑分段	01	0	2	3	3	4	5	6	7	8	9	10	11	12	13	14*	15*	16*
≦3	0.3	0.5	0.8	1.2	2	3	4	6	10	14	25	40	60	100	140	250	400	600
>3 至 6	0.4	0.6	1	1.5	2.5	4	5	8	12	18	30	48	75	120	180	300	480	750
>6 至 10	0.4	0.6	1	1.5	2.5	4	6	9	15	22	36	58	90	150	220	360	580	900
>10 至 18	0.5	0.8	1.2	2	3	5	8	11	18	27	43	70	110	180	270	430	700	1100
>18 至 30	0.6	1	1.5	2.5	4	6	9	13	21	33	52	84	130	210	330	520	840	1300
>30 至 50	0.6	1	1.5	2.5	4	7	11	16	25	39	62	100	160	250	390	620	1000	1600
>50 至 80	0.8	1.2	2	3	5	8	13	19	30	46	74	120	190	300	460	740	1200	1900
>80 至 120	1	1.5	2.5	4	6	10	15	22	35	54	87	140	220	350	540	870	1400	2200
>120 至 180	1.2	2	3.5	5	8	12	18	25	40	63	100	160	250	400	630	1000	1600	2500
>180 至 250	2	3	4.5	7	10	14	20	29	46	72	115	185	290	460	720	1150	1850	2900
>250 至 315	2.5	4	6	8	12	16	23	32	52	81	130	210	320	520	810	1300	2100	3200
>315 至 400	3	5	7	9	13	18	25	36	57	87	140	230	360	570	890	1400	2300	3600
>400 至 500	4	6	8	10	15	20	27	40	63	97	155	250	400	630	970	1550	2500	4000

註*：不包含直徑 1mm 以下的 IT14 至 IT16 的標準公差數值。

備考 1：1μm=0.001mm。

　　　2：級別爲數字符號，並無單位。

附錄 A12-2　尺寸超過 500mm 至 3150mm 之標準公差數值表[CNS-B1002-1]

級別	6	7	8	9	10	11	12	13	14	15	16
數值單位 直徑分段(mm)	數值以 μm 計						數值以 mm 計				
>500 至 630	44	70	110	175	280	440	0.7	1.1	1.75	2.8	4.4
>630 至 800	50	80	125	200	320	500	0.8	1.25	2.0	3.2	5.0
>800 至 1000	56	90	140	230	360	560	0.8	1.4	2.3	3.6	5.6
>1000 至 1250	66	105	165	260	420	660	1.05	1.65	2.6	4.2	6.6
>1250 至 1600	78	125	195	310	500	780	1.25	1.95	3.1	5.0	7.8
>1600 至 2000	92	150	230	370	600	920	1.5	2.3	3.7	6.0	9.2
>2000 至 2500	110	175	280	440	700	1100	1.75	2.8	4.4	7.0	11.0
>2500 至 3150	135	210	330	540	860	1350	2.1	3.3	5.4	8.6	13.5

附錄 A12-3　軸尺寸小於 500mm 的常用偏差數值表[CNS-B1002-1]

單位：μm

尺寸(mm) / 級別	d	e	f	g	h	js	k	m	n	p
≦3	-20	-14	-6	-2	0	±	0	+2	+4	+6
>3 至 6	-30	-20	-10	-4	0	±	+1	+4	+8	+12
>6 至 10	-40	-25	-13	-5	0	±	+1	+6	+10	+15
>10 至 18	-50	-32	-16	-6	0	±	+1	+7	+12	+18
>18 至 30	-65	-40	-20	-7	0	±	+2	+8	+15	+22
>30 至 50	-80	-50	-25	-9	0	±	+2	+9	+17	+26
>50 至 80	-100	-60	-30	-10	0	±	+2	+11	+20	+32
>80 至 120	-120	-72	-36	-12	0	±	+3	+13	+23	+37
>120 至 180	-145	-85	-43	-14	0	±	+3	+15	+27	+43
>180 至 250	-170	-100	-50	-15	0	±	+4	+17	+31	+50
>250 至 315	-190	-110	-56	-17	0	±	+4	+20	+34	+56
>315 至 400	-210	-125	-62	-18	0	±	+4	+21	+37	+62
>400 至 500	-230	-135	-68	-20	0	±	+5	+23	+40	+68

習 題 EXERCISE

1. 應用式(12.3)與表 12-1 分別計算尺寸為 8mm、64mm 以及 500mm 所對應之公差單位 i，並分別計算這些尺寸所對應 IT6 與 IT7 等級的公差。將你的計算結果和表 12-1 的結果比較是否有差異？如有，請說明為何會有差異？

2. 有一 64H7/g6 的軸孔配合設計，試分別分析軸與孔的偏差、公差、最大與最小極限尺寸，以及組裝後的最大與最小間隙。

3. 下表有 100 個由生產線取樣的零件經過尺寸量測後的值，單位為 mm，根據 (12.1)和(12.2)式計算這一群零件尺寸的平均值 μ 和標準差 σ。

101.3	101.0	101.4	100.9	99.6	100.3	99.7	100.0	100.7	99.6
100.7	98.4	101.2	99.6	99.1	99.5	100.6	98.8	100.5	99.2
99.3	100.2	100.5	100.8	98.2	101.5	101.0	100.4	98.7	101.4
100.0	98.5	100.6	99.4	100.1	101.2	100.6	98.3	100.4	99.4
99.8	100.8	98.5	99.5	100.9	99.2	100.2	98.6	99.5	103.0
101.9	100.1	102.1	99.3	101.5	99.7	99.3	99.4	100.8	99.0
99.4	100.7	99.8	99.4	99.6	100.5	98.6	101.8	100.3	101.3
100.9	99.0	99.0	99.3	99.5	101.7	100.0	100.9	100.6	100.5
102.0	100.5	100.3	100.5	99.8	99.9	100.0	99.7	100.0	99.5
100.7	100.5	101.5	98.5	98.9	101.5	100.5	101.1	99.2	98.4

4. 下圖中 Z 為組裝後之尺寸，假設 $X=10\pm0.3$mm，$Y=5\pm0.4$mm，以統計公差分析法計算組合後 Z 之尺寸及公差。

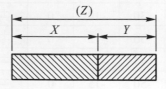

5. 上題中，假設 X 與 Y 皆為均勻分布，試以 $X=9.7$mm、9.8mm、9.9mm、10.0mm、10.1mm、10.2mm 及 10.3mm，$Y=4.8$mm、4.9mm、5.0mm、5.1mm 及 5.2mm 為例，計算組合後之尺寸 Z 之分布情形，並繪圖表示其分布情形。

6. 在圖 12-13 的例子中，間隙 LA 在各零件組合後的變異範圍可根據(12.12)式的尺寸鏈、表 12-7 的零組件尺寸及公差以及(12.11)式的統計公差分析法來計算，請依此計算零件組合後間隙 LA 的變異範圍。

7. 在圖 12-13 的例子中，間隙 LA 的設計值是 0.3mm，在表 12-7 中，能夠調整公差的尺寸為連軸器寬度(CD)、間隔環寬度(DE)、左扣環至左基準面尺寸(FG)、左基準面至右扣環尺寸(GH)以及皮帶輪寬度(KL)；如果間隙的變異量想控制在±0.3mm 以內，那就需要調整上述五個尺寸的公差，扣除外購件的公差之後，將它們的累積量控制在 0.16mm 以內，請分別根據等公差比例配置法以及相同精度配置法來配置這五個尺寸的公差。

第13章

接合設計

　　基於尺寸、材料、形狀或是製造技術等因素考量下，常需將數個元件結合在一起的需求。這些接合狀態有的是屬於永久性的結合，有的是屬於可重複拆解組合的狀況。不論是何種接合狀況，接合處在承受負荷時是否能達到要求是設計人員必須注意的重點。

　　元件的接合有許多不同方法，本章節僅針對螺紋結件、鉚釘結合與銲接接合進行探討。

▌13.1 螺紋標準和定義

　　螺紋可以在螺釘與螺栓的外側或是在螺帽與圓孔的內側。標示於圖 13-1 中之螺紋專有名詞之說明如下：

節距(Pitch)是沿平行螺紋軸之方向上，相鄰兩螺紋間之距離，英制螺紋的節距即是每英吋所含之螺紋數 N 的倒數。

大徑(major diameter) d 是螺紋的最大直徑。

小徑(major diameter) d_r 是螺紋的最小直徑，亦稱根徑。

節徑(pitch diameter) d_p 是螺紋的節圓直徑，位於螺紋之牙寬與牙間空隙相等處之直徑。

2α 為螺紋角(thread angle)。

　　導程(lead) l，如圖 13-1 所標示，是螺帽旋轉一圈時沿平行螺紋軸方向上移動的距離，對一單螺線而言，如圖 13-1 所示，導程等於節距。

　　多螺線產品是具有兩個或兩個以上的螺線相鄰切製而成(想像兩條或兩條以上之線以邊邊相鄰的方式纏繞於鉛筆上)，標準化的產品如螺紋、螺栓和螺帽都是單螺線；雙螺線螺旋的導程是節距的兩倍，三螺線螺旋的導程為節距的 3 倍，如圖 13-2 所示，依此類推。所有螺紋都依右手定則而製，除非特別註明者例外。

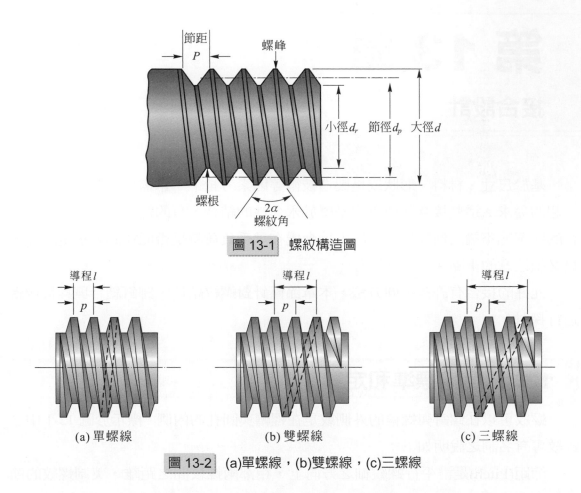

圖 13-1　螺紋構造圖

圖 13-2　(a)單螺線，(b)雙螺線，(c)三螺線

　　螺紋形狀不論是公制(ISO, International for Standardization Organization)或是英制亦稱統一制(UNS, Unified National Standard)基本上是一樣的，螺紋角均為60°，根部與峰部可以為平的或是圓形。圖 13-3 所示為英制與公制螺紋形狀。

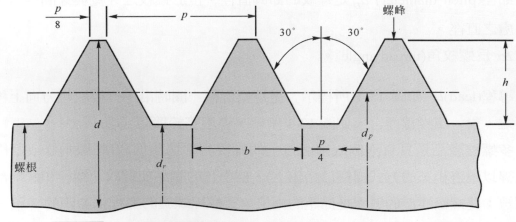

圖 13-3　公制與英制螺紋形狀，H＝螺紋深度，b＝螺紋於根部的厚度

表 13-1 和表 13-2 分別爲公制與英制螺紋尺寸規格，螺紋尺寸規格於公制時以節距 p 來規範，英制時則以每吋所含的螺牙數來規範，表 13-2 中英制螺紋尺寸當標稱直徑小於 0.25 吋時以號碼表示，如表 13-2 中第二行指出 10 號螺紋的外徑是 0.1900 吋。

依據多次螺紋桿的拉力試驗顯示，當一不具螺紋之圓棒，若其直徑等於特定螺紋之節徑(pitch diameter)和小徑(minor diameter)的平均值時，則其拉力強度和具有該螺紋之螺紋桿的拉力強度相同。此無螺紋之桿的截面積即稱爲螺紋捧的拉應力面積 A_t，表 13-1 和表 13-2 中均列有不同螺紋尺寸的 A_t 值。

不論英制或是公制螺紋均有粗牙(coarse thread)與細牙(fine thread)的規格，公制螺紋的標示方式爲依序列出標稱直徑和節距，且兩者皆以 mm 表示，所以 M10×1.5 表示標稱直徑爲 l0mm 且節距爲 1.5mm 的螺紋，在標稱直徑前面的以字母 M 來表示公制。至於在英制(統一制)螺紋標示上，以 UNC 表示粗螺牙，UNF 表示細螺牙，A 來表示外螺紋，B 表示內螺紋，數字 1，2，3 分別代表螺紋配合等級，等級 1 爲鬆配合，有最大的公差值，等級 2 爲最常用之配合等級，等級 3 具有最小的公差值，常用於高精密需求場合。例如 0.875in. $-$14UNF-2A–LH 表示此螺紋爲標稱大徑 0.875 吋，每一吋有 14 個螺牙，統一制細螺牙，等級 2 配合，外螺紋，左旋。

表 13-1 公制粗螺紋及細螺紋之直徑及面積

標稱直徑 d	粗螺紋			細螺紋		
	節距 p(mm)	拉應力面積 A_t(mm^2)	小徑面積 A_r(mm^2)	節距 p(mm)	拉應力面積 A_t(mm^2)	小徑面積 A_r(mm^2)
1.6	0.35	1.27	1.07			
2	0.40	2.07	1.79			
2.5	0.45	3.39	2.98			
3	0.5	5.03	4.47			
3.5	0.6	6.78	6.00			
4	0.7	8.78	7.75			
5	0.8	14.2	12.7			
6	1	20.1	17.9			
8	1.25	36.6	32.8	1	39.2	36.0
10	1.5	58.0	52.3	1.25	61.2	56.3
12	1.75	84.3	76.3	1.25	92.1	86.0
14	2	115	104	1.5	125	116

表 13-1　公制粗螺紋及細螺紋之直徑及面積(續)

標稱直徑 d	粗螺紋			細螺紋		
	節距 p(mm)	拉應力面積 A_t(mm^2)	小徑面積 A_r(mm^2)	節距 p(mm)	拉應力面積 A_t(mm^2)	小徑面積 A_r(mm^2)
16	2	157	144	1.5	167	157
20	2.5	245	225	1.5	272	259
24	3	353	324	2	384	365
30	3.5	561	519	2	621	596
36	4	817	759	2	915	884
42	4.5	1120	1050	2	1260	1230
48	5	1470	1380	2	1670	1630
56	5.5	2030	1910	2	2300	2250
64	6	2680	2520	2	3030	2980
72	6	3460	3280	2	3860	3800
80	6	4340	4140	1.5	4850	4800
90	6	5590	5360	2	6100	6020
100	6	6990	6740	2	7560	7470
110				2	9180	9080

資料來源：AISI B1.1–1974 與 B18.3.1–1978。

小徑 $d_r = d - 1.226869p$，節徑或平均直徑 $d_m = d - 0.649519p$。

表 13-2　英制螺紋 UNC 及 UNF 之直徑及面積

尺寸	標稱大徑 d (in)	粗螺紋—UNC			細螺紋—UNF		
		每吋之螺紋數 N	拉應力面積 A_t (in^2)	小徑面積 A_r (in^2)	每吋之螺紋數 N	拉應力面積 A_t (in^2)	小徑面積 A_r (in^2)
0	0.0600				80	0.001 80	0.001 51
1	0.0730	64	0.002 63	0.002 18	72	0.002 78	0.002 37
2	0.0860	56	0.003 70	0.003 10	64	0.003 94	0.003 39
3	0.0990	48	0.004 87	0.004 06	56	0.005 23	0.004 51
4	0.1120	40	0.006 04	0.004 96	48	0.006 61	0.005 66
5	0.1250	40	0.007 96	0.006 72	44	0.008 80	0.007 16
6	0.1380	32	0.009 09	0.007 45	40	0.010 15	0.008 74
8	0.1640	32	0.014 0	0.011 96	36	0.014 74	0.012 85
10	0.1900	24	0.017 5	0.014 50	32	0.020 0	0.017 5

表 13-2　英制螺紋 UNC 及 UNF 之直徑及面積(續)

尺寸	標稱大徑 d (in)	粗螺紋—UNC			細螺紋—UNF		
		每吋之螺紋數 N	拉應力面積 A_t (in²)	小徑面積 A_r (in²)	每吋之螺紋數 N	拉應力面積 A_t (in²)	小徑面積 A_r (in²)
12	0.2160	24	0.024 2	0.020 6	28	0.025 8	0.022 6
$\frac{1}{4}$	0.2500	20	0.031 8	0.026 9	28	0.036 4	0.032 6
$\frac{5}{16}$	0.3125	18	0.052 4	0.045 4	24	0.058 0	0.052 4
$\frac{3}{8}$	0.3750	16	0.077 5	0.067 8	24	0.087 8	0.080 9
$\frac{7}{16}$	0.4375	14	0.106 3	0.093 3	20	0.118 7	0.109 0
$\frac{1}{2}$	0.5000	13	0.141 9	0.125 7	20	0.159 9	0.148 6
$\frac{9}{16}$	0.5625	12	0.182	0.162	18	0.203	0.189
$\frac{5}{8}$	0.6250	11	0.226	0.202	18	0.256	0.240
$\frac{3}{4}$	0.7500	10	0.334	0.302	16	0.373	0.351
$\frac{7}{8}$	0.8750	9	0.462	0.419	14	0.509	0.480
1	1.0000	8	0.606	0.551	12	0.663	0.625
$1\frac{1}{4}$	1.2500	7	0.969	0.890	12	1.073	1.024
$1\frac{1}{2}$	1.5000	6	1.405	1.294	12	1.581	1.521

資料來源：AISI B1.1–1974。

小徑 $d_r = d - 1.299038p$，節徑或平均直徑 $d_m = d - 0.649519p$。

　　傳力螺桿的螺紋形狀與上述標準螺紋類似，主要差別在於螺紋角，典型常用之傳力螺紋如圖 13-4 所示。表 13-3 列出英制系列傳力螺紋節距。有時會製成較短的螺牙，形成短牙的型式來修正艾克姆螺紋，因而得到較大的小徑(minor diameter)，及較強的螺紋。

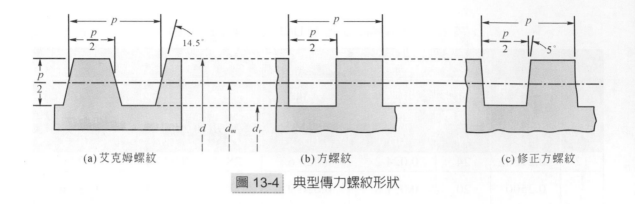

(a) 艾克姆螺紋　　　　　　(b) 方螺紋　　　　　　(c) 修正方螺紋

圖 13-4　典型傳力螺紋形狀

表 13-3　英制常用傳力螺紋尺寸

大徑 d, in	每英吋螺紋數	
	方螺紋 修正方螺紋	艾克姆螺紋
1/4	10	16
5/16	–	14
3/8	–	12
3/8	8	10
7/16	–	12
7/16	–	10
1/2	6 1/2	10
5/8	5 1/2	8
3/4	5	6
7/8	4 1/2	6
1	4	5
1 1/2	3	4
2	2 1/4	4
2 1/2	2	3
3	1 3/4	2
4	1 1/2	2
5	–	2

資料來源：ASME B1.5-1998.　ASME B1.8-1998.

13.2 傳力螺桿力學

　　傳力螺桿的裝置常用於機械中，主要的功用是將旋轉動作轉爲直線動作，用來傳遞動作或是能量。常見的應用包括車床的導螺桿，以及虎鉗、擠壓機、千斤頂之螺桿等。

　　圖 13-5 所示爲單紋方型傳力螺紋，圖中 d_m 爲平均直徑，p 爲節距，λ 爲導程角(lead angle)，以及 Ψ 爲螺旋角，承受軸向負載 F，下面將利用此負載圖求得提升與降低此負載所需之扭矩。

　　想像將剛好一整圈的螺紋展開如圖 13-6 所示，於是螺紋的一邊將形成一個直角三角形的斜邊，它的底部是平均螺紋直徑所構成的圓周長，而它的高則爲導程，圖 13-5 和圖 13-6 中的 λ 角是螺紋的導程角，F 代表所有作用在法向螺紋面積的軸向力總和。於舉升負荷時，P 力向右方作用，如圖 13-6(a)，而於降下負荷時，P 力向左方作用，如圖 13-6(b)，摩擦力是摩擦係數 μ 與法向力 N 的乘積，方向與運動方向相反。

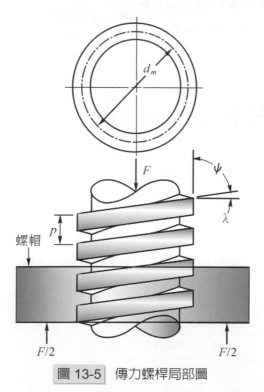

圖 13-5　傳力螺桿局部圖

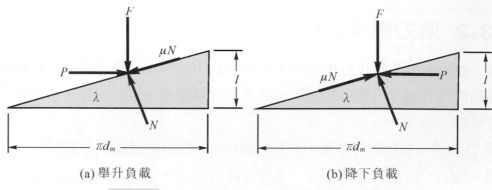

(a) 舉升負載　　　　　　　　(b) 降下負載

圖 13-6　作用於螺桿與螺帽交接面螺紋上力圖

在舉升負載時，參考圖 13-6(a)，依據力平衡原理，可得水平與垂直方向平衡式

$$\sum F_H = P - N\sin\lambda - \mu N\cos\lambda = 0$$
$$\sum F_V = F + \mu N\sin\lambda - N\cos\lambda = 0$$

(13.1)

同樣地，降下負荷的平衡式為

$$\sum F_H = -P - N\sin\lambda + \mu N\cos\lambda = 0$$
$$\sum F_V = F - \mu N\sin\lambda - N\cos\lambda = 0$$

(13.2)

由(13.1)可得到欲舉升負荷時

$$P = \frac{F\left(\sin\lambda + \mu\cos\lambda\right)}{\cos\lambda - \mu\sin\lambda}$$

(13.3)

由(13.2)可得到欲降下負荷時

$$P = \frac{F\left(\mu\cos\lambda - \sin\lambda\right)}{\cos\lambda + \mu\sin\lambda}$$

(13.4)

接著，將這些式子的分子及分母分別除以 $\cos\lambda$，並且以 $\tan\lambda = l/\pi d_m$ (圖 13-6)代入，於是分別得到

舉升負荷　$P = \dfrac{F\left[\left(l/\pi d_m\right) + \mu\right]}{1 - \left(\mu l/\pi d_m\right)}$

(13.5)

降下負荷　$P = \dfrac{F\left[\mu - \left(l/\pi d_m\right)\right]}{1 + \left(\mu l/\pi d_m\right)}$

(13.6)

扭矩是力 P 和平均半徑 $d_m/2$ 的乘積，對舉升負荷而言，可寫成

$$T_u = \frac{Fd_m}{2}\left(\frac{l + \pi\mu d_m}{\pi d_m - \mu l}\right) \tag{13.7}$$

式中 T_u 是克服螺紋摩擦並舉升負荷時所需之扭矩。

　　由(13.6)式可得到降下負荷時所需之扭矩為

$$T_d = \frac{Fd_m}{2}\left(\frac{\pi\mu d_m - l}{\pi d_m + \mu l}\right) \tag{13.8}$$

T_d 是降下負荷時克服摩擦所需的扭矩。在某些情況時，如導程很大或摩擦很小時，會造成螺紋在無任何外力作用下旋轉而使負荷自行下降，亦即 T_d 小於或等於零時。要避免此情況產生，則 T_d 必須大於零，此狀態下的螺旋即稱為自鎖(self-locking)螺旋，因此在自鎖的狀況時

$$\pi\mu d_m > l$$

由於 $\tan\lambda = l/\pi d_m$，我們得到

$$\mu > \tan\lambda \tag{13.9}$$

此關係式說明了螺紋摩擦係數等於或大於螺紋導程角的正切函數時，就能自鎖。

　　動力螺桿的效率乃是考慮無摩擦狀況與有摩擦狀況下，所需之扭矩比值。令式(13-7)中之摩擦係數 μ 等於零，可得到無摩擦狀態下之扭矩 T_0。

$$T_0 = \frac{Fl}{2\pi} \tag{13.10}$$

因此效率為

$$e = \frac{T_0}{T_u} = \frac{Fl}{2\pi T} \tag{13.11}$$

上述方程式乃針對方螺紋形式推導出來，亦即其法向螺紋負荷是平行於螺桿軸的軸線狀態下。對於艾克姆螺紋或其他螺紋時，法向螺紋負荷與螺桿軸之軸線成一傾斜狀態，乃因螺紋角 2α 及導程角 λ 關係。因為導程角非常小，此項傾斜可以忽

略之，而只考慮螺紋角的影響，如圖 13-7。α 角的效果是藉螺紋之楔形效應來增加摩擦力。因此在(13-7)與(13-8)式中摩擦項必須除以$\cos\alpha$，因此欲提升或降下負荷時，其扭矩分別為

$$T_u = \frac{Fd_m}{2}\left(\frac{l+\pi\mu d_m\sec\alpha}{\pi d_m-\mu l\sec\alpha}\right) \tag{13.12}$$

$$T_\alpha = \frac{Fd_m}{2}\left(\frac{\pi\mu d_m\sec\alpha-\ell}{\pi d_m+\mu l\sec\alpha}\right) \tag{13.13}$$

在使用(13.12)及(13.13)式時須注意此兩式為近似式，因為忽略了導程角的影響。

　　傳力螺桿承受軸向負荷應用中，在旋轉及固定元件之間常使用一個止推環或止推軸承，圖 13-8 為一典型止推軸環。假設負荷是集中於平均軸環直徑d_c。若μ_c為軸環摩擦係數，則所需之扭矩為

$$T_c = \frac{F\mu_c d_c}{2} \tag{13.14}$$

在使用軸環狀況下，公式(13.7)與(13.8)或公式(13.12)與(13.13)均須再加上公式(13.14)。

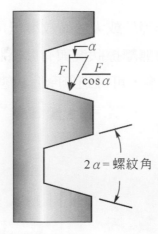

圖 13-7　法線螺紋力因半螺紋角α而增大

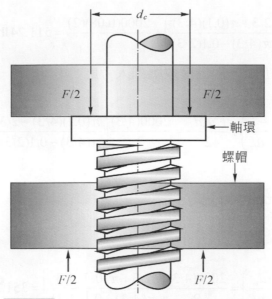

圖 13-8 止推軸環應用，d_c 為軸環平均直徑

例題 13-1 ●●●

一大徑為 $1\frac{1}{2}$ in 的雙螺線方螺紋傳力螺桿，類似圖 13-8 所示應用，已知 $\mu = 0.1$，

$\mu_c = 0.08$，$d_c = 2 \, \text{in}$，$F = 2 \, \text{kips}$，試求

(1)螺桿導程、平均直徑、小徑？

(2)舉升與降下負荷 F 所需之扭矩各為多少？

(3)假設軸環摩擦係數為 0 時，此傳力螺桿效率為多少？

解

(1)由表 13-3 知，大徑為 $1\frac{1}{2}$ in 時，$\frac{1}{p} = 3$，所以節距 $P = \frac{1}{3}$ in

　　導程 $\ell = nP = 2(\frac{1}{3}) = \frac{2}{3}$ in

　　由圖 13-4 知，平均直徑 $d_m = d - \frac{P}{2} = 1.5 - \frac{1}{6} = \frac{4}{3}$ in

(2)舉升負荷所需扭矩，當考慮軸環的效應

　　$T_u =$ 式(13.7) ＋ 式(13.14)

　　$T_u = \dfrac{Fd_m}{2}\left(\dfrac{\ell + \pi\mu d_m}{\pi d_m - \mu\ell}\right) + \dfrac{F\mu_c d_c}{2}$

$$= \frac{2000(4/3)}{2}\left(\frac{2/3 + \pi(0.1)(4/3)}{\pi(4/3) - 0.1(2/3)}\right) + \frac{2000(0.08)(2)}{2} = 511.24\,\text{lb-in}$$

降下負荷所需扭矩，當軸環效應列入考慮

$$T_d = \text{式}(13.8) + \text{式}(13.4)$$

$$T_d = \frac{Fd_m}{2}\left(\frac{\pi\mu d_m - \ell}{\pi d_m + \mu\ell}\right) + \frac{F\mu_c d_c}{2} = \frac{2000(4/3)}{2}\left(\frac{\pi(0.1)(4/3) - 2/3}{\pi(4/3) - 0.1(2/3)}\right) + 160 = 79.74\,\text{lb-in}$$

(3)式(13.10)

$$T_o = \frac{F\ell}{2\pi} = \frac{2000(2/3)}{2\pi} = 212.2$$

式(13.11)　　$e = \dfrac{T_o}{T_u}$

$$T_u = \frac{Fd_m}{2}\left(\frac{\ell + \pi\mu d_m}{\pi d_m - \mu\ell}\right) = \frac{2000(4/3)}{2}\left[\frac{2/3 + \pi\cdot 0\cdot 1\cdot 4/3}{\pi(4/3) - 0.1(2/3)}\right] = 351.24\,\text{lb-in}$$

$$e = \frac{212.2}{351.24} = 60.4\%$$

13.3 螺紋結件

　　螺紋結件用於接合元件主要是依賴其上之螺紋。螺栓與螺釘為最常見之螺紋結件，兩者之差異在於螺栓需要一螺帽的配合方能達到接合效果(圖13-9a)，而螺釘則是鎖入一有螺紋之孔內(圖13-9b)。六角形頭部的螺釘、螺栓與螺帽是常見的結件，但螺栓、螺釘也有製作成圓形、橢圓形等不同形狀的頭部。圖 13-10 為標準六角頭螺栓之圖形，在圓角及螺紋之起點為應力集中處。螺栓墊圈表面的直徑和六角形平面的橫跨寬度相等。

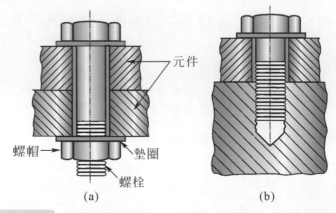

圖 13-9　常用之螺紋結件：(a)螺栓及螺帽，(b)有頭螺釘

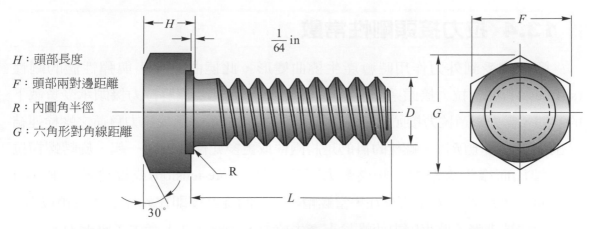

H：頭部長度

F：頭部兩對邊距離

R：內圓角半徑

G：六角形對角線距離

(注意墊圈面、頭部下方之內圓角、螺紋開始及兩端的去角，螺栓長度由頭部下方算起。)

圖 13-10　六角螺栓

英制系列螺紋長度為

$$L_T = \begin{cases} 2D + \dfrac{1}{4} \text{ in} & L \le 6 \text{ in} \\[2mm] 2D + \dfrac{1}{2} \text{ in} & L > 6 \text{ in} \end{cases} \qquad D：公稱直徑 \tag{13.15}$$

而公制螺紋則為

$$L_T = \begin{cases} 2D + 6 & L \le 125 \\ 2D + 12 & 125 < L \le 200 \\ 2D + 25 & L > 200 \end{cases} \tag{13.16}$$

此處單位為 mm。

　　理想螺栓長度是和螺帽鎖緊後只有一牙或二牙露出於螺帽之外。螺栓孔可能因鑽孔造成毛邊或尖銳的孔緣，可能切入螺栓頭之圓角而形成應力集中，因此通常於螺栓頭之下使用墊圈以防範此情形之發生，墊圈是以硬化鋼製成並且承受施加於螺栓的負荷，使衝孔的磨圓邊面對螺栓的墊圈面，有時螺帽下方也需要使用墊圈。

　　螺栓的目的在於將兩個或更多的元件緊緊地夾在一起。夾緊力會拉長螺栓，而此力是經由扭轉螺帽直到螺栓之伸長量幾乎達到彈性限為止，如果螺帽不鬆弛，此螺栓拉力就可保持此預力或夾緊力。在鎖緊時，螺帽的第一個螺紋會有承受全部負荷的趨勢，但可因產生局部降伏，而產生冷加工的強化作用，因此負載最後大約是由螺帽的三個螺紋分攤，所以不應重複使用已用過的螺帽。

13.4 拉力接頭剛性常數

　　彈性體受到外力作用時會產生撓曲變形，此撓曲量大小與彈性體的剛性 (stiffness)有關，拉力接頭系統可視爲一彈性體，因此要瞭解拉力接頭承受負載下 的狀態，需先知道拉力接頭的剛性特性。圖 13-11 顯示一承受拉力負荷之螺栓連結 之剖面圖，如上所述，螺栓的目的是將兩件或更多元件緊夾在一起，旋轉螺帽拉 長了螺栓而產生夾緊力，此夾緊力稱爲預拉力(pre-tension)或螺栓預負載(bolt preload)。不論外力 P 是否存在，當螺帽經適當的旋緊後即在元件上產生預拉力。 由於元件被夾緊，此夾緊力使螺栓上產生拉力，而於元件上產生了壓縮力。

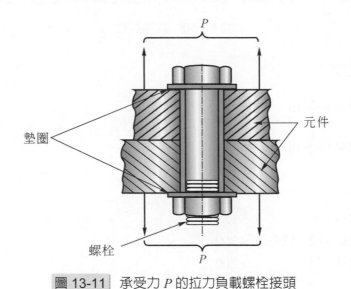

圖 13-11　承受力 P 的拉力負載螺栓接頭

　　彈性元件之彈簧常數(spring constant)或剛性常數(stiffness contant)是施加於元 件的力與元件由於此力作用而產生的撓度間之比值，由前面章節中得知軸向撓度 $\delta = PL/AE$ 以及彈簧常數 $k = P/\delta$，所以可以分別得到螺栓與元件的剛性常數。

$$k_b = \frac{A_b E_b}{l} \tag{13.17}$$

$$k_m = \frac{A_m E_m}{l} \tag{13.18}$$

式中

　　k_b = 螺栓剛性常數

　　k_m = 元件剛性常數

A_b = 螺栓截面積

A_m = 元件有效截面積

E = 楊氏係數

l = 握柄長度

螺栓剛性常數

接頭的握柄(grip)為被夾材料的總厚度。在圖 13-11 中，其握柄長度是兩元件的厚度加上兩個墊圈之厚度的和。在夾緊區域內的螺栓或螺釘的剛性通常是由兩部分組成，如圖 13-12，一為無螺紋部分(l_d)，另一為有螺紋部分(l_t)。因此螺栓的剛性相當於兩串聯彈簧的剛性，當彈簧常數為 k_1 與 k_2 兩彈簧串聯時，其剛性 k 可由下式得到

$$\frac{1}{k} = \frac{1}{k_1} + \frac{1}{k_2} \text{ 或 } k = \frac{k_1 k_2}{k_1 + k_2} \tag{13.19}$$

圖 13-12　螺栓結件之有螺紋(ℓ_t)與無螺紋(ℓ_d)部分

在夾緊區螺栓的有螺紋部分和無螺紋部分之彈簧常數分別為

$$k_t = \frac{A_t E_b}{l_t} \tag{13.20}$$

$$k_d = \frac{A_d E_b}{l_d} \tag{13.21}$$

式中 $A_t =$ 拉應力面積(表 13-1 與 13-2)。

$\quad l_t =$ 握柄有螺紋部分長度。

$\quad A_d =$ 結件的大徑面積。

$\quad l_d =$ 握柄無螺紋部分長度。

將(13.20)及(13.21)式代入(13-19)式可得

$$k_b = \frac{A_d A_t E_b}{A_d l_t + A_t l_d} \tag{13.22}$$

式中 k_b 用於評估螺栓或帶頭螺釘於夾緊區之有效剛性,如果無螺紋部分很短,則可用式(13.20)來估算,如果有螺紋部分很短,則可用公式(13.21)來估算。

元件剛性常數

在夾緊區中可能包含兩個或兩個以上的元件。它們的作用就像串聯的壓縮彈簧,因此元件的總彈簧常數為

$$\frac{1}{k_m} = \frac{1}{k_1} + \frac{1}{k_2} + \frac{1}{k_3} + \cdots \frac{1}{k_i} \tag{13.23}$$

假若元件之中有一個軟質密合墊(soft gasket),它的剛性係數與其他元件比較之下通常非常小,所以在實際應用時,其他元件皆可忽略,而只採用密合墊的剛性係數。

假若沒有密合墊,元件的剛性係數很難獲得,因為壓力分散於螺栓頭及螺帽間,而且面積也非均勻不變。最常用的近似解方法為假設接頭受力所產生之應力是均勻分布於圍繞在螺栓孔附近區域,區域以外部分沒有應力存在,一般均用兩個對稱於接頭中立面的圓錐體來表示,此圓錐體的圓錐角為 $2\alpha = 60°$,如圖 13-13 所示。

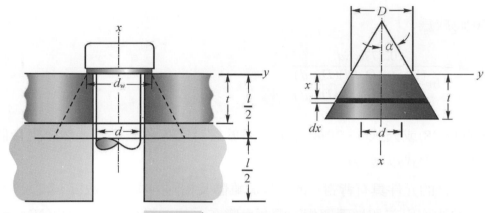

圖 13-13　接頭元件的應力分布圖

參考圖 13-13，厚度 dx 之圓錐元素受到拉力 P 作用時，伸長量為

$$d\delta = \frac{Pdx}{EA} \tag{13.24}$$

元素的面積為

$$A = \pi(r_o^2 - r_i^2) = \pi\left[(x\tan\alpha + \frac{D}{2})^2 - (\frac{d}{2})^2\right]$$
$$= \pi\left[x\tan\alpha + \frac{D+d}{2}\right]\left[x\tan\alpha + \frac{D-d}{2}\right] \tag{13.25}$$

將此面積代入(13.24)式並且將左側積分之，可得伸長量為

$$\delta = \frac{P}{\pi E}\int_0^t \frac{dx}{\left[x\tan\alpha + (\frac{D+d}{2})\right]\left[x\tan\alpha + (\frac{D-d}{2})\right]} \tag{13.26}$$

積分得

$$\delta = \frac{P}{\pi Ed\tan\alpha}\ln\frac{(2t\tan\alpha + D - d)(D+d)}{(2t\tan\alpha + D + d)(D-d)} \tag{13.27}$$

截錐體的彈簧常數或剛度為

$$k = \frac{P}{\delta} = \frac{\pi Ed\tan\alpha}{\ln\frac{(2t\tan\alpha + D - d)(D+d)}{(2t\tan\alpha + D + d)(D-d)}} \tag{13.28}$$

當 $\alpha = 30°$ 時成爲

$$k = \frac{0.577\pi Ed}{\ln\dfrac{(1.15t + D - d)(D + d)}{(1.15t + D + d)(D - d)}} \tag{13.29}$$

公式(13.28)或公式(13.29)必須分別用於接合之各個截錐體，然後組合個別剛度並使用(13.23)式以獲得 k_m。

如果接合的元件具有背對背的對稱截錐體及相同的楊氏係數 E，如圖 13-14 所示，則它們的作用有如加兩個相同彈簧串聯在一起，從公式(13.23)得知 $k_m = k/2$，以 $l = 2t$ 而 d_w 爲墊圈面之直徑。可求得元件的彈簧係數爲

$$k_m = \frac{\pi Ed \tan\alpha}{2\ln\dfrac{(\ell\tan\alpha + d_w - d)(d_w + d)}{(\ell\tan\alpha + d_w + d)(d_w - d)}} \tag{13.30}$$

標準的六角形螺栓與有頭螺釘的墊圈面直徑約比螺桿的直徑大 50%，因此可令 $d_w = 1.5d$ 代入(13.30)式，同時用 $\alpha = 30°$ 代入，那麼(13.30)式可寫成

$$k_m = \frac{0.577\pi Ed}{2\ln\left(5\dfrac{0.577\ell + 0.5d}{0.577\ell + 2.5d}\right)} \tag{13.31}$$

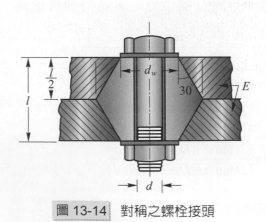

圖 13-14　對稱之螺栓接頭

13.5 螺栓強度

　　螺栓強度在設計或分析螺栓結合中是一個十分關鍵的因素，在螺栓之標準規格中，強度是以保證強度(proof strength)S_p，或保證負載(proof load)F_p 及抗拉強度(tensile strength)S_u 來加以規範。

　　保證負載為螺栓可以承受之不會造成永久變形的最大負載，保證強度則是以保證負載除以拉應力面積所得之值，保證強度近似於材料的降伏強度，但比降伏強度低一些，大約為 0.2%偏位降伏強度的 90%。

　　表 13-4、13-5 所列螺栓強度為參考 SAE 規範內容，螺栓等級是根據抗拉強度來分級。表中所列的各等級螺栓與螺釘皆可購得。

表 13-4　英制鋼質螺栓強度

SAE 等級	尺寸範圍 d(in)	保證強度 S_p(ksi)	抗拉強度 S_u(ksi)	降伏強度 S_y(ksi)	材料
1	$\frac{1}{4}-1\frac{1}{2}$	33	60	36	低或中碳鋼
2	$\frac{1}{4}-\frac{3}{4}$	55	74	57	低或中碳鋼
	$\frac{7}{8}-1\frac{1}{2}$	33	60	36	
4	$\frac{1}{4}-1\frac{1}{2}$	65	115	100	中碳鋼，冷拉鋼
5	$\frac{1}{4}-1$	85	120	92	中碳鋼，淬火並回火
	$1\frac{1}{8}-1\frac{1}{2}$	74	105	81	
5.2	$\frac{1}{4}-1$	85	120	92	低碳麻田散鐵，淬火並回火
7	$\frac{1}{4}-1\frac{1}{2}$	105	133	115	中碳合金鋼，淬火並回火
8	$\frac{1}{4}-1\frac{1}{2}$	120	150	130	中碳合金鋼，淬火並回火
8.2	$\frac{1}{4}-1$	120	150	130	低碳麻田散鐵，淬火並回火

資料來源：SAE Standard J429.

表 13-5　公制鋼質螺栓強度

等級	尺寸範圍 d(mm)	保證強度 S_p(Mpa)	抗拉強度 S_u(Mpa)	降伏強度 S_y(Mpa)	材料
4.6	M5-M36	225	400	240	低或中碳鋼
4.8	M1.6-M16	310	420	340	低或中碳鋼
5.8	M5-M24	380	520	420	低或中碳鋼
8.8	M16-M36	600	830	660	中碳鋼，淬火並回火
9.8	M1.6-M16	650	900	720	中碳鋼，淬火並回火
10.9	M5-M36	830	1040	940	低碳麻田散鐵，淬火並回火
12.9	M1.6-M36	970	1220	1100	合金鋼，淬火並回火

資料來源：SAE Standard J1199.

13.6 拉力接頭－靜負載

如圖 13-15 所示之螺栓接頭，當其未承受任何外在負載，而僅有一藉由旋緊螺帽的方式產生之預負載 F_i(preload)作用時，此預負載對螺栓產生一 F_i 拉伸負載，而對元件產生一 F_i 壓縮負載。當施加一外部拉力負載 P 作用時，此螺栓接頭中之螺栓會因此外拉力而增加 P_b 的拉伸負載，元件則會因此外拉力而減少了 P_m 壓縮負載，由圖 13-15(b)中力平衡可得

$$P = P_b + P_m \tag{13.32}$$

式中

　　P_b = 外力 P 由螺栓分擔承受的部分

　　P_m = 外力 P 由元件分擔承受的部分

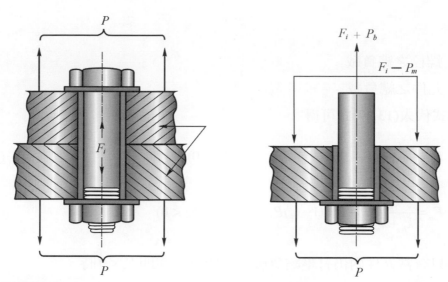

圖 13-15 承受拉力之螺栓接頭：(a)受外拉力 P 與預負荷 F_i 作用之接頭；

(b)自由體圖顯示螺栓受力增加量 P_b 與元件受力減少量 P_m

此接頭在承受外力 P 作用下，螺栓與元件分別產生一變形量 δ_b 與 δ_m 如下

$$\delta_b = P_b / k_b \quad , \quad \delta_m = P_m / k_m \tag{13.33}$$

由圖 13-15(a)可知在此種接合狀態下，$\delta_b = \delta_m$。

所以

$$P_b / k_b = P_m / k_m \tag{13.34}$$

由式(13.32)和(13.34)可推導出

$$P_b = \frac{k_b}{k_b + k_m} P = CP \quad 及 \quad P_m = \frac{k_m}{k_b + k_m} P = (1 - C)P \tag{13.35}$$

式中 C 為接頭剛性係數或是接頭常數

$$C = \frac{k_b}{k_b + k_m} \tag{13.36}$$

螺栓與元件上個別所受之總負載為

$$\begin{aligned} F_b &= P_b + F_i \\ F_m &= P_m - F_i \end{aligned} \tag{13.37}$$

式中

$F_b =$ 螺栓之總負載

$F_m =$ 元件之總負載

將(13.35)式代入(13.37)式可得

$$F_b = \frac{k_b}{k_b + k_m} P + F_i = CP + F_i \qquad (F_m < 0) \tag{13.38}$$

$$F_m = \frac{k_m}{k_b + k_m} P - F_i = (1 - C)P - F_i \qquad (F_m < 0) \tag{13.39}$$

這些式子只有當元件內仍有壓縮負載時方成立,亦即 $F_m < 0$ 時。

公式(13.36)中之接頭常數 C 代表螺栓承受外部負載的比例,通常元件的剛性值 k_m 遠大於螺栓的剛性值 k_b,所以 C 值相對而言甚小,因此元件承受了大部分的外部負載。如果沒有預負載存在,亦即 $F_i = 0$ 時,此時接頭常數 C 為 1,於此狀態下,螺栓將承受所有的外部拉伸負載。

螺栓接頭於靜態負載作用下,螺栓上的應力 σ_b 可由公式(13.38)除以拉應力面積 A_t 得到。

$$\sigma_b = \frac{CP}{A_t} + \frac{F_i}{A_t} \tag{13.40}$$

σ_b 的極限值為保證強度 S_P,為確保接頭的安全性,故使用一螺栓強度安全因素 n 之後,公式(13.40)成為

$$S_P = \frac{CPn}{A_t} + \frac{F_i}{A_t} \tag{13.41}$$

也可表示為

$$n = \frac{S_P A_t - F_i}{CP} \tag{13.42}$$

當公式(13.42)中之 n 大於 1 時,表示螺栓上的應力值小於其保證強度。

此外接頭安全性也需考慮到外部負載是否會造成接頭分離狀況，亦即 $F_m \geq 0$ 的情形發生，此時所有負載將作用於螺栓上，因此針對防止接頭分離的安全因數 n_s 可由 $F_m = 0$ 得到。

$$F_m = (1-C)Pn_s - F_i = 0$$

$$n_s = \frac{F_i}{P(1-C)} \tag{13.43}$$

13.7 螺栓預負載與鎖緊扭拒

由前得知，預負載的存在能有效的減少螺栓的負載，因此於螺栓接合時，都會給予適度的預負載。而螺栓強度是在設計分析螺栓接頭時一個主要考量的因素，所以預負載的大小是設計螺栓接頭必須考慮的，一般建議使用的值如下。

$$F_i = \begin{cases} 0.75F_p & \text{重複使用接頭} \\ 0.90F_p & \text{永久性接頭} \end{cases} \tag{13.44}$$

(13.44)式中 F_P 為保證負載，可由下列公式得知。

$$F_P = A_t S_P \tag{13.45}$$

S_P 可由表 13-4 與 13-5 得知，A_t 則可由表 13-1 與 13-2 得知。

而要達成特定之預負載大小是由鎖緊螺栓時的扭矩大小決定。此扭矩大小可利用前面討論傳力螺桿用於舉升負載時之扭矩公式(13.12)、(13.13)與(13.14)來估算，公式中之舉升負載 F 在此處可類比於預負載 F_i，而軸環的摩擦於此則等同螺帽或是螺栓頭部下的平面產生之效果。產生已知大小的預負荷所需之扭矩為

$$T = \frac{F_i d_m}{2} \left(\frac{l + \pi \mu d_m \sec\alpha}{\pi d_m - \mu l \sec\alpha} \right) + \frac{F_i \mu_c d_c}{2} \tag{13.46}$$

因為 $\tan\lambda = l/\pi d_m$，代入上式可得

$$T = \frac{F_i d_m}{2} \left(\frac{\tan\lambda + \mu \sec\alpha}{1 - \mu \tan\lambda \sec\alpha} \right) + \frac{F_i \mu_c d_c}{2} \tag{13.47}$$

如使用標準六角螺栓的結件，因標準六角螺帽的墊圈面直徑等於標稱直徑的 1.5 倍，軸環平均直徑為 $d_c = (d + 1.5d)/2 = 1.25d$，所以上式便可寫成

$$T = \left[\left(\frac{d_m}{2d} \right) \left(\frac{\tan\lambda + \mu\sec\alpha}{1 - \mu\tan\lambda\sec\alpha} \right) + 0.625\mu_c \right] F_i d \tag{13.48}$$

將括號內的項目定義為扭矩因數(torque coefficient)K，則

$$K = \left(\frac{d_m}{2d} \right) \left(\frac{\tan\lambda + \mu\sec\alpha}{1 - \mu\tan\lambda\sec\alpha} \right) + 0.625\mu_c \tag{13.49}$$

因此(13.48)式可寫成

$$T = KF_i d \tag{13.50}$$

摩擦係數視表面光滑度、精度及潤滑程度而定，一般而言，μ 及 μ_c 之值約為 0.15，當 $\mu = \mu_c = 0.15$ 時，$K \approx 0.20$。

公式(13.50)為一近似公式，表示扭矩與預負載間之關係，精確的數值最好是經由實驗方式來得知。部分結件製造商也有提供其產品的扭矩因數。

例題 13-2 ●●●

一螺栓結合構造的部分剖面圖如下所示，此結合構件共用 310 根螺栓，其外力負荷 $P = 30$ kips，此接頭為可重覆使用之接頭。試求

(1)每根螺栓上所受之力與應力。

(2)以一般接合之摩擦係數條件而言，所需之鎖緊扭矩為多少？

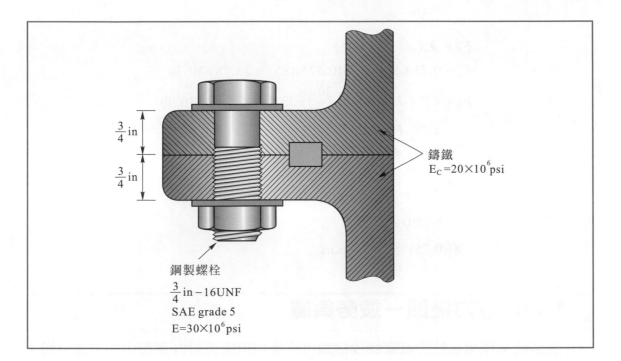

$\frac{3}{4}$ in

$\frac{3}{4}$ in

鑄鐵
$E_C = 20 \times 10^6 \text{psi}$

鋼製螺栓
$\frac{3}{4}$ in – 16UNF
SAE grade 5
$E = 30 \times 10^6 \text{psi}$

解

(1) $K_b = \dfrac{A_b E_b}{l}$ 　式(13.17)

$$= \dfrac{\dfrac{\pi(0.75)^2}{4}(30\times10^6)}{1.5} = 8.83\times10^6 \text{ lb/in}$$

$K_m = \dfrac{0.577\pi E_c d}{2\ln\left[5\dfrac{0.577\ell + 0.5d}{0.577\ell + 2.5d}\right]}$ 　式(13.31)

$$= \dfrac{0.577\pi(20\times10^6)(0.75)}{2\ln\left[5\dfrac{0.577 + 0.5(0.75)}{0.577 + 2.5(0.75)}\right]} = 16.68\times10^6 \text{ lb/in}$$

接頭常數

$C = \dfrac{K_b}{K_b + K_m}$ 　式(13.36)

$$= \dfrac{8.83\times10^6}{8.83\times10^6 + 16.68\times10^6} = 0.35$$

表 13-2 得 $A_t = 0.373$ in^2

表 13-4 得 $S_p = 85$ ksi

$$F_i = 0.75F_p \quad \text{式(13.44)}$$

$$F_p = A_t S_p \quad \text{式(13.45)}$$

$$F_i = 0.75 A_t S_p = 0.75(0.373)(85) = 23.78 \times 10^3 \text{ lb}$$

$$F_b = CP + F_i = 0.315(\frac{30}{310}) + 23.78 = 23.82 \times 10^3 \text{ lb}$$

$$\sigma_b = \frac{CP}{A_t} + \frac{F_i}{A_t} = \frac{F_b}{A_t} \quad \text{式(13.40)}$$

$$= \frac{23.82}{0.373} = 63.86 \text{ ksi}$$

(2) $T = KF_i d \quad$ 式(13.50)

$$= 0.2(23.78)(0.75) = 3.57 \text{ kip.in.}$$

13.8 拉力接頭－疲勞負載

受到疲勞作用之拉力負載螺栓接頭可直接利用疲勞設計章節中的方法分析，由於疲勞負載作用下而造成之破壞，大多數是發生在螺栓上，因此在此僅對螺栓進行探討。

考量圖 13-15(a)中之拉力接頭受到一疲勞負載 P 作用，其值在最小值 $P_{\min}$ 與最大值 $P_{\max}$ 變動，此二數值均為正的。因此平均負載 P_m 與負載幅度 P_a 分別為

$$P_m = \frac{1}{2}(P_{\max} + P_{\min}) \quad \text{及} \quad P_a = \frac{1}{2}(P_{\max} - P_{\min}) \tag{13.51}$$

由公式(13.38)中可知螺栓受力大小為 $F_b = CP + F_i$ ，因此

$$F_{b\max} = CP_{\max} + F_i \quad \text{及} \quad F_{b\min} = CP_{\min} + F_i \tag{13.52}$$

結合(13.51)與(13.52)式，可以得到螺栓上的平均受力 F_{bm} 與受力幅度 F_{ba}

$$F_{bm} = CP_m + F_i \tag{13.53}$$

$$F_{ba} = CP_a \tag{13.54}$$

因此螺栓上的平均應力與應力幅度為

$$\sigma_{bm} = \frac{CP_m}{A_t} + \frac{F_i}{A_t} \tag{13.55}$$

$$\sigma_{ba} = \frac{CP_a}{A_t} \tag{13.56}$$

式中 C 為接頭常數，A_t 為拉應力面積。

如果利用古德曼關係式(Goodman criterion)進行分析的話，則

$$\frac{\sigma_{ba}}{S_e} + \frac{\sigma_{bm}}{S_u} = 1 \tag{13.57}$$

將公式(13.55)、(13.56)與安全因數 n 代入(13.57)式，注意安全因數不用於預負載上，

$$\frac{CP_a n}{A_t S_e} + \frac{CP_m n + F_i}{A_t S_u} = 1 \tag{13.58}$$

由上式可得螺栓防止疲勞破壞的安全因數

$$n = \frac{S_u A_t - F_i}{C \left[P_a \left(\dfrac{S_u}{S_e} + P_m \right) \right]} \tag{13.59}$$

也可寫成

$$n = \frac{S_u - \sigma_i}{C \left[\sigma_a \left(\dfrac{S_u}{S_e} + \sigma_m \right) \right]} \tag{13.60}$$

式中 $\sigma_a = P_a / A_t$，$\sigma_m = P_m / A_t$，$\sigma_i = F_i / A_t$。當然也可用其他疲勞破壞關係式來判斷。式中修正過的疲勞限 S_e 須考慮數項因數，表 13-6 列出螺栓頭部下方內圓角處及在螺栓柄螺紋開始處之平均疲勞強度縮減因數值 K_f。此表中之數值已包含了凹痕敏感度及表面加工的修正。由於為軸向負載，所以尺寸因數也為 1，另對於反覆作用之軸向負載 $S_e' = 0.45 S_u$。所以由 Marin 疲勞限修正公式可得

$$S_e = C_r C_t \left(\frac{1}{K_f} \right) (0.45 S_u) \tag{13.61}$$

式中 C_r 與 C_t 分別爲針對可靠度與溫度的修正因數。

表 13-6 螺紋元件的疲勞應力集中因數 K_f

SAE 等級 (英制螺紋)	公制等級 (ISO 螺紋)	滾製螺紋	切削螺紋	內圓角
0 至 2	3.6 至 5.8	2.2	2.8	2.1
4 至 8	6.6 至 10.9	3.0	3.8	2.3

在分析螺栓接合中,所遭遇之疲勞負載的型式多爲 0 與某個最大作用力 P 之變動的外加負載。例如一個壓容器中壓力存在時或不存在時的狀況。

例題 13-3 ●●●

如例題 13-2 中之結合方式,但負荷爲一由 0 到 5 kips 變動的負載,利用古德曼關係求出抵抗螺栓破壞的安全因素爲何?

假設可靠度因素爲 $C_r = 0.84$,在室溫的狀態下 $C_t = 1$,螺栓螺紋爲滾製,每根螺栓上的預負荷 $F_i = 15$ kips

解

$P_m = P_a = 2.5$ kips

由表 13-4 $S_u = 120$ ksi

由表 13-6 $K_f = 3$

由例題 13-2 知

$C = 0.35$,$A_t = 0.373$ in^2

公式(13.61)

$$S_e = C_r C_t (\frac{1}{K_f})(0.45 S_u) = (0.84)(1)(\frac{1}{3})(0.45)(120) = 15.12$$

公式(13.59)

$$n = \frac{S_u A_t - F_i}{C\left[P_a\left(\dfrac{S_u}{S_e}\right) + P_m\right]} = \frac{120(0.373) - 15}{0.35\left[2.5\left(\dfrac{120}{15.12}\right) + 2.5\right]} = 3.8$$

13.9　承受剪力之螺栓及鉚釘接頭

承受剪力之鉚釘及螺栓接合在設計及分析中處理的方式完全相似。

在圖 13-16 中展示一個承受剪力之鉚釘接合，接下來探討這種連結方式的各種可能破壞情形。

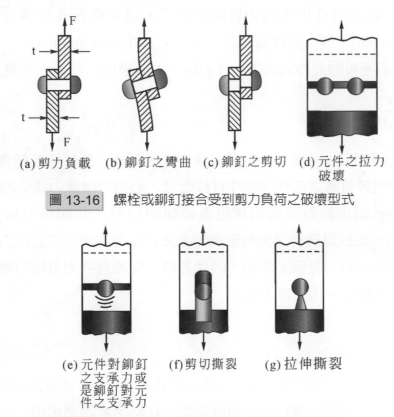

(a) 剪力負載　(b) 鉚釘之彎曲　(c) 鉚釘之剪切　(d) 元件之拉力破壞

圖 13-16　螺栓或鉚釘接合受到剪力負荷之破壞型式

(e) 元件對鉚釘之支承力或是鉚釘對元件之支承力　(f) 剪切撕裂　(g) 拉伸撕裂

圖 13-16　螺栓或鉚釘接合受到剪力負荷之破壞型式(續)

圖 13-16(a)顯示鉚接元件承受一偏心負載，13-16(b)顯示此偏心負載產生之彎曲力矩 $M=Ft$ 所造成之破壞，其中 F 是剪力，t 是連結件之厚度。若忽略應力集中，則元件或鉚釘中的彎曲應力為

$$\sigma = \frac{M}{I/C} \tag{13.62}$$

式中 I/C 是最弱元件或鉚釘之斷面模數，視要求何種應力而定。以此式計算的應力是一種假設，因為鉚釘的負載分布，或鉚釘與元件之相對變形量無法正確地知道，因此很少用於設計上，一般均以增加安全因數的方式來彌補此效應。

在圖 13-16(c)顯示因純剪力破壞的鉚釘，鉚釘中的應力為

$$\tau = \frac{F}{A} \tag{13.63}$$

式中 A 為組合中所有鉚釘之斷面積，實際設計中，應使用鉚釘之直徑而不用鉚釘孔之直徑。一般鉚釘孔徑會略大於鉚釘直徑，通常鑽孔孔徑為鉚釘直徑加上 1/16in(或是 1.5mm)，沖孔孔徑為鉚釘直徑加上 1/8in. (或是 3mm)。

圖 13-16(d)顯示連接的元件或板之一受到純拉力而破壞的情形，其應力為

$$\sigma = \frac{F}{A} \tag{13.64}$$

式中 A 是板的淨面積，也就是扣除所有鉚釘孔的面積。對於承受靜負載之脆性材料，以及承受疲勞負載之延性或脆性材料而言，必須考慮應力集中的影響。

圖 13-16(e)顯示鉚釘或板因擠壓而破壞的情形。此類應力稱為支承應力(bearing stress)，如欲以鉚釘之圓柱形表面上之負載分布來計算此應力相當複雜，實際作用於鉚釘上的力是個未知數，因此習慣上假設這些力量均勻地分布於鉚釘接觸面之投影面積上。因此應力為

$$\sigma = \frac{F}{A} \tag{13.65}$$

其中單一鉚釘之投影面積為 $A = td$。此處 t 是最薄之板厚，d 是鉚釘或螺栓直徑。

圖 13-16(f)和(g)顯示邊緣之剪切或撕裂。在結構實際應用中，可藉由將鉚釘置於距離邊緣至少 $1.5d$ 處的方式來防止此種型式破壞。

在結構設計中，通常會先選擇鉚釘的個數、直徑及間隔，然後針對各種破壞模式分析，如果計算所得之強度不滿意，可以改變直徑、間隔或使用的鉚釘數目，來使強度能適合預期之負載狀況。另於結構的實際應用上，通常並不考慮不同破壞型式所造成合併影響。

13.10 偏心負載所造成螺栓及鉚釘的剪切

對於一負載偏心作用於由一組螺栓或是鉚釘所組成之結件時，除了直接作用力外，偏心效應造成之扭矩或是彎曲力矩也須一併考量。圖 13-17(a)所示為一結件受偏心負載的例子。在靜力學分析上，其模型如圖 13-17(b)所示之懸臂樑受集中負載作用。

分析此螺栓群中各螺栓受力情形將以三步驟來計算，第一步是剪力 V 由所有螺栓平均分攤，因此每一個螺栓分攤 $F' = V/n$，此處的 n 代表螺栓的總數，F' 為直接負載(direct load)或主剪力(primary shear)。直接負載 F' 以向量標示於 13-17(c)負載圖上。

第二步為求出力矩所產生之影響。力矩負載(moment load)或是次剪力(secondary shear)為力矩 M 所造成之每一個螺栓的額外負載，若 r_1、r_2、r_3、…… 等為由形心至各螺栓中心的距離，則力矩及力矩負荷的關係為

$$M = F_1'' r_1 + F_2'' r_2 + F_3'' r_3 + \cdots \cdots \tag{13.66}$$

式中之 F'' 為力矩負載。而每個螺栓所承受的力矩負載與其至形心距離成正比，且垂直於螺栓中心至形心連線，亦即距離形心最遠的螺栓承受了最大的負載，最近的螺栓承受最小負載。因此可得

$$\frac{F_1''}{r_1} = \frac{F_2''}{r_2} = \frac{F_3''}{r_3} = \cdots \cdots \tag{13.67}$$

聯立(13.66)式及(13.67)式得

$$F_n'' = \frac{Mr_n}{r_1^2 + r_2^2 + r_3^2 + \cdots \cdots} \tag{13.68}$$

式中的下標 n 代表待求的特定螺栓負載，這些力矩負載亦以向量顯示於負載圖上。

第三步驟中，將直接負載及力矩負載以向量加法相加，即可得到每一個螺栓上的合力。因為通常所有的螺栓或鉚釘的尺寸皆相同，所以只需對承受最大負載之螺栓加以考慮。當最大負載已知時，就可以用前面已說明過的各種方法來決定強度。

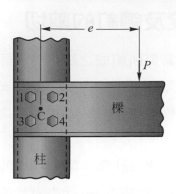

(a) 一端由螺栓固定於柱上之
樑，承受集中負載作用

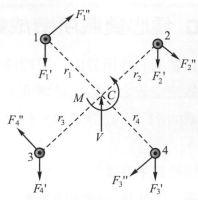

(c) 顯示主剪力與次剪力之
螺栓群放大圖

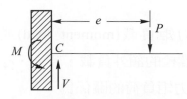

(b) 懸臂樑之自由體圖

圖 13-17　承受偏心負載之螺絲組

螺栓群之形心

　　如果有 n 個螺栓組成之接頭，每個螺栓的斷面積分別為 A_1、A_2、A_3、……A_n，這些螺栓不必有相同的直徑。為了要決定作用於每個螺栓上的剪力，必需要知道螺栓群的形心的位置。使用靜力學的方法，可得螺栓形心 G 的位置 $(\bar{x}, \bar{y})$

$$\bar{x} = \frac{A_1 x_1 + A_2 x_2 + A_3 x_3 + \dots\dots + A_n x_n}{A_1 + A_2 + A_3 + \dots\dots + A_n} = \frac{\displaystyle\sum_{i=1}^{n} A_i x_i}{\displaystyle\sum_{i=1}^{n} A_i} \tag{13.69}$$

$$\bar{y} = \frac{A_1 y_1 + A_2 y_2 + A_3 y_3 + \dots\dots + A_n y_n}{A_1 + A_2 + A_3 + \dots\dots + A_n} = \frac{\displaystyle\sum_{1}^{n} A_i y_i}{\displaystyle\sum_{i=1}^{n} A_i} \tag{13.70}$$

x_i 及 y_i 是到每個螺栓中心的距離。

例題 13-4 ●●●

一結構件構造與負荷如下圖(a)所示。負荷 P = 10 kips，試求最大的螺栓剪力與剪應力。

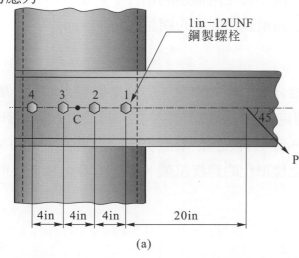

1in－12UNF
鋼製螺栓

4in　4in　4in　　20in

(a)

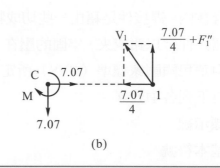

(b)

解

形心 C 位於 4 根螺栓的聯心線中間點，將負荷 P 分解成水平與垂直兩分力，其中僅有垂直分力對螺栓群的形心有力偶 M 的效應，由上圖(b)中可知最大的剪力與剪應力發生在螺栓 1

$M = (7.07)(26) = 183.82$ kip.in

$$F_1'' = \frac{Mr_1}{r_1^2 + r_2^2 + r_3^2 + r_4^2} \qquad \text{式(13.68)}$$

$$= \frac{183.82(6)}{6^2 + 2^2 + 2^2 + 6^2} = 13.79 \, \text{kips}$$

$$V_1 = \left[\left(\frac{7.07}{4} + 13.79 \right)^2 + \left(\frac{7.07}{4} \right)^2 \right]^{\frac{1}{2}} = 15.66 \, \text{kips}$$

$$\tau = \frac{V_1}{\frac{\pi d^2}{4}} = \frac{15.66}{\frac{\pi (1)^2}{4}} = 19.94 \, \text{ksi}$$

13.11 銲接

當需要一永久性接頭時，通常會考慮以銲接(welding)，硬銲(brazing)，軟銲(soldering)，膠結(cementing)及膠合(gluing)等接合製程進行，尤其是薄件的接合，使用這些方法，一般均可節省成本，因不需使用個別的結件，且這些方法也適合使用自動化機器進行快速裝配。此章節重點於銲接的探討。

銲接符號

銲接是利用熱或是壓力將材料接合成一體之作業，不論是否包含填料金屬均包含在內。銲接件是藉由一些切成特定外形之金屬件銲接在一起形成。當銲接時，數個元件常以鉗或夾，牢固的壓在一起。銲接必須精確的於工作圖標明。圖 13-18 為中華民國國家標準（CNS）所定之標準化的銲接符號。符號本身可視需要而包含有下列各項元素。

- 標示線
- 基本符號
- 輔助符號
- 尺度
- 註解或特殊說明

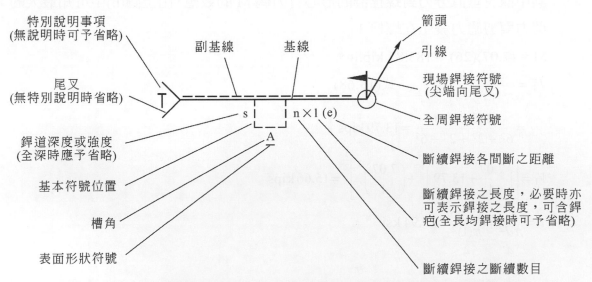

圖 13-18　CNS 銲接符號顯示符號元素的位置(資料來於：CNS 3-6，B1001-6)

　　標示線為引線、基線、副基線及尾叉組成，箭頭可指在銲接接頭之任一側。圖 13-19 為基本符號範例，圖 13-20 為輔助符號範例，圖 13-21 為銲道深度標註說明，圖 13-22 為填角銲尺度說明。若於箭頭邊銲接，則將符號標註於基線上方或下方，如圖 13-23 所示。若於箭頭對邊銲接，則將符號標註於副基線上方或下方，圖 13-24 所示。圖 13-25 為常見的各式銲接形式與符號標註範例。

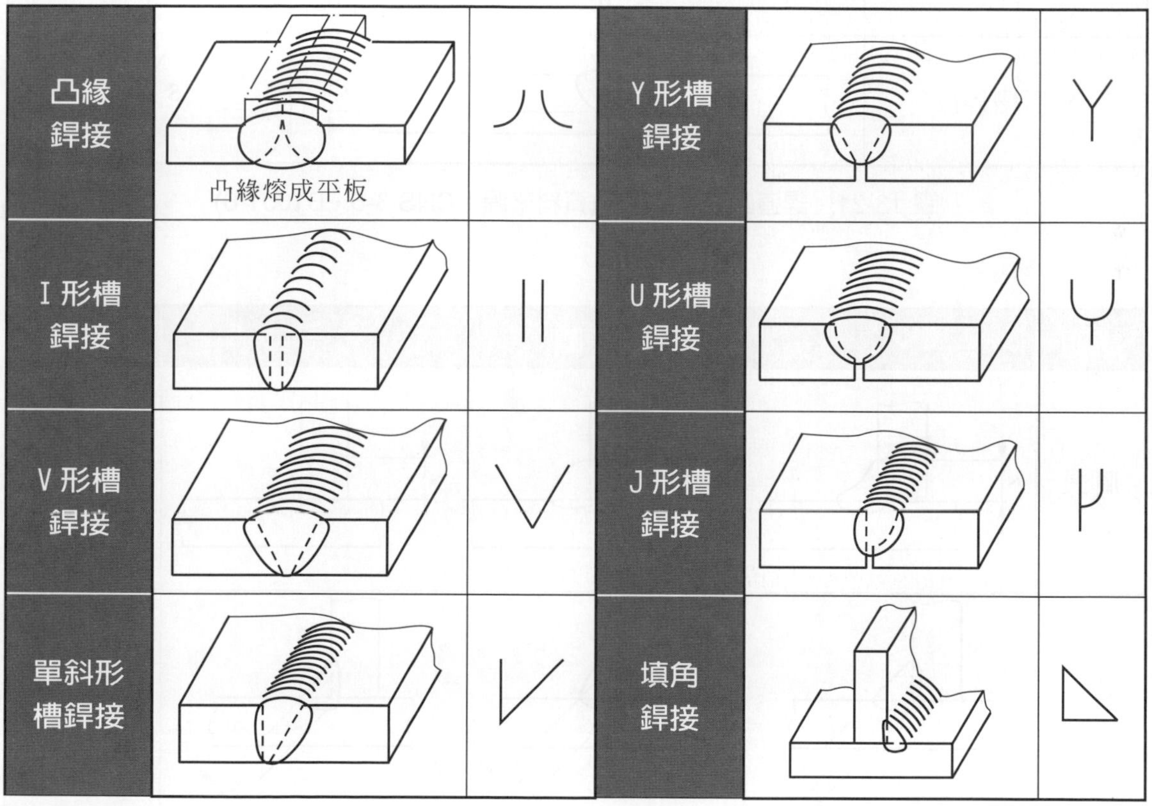

凸緣銲接	凸緣熔成平板	八	Y 形槽銲接		Y
I 形槽銲接		‖	U 形槽銲接		Y
V 形槽銲接		V	J 形槽銲接		⊦
單斜形槽銲接		⊬	填角銲接		△

図 13-19　基本符號範例(資料來源：CNS 3-6，B1001-6)

銲道之表面形狀	平面	—	現場及全周銲接	全周銲接	○
	凸面	⌒		現場銲接	 ▶
	凹面	⌣		現場全周銲接	 ▶○

図 13-20　為輔助符號範例(資料來源：CNS 3-6，B1001-6)

說明	示意圖	符號
V 形槽銲接		
I 形槽銲接	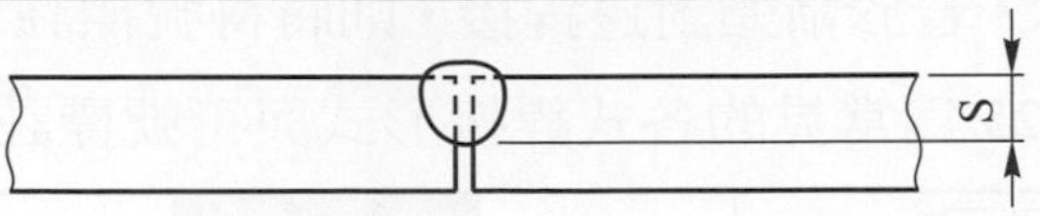	 S ||
Y 形槽銲接	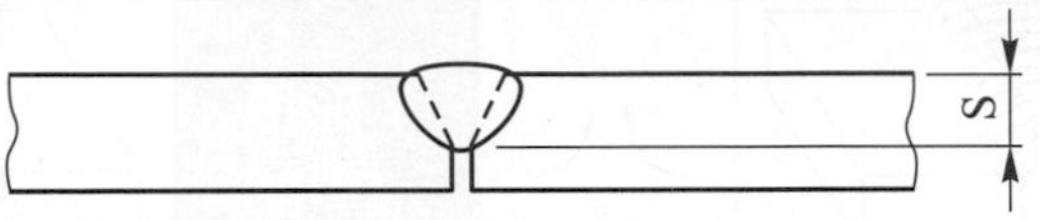	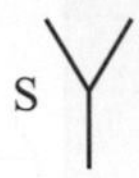 S Y

圖 13-21　銲道深度標註說明(資料來源：CNS 3-6，B1001-6)

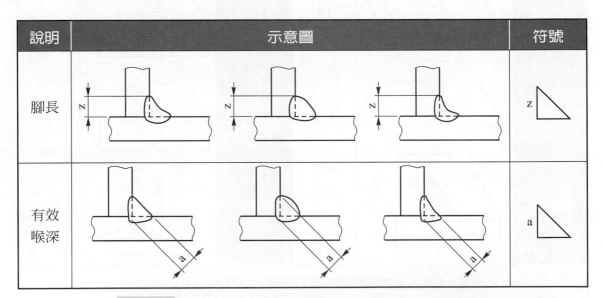

說明	示意圖	符號
腳長		z
有效喉深		a

圖 13-22　為填角銲尺度說明(資料來源：CNS 3-6，B1001-6)

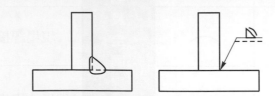

圖 13-23　箭頭邊銲接符號標示(資料來源：CNS 3-6，B1001-6)

圖 13-24　箭頭對邊銲接符號標示(資料來源：CNS 3-6，B1001-6)

凸緣銲接(符號　八　)

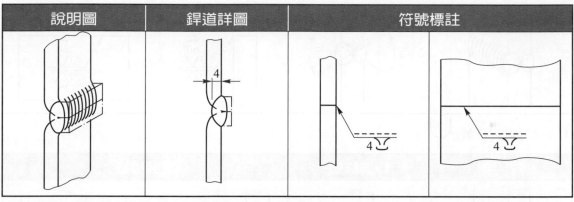

說明圖	銲道詳圖	符號標註

I 形槽銲接(符號 ‖)

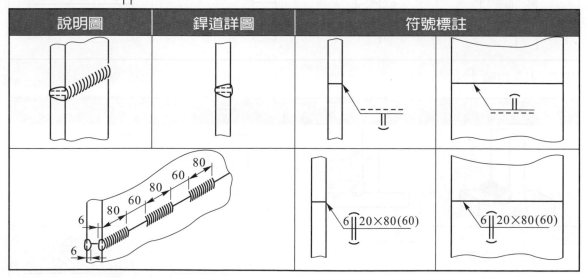

說明圖	銲道詳圖	符號標註

V 形槽銲接(符號 ⋁)

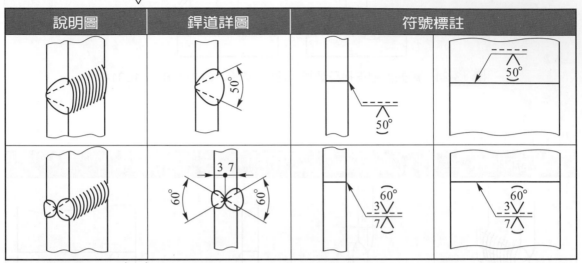

說明圖	銲道詳圖	符號標註

U 形槽銲接(符號 ⋃)

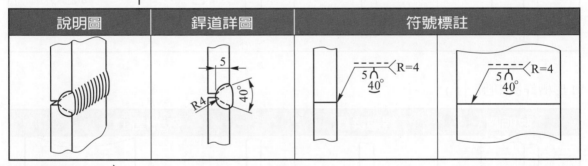

說明圖	銲道詳圖	符號標註

填角銲接(符號 ◣)

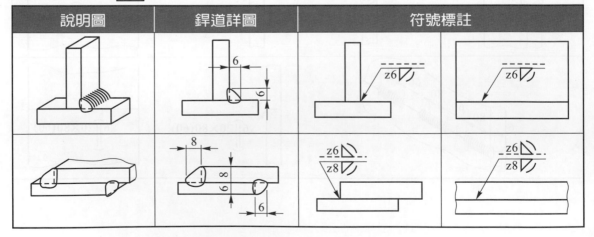

說明圖	銲道詳圖	符號標註

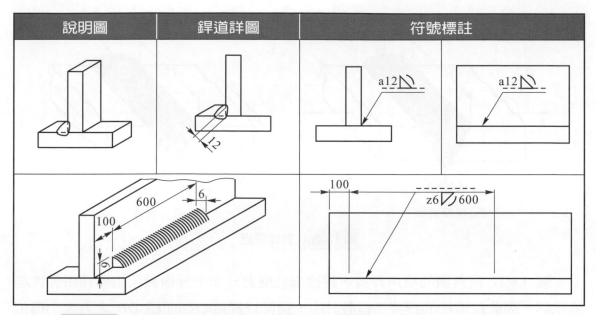

說明圖	銲道詳圖	符號標註

圖 13-25　常見的各式銲接形式與符號標註範例(資料來源：CNS 3-6，B1001-6)

　　銲接製程是藉由加熱使母金屬(被接合之金屬)局部融化後結合在一起，由於在銲接作業中使用了熱，因此在母材鄰近銲接處可能會產生冶金上的變化，同時由於夾持、固定或由於銲接順序，可能產生殘留應力。通常殘留應力影響不大，有時候會於銲接後施以輕度熱處理來釋出殘留應力。

13.12　對頭銲接與填角銲接

　　圖 13-26(a)中顯示承受拉力 F 的單 V 槽銲接。不論是拉伸或壓縮負載，其平均正交應力為

$$\sigma = \frac{F}{hl} \tag{13.71}$$

式中的 h 為銲接喉深(weld throat)，而 l 為銲接長度，如圖所示 h 值並未包含補強部分。為補償銲接可能瑕疵，故需有補強，但在圖中的 A 處可能會有應力集中產生。若承受疲勞負載時，常將補強部分磨平。

圖 13-26(b)顯示由於剪力作用，對頭銲接中的平均應力為

$$\tau = \frac{F}{hl} \tag{13.72}$$

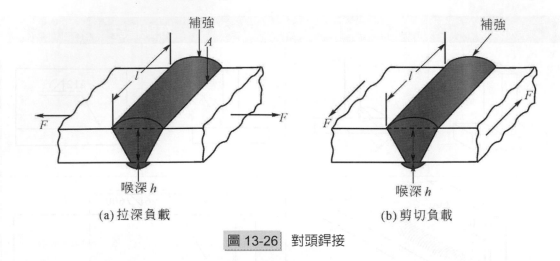

補強

A

l

F

F

喉深 h

(a) 拉深負載

補強

l

F

F

喉深 h

(b) 剪切負載

圖 13-26 對頭銲接

圖 13-27 為典型的填角銲接。銲接處之應力分布十分複雜，很難利用彈性理論求解。因此在傳統的銲接工程設計中，通常以銲接喉部面積 DB 之力大小為依據，就設計目的而言，習慣上是基於喉部的剪應力，而完全忽略正交應力。因此，平均應力的方程式為

$$\tau = \frac{F}{0.707hl} = \frac{1.414F}{hl} \tag{13.73}$$

式中 h 為銲接腳長度，t 為喉部深度，l 為銲接長度。

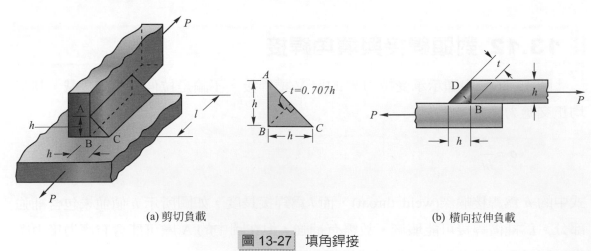

P

A

h

B

C

l

h

P

A

h

$t=0.707h$

B

h

C

t

D

h

B

P

P

h

(a) 剪切負載

(b) 橫向拉伸負載

圖 13-27 填角銲接

不管是對頭銲接或是填角銲接，在銲接區域均有應力集中的現象，因此當銲接接頭承受疲勞負載時，須要考慮應力集中效應。表 13-7 為不同銲接方式的疲勞應力集中因數。

表 13-7　銲接疲勞應力集中因數 K_f

銲接方式	示意圖	K_f
補強對頭式銲接		1.2
橫向填角銲接前端	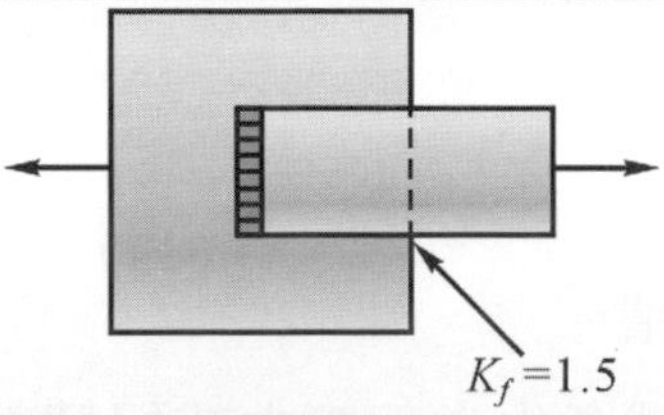	1.5

表 13-7　銲接疲勞應力集中因數 K_f (續)

銲接方式	示意圖	K_f
平行填角銲接尾端	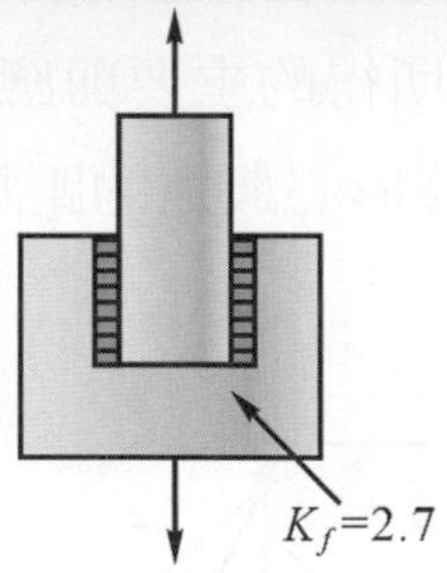	2.7
具有銳角的 T 形對頭式銲接	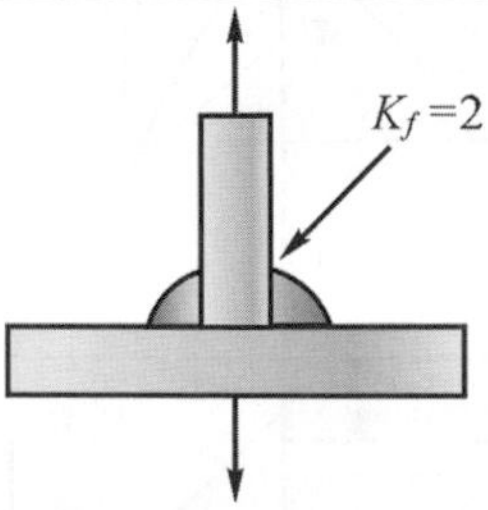	2.0

13.13 承受偏心負載之銲接接頭

承受扭矩的銲接接頭

圖 13-28 為一懸臂樑以兩填角銲接銲接於柱體上，銲接長度為 l，懸臂樑支撐處的反力包含剪力 V 及一扭矩 M。剪力在銲接中產生主要剪應力 τ'，其大小為

$$\tau' = \frac{V}{A} \tag{13.74}$$

式中 A 為所有之銲接喉部面積。

支撐處的扭矩對銲接區域產生次剪應力或扭轉剪應力 τ''，該剪應力可由下式求得

$$\tau'' = \frac{Mr}{J} \tag{13.75}$$

其中，r 為銲接群(weld group)的形心至銲接區內所考量之點的距離。而 J 為銲接群對該銲接群形心的二次極慣性矩。當銲接尺寸已知時，則這些方程式都能解出來，然後利用向量和的方式結合所得的主要剪應力 τ' 與次剪應力 τ'' 以求得最大剪應力，請注意，r 通常是距銲接群形心最遠的距離。

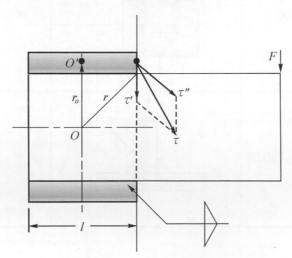

圖 13-28 銲接接頭承受同平面之偏心負載；此種聯結在銲接道上產生扭矩，O 為銲接群之形心

圖 13-29 顯示由兩銲接道組成之銲接群。其中矩形代表銲接的喉部面積，銲接道 1 的銲接喉部寬度 $b_1 = 0.707h_1$；而銲接道 2 的銲接喉部寬度 $d_2 = 0.707h_2$。注意 h_1 和 h_2 分別代表兩個銲接道的銲接尺寸。兩銲接件的總喉部面積為

$$A = A_1 + A_2 = b_1d_1 + b_2d_2 \tag{13.76}$$

公式(13.74)中所用面積即為此喉部面積。

圖 13-29 中的 x 軸通過銲接道 1 的形心 G_1，對該軸的二次面積矩為

$$I_x = \frac{b_1d_1^{\,3}}{12} \tag{13.77}$$

同樣地，對通過 G_1，而平行於 y 軸，其二次面積矩為

$$I_y = \frac{d_1b_1^{\,3}}{12} \tag{13.78}$$

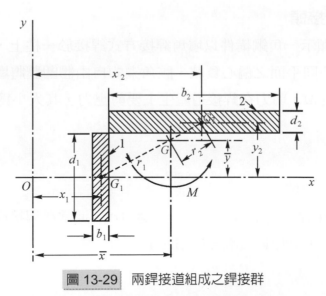

圖 13-29 兩銲接道組成之銲接群

因此，銲接道 1 的面積對其本身形心的二次極慣性矩為

$$J_{G1} = I_x + I_y = \frac{b_1d_1^{\,3}}{12} + \frac{d_1b_1^{\,3}}{12} \tag{13.79}$$

同樣的，銲接道 2 面積對其本身形心的二次極慣性矩為

$$J_{G2} = \frac{b_2d_2^{\,3}}{12} + \frac{d_2b_2^{\,3}}{12} \tag{13.80}$$

銲接群的形心位於

$$\overline{x} = \frac{A_1 x_1 + A_2 x_2}{A} \quad , \quad \overline{y} = \frac{A_1 y_1 + A_2 y_2}{A} \tag{13.81}$$

由圖 13-29，可看出由 G_1 及 G_2 至 G 的距離 r_1 及 r_2，分別為

$$r_1 = [(\overline{x} - x_1)^2 + (\overline{y})^2]^{1/2} \quad 及 \quad r_2 = [(y_2 - \overline{y})^2 + (x_2 - \overline{x})^2]^{1/2} \tag{13.82}$$

利用平行軸定理，可求得銲接群總面積的二次極慣性矩為

$$J = (J_{G1} + A_1 r_1^{\,2}) + (J_{G2} + A_2 r_2^{\,2}) \tag{13.83}$$

(13.75)公式中的 J 即為此值，距離 r 由 G 量起，而扭矩 M 則係對 G 算出。

逆向的程序是已知容許剪應力，而希望求得銲接道尺寸。通常的程序是先估計可能的銲接道尺寸，然後使用疊代法。

承受彎矩的銲接接頭

圖 13-30 中顯示一角鋼構件以填角銲接方式銲接於一柱上，此時該角鋼構件承受一與銲接群不同平面之偏心負載，該角鋼的自由體圖體將顯示一反作用剪力 V 與一反作用力矩 M。剪力在銲接道產生主要剪應力，其大小為

$$\tau' = \frac{V}{A} \tag{13.84}$$

其中 A 為銲接總喉面積。

力矩 M 則將在銲接道中產生彎曲正交應力 σ。通常在銲接應力分析中，假設此應力效應為作用垂直於銲接喉部面積之剪應力。彎曲力矩所產生之應力為

$$\tau'' = \frac{Mc}{I} \tag{13.85}$$

上式中 I 為銲接群之面積二次矩，$M = Pe$，c 為由銲接群形心 C 量至銲接處最遠之距離。接著再將 τ' 與 τ'' 利用向量和方式求得最大剪應力。圖 13-30(b)中所示之銲接面積為其喉部面積。

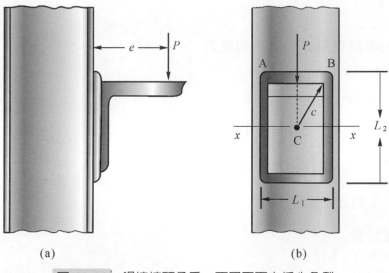

圖 13-30　銲接接頭承受一不同平面之偏心負載

銲接群的面積二次矩可藉由先求得每一銲接喉部面積的二次矩後，再用平行軸定理求得所有喉部面積的二次矩。

例題 13-5 ●●●

一銲接件如下圖(a)所示，負荷 $P = 15$ kips，試求此二銲接腳的尺寸 h 為何？安全因素 $n = 3$，銲接材料的剪切降伏強度 S_{ys} 為 30 ksi。

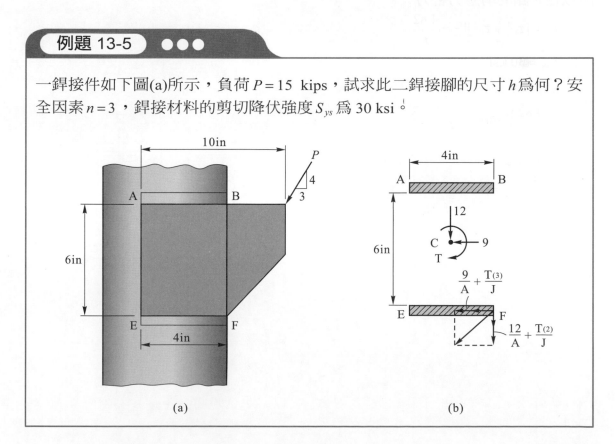

解

由上圖(b)可發現點 F 有最大的應力

$T = 12(8) - 9(3) = 69 \text{ kip-in}$

$A = 2(4t) = 8t \quad \text{in}^2$

$I_x = 2\left[\dfrac{4(t)^3}{12} + 4t(3)^2\right] \approx 2[4t(3)^2] = 72t \quad \text{in}^4$

$I_y = 2\left[\dfrac{t(4)^3}{12} + 4t(0)^2\right] = 10.67t \quad \text{in}^4$

$J = I_x + I_y = 82.67t \quad \text{in}^4$

在 F 點的垂直分量

$\tau_v = \dfrac{12}{8t} + \dfrac{69(2)}{82.67t} = \dfrac{3.17}{t}$

在 F 點的水平分量

$\tau_h = \dfrac{9}{8t} + \dfrac{69(3)}{82.67t} = \dfrac{3.625}{t}$

所以在 F 點的剪應力合力

$\tau_F = [\tau_v{}^2 + \tau_h{}^2]^{1/2} = \dfrac{4.82}{t}$

$S_{ys} = 30 \text{ ksi}$

$n\tau_F = S_{ys}$

$3\left(\dfrac{4.82}{t}\right) = 30$

$t = 0.482$

$h = \dfrac{0.482}{0.707} = 0.68 \text{ in}$

13.14 銲接接合處強度

　　銲條性質與母材金屬搭配的重要性通常不如銲接速率、作業員技巧及完成之接頭的外觀重要。電銲條的性質變化相當大，表 13-8 中為一些電銲條的基本性質。

　　如要選擇設計的安全因數或容許工作應力可參考表 13-9，表中列出 AISC 法規針對不同負載情況下指定的之容許應力的公式。此法規的安全因數可由表中推算得知。若以畸變能理論為破壞準則，則對於拉伸張力而言，$n = 1/0.60 = 1.67$。就剪力而言，$n = 0.577/0.4 = 1.44$。疲勞強度削減因數建議使用表 13-7 中所列的值。母金屬及銲接金屬均使用這些因數。

表 13-8　電銲條的基本性質

AWS 電焊條 編號	抗拉強度 ksi (MPa)	降伏強度 ksi (MPa)	伸長百分比
E60xx	62 (427)	50 (345)	17-25
E70xx	70 (482)	57 (393)	22
E80xx	80 (551)	67 (462)	19
E90xx	90 (620)	77 (531)	14-17
E100xx	100 (689)	87 (600)	13-16
E120xx	120 (827)	107 (737)	14

* 美國銲接學會(AWS)規格法規的電焊條編號制度。該制度使用 E 字頭於 4 或 5 位數字前的編號制度，其前 2 位或 3 位數字標示抗拉強度的近似值。最後一位數字代表銲接技術中的變數，例如，電流供給。倒數第二位數字指出銲接位置。例如，垂直或上方(overhead)銲接。完整的規格可向 AWS 取得。

表 13-9　AISC 對銲接金屬鎖定的容許應力

負荷形式	銲接型式	容許應力	n
拉伸	對接	$0.60\,S_y$	1.67
支承	對接	$0.90\,S_y$	1.11
彎應曲	對接	$0.60\text{-}0.66\,S_y$	1.52-1.67
單純壓縮	對接	$0.60\,S_y$	1.67
剪切	對接或填角	$0.40\,S_y$	1.44

* 安全係數 n 使用畸變能理論計算。

13.15 鍵和銷

　　許多不同型式的機械元件如齒輪、滑輪、凸輪等安裝於旋轉的軸上用來傳遞動力。這些元件與軸接觸的部分稱為輪轂(hub)。鍵和銷的功能就是用在軸上來固定這些旋轉元件。鍵是用來將扭矩從軸傳遞到軸所支撐的元件上,而銷則用於軸向定位及傳遞扭矩或推力或者兩者均有的傳遞。在軸及輪轂上為放置鍵所開的槽稱為鍵槽。圖 13-31 顯示一些常用鍵的類型,其中方鍵(square key,圖 13-31(a))與平鍵(flat key,圖 13-31(b))兩種為最常被使用的鍵,均為平行鍵(parallel key)。平行鍵的截面為一固定值不會隨著鍵的長度變化,而當平鍵的截面寬度等於高度時則為方鍵。表 13-10 所示為部分方鍵與平鍵的標準尺寸。鍵的長度則是由輪轂長度和傳遞的扭矩大小來決定。圖 13-31(d)中所示之帶頭斜鍵(gib-head key)因具有斜度,當被緊密的裝入時,有防止相對軸向移動的作用。同時也有提供將輪轂位置調整至最佳的軸向位置的優點。頭部可使移除鍵時方便操作,但是凸出部分可能導致危險。於圖 13-31(e)所示的半圓鍵(woodruff key)是另一種常用的鍵,尤其是在將一個輪子頂住軸肩定位時,因為鍵槽不需要加工至肩部應力集中的區域。同時使用半圓鍵的組合方式能產生較佳輪子和軸之同心度。此點於高速運轉時特別重要,例如渦輪和軸。一些標準半圓鍵的尺寸列於表 13-11。

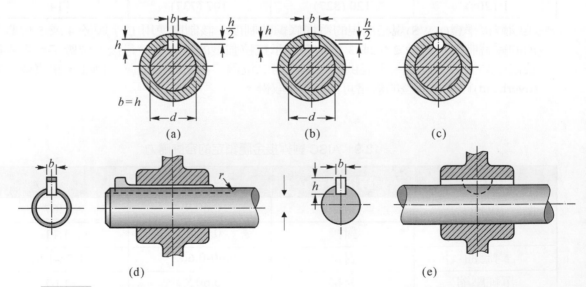

圖 13-31　常見用於軸上之鍵的類型:(a)方鍵,(b)平鍵,(c)圓鍵(round key),
(d)帶頭斜鍵,(e)半圓鍵,b 為鍵寬,h 為鍵高,d 為軸的直徑

表 13-10　方鍵與平鍵標準尺寸(單位：mm)

軸徑 $d^{(t)}$		標準尺寸 $b×h$
超過	至	
6	8	2×2
8	10	3×3
10	12	4×4
12	17	5×5
17	22	6×6
22	30	8×7
30	38	10×8
38	44	12×8
44	50	14×9
50	58	16×10
58	68	18×11
68	78	20×12
78	92	24×14
92	110	28×16
110	130	32×18
130	150	36×20
150	170	40×22
170	200	45×25

表 13-11　半圓鍵標準尺寸(單位：mm)

軸徑 d 最小數	標準尺寸	
	b	h
4	1.5	1.5
		2.5
5	2	2.5
		4
		5
9	3	4
		5
		6.5
		8
13	4	5
		6.5
		8
		9.5
18	5	8
		9.5
		11
		12
24	6	9.5
		11
		12
		14
		15
		16
30	8	11
		12
		14
		15
		16
36	10	14
		15
		16

註 1. 平鍵截面尺度之選擇視 d 之標稱尺度而異。

　2. b 及 h 之公差依 CNS 173 銷子鋼截面及偏差之規定。

(節錄自 CNS169，B3032)

(節錄自 CNS172，B3035)

圖 13-32 所示為一些常用之銷(pin)，當主要負荷為剪力時，且扭矩與推力同時存在的情形下，銷十分有用。圖 13-33 為部分推拔銷之尺寸標註符號，表 13-12 為部分標準推拔銷之尺寸

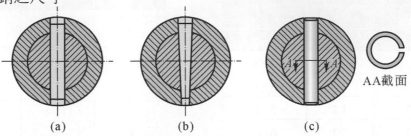

(a)　　　　　　　　　(b)　　　　　　　　　(c)

圖 13-32　各式常用銷：(a)圓柱銷(straight round pin)，(b)推拔銷(tapered round pin)，(c)開口管狀彈簧銷(split tubular spring pin)

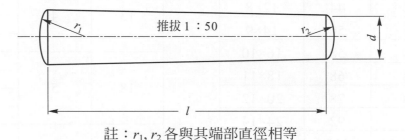

推拔 1：50

註：r_1, r_2 各與其端部直徑相等

圖 13-33　推拔銷之尺寸標註(來源：CNS396，B2064)

表 13-12　標準推拔銷之尺寸　(單位：mm)

標稱直徑	0.6	0.8	1	1.2	1.6	2	2.5	3	4	5	6	8	10
d 基本尺寸	0.6	0.8	1	1.2	1.6	2	2.5	3	4	5	6	8	10
d 許可差	+0.018 0		+0.025 0						+0.030 0			+0.036 0	
ℓ 4													
5													
6	±0.25												
8		±0.25											
10													
12			±0.25										
14				±0.25									
16													
18					±0.25	±0.25							
20							±0.25	±0.25					
22									±0.25				
25										±0.25			
28						±0.5							
32							±0.5						
36								±0.5	±0.5	±0.5	±0.5		
40												±0.5	
45													
50													±0.5
56									±1				
63										±1			
70											±1		
80													
90												±1	±1
100													
110													
125													
140													

適用範圍：本標準適用於一般推拔 1：50 之鋼製推拔銷，和不銹鋼推拔銷。

(節錄自 CNS396，B2064)

扣環(retaining ring)通常用來代替軸肩或是套筒以固定元件在軸上或外殼孔徑內的軸向位置。圖 13-34 所示為在軸上或孔上切一個槽以便裝上彈簧扣環。內環及外環的錐形設計是為了使其頂住於槽的底部壓力均勻。

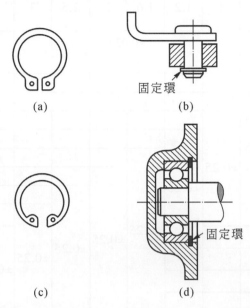

固定環

(a)   (b)

(c)   (d)

圖 13-34　典型之扣環：(a)外環和(b)它的運用方式，(c)內環和(d)它的運用方式

作用於鍵表面上力的分布非常複雜，力分布的狀況依據鍵與軸及輪轂配合來決定。鍵上之應力沿著鍵長呈現一均勻分布狀態，最大值位於端點附近。由於許多不確定的情況存在，所以無法進行精確的應力分析，一般假設鍵與鍵槽為一緊配合狀態如圖 13-35 所示。由圖所示狀態可假設所有扭矩 T 是由軸表面的切線力 F 所承受，且沿著鍵長均勻分布。

$$T = Fr \tag{13-86}$$

式中 r 為軸的半徑。

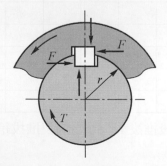

圖 13-35　鍵與鍵槽上端及底部緊配狀態下力的作用圖

　　鍵上的剪應力與壓縮或是承應力(bearing stress)可由 F 來計算求出，但須使用足夠大的安全因素。對於靜態負荷，一般安全因素用 2。對於輕微至高的衝擊負荷，安全因素應用 2.5 至 4.5 以確保安全。

　　至於鍵槽應力集中的效應與鍵槽端點及底部內圓角半徑有關。對於以端銑方式做成的鍵槽在承受彎矩或是扭矩時，理論應力集中因素(theoretical stress concentration factor)範圍約在 2 到 4 間，疲勞應力集中因素(fatigue stress concentration factor)約在 1.3 至 2 間。

習 題

1. 一直徑為 1in 具雙螺紋的艾克姆傳力螺桿在 $\mu = 0.1$，$\mu_c = 0.08$，$d_c = 1.5\,in$，$F = 1.5\,kips$ 的情形下，試求出

   (1)螺桿的導程，平均直徑及導程角

   (2)舉升或降下負載時所需的扭矩

   (3)在不考慮軸環的摩擦影響下，螺桿的效率

2. 一直徑 30mm，雙方螺紋節距為 2mm 的傳力螺桿，其上的螺帽以 40mm/s 移動，舉升一 5kN 的負載，其軸環直徑為 50mm，螺桿及軸環的摩擦係數分別為 $\mu = 0.1$ 及 $\mu_c = 0.15$，請問需有多大的功率來驅動此螺桿？

3. 圖 13-11 所示之拉力接頭，其中螺栓為 M 20×2.5，ISO 粗螺紋，$S_y = 630\,MPa$，握柄長度 $l = 60\,mm$，外部負載 $P = 40\,kN$，螺栓材質為鋼材，其彈性模數為 E_s，元件材質為鑄鐵，其彈性模數為 $E_c = \dfrac{E_s}{2}$，試求：

   (a)作用於螺栓上之總力，假設此接頭為重複使用接頭。

   (b)所需使用的鎖緊扭矩為多少？假設該扭矩因數 $k = 0.2$。

4. 圖 13-36 所示一壓力圓筒的橫剖面，總共使用 N 個螺栓來承受 50kips 的分離力

   (a)試求接頭常數

   (b)假設安全因數為 2，針對永久性接合的狀況下所需之螺栓數為何

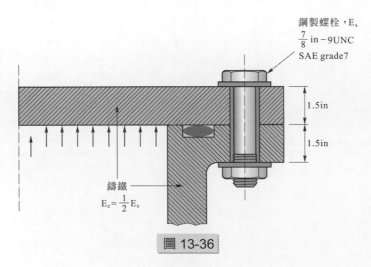

鋼製螺栓，E_s
$\dfrac{7}{8}\,in - 9UNC$
SAE grade7

1.5in
1.5in

鑄鐵
$E_c = \dfrac{1}{2}\,E_s$

圖 13-36

5. 如圖 13.37 所示之接頭，螺栓為鋼材所製，元件為鑄鐵材質，兩者之彈性模數 $E_s / 2 = E_c$、E_s 及 E_c 分別為鋼與鑄鐵之彈性模數，負荷 P 在 1 與 5 kips 間變動，此螺栓為可重覆使用，$C_r = 0.87$，$C_t = 1$，螺栓為 $\dfrac{9}{16}$ in -12 UNC，SAE 等級 2，螺紋為滾製，握柄長度 $l = 2$ in，根據古德曼關係式，試求：

(1)在沒有負載狀況下，此螺栓接頭是否安全？

(2)在有預負載狀況下，此螺栓是否安全？

(3)防止接頭分離之安全因數 n_s 為多少？

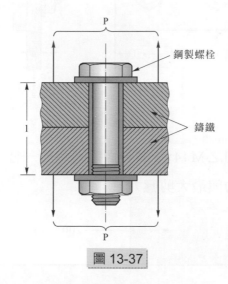

圖 13-37

6. 一螺栓接頭如圖 13-37 所示，假設接頭常數 $C = 0.3$，螺栓為 M 14×2，ISO 等級 8.8 之粗螺紋，且其螺紋為切削製成，此螺栓接頭需重覆使用，請問在安全因數為 2 的條件下，此接頭可承受之最大靜態負載為多少？

7. 一個使用鉚釘搭接的接頭如圖 13-38 所示，圖中 $P = 30$ kN，$w = 100$ mm，$t = 10$ mm，鉚釘直徑為 20mm，所有鉚釘的孔由沖壓製成，試問此接合的剪應力，支撐應力及拉伸應力各為多少？

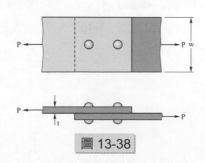

圖 13-38

8. 一螺栓接頭如圖 13-39 所示，使用 M 16×2 粗螺紋螺栓，此螺栓之 $S_y = 650$ MPa 及 $S_{ys} = 375$ MPa，拉伸負載 $P = 25$ kN。試求所有可能破壞模式之安全因數 n。假設被接合元件之 $S_y = 250$ MPa。

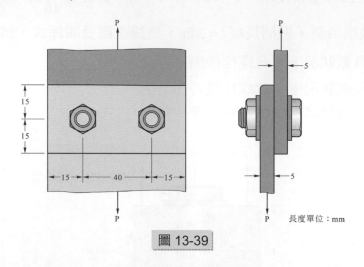

圖 13-39

9. 一板件利用 3 顆相同之 M 14×2 鋼製螺栓固定於一柱上，如圖 13-40 所示。試求螺栓上之最大剪力與最大剪應力。

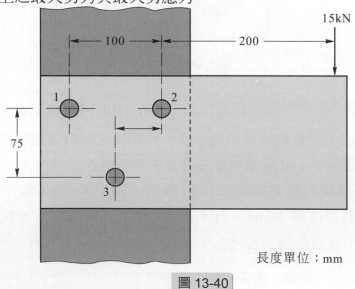

圖 13-40

10. 試求如圖 13-41 所示之接件所需的銲接尺寸大小，此銲接使用之銲條的剪切降伏強度 $S_{ys} = 200\ \text{MPa}$，針對降伏破壞的安全因素要求為 3。

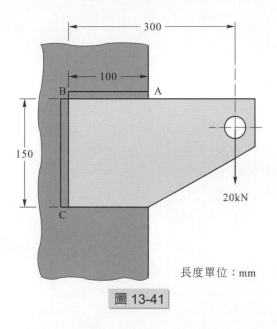

圖 13-41

11. 試求所需之銲接尺寸大小如圖 13-30 中所示的銲接接合，負載 $P = 4\ \text{kips}$，偏心距離 $e = 8\ \text{in}$，$L_1 = 4\ \text{in}$，$L_2 = 6\ \text{in}$，容許之剪應力大小為 8ksi。

12. 一銲接件如圖 13-42 所示，使用的銲條為 E6010，銲腳長度 h 如圖上所示為 10 mm，在安全因數 $n = 2$ 的要求下，請問銲接長度 l 需為多少？

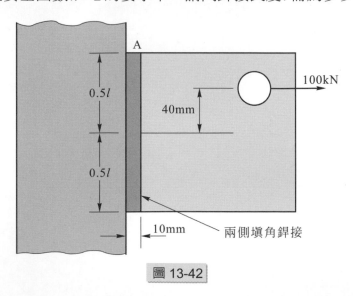

圖 13-42

第 14 章

疲勞設計

14.1 疲勞破壞與機件壽命之關係

　　機械元件承受到反覆週期性之不同方向應力時，如承受反覆壓應力或拉應力，經過一段時間後，即使所承受的工作應力比機械元件在靜態下所能承受的破壞應力低，也會破壞，這樣的破壞型態稱為疲勞破壞(fatigue failure)。其中上述之破壞應力包括：抗拉強度(S_u)或降伏強度(S_y)，視材料是延性或脆性而定。

　　一般會影響疲勞強度的因素有：

1. 工件表面粗糙程度。

2. 工件的形狀。

3. 反覆應力施加的形式簡述幾項，反覆應力的種類如圖 14-1：

　　(a) 完全反覆應力(fully reversed stress)：$\sigma_{av} = 0$ 或是 $\sigma_{max} = \sigma_{min}$

　　(b) 單方向覆變(repeated stress)：$\sigma_{min} = 0$ 及 $\sigma_{max} > 0$

　　(c) 變動應力(fluctuating stress)：$\sigma_{min} < 0$ 及 $\sigma_{max} > 0$

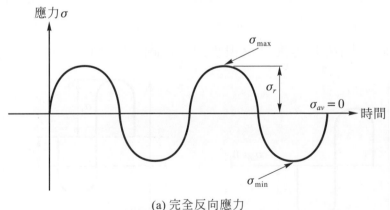

(a) 完全反向應力

圖 14-1　反覆應力的種類

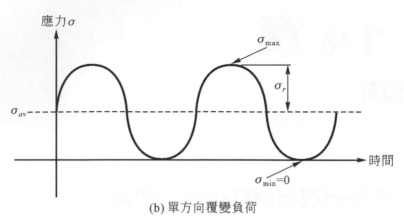

(b) 單方向覆變負荷

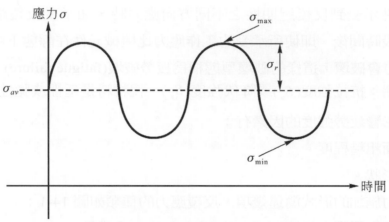

(c) 變動應力

圖 14-1 反覆應力的種類(續)

　　完全反覆應力對於疲勞破壞非常重要，圖 14-2 區別出反覆變動應力之差異，當承受變動負荷時，如果當 $\sigma_{av} = 0$ 時，σ_r 即為完全反覆應力，如圖 14-2(a)所示。如果當 $\sigma_{av} \neq 0$ 時，則 σ_r 為非完全反覆應力，如圖 14-2(b)所示。

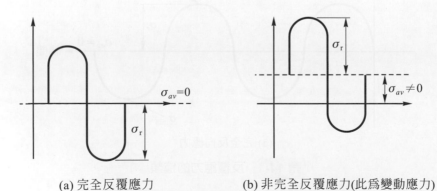

(a) 完全反覆應力　　　　　　　　(b) 非完全反覆應力(此為變動應力)

圖 14-2 完全反覆應力及非完全反覆應力區別

4. 工作溫度。

5. 其他因素：腐蝕環境、電鍍、反覆應力的施加週期、應力集中因素，若處理不當，會降低材料之疲勞強度。

　　工程中常見之疲勞破壞例子，如飛行器或車輪軸之破壞，其破壞為一種疲勞破壞。當材料表面之缺陷，如刮傷、溝槽或細縫等，由於反覆負荷之作用，而使缺陷成長為裂縫，隨著負荷持續作用，裂縫會逐漸擴展，最後斷裂。

　　疲勞破壞的原因主要是因為受到變動應力的作用，而材料表面又有缺陷，於是變動應力在材料表面產生拉應力或造成應力集中在表面，隨著時間的增加，拉應力使裂縫成長，造成瞬間斷裂破壞。因此若機件表面殘留應力為壓應力時，可提高疲勞強度，阻止裂縫產生。實務上，金屬的硬度一般來講硬度愈高，抗拉強度也愈高，所以抗拉強度有一定程度可以表示其硬度。還有衝擊韌性也是一個指標，衝擊值高表示材料吸收能量的能力高，這是延性材料具備的特性，通常延性材料衝擊值較高，而脆性材料衝擊值通常很低。吾人可利用表面處理來提高疲勞強度：將構件表面硬化，使構件表面存有殘留壓應力，來提高疲勞強度。常用的表面處理有：鍛造法、敲擊法、珠擊法、表面硬化法如：(a)氮化法，(b)滲碳法，(c)氰化法，(d)火焰硬化法、表面滾軋法等。

迴轉樑疲勞試驗

　　對於疲勞試驗，高速迴轉樑試驗機最為廣泛使用。試件受力如圖 14-3 所示，迴轉樑疲勞試驗時，首先將試件裝在試驗機上加上負荷(參考圖 14-3(a)所示)，然後馬達驅動讓試片旋轉，計數器記錄試片的迴轉次數，直到斷裂為止，即為試片受疲勞應力之循環壽命次數。此機器利用外加重量使試件受純彎曲力作用，即：無剪力、扭力、軸向力等內力作用(如圖 14-3(b)所示)，且依此設計，試件本身所承受之內應力只為完全反覆應力(如圖 14-3(c)所示)。

　　欲求疲勞負荷作用下的材料壽命，可使試件受特定大小的完全反覆變動負荷，再計算其破裂時的循環次數和應力。通常試片之應力由 90%之極限應力作起，而逐漸降低應力，重複試驗，求取每一應力值時及疲勞壽命循環次數，即可畫出應力、疲勞壽命循環次數之曲線或稱為 S-N (stress-number of cycles)曲線。

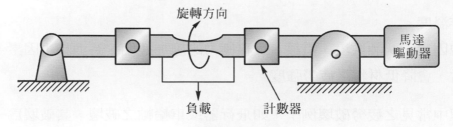

(a) 迴轉樑疲勞試驗示意圖

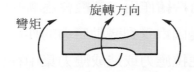

(b) 試件受彎矩示意圖

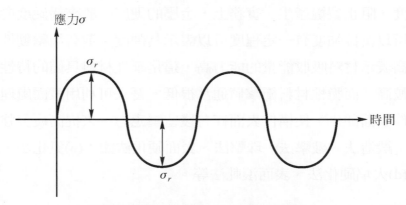

(c) 試件受內應力示意圖，σ_r為完全反覆應力

圖 14-3　迴轉樑疲勞試驗

S-N 曲線

　　如圖 14-4 所示為一個典型 S-N 曲線。圖中之 S 為完全反覆應力之振幅，N 為斷裂時之迴轉次數(即疲勞壽命次數)。當迴轉疲勞試驗時，記錄每一應力值與所迴轉之疲勞破壞次數關係，可得一個疲勞應力及疲勞次數之 S-N 關係曲線圖。

　　一般疲勞強度的定義：是施加完全反覆變動負荷應力在機件上，不斷減小應力在工件上，直到一個臨界應力值，只要低於此臨界應力值，工件永遠不會被破壞，這個應力臨界值就稱為疲勞限或耐久限度(fatigue limit 或 endurance limit；S_e)，一般鋼鐵材質在疲勞強度都能抗疲勞應力至少 1 百萬到 1 千萬個週期。如圖 14-4 所示，鐵金屬材料承受疲勞應力時，其應力低於疲勞限界，不論迴轉次數有多大，永遠不會產生破壞，但非鐵材料則無明顯之疲勞限界產生，則需額外定義它。

　　由材料之 S-N 曲線以獲得疲勞強度 S_e，乃是一冗長的試驗，以鋼鐵材料而言，相同成分但微觀結構不同時，其 S_e 可以從 23%之 S_u (肥粒鐵組織)到 63%之 S_u (麻田散鐵組織)都有可能，讀者應可從材料性質表中查到該性質之疲勞強度。不過，一種很概略性的經驗估算成

$$S_u' = \begin{cases} 0.5\ S_u & , 若 S_u \leq 1400\,\text{MPa} \\ 700\,\text{MPa} & , 若 S_u > 1400\,\text{MPa} \end{cases} \tag{14.1}$$

上式中之 S_u' 代表為實驗中以標準試驗及迴轉疲勞測試機取得者，實際應用在疲勞設計時，應更進一步考慮其他之影響因子，包括如尺寸、應力集中、表面粗糙程度，甚至使用溫度等之修正。

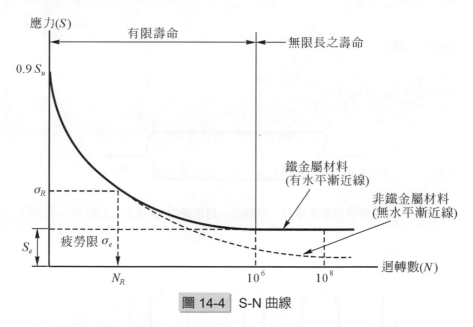

圖 14-4　S-N 曲線

例題 14-1

如何提高工件疲勞限界方法有哪些？及其影響的因素有哪些？

解

請參考上述。

14.2 疲勞極限與疲勞強度

14.2.1 無限壽命之疲勞設計模式

機件承受之疲勞應力或變動之工作應力，如圖 14-5(a)所示，皆可分解為一穩定應力 σ_{av} 加上一週期性變化之應力振幅 σ_r。

參考圖 14-5(b)所示，σ_{max} = 最大應力，而 σ_{min} = 最小應力。所以數學式之關係可表示如下：

平均應力之關係式 σ_{av}：

$$\sigma_{av} = \frac{1}{2}(\sigma_{max} + \sigma_{min}) \tag{14.2}$$

應力振幅之關係式 σ_r：

$$\sigma_r = \frac{1}{2}(\sigma_{max} - \sigma_{min}) \tag{14.3}$$

$\sigma_{av} \pm \sigma_r$ $\sigma_{av} \pm \sigma_r$

(a) 機件承受疲勞應力，分解為一穩定應力 σ_{av} 及應力振幅 σ_r

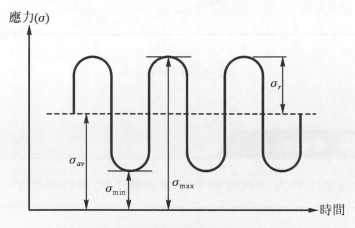

(b) 應力關係示意圖

圖 14-5　機件之變動工作應力圖

目前相關之疲勞破壞理論很多，本章節僅提出較常用之疲勞破壞理論。包括延性材料及脆性材料之疲勞破壞理論，分別說明如下：

1. 延性材料之疲勞破壞理論

   (1) Soderberg 疲勞破壞理論。

   (2) Goodman 疲勞破壞理論。

   (3) 修正之 Goodman 疲勞破壞理論。

   (4) 馬丁(Martin)公式……等等。

2. 脆性材料之疲勞破壞理論

   相對於延性材料之疲勞破壞理論，脆性材料之破壞理論較爲複雜，相關學者建議，爲了保證工件安全，需取較大的安全因素(F.S.)。

   對於延性材料之疲勞破壞理論，分別介紹如下：

   (1) Soderberg 疲勞破壞理論：

   在應力座標平面上，如圖 14-6 所示。於縱座標取疲勞強度應力 S_e 點之值爲 A 點，在橫座標上取降伏應力 S_y 點之值爲 B 點，此兩點連線，AB 線即爲 Soderberg 疲勞破壞理論線。

   $$AB \text{ 線：} \frac{\sigma_{av}}{S_y} + \frac{K\sigma_r}{S_e} = \frac{1}{\text{F.S.}} \tag{14.4}$$

   根據 Soderberg 疲勞破壞理論線可知，在應力座標上，若當工作應力組合點(σ_{av} 及 $K\sigma_r$)落於此直線 AB 外(參考圖 14-6)，則代表安全因素(F.S.)＜1，材料會因疲勞而破壞，但不是立刻損壞，而需工作一段時間後才會損壞。可利用 S-N 曲線求取疲勞壽命。若其應力組合點(σ_{av} 及 $K\sigma_r$)在直線上或內時，則代表 F.S.=1 或 F.S.＞1 可以將材料視爲永遠不會因疲勞而破壞。此外，K(或 K_f) (fatigue stress concentration factor)稱爲疲勞應力集中因數，在設計時須要考慮應力集中之現象。

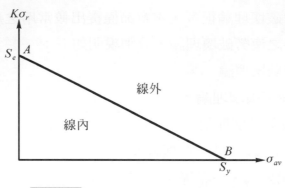

圖 14-6　Soderberg 疲勞破壞理論線

(2)　Goodman 疲勞破壞理論：

類似 Soderberg 線，在縱座標取疲勞強度應力 S_e 點之值為 A，在橫座標上取抗拉強度應力 S_u 點之值為 B，此兩點連線，AB 線即 Goodman 疲勞破壞理論線。如圖 14-7 所示。

$$AB \text{ 線：} \frac{\sigma_{av}}{S_u} + \frac{K\sigma_r}{S_e} = \frac{1}{\text{F.S.}} \tag{14.5}$$

根據 Goodman 疲勞破壞理論線可知，在應力座標上，若當工作應力組合點(σ_{av} 及 $K\sigma_r$)落於此直線 AB 外(參考圖 14-7)，則代表 F.S.<1，材料會因疲勞而破壞，但不是立刻損壞，而需工作一段時間後才會損壞。可利用 S-N 曲線求取疲勞壽命。若其應力組合點(σ_{av} 及 $K\sigma_r$)在直線上或內時，則代表 F.S.=1 或 F.S.>1 可以將材料視為永遠不會因疲勞而破壞。

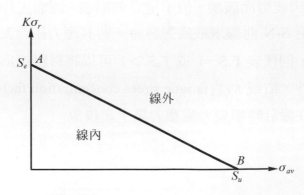

圖 14-7　Goodman 疲勞破壞理論線

(3)　修正之 Goodman 疲勞破壞理論：

修正之 Goodman 以 *ABC* 線定爲機件承受變動應力不致破壞之極限，如圖 14-8 所示。直線 *AB* 及 *BC* 之方程式分別爲

直線 *AB*：$\dfrac{\sigma_{av}}{S_u} + \dfrac{K\sigma_r}{S_e} = \dfrac{1}{\text{F.S.}}$ (14.6)

直線 *BC*：$\dfrac{\sigma_{av} + K\sigma_r}{S_y} = \dfrac{1}{\text{F.S.}}$ (14.7)

當欲決定以何者爲設計準則時(用 *AB* 線或 *BC* 線)，可作一斜率爲 $\dfrac{K\sigma_r}{\sigma_{av}}$ 之直線，與此直線相交者即爲設計之基準線。根據修正之 Goodman 疲勞破壞理論線可知，在應力座標上，若當工作應力組合點(σ_{av} 及 $K\sigma_r$)落於此直線 *AB* 外(參考圖 14-8)，則代表 F.S.＜1，材料會因疲勞而破壞，但不是立刻損壞，而需工作一段時間後才會損壞。可利用 S-N 曲線求取疲勞壽命。若其應力組合點(σ_{av} 及 $K\sigma_r$)在直線上或內時，則代表 F.S.=1 或 F.S.＞1 可以將材料視爲永遠不會因疲勞而破壞。

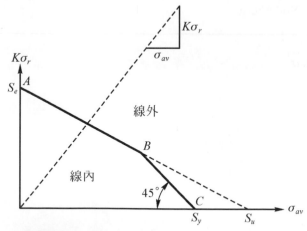

圖 14-8 修正之 Goodman 疲勞破壞理論線

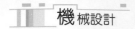
(4) 馬丁(Martin)公式

Martin 為賓州州立大學之教授，首先提出下列通用式又稱 Martin 公式：

$$\left(\frac{\sigma_r^*}{S_e^*}\right)^a + \left(\frac{c\sigma_{av}}{S_u^*}\right)^b = 1 \tag{14.8}$$

破壞理論學說	a	b	c
1. Bagci	1	4	$\dfrac{S_u^*}{S_y^*}$
2. Gerber(Parabolic)	1	2	1
3. Kececioglu	m	2	1
4. Goodman	1	1	1
5. Quadratic(Elliptic)	2	2	1
6. Soderberg	1	1	$\dfrac{S_u^*}{S_y^*}$

其中 $\sigma_r^* = K\sigma_r$

$S_e^* = \dfrac{S_e}{\text{F.S.}}$

$S_u^* = \dfrac{S_u}{\text{F.S.}}$ 且 $S_y^* = \dfrac{S_y}{\text{F.S.}}$

例題 14-1 ●●●

厚度爲 2 吋之板承受變動拉力由 80000 lb 至 10000 lb，板所用材料之 $S_y =$ 60000psi，$S_e =$ 32000psi，$S_u =$ 92000psi。斷面變化處之應力集中因數爲 $K_f =$ 1.50，取安全因數爲 1.2。試求板所需之寬度 d ?

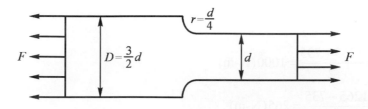

解

$$F_{av} = \frac{80000 + 10000}{2} = 45000$$

$$F_r = \frac{80000 - 10000}{2} = 35000$$

$$\sigma_{av} = \frac{F_{av}}{A} = \frac{45000}{2 \times d} = \frac{22500}{d}$$

$$\sigma_r = \frac{F_r}{A} = \frac{35000}{2 \times d} = \frac{17500}{d}$$

(1) 利用 Goodman 準則：

$$\frac{\sigma_{av}}{S_u} + \frac{K\sigma_r}{S_e} = \frac{1}{\text{F.S.}}$$

$$\frac{\frac{22500}{d}}{92000} + \frac{1.5 \times \left(\frac{17500}{d}\right)}{32000} = \frac{1}{1.2}$$

$$d = 1.28\text{in}$$

(2) 利用 Soderberg 準則

$$\frac{\sigma_{av}}{S_y} + \frac{K\sigma_r}{S_e} = \frac{1}{\text{F.S.}}$$

$$\frac{\frac{22500}{d}}{60000} + \frac{1.5 \times \left(\frac{17500}{d}\right)}{32000} = \frac{1}{1.2}$$

$$d = 1.43\text{in}$$

例題 14-2 ●●●

一個鋼軸，受 735 到 1265N-m 彎矩，及 6500 到 23500N 軸向負載，鋼軸之降伏強度為 470MPa，抗拉極限強度為 500MPa，疲勞限界為 200MPa，應力集中因數為 1，及設計安全因數為 3.5。以 Soderberg 破壞理論，設計軸直徑。

解

$$M_{av} = \frac{1265 + 735}{2} = 1000 (\text{N-m})$$

$$M_r = \frac{1265 - 735}{2} = 265 (\text{N-m})$$

$$F_{av} = \frac{23500 + 6500}{2} = 15000 (\text{N})$$

$$F_r = \frac{23500 - 6500}{2} = 8500 (\text{N})$$

$$\sigma_{av} = \frac{M_{av} y}{I} + \frac{F_{av}}{A} = \frac{1000 \dfrac{d}{2}}{\dfrac{\pi d^4}{64}} + \frac{15000}{\dfrac{\pi d^2}{4}} = \frac{32000}{\pi d^3} + \frac{60000}{\pi d^2}$$

同理

$$\sigma_r = \frac{M_r y}{I} + \frac{F_r}{A} = \frac{265 \dfrac{d}{2}}{\dfrac{\pi d^4}{64}} + \frac{8500}{\dfrac{\pi d^2}{4}} = \frac{8480}{\pi d^3} + \frac{34000}{\pi d^2}$$

$$S_e = 200 \, \text{MPa}$$

利用 Soderberg 公式

$$\frac{\sigma_{av}}{S_y} + \frac{K\sigma_r}{S_e} = \frac{1}{\text{F.S.}}$$

$$\frac{\dfrac{32000}{\pi d^3} + \dfrac{60000}{\pi d^2}}{470} + \frac{1 \times \left(\dfrac{8480}{\pi d^3} + \dfrac{34000}{\pi d^2} \right)}{200} = \frac{1}{3.5}$$

故

$$d^3 - 331.47d - 123 = 0$$

$$d = 18.39 \text{mm}$$

例題 14-3

根據 Soderberg 理論，B 點代表材料之降伏點應力 S_y 除以安全因數 F.S.所得之應力值，A 點代表材料之疲勞限界 S_e 除以 F.S.所得之應力值。現在有一材料若 $S_y = 50000\text{lb/in}^2$，$S_e = 44000\text{lb/in}^2$。此材料為一圓形拉桿，承受往覆拉伸負荷且承受最大拉力為 60000lb，最小拉力為 45000lb。取 F.S.= 2.0，並不計應力集中效應。請設計桿之直徑？

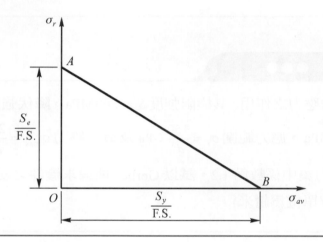

解

$$S_y = 5\times10^4\,\text{lb/in}^2 \text{，} \quad S_e = 4.4\times10^4\,\text{lb/in}^2$$

$$P_{\max} = 6\times10^4\,\text{lb} \text{，} \quad P_{\min} = 4.5\times10^4\,\text{lb} \text{，} \quad \text{F.S.} = 2.0$$

$$P_{av} = \frac{1}{2}(P_{\max} + P_{\min}) = \frac{1}{2}(6\times10^4 + 4.5\times10^4) = 5.25\times10^4\,\text{lb}$$

$$P_r = \frac{1}{2}(P_{\max} - P_{\min}) = \frac{1}{2}(6\times10^4 - 4.5\times10^4) = 7.5\times10^3\,\text{lb}$$

$$\sigma_{av} = \frac{P_{av}}{A} = \frac{5.25\times10^4}{\dfrac{\pi d^2}{4}} = \frac{21\times10^4}{\pi d^2}$$

$$\sigma_r = \frac{P_r}{A} = \frac{7.5\times10^3}{\dfrac{\pi d^2}{4}} = \frac{3\times10^4}{\pi d^2}$$

Soderberg 方程式

$$\frac{\sigma_{av}}{S_y} + \frac{K\sigma_r}{S_e} = \frac{1}{F.S.}$$

$$\frac{21 \times 10^4}{5 \times 10^4 \times \pi d^2} + \frac{1 \times 3 \times 10^4}{4.4 \times 10^4 \times \pi d^2} = \frac{1}{2.0}$$

$$d = 1.763 \text{in}$$

例題 14-4 ●●●

有一機件受變動應力之作用，其極限強度 $S_u = 500\,\text{MPa}$，降伏強度 $S_y = 380\,\text{MPa}$，疲勞限 $S_e = 100\,\text{MPa}$，應力範圍 $\sigma_r = \dfrac{150}{d^3}\,\text{GPa}$ 及最大應力 $\sigma_{max} = \dfrac{240}{d^3}\,\text{GPa}$。若安全因數為 1.0，應力集中係數為 1.2，試以 Gerber 理論求機件之安全直徑 d？此處 d 為機件之直徑(單位為釐米)。

解

利用馬丁之 Gerber 理論，a=1，b=2，c=1，所以可得下式

$$\left(\frac{\sigma_r^*}{S_e^*}\right) + \left(\frac{\sigma_{av}}{S_u^*}\right)^2 = 1$$

其中

$$\sigma_r^* = 1.2\sigma_r$$

$$\sigma_{av} = \frac{\sigma_{max} + \sigma_{min}}{2} = \sigma_{max} - \sigma_r$$

故

$$\frac{1.2 \times \left(\dfrac{150}{d^3}\right)}{\dfrac{100 \times 10^{-3}}{1.0}} + \left(\frac{\dfrac{240}{d^3} - \dfrac{150}{d^3}}{\dfrac{500 \times 10^{-3}}{1.0}}\right)^2 = 1$$

故

$$\frac{1800}{d^3} + \frac{32400}{d^6} = 1$$

$$(d^3)^2 - 1800d^3 - 32400 = 0$$

$$d^3 = 1818，故 d = 12.2\text{mm}$$

➡ 14.2.2　有限壽命之疲勞設計模式

　　有限壽命內的負荷計算示意圖，如圖 14-9 所示，若以 Goodman 理論線為例，若其工作應力組合點(σ_{av} 及 $K\sigma_r$)落於此直線外，代表不安全，材料會因疲勞而破壞時，可利用 S-N 曲線求取疲勞壽命。圖 14-9 上 Q 點，則表示在某一段使用迴轉圈數後，會產生疲勞破壞。可將通過 B 點與 Q 點之直線，延伸至與縱座標 C 點相交，假設 Q 點與 C 點有相同之疲勞壽命，則 C 點之完全反覆應力 σ_R 可由 CQB 方程式求得，如公式(14.9)所示，再利用的 S-N 曲線或 Basquin 近似方程式，可求出當承受 σ_R 時，其所對應之壽命 N_R，請參考圖 14-4 求壽命 N_R 求法示意圖。

$$\sigma_R = \frac{K\sigma_r S_u}{S_u - \sigma_{av}} \tag{14.9}$$

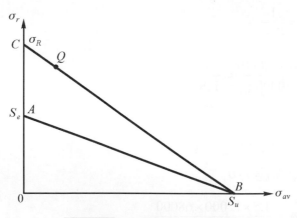

圖 14-9　有限壽命內的負荷

S-N 曲線為實驗曲線，可以用 Basquin 方法求近似方程式，稱 Basquin 方程式。它可以用來描述一機件受完全反覆應力 σ_R 時，其當時的壽命 L 之間之關係式。計算如下：

假設近似方程式為：

$$A = \sigma_R L^B \tag{14.10}$$

其中：σ_R 為完全反覆應力(以方程式 14-9 求得)、L 為疲勞壽命、A 及 B 為常數，可由以下條件求出。

首先配合下面之邊界條件求 A 及 B：

- $\sigma_R = 0.9 S_u$ 時，$L=1000$ 次
- $\sigma_R = S_e$ 時，$L = 10^6$ 次

例題 14-5 ●●●

有一機件承受應力 $\sigma_{av} = 30000$psi，$\sigma_r = 12000$psi，材料之 $S_u = 68000$psi，$S_y = 35000$psi 及 $S_e = 30000$psi，應力集中因素 $K = 1.5$，求 F.S.=？如果不安全，求 σ_R 及疲勞壽命。

利用 Goodman F.S.

$$\frac{\sigma_{av}}{S_u} + \frac{K\sigma_r}{S_e} = \frac{1}{\text{F.S.}}$$

$$\frac{30000}{68000} + \frac{1.5 \times (12000)}{30000} = \frac{1}{\text{F.S.}}$$

故 F.S. = 0.96

可知 F.S. < 1 為不安全(在線外)

求等值之完全反覆應力 σ_R

$$\sigma_R = \frac{K\sigma_r S_u}{S_u - \sigma_{av}} = \frac{1.5 \times 12000 \times 68000}{68000 - 30000}$$

故 $\sigma_R = 32210$psi

利用 Basquin equation

$$A = \sigma_R L^B$$

上式為近似 S-N 之一曲線，會通過 $\sigma_R = 0.9 S_u$ 時，L=1000 轉，且 $\sigma_R = S_e$ 時，$L=10^6$ 轉。

故

$$A = (0.9 S_u)(1000)^B$$

$$A = (S_e)(10^6)^B$$

將上式取 log 值

故

$$\log A = \log(0.9 \times 68000) + B \log 1000$$

$$\log A = \log 30000 + B \log 10^6$$

化簡

$$\log A = 4.787 + 3B$$

$$\log A = 4.477 + 6B$$

由上式

得 $\log A = 5.097$，故 $A = 125026$，且 $B = 0.103$

則 Basquin equation 為 $125026 = \sigma_R (L)^{0.103}$ 為近似 S-N 之曲線

將 σ_R 代入 Basquin equation

故 $125026 = 32210 \times L^{0.103}$

得 $L = 523046$ 轉。

14.3　不同週期性負載之疲勞設計累積疲勞

若車輛或週期性運動的關鍵組件，在工作狀態下承受週期變化的載荷作用，其壽命取決於其材料的所承受應力大小及時間。當此關鍵組件若同時承受數種不同之變動應力組合時，如圖 14-10 之情況所示，不同之變動應力組合包含：$(\sigma_{av1} , \sigma_{r1})$、$(\sigma_{av2} , \sigma_{r2})$、$(\sigma_{av3} , \sigma_{r3})$、$(\sigma_{av4} , \sigma_{r4})$……等。

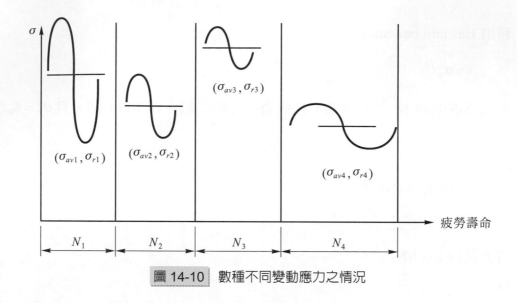

圖 14-10　數種不同變動應力之情況

各變動應力其所對應單獨作用時之疲勞壽命分別為 L_1、L_2、L_3、L_4……。Miner 理論可用於一機件同時承受數種不同變動應力之情況，求取其不同應力組合之疲勞壽命。當承受$(\sigma_{av1}$ ，$\sigma_{r1})$時，每次作用一次便消耗了 $\dfrac{1}{L_1}$ 之壽命，若作用了 N_1 圈，即消耗了 $\dfrac{N_1}{L_1}$ 之壽命。同理若機件於疲勞破壞前承受變動應力$(\sigma_{av2}$ ，$\sigma_{r2})$時，若作用了 N_2 次，即消耗了 $\dfrac{N_2}{L_2}$ 之壽命；受變動應力$(\sigma_{av3}$ ，$\sigma_{r3})$時，若作用了 N_3 次，即消耗了 $\dfrac{N_3}{L_3}$ 之壽命；受變動應力$(\sigma_{av4}$ ，$\sigma_{r4})$時，作用了 N_4 次，即消耗了 $\dfrac{N_4}{L_4}$ 之壽命，以下類推則，Miner 方程式則可表示成下列數學式：

$$\frac{N_1}{L_1} + \frac{N_2}{L_2} + \frac{N_3}{L_3} + \frac{N_4}{L_4} \cdots\cdots = 1 \tag{14.11}$$

若總組合疲勞破壞壽命為 N_C，並假設 $N_1 = \alpha_1 N_C$、$N_2 = \alpha_2 N_C$、$N_3 = \alpha_3 N_C$，α 為比例常數代入上式可得 Miner 方程式：

$$\frac{\alpha_1}{L_1} + \frac{\alpha_2}{L_2} + \frac{\alpha_3}{L_3} + \frac{\alpha_4}{L_4} \cdots\cdots = \frac{1}{N_C} \tag{14.12}$$

其中 $\alpha_1 + \alpha_2 + \alpha_3 + \alpha_4 \cdots\cdots = 1$

若某公司發展新產品，新產品需使用一段很長時間做測試，故其試驗很費時又昂貴，為了節省許多試驗時間，我們可使用兩項的 Miner 方程式快速估算新產品承受正常應力作用時之疲勞壽命，此法可應用於航太空、工業產品及民生產品的應用，其成為商業競爭的重要之手段。

$$\frac{N_1}{L_1} + \frac{N_2}{L_2} = 1 \tag{14.13}$$

其中各項變數關係如下：

N_1：施加正常工作應力時之工作數次。

L_1：承受正常應力作用時之疲勞壽命。

N_2：施加高工作應力時，在破壞前之工作數次。

L_2：施加高工作應力時之疲勞壽命。

例題 14-6　●●●

一機件在三種重負荷下試驗，分別使用 5、25、50 小時，若該機件在該三種負荷之個別壽命分別為 500、2000 及 6000 小時。試問該機件之配重壽命(weighted life)為多少小時？

解

設轉速為 ω

$$\alpha_1 = \frac{5}{5 + 25 + 50} = \frac{5}{80} = \frac{1}{16}$$

$$\alpha_2 = \frac{25}{5 + 25 + 50} = \frac{25}{80} = \frac{5}{16}$$

$$\alpha_3 = \frac{50}{5 + 25 + 50} = \frac{50}{80} = \frac{10}{16}$$

利用 Miner 方程式

$$\frac{\alpha_1}{L_1} + \frac{\alpha_2}{L_2} + \frac{\alpha_3}{L_3} = \frac{1}{N_C}$$

$$\frac{\left(\frac{1}{16}\right)}{500}+\frac{\left(\frac{5}{16}\right)}{2000}+\frac{\left(\frac{10}{16}\right)}{6000}=\frac{1}{N_c}$$

$$N_c = 2594.59\text{hr}$$

例題 14-7 ●●●

有一軸承在有重負荷的連續操作下之壽命 L_2=55 小時，而 52.6 小時是作重負荷，其中 27.4 小時是作正常負荷時數，求正常負荷下之壽命 L_1。

解

利用 Miner 方程式

$$\frac{N_1}{L_1}+\frac{N_2}{L_2}=1$$

$$\frac{27.4}{L_1}+\frac{52.6}{55}=1$$

$$L_1 = 627.9\text{hr}$$

例題 14-8 ●●●

某公司對零件作短時間測試，首先加上 N_1 為 8000 次後，再施加為 25000psi 的應力，施轉了 28000 次後此零件便破壞，已知材料 S_u=68000psi，S_e=30000 psi。求零件的預期壽命 N_1(承 14.5 題 Basquin，A=125026，B=0.103)。

解

利用公式

$$\frac{N_1}{L_1}+\frac{N_2}{L_2}=1$$

其中

$$N_1 = 8000$$

$$N_2 = 28000$$

$$L_1 = \text{未知}$$

$$L_2 = \text{利用 Basquin Eq.}$$

故如有限壽命內的負荷題之 Basquin Eq.

$$125026 = \sigma_R L_2^{0.103}$$

故將 $\sigma_R = 25000$ 代入上式

$$125026 = 25000 L_2^{0.103}$$

$L_2 = 6123412$ 代入上式

故

$$\frac{8000}{L_1} + \frac{28000}{6123412} = 1$$

得 $L_1 = 8037$ 轉。

14.4 赫茲接觸疲勞模式

　　赫茲接觸力學(Hertzian stress)是研究兩不同曲率之物體,因受壓相觸後產生的局部應力和應變分布規律的學科。受到負荷的作用而接觸在一起,若兩個零件在受載前是點接觸或線接觸,受負載後,由於變形,其接觸處為一小面積,產生的局部應力卻很大,這種應力稱為接觸應力(contact stress)。Hertz 氏是最先研究兩具有曲率之物體二者在接觸時之接觸面積和接觸應力者,故接觸應力又稱為赫茲應力。一些依靠表面接觸工作的零件,如齒輪傳動、滾動軸承、摩擦離合器等,它們的工作能力決定於接觸表面的強度及性質,所以格外重要。但他所導出而能運用於各種狀況之通用公式非常複雜,在此介紹數種簡化後之狀況。

1.　**外側兩球體接觸**:當接觸物體是兩球體,其直徑分別為 d_1 和 d_2 之彈性球體,蒲松比(Poission's ratio)分別為 v_1 和 v_2,彈性模數分別為 E_1 和 E_2,若兩球體之接觸面為一個圓形,長度 a 則是此接觸區寬度之半徑,如圖 14-11 所示為:

$$a = 0.721\sqrt[3]{\frac{P\left[(1-v_1^2)/E_1 + (1-v_2^2)/E_2\right]}{1/d_1 + 1/d_2}} \tag{14.14}$$

其最大壓應力 p_{max} 為

$$p_{max} = \frac{3P}{2\pi a^2} \tag{14.15}$$

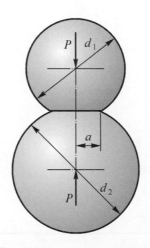

圖 14-11　兩球體，或是兩圓柱體接觸類型

2. **外側兩圓柱體接觸**：當接觸物體是兩圓柱體，其直徑分別為 d_1 和 d_2 之彈性圓柱體，蒲松比分別為 v_1 和 v_2，彈性模數分別為 E_1 和 E_2，且圓柱體之長度為 l，假設單位長度之負荷 $P_1 = P/l$，若兩圓柱體之接觸面其一邊長為 $2a$ 而另一邊長為 l 之長方形，則 a 為

$$a = 0.798\sqrt{P_1\frac{\left[(1-v_1^2)/E_1 + (1-v_2^2)/E_2\right]}{1/d_1 + 1/d_2}} \tag{14.16}$$

最大壓應力 p_{max} 為

$$p_{max} = \frac{2P_1}{\pi a} \tag{14.17}$$

同理，其他不同的接觸情形，公式也可簡化，如下 case3 到 case6 所示：

3. **球體和平面接觸**：假設兩接觸體為球和平面，如圖 14-12 所示，則可將(14.14)公式中之一直徑 d_1 則改為球之直徑 d，一直徑 d_2 設為無窮大，重新整理，因此球和平面接觸時，則 a 為

$$a = 0.721 \sqrt[3]{\frac{P\left[(1-v_1^2)/E_1 + (1-v_2^2)/E_2\right]}{1/d}} \tag{14.18}$$

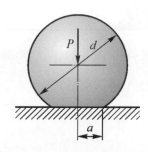

圖 14-12　球和平面，或是圓柱和平面接觸類型

4. **圓柱體和平面接觸**：假設兩接觸體為圓柱和平面接觸，如圖 14-12 所示，則可將(14.16)公式中之一直徑 d_1 則改為圓柱之直徑 d，一直徑 d_2 設為無窮大，因此圓柱和平面接觸時，則 a 為

$$a = 0.798 \sqrt{P_1 \frac{\left[(1-v_1^2)/E_1 + (1-v_2^2)/E_2\right]}{1/d}} \tag{14.19}$$

5. **內側兩球體接觸**：如圖 14-13 所示，假設內面兩球體接觸，可令 d_2 為負值代入(14.14)公式中之 d_2 值，則 a 為

$$a = 0.721 \sqrt[3]{\frac{P\left[(1-v_1^2)/E_1 + (1-v_2^2)/E_2\right]}{1/d_1 - 1/d_2}} \tag{14.20}$$

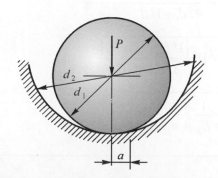

圖 14-13　球和球內面，或圓柱和圓柱內面接觸類型

6. **內側兩圓柱體接觸：** 如圖 14-13 所示，假設內面兩圓柱體接觸，可令 d_2 為負值代入(14.16)公式中之球直徑 d_2，則 a 為

$$a = 0.798 \sqrt{P_1 \frac{\left[(1-v_1^2)/E_1 + (1-v_2^2)/E_2\right]}{1/d_1 - 1/d_2}} \qquad (14.21)$$

例題 14-9 ●●●

若接觸之鋼質材料是兩個直徑分別為 d_1 和 d_2 的彈性球體及圓柱，彈性模數分別為 E_1 和 E_2，蒲松比約為 0.25，求 a 值？

解

球體

因此若 $v_1 = v_2 = 0.25$

$$a = 0.721 \sqrt[3]{\frac{P\left[(1-v_1^2)/E_1 + (1-v_2^2)/E_2\right]}{1/d_1 + 1/d_2}}$$

$$= 0.721 \sqrt[3]{(1-0.25^2)P\left(\frac{1}{E_1} + \frac{1}{E_2}\right)\left(\frac{d_1 d_2}{d_1 + d_2}\right)}$$

$$= 0.706 \sqrt[3]{P\left(\frac{1}{E_1} + \frac{1}{E_2}\right)\left(\frac{d_1 d_2}{d_1 + d_2}\right)}$$

圓柱

$$a = 0.798 \sqrt{P_1 \frac{\left[(1-v_1^2)/E_1 + (1-v_2^2)/E_2\right]}{1/d_1 + 1/d_2}}$$

$$= 0.798 \sqrt{(1-0.25^2)P_1 \frac{\left[1/E_1 + (1)/E_2\right]}{1/d_1 + 1/d_2}}$$

$$= 0.773 \sqrt{P_1\left(\frac{1}{E_1} + \frac{1}{E_2}\right)\left(\frac{d_1 d_2}{d_1 + d_2}\right)}$$

例題 14-10 ●●●

有一直徑為 20mm 之鋼質滾柱，在一內徑為 200mm 之鋼環內，若滾子上受有 180N/mm(徑向)之負荷，求接觸區內長方形之寬度和最大壓應力。$E = 205\text{GPa}$，$v = 0.3$。

解

由於兩物體均為鋼質，其蒲松比均為 0.3，令 $v_1 = v_2 = v$，且 $E_1 = E_2 = E$，因此由(14.21)公式

$$a = 0.798 \sqrt{P_1 \frac{\dfrac{(1-v_1^2)}{E_1} + \dfrac{(1-v_2^2)}{E_2}}{\dfrac{1}{d_1} - \dfrac{1}{d_2}}}$$

$$= 0.798 \sqrt{P_1 \frac{2(1-v^2)}{E} \cdot \frac{d_1 d_2}{d_2 - d_1}}$$

$$= 0.798 \sqrt{180 \frac{2(1-0.3^2)}{205000} \cdot \frac{200 \times 20}{200 - 20}}$$

$$= 0.15\text{mm}$$

∴接觸面之寬度為 $2a = 2 \times 0.15 = 0.3\text{mm}$

由(14.17)公式，知最大壓應力為

$$p_{max} = \frac{2P_1}{\pi a} = \frac{2 \times 180}{\pi \times 0.15} = 764.3\text{MPa}$$

習　題

1. 機件操作時之最大負荷時的壽命 L_2 為 8 小時，5 小時為重負荷，而 7 小時為正常操作時之負荷。求正常操作負荷下的預期壽命 L_1？

2. 當 $N_2 =$ 60 小時，$N_c = 100$ 小時，$\alpha_1 = \alpha_2 = 0.5$。用 Miner 方程式，求正常操作負荷下的壽命。

3. 一零件在正常負荷下運作了 $N_1 = 50$ 小時的時間，接著此零件以一較大的試驗負荷運作 $N_2 = 49$ 小時，直到破壞發生。較大的試驗負荷本身的壽命 L_2 為 50 小時，求在正常負荷下的壽命 L_1？

4. 一鋼材的拉力強度為 95000 psi、疲勞壽命限度為 35000psi。求：
   (a)常數 A 及 B。
   (b)若 $\sigma_{av} = 30000$psi、$\sigma_r = 15000$psi、應力集中因數為 1.5，求相當完全交替應力 σ_R。

5. 一材料作的試片，其 $\sigma_{ult} = 95000$psi、疲勞壽命限度為 35000psi、應力集中因數為 2、安全因數為 1.71。負荷狀況如下：
   $\sigma_{av} = 30000$ psi，$\sigma_r = 16000$ psi：0.45 的時間
   $\sigma_{av} = 35000$ psi，$\sigma_r = 15000$ psi：0.30 的時間
   $\sigma_{av} = 42000$ psi，$\sigma_r = 14000$ psi：0.25 的時間
   求破壞的預期往返次數 N_C。

6. 一材料作的試片，其 $\sigma_{ult} = 110000$psi、$\sigma_{yp} = 80000$psi、疲勞壽命限度為 30000psi，求：
   (a) 1×4 in^2 的鋼桿，承荷 40000 lb 的簡單拉力。求基於降伏強度的安全因數。
   (b)若桿受連續負荷 $P_{max} = 40000$ lb、$P_{min} = 20000$ lb 及應力集中因數為 1.5，求安全因數。

7. 一材料作的試片，其 $\sigma_{ult} = 100000$psi、疲勞壽命限度為 $\sigma_e = 30000$psi、應力集中因數為 1.5、安全因數為 2。求：
   (a)零件承荷穩態拉力負荷 20000lb 之必須的截面積
   (b)負荷由 20000 lb 連續變化到 24000 lb，必須的截面積為何？

8. 有一直徑為 20mm 之鋼質滾子，在一內徑為 150mm 之鋼環內，若滾子上受有 200N/mm(徑向)之負荷，求接觸寬度及最大壓應力 P_{max}。$E = 210$ GPa，$v = 0.3$

第 15 章

系統可靠度

15.1 可靠度工程

可靠度(reliability)的定義為：在特定時間內，一系統在其工作環境下可成功運作的機率。此系統可能是一個單體或是由數個次系統組合而成，因此可靠度分析是一門探討各系統運作機率的學問。日常生活中提及的可靠度，泛指各種產品的可靠程度，以其作為區別產品良莠的指標。廣義上，可靠度就是一種適用於各種專業領域的品管技術。

可靠度工程結合了產品管理與工程科技，為近幾十年發展出的新興學科。其含括的工程技術主要為電機工程、機械工程與材料工程。可靠度工程根據概率理論，利用統計方法將可靠度設計實現於產品中，確保產品品質，提供研發人員與管理人員在設計製造流程上更理想的安排。例如，機具的可靠度將會決定產品製造的流程規劃與控制。由於可靠度工程的興起，國內外對於機電產品設計的代表性著作相繼被提出。相較於常規設計方法，可靠度更能反映產品的本質並降低產品缺陷，也使得機械設計與電子產品發生了前所未見的變化。

15.2 安全係數與可靠度之關係

常規的機械設計中，為了確保機械元件在工作狀態下不致斷裂或毀損，通常採用安全係數法來設計可靠性。其目的是使作用在危險截面上的工作應力小於或等於其許用應力。許用應力值視實際情況需要，由元件的極限應力除以大於 1 的安全係數求得。元件的計算安全係數大於預期的許用安全係數，可確保機械安全工作。這種常規設計已沿用多年，只要安全係數選用適當，仍是一種可行的方法。但是隨著產品日趨精密複雜，對於其可靠性的要求愈來愈高，若再以常規方法設計便顯得不夠完善。經由大量實驗證明，設計中的變數如負荷、極限應力以及材

料硬度、尺寸等都是隨機變數，並呈現或大或小的離散性。在計算這些變數時應該配合統計方法取值。若不考慮概率因素，設計出的結果可能會與實際狀況相異。其次，常規設計方法的關鍵是選取安全係數，過大造成浪費，過小則影響正常使用。且在選取安全係數時常常沒有確切的選擇尺度，其結果是使設計極易受局部經驗所影響。所以爲了使設計更符合實際，應該在常規方法的基礎上進行概率設計，其特點爲：

1. 概率設計所使用的數據以統計資料爲基礎，觀察設計變數的分布情形並配合實際的力學模型、經驗係數或公式進行安全性的設計。例如，設計零件強度時，除選用強度平均值較高的材料外，尚須考慮其標準差是否利於控制。

2. 概率設計用平均安全係數和可靠度作爲設計目標，尤以後者更爲重要。因爲可靠度綜合考慮了各設計變數的統計分布特性，定量地用概率表達所設計產品的可靠程度，因而更能反映實際情況。

3. 概率設計重視蒐集和累積各種可靠性資料，特別注意資訊回饋，從而在客觀上形成了良性迴圈，並能使設計和管理工作有機結合。

15.3 可靠度與材料強度之關係

如前文所述，可靠度在常規方法的基礎上加入概率因素的考量，利用統計方法實現機械元件在工作中的安全性設計。由於材料的強度並非定值，而是在合理範圍內呈隨機分布。因此在設計材料強度的可靠性時，必須以概率觀點考量。以下簡述在計算工作元件的可靠度時，所需熟悉的統計學基礎與概率分配模式。

算術平均數(arithmetic mean)

平均數是常用的中央位置測度，也就是統計學中的「算數平均數」，其定義爲所有數據的總和除以數據個數。則對於 N 個隨機樣本，其算術平均數 $\bar{x}$ 表示爲

$$\bar{x} = \frac{x_1 + x_2 + \cdots\cdots + x_N}{N} = \frac{1}{N}\sum_{i=1}^{N} x_i \tag{15.1}$$

若將此 N 個隨機樣本按組界(class)分類成 k 組，則樣本平均數(sample mean)表示爲

$$\overline{x} = \frac{f_1 x_1 + f_2 x_2 + \cdots\cdots + f_k x_k}{f_1 + f_2 + \cdots\cdots + f_k} = \frac{\displaystyle\sum_{i=1}^{k} f_i x_i}{\displaystyle\sum_{i=1}^{k} f_i} = \frac{1}{N}\sum_{i=1}^{k} f_i x_i \tag{15.2}$$

其中 x_i 為組界中點(class midpoint)，f_i 為組界內的樣本數(frequency)，k 為分組數，並滿足

$$N = \sum_{i=1}^{k} f_i$$

變異數(variance)與標準差(standard deviation)

對於 N 個隨機樣本，其變異數 S_x^2 與標準差 S_x 定義為

$$S_x^2 = \frac{(x_1 - \overline{x})^2 + (x_2 - \overline{x})^2 + \cdots\cdots + (x_N - \overline{x})^2}{N-1} = \frac{1}{N-1}\sum_{i=1}^{N}(x_i - \overline{x})^2 \tag{15.3}$$

$$S_x = \sqrt{\frac{1}{N-1}\sum_{i=1}^{N}(x_i - \overline{x})^2} \tag{15.4}$$

若將此 N 個隨機樣本按組界分類成 k 組，則樣本變異數(sample variance)與樣本標準差(sample standard deviation)為

$$\begin{aligned}
S_x^2 &= \frac{f_1(x_1 - \overline{x})^2 + f_2(x_2 - \overline{x})^2 + \cdots\cdots + f_k(x_k - \overline{x})^2}{(f_1 + f_2 + \cdots\cdots + f_k) - 1} \\
&= \frac{1}{N-1}\sum_{i=1}^{k} f_i(x_i - \overline{x})^2
\end{aligned} \tag{15.5}$$

$$S_x = \sqrt{\frac{1}{N-1}\sum_{i=1}^{k} f_i(x_i - \overline{x})^2} \tag{15.6}$$

為了計算機使用上的方便，上述標準差公式可改寫為

$$S_x = \sqrt{\frac{\displaystyle\sum_{i=1}^{N} x_i^2 - \left(\sum_{i=1}^{N} x_i\right)^2 \Big/ N}{N-1}} = \sqrt{\frac{\displaystyle\sum_{i=1}^{N} x_i^2 - N\overline{x}^2}{N-1}} \quad 或$$

$$S_x = \sqrt{\dfrac{\displaystyle\sum_{i=1}^{k} f_i x_i^2 - \left(\displaystyle\sum_{i=1}^{k} f_i x_i\right)^2 \Big/ N}{N-1}} = \sqrt{\dfrac{\displaystyle\sum_{i=1}^{k} f_i x_i^2 - N\overline{x}^2}{N-1}} \tag{15.7}$$

當 N 足夠時,樣本參數可反映出母體(population)的實際狀況。亦即 N 愈大,樣本之平均數與標準差愈趨近於母體。

$$\left(\overline{x}, S_x\right) \approx \left(\mu_x, \sigma_x\right)$$

其中 μ_x, σ_x 分別為母體的平均數與標準差。

例題 15-1 ●●●

下表為 1030 hot-rolled steel 經 10 次抽樣測量之拉伸強度(tensile strength),試求其算術平均數 $\overline{x}$ 及標準差 S_x。

S_{ut} (kpsi) x	x^2
61.5	3782.25
63.2	3994.24
65.5	4290.25
66.4	4408.96
67.6	4569.76
68.7	4719.69
69.7	4858.09
70.3	4942.09
72.1	5198.41
73.8	5446.44
$\sum$ 678.8	46210.18

解

$$\bar{x} = \frac{x_1 + x_2 + \cdots + x_{10}}{N} = \frac{1}{N}\sum_{i=1}^{10} x_i = \frac{1}{10}(678.8) = 67.88 \text{(kpsi)}$$

$$S_x = \sqrt{\frac{\sum_{i=1}^{10} x_i^2 - \left(\sum_{i=1}^{10} x_i\right)^2 \Big/ 10}{10-1}} = \sqrt{\frac{46210.18 - 678.8^2/10}{9}} = 3.848 \text{(kpsi)}$$

抗拉強度表示為

$$\Rightarrow S_u(67.88, 3.848)\text{kpsi}$$

例題 15-2 ●●●

承上題，若將拉伸試驗結果分類如下圖，試求其算術平均數 $\bar{x}$ 及標準差 S_x。

x	f	fx	fx^2
62.5	2	125	7812.5
65.5	2	131	8580.5
68.5	3	205.5	14076.75
71.5	2	143	10224.5
74.5	1	74.5	5550.25
	$\sum 10$	679	46244.5

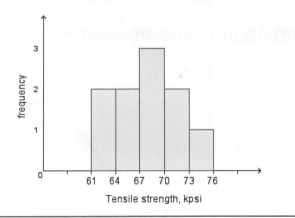

解

$$\bar{x} = \frac{f_1 x_1 + f_2 x_2 + \cdots + f_4 x_4 + f_5 x_5}{f_1 + f_2 + \cdots + f_4 + f_5} = \frac{1}{N}\sum_{i=1}^{5} f_i x_i = \frac{1}{10}(679) = 67.9 \text{ (kpsi)}$$

$$S_x = \sqrt{\frac{\sum_{i=1}^{5} f_i x_i^2 - \left(\sum_{i=1}^{5} f_i x_i\right)^2 \Big/ 10}{10-1}} = \sqrt{\frac{46244.5 - 679^2/10}{9}} = 3.950 \text{(kpsi)}$$

$$\Rightarrow S_u(67.9, 3.950)\text{kpsi}$$

機率密度函數(probability density function; PDF)

對一連續隨機變數 X，以機率密度函數 $f(x)$ 表示此變數值的概率分布。

$$1.\quad f(x) \geq 0 \tag{15.8}$$

$$2.\quad \int_{-\infty}^{\infty} f(x)dx = 1 \text{ 意即所有變數機率的總和為 } 1 \tag{15.9}$$

累積分配函數(cumulative distribution function; CDF)

對一連續隨機變數 X，其累積分配函數 $F(x)$ 代表變數 X 小於等於 x 的機率，且其導函數為 $f(x)$ 。

$$1.\quad F(x) = P(X \leq x) = \int_{-\infty}^{x} f(x)dx \text{ ； } F(\infty) = 1 \tag{15.10}$$

$$2.\quad \frac{dF(x)}{dx} = f(x) \tag{15.11}$$

常態分配(normal distribution)

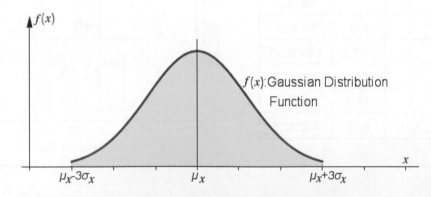

常態分配又稱作高斯分配(the Gaussian distribution)，常用於數學、物理與工程等領域上作為變數分布的簡易模型。常態分配的機率密度為算術平均數 μ_x 與標準差 σ_x 的函數，表示為

$$f(x) = \frac{1}{\sigma_x \sqrt{2\pi}} \exp\left[-\frac{1}{2}\left(\frac{x - \mu_x}{\sigma_x} \right)^2 \right] \tag{15.12}$$

此分布模式下變數 X 可表示為

$$X = N\left(\mu_x,\ \sigma_x\right) \tag{15.13}$$

上式中 N 為常態分配的註記。對於任一變數 $X \le x$ 的機率為

$$F(x) = \int_{-\infty}^{x} f(x)dx = \int_{-\infty}^{x} \frac{1}{\sigma_x \sqrt{2\pi}} \exp\left[-\frac{1}{2}\left(\frac{x-\mu_x}{\sigma_x}\right)^2\right]dx \tag{15.14}$$

標準常態分布(normalized normal distribution)

不同的變數通常伴隨著相異的算術平均數與標準差。在使用常態分配模式推測變數的分布時，為了統計與查表上的方便，常引入新變數 Z 標準化(normalization) 原變數 X，而獲得標準常態分布。此標準化過程亦可稱為 Z 轉換(z-transformation)。令

$$z = \frac{x-\mu_x}{\sigma_x} \tag{15.15}$$

其意義為將原點平移至 μ_x 處並以 σ_x 作為變化量的新單位。

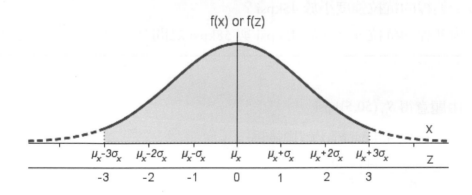

標準化後原機率密度函數 $f(x)$ 便轉換為 $f(z)$，如下所示：

$$f(x) = \frac{1}{\sigma_x \sqrt{2\pi}} \exp\left[-\frac{1}{2}\left(\frac{x-\mu_x}{\sigma_x}\right)^2\right] \xrightarrow{\text{標準化}} f(z) = \frac{1}{\sqrt{2\pi}} \exp\left(-\frac{z^2}{2}\right) \tag{15.16}$$

此時變數 X 與其相對應之變數 Z 具有相同的累積分配值。意即對於任意 x，若將其標準化為 z，則 $Z \le z$ 的機率將與 $X \le x$ 的機率相同。

$$F(x) = \int_{-\infty}^{x} f(x)dx \xrightarrow{\text{標準化}} F(z) = \int_{-\infty}^{z} f(z)dz \tag{15.17}$$

　　常態分配標準化後便具有對稱性，其優點為便利使用者在處理不同問題時，可依相同的程序將原變數標準化，然後再由資料庫的數據中求得問題的解答。熟悉標準常態分配的特性，將有助於減少查表的時間。常態分配經標準化後，其機率密度函數與累積分配函數將具有以下特性：

(1)　$f(z) = f(-z)$ (15.18)

(2)　$F(\infty) = \int_{-\infty}^{\infty} f(z)dz = 1$ ； $F(0) = \int_{-\infty}^{0} f(z)dz = 0.5$ (15.19)

(3)　$\int_{-\infty}^{-z} f(z)dz = \int_{z}^{\infty} f(z)dz$ ； $F(z) = 1 - F(-z)$ (15.20)

例題 15-3 ●●●

假設一批貨物含連桿 500 條，出廠時經由抽樣拉伸試驗得知平均拉伸強度為 50kpsi，標準差為 5kpsi。試推測這批貨物中：
(1)有多少連桿的抗拉強度小於 45kpsi？
(2)有多少連桿的抗拉強度介於 45kpsi 與 58kpsi 之間？

解

(1)　由題意得 $S_{ut}(50,5)$ kpsi

抗拉強度 45kpsi 經 z 轉換後為

$$z_{45} = \frac{x - \mu_x}{\sigma_x} = \frac{45 - 50}{5} = -1$$

則抗拉強度小於 45 kpsi 的機率經查表 15-1 得

$$F(z_{45}) = \Phi(z_{45}) = \Phi(-1) = 0.1587$$

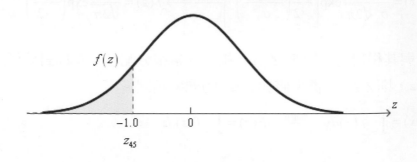

因此，推測共有 $500 \times 0.1587 = 79.35 \approx 79$ 條連桿強度小於 45kpsi。

(2)　抗拉強度 58kpsi 經 z 轉換後為

$$z_{58} = \frac{x - \mu_x}{\sigma_x} = \frac{58 - 50}{5} = 1.6 > 0$$

查表 15-1 得知抗拉強度小於 58kpsi 的機率為

$$F(z_{58}) = \Phi(z_{58}) = \Phi(1.6) = 1 - \Phi(-1.6) = 0.9452$$

則強度介於 45kpsi 與 58kpsi 之間的機率

= (強度小於 58kpsi 的機率) − (強度小於 45kpsi 的機率)

= 0.9452−0.1587 = 0.7865

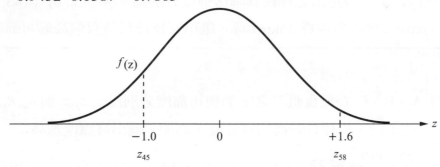

因此，推測共有 $500 \times 0.7865 = 393.25 \approx 393$ 條連桿強度 45kpsi 與 58kpsi 間。

例題 15-4 ●●●

設某工具機廠商出產之刀具機台在連續使用下，其刀刃因磨耗而損壞的時間為 N(3.7,0.6)小時。試問：

(1)今若要求刀刃連續使用 3 小時仍不損壞之可靠度需高於 0.85，則此刀具機台是否合格？

(2)多久更換刀具一次可使可靠度保持 0.9 以上？

解

(1)　$z_3 = \dfrac{t - \mu_t}{\sigma_t} = \dfrac{3 - 3.7}{0.6} = -1.17$

由表 15-1 知 $F(z_3) = \Phi(z_3) = \Phi(-1.17) = 0.1210$

$R = 1 - F = 1 - 0.1210 = 0.8790 > 0.85$ (合格)

(2) 設每 t 小時更換一次，可滿足

$R = 1 - F \geq 0.9 \quad \Rightarrow F \leq 0.1$

查表 15-1 得當 $z = -1.29$ 時，$F(z) = \Phi(z) = \Phi(-1.29) = 0.0985 \leq 0.1$

$z = \dfrac{t - 3.7}{0.6} = -1.29 \qquad \therefore t = 3.7 - 0.6 \times 1.29 \approx 2.93$ (小時)

例題 15-5　●●●

假設由材料 A、B、C 製造出之桿件其降伏強度分別爲 N(40.9, 2.6)，N(43.3, 4.2)，N(39.2, 2.1)kpsi。則當負載爲 35kpsi 時，選用何種材料將有較高的可靠度？

解

令材料 A、B、C 在此負載下之 z 值與可靠度分別爲 z_a, z_b, z_c 與 R_a, R_b, R_c　由於 $R = 1 - F$ 當 F 較小時，桿件有較高的可靠度，亦即 z 越小可靠度越高

$z_a = \dfrac{35 - 40.9}{2.6} = -2.27$

$z_b = \dfrac{35 - 43.3}{4.2} = -1.98$

$z_c = \dfrac{35 - 39.2}{2.1} = -2.00$

$\because z_a < z_c < z_b \quad \therefore R_a > R_c > R_b \quad$ 故選 A

例題 15-6　●●●

1000 根 1020 steel 樣品所測得之降伏強度(yield strength)統計如下，試求：

(1) 此樣品中 1020 steel 降伏強度的平均值與標準差。

(2) 若樣品測得之降伏強度呈自然分布，則概率分布方程式(PDF)爲何？

(3) 試比較不同負載下，可靠度與安全係數的關係。

Class midpoint, kpsi	Frequency	Extension	
	f_i	$x_i f_i$	$x_i^2 f_i$
35.5	3	106.5	3780.75
36.5	21	766.5	27977.25
37.5	23	862.5	32343.75
38.5	28	1078	41503
39.5	82	3239	127940.5
40.5	101	4090.5	165665.3
41.5	143	5934.5	246281.8
42.5	163	6927.5	294418.8
43.5	151	6568.5	285729.8
44.5	109	4850.5	215847.3
45.5	81	3685.5	167690.3
46.5	47	2185.5	101625.8
47.5	33	1567.5	74456.25
48.5	9	436.5	21170.25
49.5	5	247.5	12251.25
50.5	1	50.5	2550.25
	$\sum 1000$	42597	1821232

解

(1) 此樣品降伏強度之平均值 $\bar{x}$ 為

$$\bar{x} = \frac{\sum f_i x_i}{N} = \frac{42597}{1000} = 42.597 \text{kpsi}$$

標準差 S_x 為

$$S_x = \sqrt{\frac{\sum\limits_{i=1}^{k} f_i x_i^2 - \left[\left(\sum\limits_{i=1}^{k} f_i x_i\right)^2 \Big/ N\right]}{N-1}} = \sqrt{\frac{1821232 - \left[42597^2 / 1000\right]}{1000-1}} \approx 2.595$$

表示為 $\Rightarrow S_y(42.597, 2.595)\text{kpsi}$

(2) 依題意，自然分布之概率方程式(PDF)為一高斯函數，表示為

$$f(x) = \frac{1}{S_x\sqrt{2\pi}} \exp\left[-\frac{1}{2}\left(\frac{x-\bar{x}}{S_x}\right)^2\right]$$

代入 $(\bar{x}, S_x) = (42.597 \text{，} 2.595)$

$$\Rightarrow f(x) = \frac{1}{2.595\sqrt{2\pi}} \exp\left[-\frac{1}{2}\left(\frac{x-42.597}{2.595}\right)^2\right]$$

其中 $f(x)$ 代表試件降伏強度為 x 的機率。

如 $f(42.597) = 0.1537$ 代表試件測得降伏強度為 42.597kpsi 之機率為 15.37%。

(3) $z_\sigma = \dfrac{\sigma - S_{ut}}{S_\sigma}$ $F = \displaystyle\int_{-\infty}^{-z_\sigma} f(z)\,dz$ $R = 1 - F$

不同荷重下，可靠度與安全係數之比較如下：

σ (kpsi)	z_σ	F	R	S.F (S_u/σ)
42.597	0.00	0.5	0.5	1.0000
42	−0.23006	0.409	0.591	1.014214
41	−0.61541	0.2676	0.7324	1.038951
40	−1.00077	0.1587	0.8413	1.064925
39	−1.38613	0.0823	0.9177	1.092231
38	−1.77148	0.0384	0.9616	1.120974
37	−2.15684	0.0154	0.9846	1.15127
36	−2.5422	0.00554	0.99446	1.18325
35	−2.92755	0.00169	0.99831	1.217057
34	−3.31291	0.000483	0.999517	1.252853
33	−3.69827	0.000108	0.999892	1.290818

韋伯分配(Weibull distribution)

韋伯分配常應用於實驗結果的處理，其特點為與常態分布相同的近似特性及加入指數分布的準確性。由於大部分可靠度的資訊來自於實驗和設備提供的資料，使得韋伯分配在可靠性分析上被大量採用。一般來說，韋伯分配的形式是由位置、尺寸與形狀三個參數決定，分別控制分布曲線的起始點、大小與形狀；其

機率密度函數(PDF)與累積分配函數(CDF)分別為

$$f(x) = \begin{cases} \left(\dfrac{k}{\lambda}\right)\left[\dfrac{(x-r)}{\lambda}\right]^{k-1}\exp\left\{-\left[\dfrac{(x-r)}{\lambda}\right]^{k}\right\} & \text{當}\quad x-r \geq 0 \\ 0 & \text{當}\quad x-r < 0 \end{cases} \tag{15.21}$$

$$F(x) = 1 - e^{-(x/\lambda)^{k}} \tag{15.22}$$

式中 r 為位置參數(location parameter)，或稱門檻值(threshold value)，表示隨機變數 x 不會落在這個值以下。λ 為尺寸參數(scale parameter)，k 為形狀參數(shape parameter)，兩者之值皆大於 0。由公式(15.21)可知，當 $k=1$ 時，韋伯分配即為一指數分布函數。另外，觀察公式(15.22)，可發現累積分配函數僅與形狀尺寸相關。其原因為位置參數雖然限制了隨機變數 x 的下界，但對於整體分布曲線僅具平移效果，因此並不會對累積分配造成任何影響。對於韋伯分配，隨機變數的算術平均數及變異數與上述三個參數有以下關係

$$u = \lambda\Gamma\left(1+\frac{1}{k}\right) \tag{15.23}$$

$$\sigma^{2} = \lambda^{2}\Gamma\left(1+\frac{2}{k}\right) - u^{2} \tag{15.24}$$

式中 Γ 代表珈瑪函數(Gamma function)，其定義為

$$\Gamma(n) = \int_{0}^{\infty} t^{n-1}\cdot e^{-t}dt \tag{15.25}$$

當 n 為正整數時，其值將滿足下式

$$\Gamma(n)=(n-1)! \tag{15.26}$$

例題 15-7 ●●●

若一呈韋伯分布之隨機變數 x，其形狀參數為 1。試求此隨機變數的平均值與標準差。此變數 x 的機率密度函數可表示為 $f(x) = \alpha e^{-\alpha x}$。

由其形狀參數$(k=1)$可得知，變數 x 的分布呈指數分配。代入公式(15.23)及(15.24)為

$$u = \lambda\Gamma\left(1+\frac{1}{k}\right)$$
$$= \lambda\Gamma(2) = \lambda(2-1)! = \lambda$$

$$\sigma^2 = \lambda^2\Gamma\left(1+\frac{2}{k}\right) - u^2$$
$$= \lambda^2\Gamma(3) - \lambda^2 = \lambda^2(3-1)! - \lambda^2 = \lambda^2$$

得知此變數 x 的平均值與標準差皆為 λ。

15.4 系統可靠度與組成元件可靠度之關係

串聯與並聯系統的可靠度

多零件系統中的零件可以透過很多方式連結。有些系統安排成「串聯」配置，有些是「並聯」，有些設計則是兩者並用。這些詞彙的定義如下：

串聯系統：若系統零件的安排方式是任何一個零件失敗會造成整個系統失敗，則這種安排稱為串聯系統。

並聯系統：若系統零件的安排方式是只有當所有零件都失敗才會造成整個系統失敗，則這種安排稱為並聯系統。

一系統含有數個元件，假設各元件的可靠度彼此獨立，亦即系統中任一元件的失效並不影響其他元件的可靠度，則依連結方式考慮系統可靠度：

1. 串聯系統(serial system)

   任一元件失效將導致系統失去功能，則系統可靠度為各元件可靠度的乘積。即

   $$R = R_1 \times R_2 \times ...... \times R_N \tag{15.27}$$

2. 並聯系統(parallel system)

   僅所有或部分元件失效方使系統失去功能，則系統可靠度為在可作用條件下各元件可靠度的聯集。

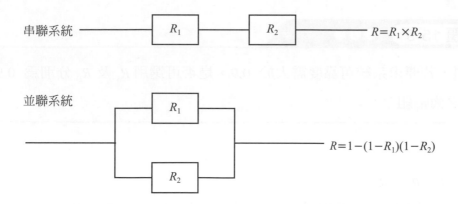

$$串聯系統 \quad \boxed{R_1} \quad \boxed{R_2} \quad R=R_1 \times R_2$$

$$並聯系統 \quad \boxed{R_1} \quad \boxed{R_2} \quad R=1-(1-R_1)(1-R_2)$$

例題 15-8 ●●●

一齒輪減速機如下圖所示，輸入端上軸承的可靠度 R_{1L} 及 R_{1R} 皆為 0.998，輸出端上軸承的可靠度 R_{2L} 及 R_{2R} 分別為 0.996 與 0.998，圓錐齒輪的彎曲強度 (bending strength)與表面耐久強度(surface durability)之可靠度 R_S 及 R_D 分別為 0.980 及 0.970。此機構為一串聯系統且各元件可靠度相互獨立，試求系統可靠度 R。

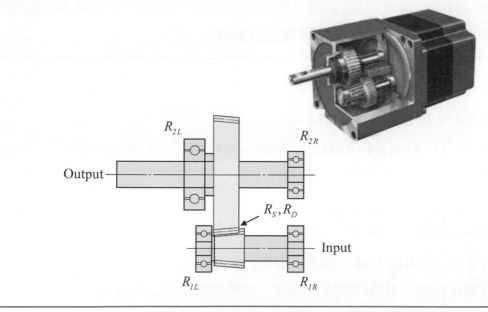

解

串連系統的可靠度為各元件可靠度的乘積

$$\Rightarrow R = R_{1R} \times R_{1L} \times R_S \times R_D \times R_{2R} \times R_{2L}$$
$$= 0.998 \times 0.998 \times 0.980 \times 0.970 \times 0.998 \times 0.996$$
$$= 0.941$$

例題 15-9 ●●●

承上題，若要求系統可靠度需大於 0.9，是否可選用 R_S 及 R_D 分別為 0.960 及 0.940 之齒輪組？

解

$$R = R_{1R} \times R_{1L} \times R_S \times R_D \times R_{2R} \times R_{2L}$$
$$= 0.998 \times 0.998 \times 0.960 \times 0.940 \times 0.998 \times 0.996$$
$$= 0.893 < 0.9$$

系統可靠度將低於需求，故不可選採用之。

例題 15-10 ●●●

某產品由三個組件構成，其可靠度分別為 0.92、0.95 及 0.93，若該產品分別為：
(1)串聯系統，(2)並聯系統，試求產品之可靠度。

解

(1) $R = 0.92 \times 0.95 \times 0.93 = 81.282\%$

(2) $R = 1 - (1 - 0.92) \times (1 - 0.95) \times (1 - 0.93) = 99.972\%$

例題 15-11 ●●●

某飛機有 4 具完全相同且獨立運作之引擎。假設每具引擎可靠度皆為 0.9，且只需 2 具引擎正常運作飛機即可安全飛行，則單就引擎而言此飛機的可靠度為？

解

單一引擎失效的機率為

$$1 - 0.9 = 0.1$$

飛機安全飛行的機率

＝(0 具引擎失效的機率+1 具引擎失效的機率+2 具引擎失效的機率)

$$R = \frac{4!}{4!}(0.1)^0(0.9)^4 + \frac{4!}{3!}(0.1)^1(0.9)^3 + \frac{4!}{2!\,2!}(0.1)^2(0.9)^2$$

$$= 0.6561 + 0.2916 + 0.0486$$

$$= 0.9963$$

Cumulative Distribution Function of Normal (Gaussian) Distribution

$$\phi(Z_\alpha) = \int_{-\infty}^{Z_\alpha} \frac{1}{\sqrt{2\pi}} \exp\left(-\frac{u^2}{2}\right) du$$

$$= \begin{cases} \alpha & Z_\alpha \le 0 \\ 1-\alpha & Z_\alpha > 0 \end{cases}$$

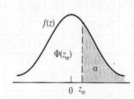

表 15-1

z_α	0.00	0.01	0.02	0.03	0.04	0.05	0.06	0.07	0.08	0.09
0.0	0.5000	0.4960	0.4920	0.4880	0.4840	0.4801	0.4761	0.4721	0.4681	0.4641
0.1	0.4602	0.4562	0.4522	0.4483	0.4443	0.4404	0.4364	0.4325	0.4286	0.4247
0.2	0.4207	0.4168	0.4129	0.4090	0.4052	0.4013	0.3974	0.3936	0.3897	0.3859
0.3	0.3821	0.3783	0.3745	0.3707	0.3669	0.3632	0.3594	0.3557	0.3520	0.3483
0.4	0.3446	0.3409	0.3372	0.3336	0.3300	0.3264	0.3238	0.3192	0.3156	0.3121
0.5	0.3085	0.3050	0.3015	0.2981	0.2946	0.2912	0.2877	0.2843	0.2810	0.2776
0.6	0.2743	0.2709	0.2676	0.2643	0.2611	0.2578	0.2546	0.2514	0.2483	0.2451
0.7	0.2420	0.2389	0.2358	0.2327	0.2296	0.2266	0.2236	0.2206	0.2177	0.2148
0.8	0.2119	0.2090	0.2061	0.2033	0.2005	0.1977	0.1949	0.1922	0.1894	0.1867
0.9	0.1841	0.1814	0.1788	0.1762	0.1736	0.1711	0.1685	0.1660	0.1635	0.1611
1.0	0.1587	0.1562	0.1539	0.1515	0.1492	0.1469	0.1446	0.1423	0.1401	0.1379
1.1	0.1357	0.1335	0.1314	0.1292	0.1271	0.1251	0.1230	0.1210	0.1190	0.1170
1.2	0.1151	0.1131	0.1112	0.1093	0.1075	0.1056	0.1038	0.1020	0.1003	0.0985
1.3	0.0968	0.0951	0.0934	0.0918	0.0901	0.0885	0.0869	0.0853	0.0838	0.0823
1.4	0.0808	0.0793	0.0778	0.0764	0.0749	0.0735	0.0721	0.0708	0.0694	0.0681
1.5	0.0668	0.0655	0.0643	0.0630	0.0618	0.0606	0.0594	0.0582	0.0571	0.0559
1.6	0.0548	0.0537	0.0526	0.0516	0.0505	0.0495	0.0485	0.0475	0.0465	0.0455
1.7	0.0446	0.0436	0.0427	0.0418	0.0409	0.0401	0.0392	0.0384	0.0375	0.0367
1.8	0.0359	0.0351	0.0344	0.0336	0.0329	0.0322	0.0314	0.0307	0.0301	0.0294
1.9	0.0287	0.0281	0.0274	0.0268	0.0262	0.0256	0.0250	0.0244	0.0239	0.0233
2.0	0.0228	0.0222	0.0217	0.0212	0.0207	0.0202	0.0197	0.0192	0.0188	0.0183
2.1	0.0179	0.0174	0.0170	0.0166	0.0162	0.0158	0.0154	0.0150	0.0146	0.0143
2.2	0.0139	0.0136	0.0132	0.0129	0.0125	0.0122	0.0119	0.0116	0.0113	0.0110
2.3	0.0107	0.0104	0.0102	0.00990	0.00964	0.00939	0.00914	0.00889	0.00866	0.00842
2.4	0.00820	0.00798	0.00776	0.00755	0.00734	0.00714	0.00695	0.00676	0.00657	0.00639
2.5	0.00621	0.00604	0.00587	0.00570	0.00554	0.00539	0.00523	0.00508	0.00494	0.00480
2.6	0.00466	0.00453	0.00440	0.00427	0.00415	0.00402	0.00391	0.00379	0.00368	0.00357
2.7	0.00347	0.00336	0.00326	0.00317	0.00307	0.00298	0.00289	0.00280	0.00272	0.00264
2.8	0.00256	0.00248	0.00240	0.00233	0.00226	0.00219	0.00212	0.00205	0.00199	0.00193
2.9	0.00187	0.00181	0.00175	0.00169	0.00164	0.00159	0.00154	0.00149	0.00144	0.00139

z_α	0.00	0.01	0.02	0.03	0.04	0.05	0.06	0.07	0.08	0.09
3	0.00135	0.0^3968	0.0^3687	0.0^3483	0.0^3337	0.0^3233	0.0^3159	0.0^3108	0.0^4723	0.0^4481
4	0.0^4317	0.0^4207	0.0^4133	0.0^5854	0.0^5541	0.0^5340	0.0^5211	0.0^5130	0.0^6793	0.0^6479
5	0.0^6287	0.0^6170	0.0^7996	0.0^7579	0.0^7333	0.0^7190	0.0^7107	0.0^8599	0.0^8332	0.0^8182
6	0.0^9987	0.0^9530	0.0^9282	0.0^9149	$0.0^{10}777$	$0.0^{10}402$	$0.0^{10}206$	$0.0^{10}104$	$0.0^{11}523$	$0.0^{11}260$
z_α	-1.282	$-.643$	-1.960	-2.326	-2.576	-3.090	-3.291	-3.891	-4.417	
$F(z_\alpha)$	0.10	0.05	0.025	0.010	0.005	0.004	0.005	0.00005	0.000005	
$R(z_\alpha)$	0.90	0.95	0.975	0.999	0.995	0.999	0.9995	0.9999	0.999995	

習　題

EXERCISE

1. 有一批連桿共計 250 根，若其檢測後之拉伸強度均值為 45 kpsi，其對應之標準差異值為 5 kpsi

    若假設此連桿之拉伸強度分布為常態分布，試問此批連桿中有多少根其拉伸強度達不到 39.5 kpsi？

    試問又有多根連桿其拉伸強度將介於 39.5 到 59.5 kpsi 間？

2. 如上題，若連桿的拉伸強度低過 40 kpsi，將被視為不安全的連桿，試問此批連桿的可靠度為若干？若在某一負載下該連桿之負載應力將達 42 kpsi，試問若採用此批連桿其可靠度將為若干？

3. 假設三種材料 A、B、C，其降伏強度均成常態分布，且分別為 N_A(94,5.98)，N_B (100,10.22)及 N_C(88,4.72) kpsi，若承受負載使其應力達 82 kpsi 時，三種材料之可靠度分別各為多少？

4. 若將第 3 題的三種材料串連起來，而其端點負載使其應力均達 82 kpsi 時，試問此串連結構的可靠度又為若干？

5. 若一減速機係由三齒對連續減速構成，每一齒軸則由左右兩滾珠軸承支撐，三軸共有六獨立之軸承，若此六個軸承運轉壽命達到 1000 小時的可靠度分別為 0.9、0.9、0.8、0.85、0.7 及 0.9，試問此減速機可運轉 1000 小時的可靠度為若干？

6. 如上題，若此六個軸承均具相同之可靠度，則如希望此減速機的整體可靠度為 90％ 時，各獨立軸承的可靠度至少為多少？

7. 若一軸承的運轉壽命與其可靠度的關係可寫成韋伯分布函數關係，如

    $$R = \exp\left[-\left(\frac{L^*}{4.48}\right)^{1.5}\right]$$ 試問壽命 L^* 增加一倍時，其可靠度將為原來的多少％

8. 有一合金鋼經熱處理後之降伏強度為 S_y(1460,90) kpsi，若定義安全係數 n 為 $n = \dfrac{S_y}{\sigma}$，式中 σ 為許可應力，試問安全係數為 1、1.5 與 2 時，其對應之可靠度分別為多少？

9. 如上題，若可靠度為 0.9、0.95、0.99 時其對應之安全係數又分別各為多少？

10. 若一系統運作時，分別由 6 個獨立次系統共同運動構成，若在某一運作條件下，各次系統達成的可靠度分別為 0.9、0.92、0.8、0.79、0.6、0.73，試問此系統成功運作的可靠度為若干？

11. 若一桁架係由四個連桿構成，且此四個連桿均由相同之材料構成，此材料之降伏強度可由一常態分布表示，如 $S_y(1460, 90)$ kpsi，若定義各連桿承受負載時之安全係數為 $n = \dfrac{S_y}{\sigma}$，式中 σ 為應力值。在某一負載下，各連桿之安全係數分別為 1.0、1.1 及 1.5，試問此桁架系統在此負載下之可靠度將為若干？

第五篇

機械設計案例

附錄 A　　設計案例一

附錄 B　　設計案例二

附錄 A
設計案例一

如圖 16-1 所示為一單吸入離心式風機之葉輪，該風機係用來強制冷卻一每天運轉約 10 小時滾壓機之滾輪面。風機之操作靜壓與風量所需之轉速為 2000rpm，打算以一鼠籠式 10HP 馬達(供電：$3\phi\times220V$)經皮帶減速至該轉速設計，若經由電腦輔助模擬已知下列資料：

- 操作溫度：一般室溫
- L_B = 300mm
- L_W = 160mm(葉輪重心至軸承 A 中心之距離)
- 風機葉輪
  - ✓ 總重量 250N
  - ✓ 最大軸向推力 800N($-x$ 方向)
  - ✓ GD^2 忽略不計

試依據本書前面各章之內容，設計決定傳動軸、軸承、馬達及皮帶等相關幾何尺寸、數量與大小。

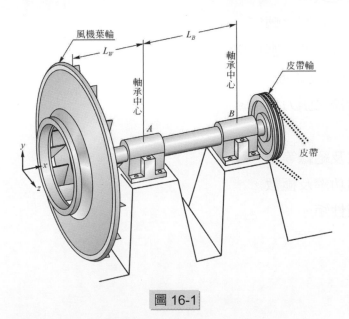

圖 16-1

A.1 題目分析

　　由前面各章之內容，並依據題意、圖 16-1 及已知條件，本案例需要設計決定之四項元件中，至少應包括：

(一) 傳動軸

1. 需依據操作條件與負荷，選用傳動軸之材質。

2. 依傳動軸材質之強度，決定軸徑大小。

3. 需要檢討傳動軸之疲勞與應力集中問題。

4. 檢討應力集中前，必須先決定傳動軸之幾何尺寸。

5. 檢討必要之臨界轉速問題。

6. 檢討傳動軸與軸承、風機葉輪、皮帶輪之公差和配合問題。

(二) 支承之軸承

1. 決定二軸承之固定側與滑動側。

2. 靜、動負荷之估算，負荷大小應與前項傳動軸者一致。

3. 兩軸承額定壽命之估算與選用。

4. 軸承潤滑與冷卻之問題。

(三) 皮帶及皮帶輪

1. 依風機之操作條件，決定負荷變動條件及運轉狀態。

2. 決定皮帶之型式。

3. 決定主動及被動側之轉速。

4. 決定皮帶數量及其對應皮帶輪大小。

5. 決定皮帶長度(或號數)。

6. 估算皮輪所需之張力大小。

(四) 馬達

1. 馬達之型式及絕緣等級。

2. 馬達之輸出功率及極數。

3. 轉動加速慣性矩。

比對本書前述介紹之內容，並檢查本設計案例之四項元件後，可以歸納出下列幾個結論：

1. 要決定軸徑前，必須先知道傳動軸需傳遞之扭矩及彎曲力矩等負荷，故傳動軸不是設計計算之切入點。

2. 支承軸承設計也與傳動軸類似，選用軸承前，應先有軸承之動、靜負荷資料。

3. 選擇傳動皮帶時，雖然不需要知道負荷力大小，但需要皮帶所傳動之設計馬力或扭矩大小；另外，皮帶所需之張力大小會影響軸及軸承負荷，因此，明顯地，傳動皮帶應比傳動軸或軸承先決定才對。

4. 馬達之轉速與皮帶輪、皮帶相關，馬達之絕緣級數與風機葉輪之轉動慣量 (GD^2) 有關。

5. 東元馬達之型錄參考：http://www.teco.com.tw/fa/bg_version/ecatalogue01.asp。

因此，設計資訊最充分、可以最先決定的應該是馬達，然後依序是：皮帶與皮帶輪、傳動軸及軸承，但是檢討傳動軸的疲勞問題，由於與軸的幾何尺寸有關，因而應該是放在最後面了。

A.2　設計計算及元件決定

(一) 馬達

依題意，暫不考慮馬達之加速時間問題，故可以直接選擇交流感應馬達。由於傳動軸需要 2000rpm，參考第 7 章之內容，故有下列兩種方式：

1. 選擇四極感應馬達，則皮帶輪應相對加速至 2000rpm。

2. 選擇二極感應馬達，則皮帶輪應相對減速至 2000rpm。

雖然案例題目並不考慮 GD^2，但倘若是採用(1)之四極馬達加速，馬達需要提供較大之加速慣性矩，故本案例選擇(2)之方式，即選擇二極感應馬達。進一步參考圖 7-7 及交流馬達之作用原理，二極交流馬達之最高轉速為

$$n'_m = \frac{120 \times Hz}{P} = \frac{120 \times 60}{2} = 3600 \,(\text{rpm})$$

上式中 Hz 為交流電每秒 60 次循環，P 為交流馬達之極數，本案例選擇二極交流感應馬達，故 $P = 2$。

不過實際應用時，由於馬達必須帶動負載及考慮本身打滑(slip)的關係，於額定負載之情況下，二極馬達大約只有 3500rpm，本案例即是以馬達 10HP × 2P(n_m = 3500rpm)為設計基準。

(二) 皮帶及皮帶輪

　　根據第 8 章之說明，讀者若是熟讀第 8 章中的幾個例題後，將非常有助於了解本案例的這個部分。另外，由於傳統之三角皮帶(即普通三角皮帶，包括有 M、A~E 等六種剖面尺寸，參考表 8-1)之尺寸較窄 V 型者為寬，雖然皮帶價格較便宜，但皮帶輪需要較大的寬度，不利於後續皮帶輪與傳動軸之設計，故本案例先決定採用窄 V 型之三角皮帶。

　　參考第 8 章，有關窄 V 型三角皮帶之選用，整理成下列之選用流程供讀者參考，以利本案例之說明：

1. 選用條件

   (1) 馬達(或致動器)之馬力，p_r = 10 HP

   (2) 馬達(或主動側)之轉速，n_m = 3500 rpm

   (3) 被動側之轉速，n_D = 2000 rpm

   (4) 主動、被動側間之概略中心距 C_0 =＿＿＿＿mm

   (5) 負載條件：(參考表 8-11)

   　　□輕微負載

   　　☑中等負載

   　　□稍大變動負載

   　　□巨烈變動負載

   (6) 操作運轉條件，K_0

   　　□斷續工作(每日 3~5 小時或季節性)

   　　☑正常工作(每日約 8~10 小時)

   　　□連續工作(每日約 16~24 小時)

   (7) 惰輪：☑無

   　　□有：□置於鬆弛側

   　　　　　□置於拉緊側

2. 設計選用之流程

(1) 確定皮帶傳動之總設計馬力，p_d

由前面之操作運轉條件及表 8-11 中，可以查得過載修正係數 $K_0 = 1.2$，故依(8.20)式，$p_d = p_r \times K_0 = 10 \times 1.2 = 12$(HP) = 12.16 PS

(2) 選擇皮帶之剖面型式(參考圖 8-12)

要選擇皮帶型式之前，必須先確定小三角皮帶輪是要安裝於主動側(減速)用、或被動側(加速)，但本案例在問題分析中，已經選擇了以二極馬達減速的方式設計本案例，故小皮帶輪之轉速應為 $n_d=n_m$，即 3500 rpm。利用圖 8-12，以橫軸 p_d=12.16 PS、縱軸 3500 rpm，相交於 3 V 之範圍內，故窄 3 V 型之三角皮帶為本案例較佳之皮帶選擇。

(3) 確定皮帶輪之基準直徑

基於成本考量，一般小皮帶輪徑都會儘可能選用較小直徑者，不過，直徑太小之皮帶輪會造成皮帶之過度彎折、斷裂而減短皮帶之使用壽命，或線速度太小而效率差，故皮帶之供應商都會考慮使用壽命與滑動率，訂定建議之最小皮帶輪徑，例如，以 Google 查詢關鍵字「V Belt」，可查得一廠牌 Martin 之美商型錄，其表 4-4 中呈現其最小輪徑為「2.25"～2.5"」，因此，本案例決定小三角皮帶輪徑為 75 mm。又，若供應商有庫存之皮帶輪時，應儘可能選擇庫存之標準直徑尺寸。

考慮滑動率 ε=1.5%，利用(8.18)式計算可得大輪直徑，或

$$D = \left(\frac{n_d}{n_D}\right) d\left(1 - \varepsilon\right)$$

$$= \left(\frac{3500}{2000}\right)(75)(1 - 0.015) = 129.3 \text{ (mm)}$$

$\Rightarrow$ 選擇 130 mm

同時皮帶之線速度也可以計算出來，即由(8.5)式

$$v = \pi D n_D$$

$$= \pi(130)(2000)/(1000 \times 60)$$

$$= 13.6 \text{ (m/s)}$$

(4) 選擇皮帶長度及確立中心距離，C

如果選用條件中有提供參考建議之中心距 C_0，則 C_0 可以作為皮帶長度選擇之第一步，否則也可以利用經驗式(8.21b)式，即

$$0.7(d+D) \le C_0 \le 2(d+D)$$

或

$$0.7(75+130) \le C_0 \le 2(75+130)$$

即

$$145 \le C_0 \le 410$$

由於過小之 C_0 容易造成接觸角不足，安裝時也較困難，而本案例之安裝空間也沒有特別限制，故初步的中心距離選擇為 250mm。故由(8.22)式計算初步的皮帶長度，故

$$
\begin{aligned}
L_0 &\simeq 2C_0 + \frac{\pi}{2}(D+d) + \frac{(D-d)^2}{4C_0} \\
&= 2(250) + \frac{\pi}{2}(130+75) + \frac{(130-75)^2}{4(250)} \\
&= 825(\text{mm})
\end{aligned}
$$

再由表 8-10 或台中興國橡膠之網頁(http://www.rubberconveyor.com/p_belt03.htm)，選擇最接近之窄 3V 皮帶長度為 851±10mm(或標稱#335)，及由表 8-8 之長度修正係數 $K_\ell = 0.89$，故由(8.23)式反推正確之中心距為

$$
\begin{aligned}
C &\cong C_0 + \frac{L_d - L_0}{2} \\
&= 250 + \frac{851 - 825}{2} = 263(\text{mm})
\end{aligned}
$$

(5) 確認主動輪之接觸角

依(8.1)式，接觸角 θ 可計算得

$$
\begin{aligned}
\theta &\cong \left(\pi - \frac{D-d}{C}\right) \times \frac{180°}{\pi} \\
&= \left(\pi - \frac{130-75}{263}\right) \times \frac{180°}{\pi} = 168.1° > 120°
\end{aligned}
$$

合乎要求，同時也由表 8-9 中查得接觸角修正係數 $K_\theta = 0.97$。

(6) 確認每條皮帶之傳動馬力，p_e

通常每條皮帶所能傳遞之功率係以小皮帶輪為基準。到目前為止，本案例中已決定了 n_d = 3500 rpm 及 d = 75 mm，故由表 8-2 查得，每條窄 3V 皮帶之基本額定馬力約為 3.91 PS；被動輪轉速 2000 rpm，故減速比

$$i = \frac{3500}{2000} = 1.75$$

故再由表(8-5)查得，附加馬力 $\Delta p_0 = 0.72$ PS。

依據(8.19)式，修正後之每條皮帶之傳動馬力為

$$
\begin{aligned}
p_e &= (p_0 + \Delta p_0) \cdot K_\ell \cdot K_\theta \\
&= (3.9 + 0.72)(0.89)(0.97) \\
&= 3.9 \text{ PS}
\end{aligned}
$$

(7)　確定所需之皮帶數 Z

由(8.24)式，

$$Z \geq \frac{p_d}{p_e} = \frac{12.16}{3.9} = 3.12 \Rightarrow \text{取 } Z = 4 \text{ 條}$$

(8)　估算其他相關資料

A.　中心距離之調整範圍

由於本案例之被動側由軸承固定支承，無法用以調整皮帶長度，故皮帶中心距離之調整機制應設計於馬達側(大皮帶輪側)，且參照表 8-12 及圖 8-13 可知，所需之調整範選：(內側+外側) = 15+25 = 40mm，即馬達側固定長橢孔之設計為 40mm，如圖 16-2 所示。

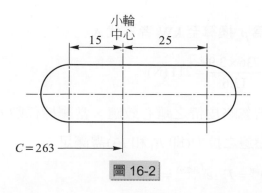

圖 16-2

B. 皮帶輪寬度 B 之估算

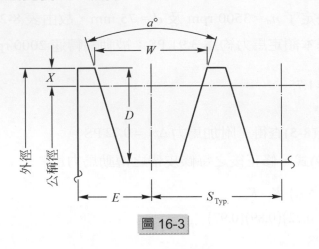

圖 16-3

$B = S(Z - 1) + 2E$

$\quad = 10.5(4 - 1) + 2 \times 9$

$\quad = 49.5 \text{ mm} \Rightarrow$ 以 50 mm 計算。

單位：mm

	$a°$	W	D	X	S	E
主動輪	36°	9	9	6.5	10.5	9
被動輪	38°					

C. 皮帶拉力之估算

每條皮帶之傳遞馬力 p_e (PS)，皮帶線速度 v，略為改寫(8.10)式成

$$F_t = F_1 - F_2 = \frac{1000 \cdot p_e'}{v} = \frac{736 \cdot p_e}{v}$$

其中 p_e' 為 p_e 換算至 kW 者。代入已知之資料可得

$$F_1 - F_2 = \frac{736 \times 3.9}{13.6} = 211 \, (\text{N})$$

另外，若忽略皮帶之離心效應，當摩擦係數 $\mu = 0.3$ 時，依(8.8)式，緊邊與鬆邊之拉力(即 F_1 和 F_2)需滿足

$$F_1 = F_2 \cdot e^{\mu\theta} = F_2 \cdot e^{0.3 \times 2.93} = 2.4 F_2$$

與前式聯立解得每條皮帶之拉力 F_1 與 F_2 分別爲 361.68N 及 150.7N；或四條皮帶之總拉力爲

$$F_{belt} = Z(F_1 + F_2) = 4(361.68 + 150.7) = 2049.52 \,(\text{N})$$

(三) 傳動軸

1. 軸之外形尺寸：如圖 16-4。

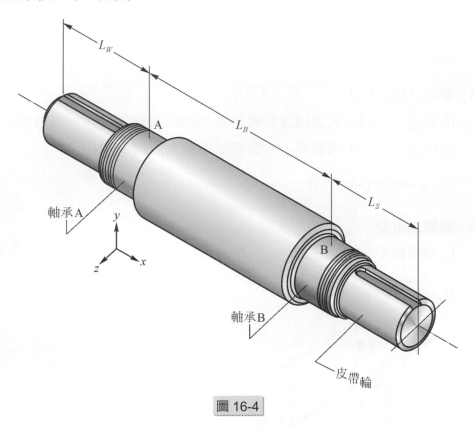

圖 16-4

2. 負荷計算

將圖 16-4 之傳動軸，將已知之各負荷表示至該軸上，結果如圖 16-5 所示，各負荷之方向與大小分別計算如下：

(1) 傳動扭矩 T

由於本案例並未提供風機之軸馬力(BHP)，故僅能由馬達之輸出功率(10HP)計算傳動軸經皮帶輪所需傳遞之扭矩 T，即考慮軸之角速度

$$\omega = \frac{2\pi \times n_D}{60} = \frac{2\pi \times 2000}{60} = 209.3(\text{rad/s})$$

$$T = \frac{\text{軸之傳遞功率}(W)}{\text{軸之角速度}} = \frac{746 \times 10}{209.3} = 35.6 \text{(N-m)}$$

(2) 皮帶輪拉力，F_{belt}

考慮 F_{belt} 作用於傳動軸與 x-z 平面成 45°，如圖 16-5 所示，則 F_{belt} 可分解成

$$F_{\text{belt},Y} = -1432.94 \text{ N}$$

$$F_{\text{belt},Z} = 1432.94 \text{ N}$$

(3) 葉輪之軸向推力

依題意，因離心式風機之葉輪轉動而產生有軸向推力，推力的大小會因使用風量大小不同而異，本案例給定最大值為 800N，故

$$F_{T,x} = -800 \text{ N} \ (-x \text{ 方向})$$

(4) 葉輪之重量

已知葉輪重 250N，故有

$$W_y = -250 \text{N}$$

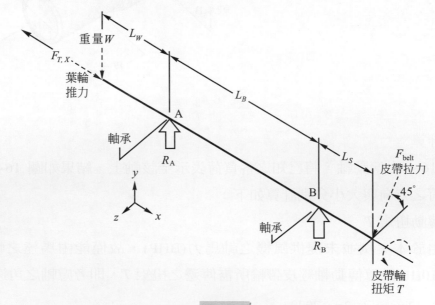

圖 16-5

(5) 兩軸承之反作用力

參考圖 16-5，兩軸承位置處以簡支樑模型處理後，考慮 $L_s = 225\text{mm}$，則其反力可計算得

$$R_{A,x} = 800\,\text{N} \qquad\qquad R_{B,x} = 0$$

$$R_{A,y} = -691.37\,\text{N} \qquad R_{B,y} = 2374.3\,\text{N}$$

$$R_{A,z} = 1074.71\,\text{N} \qquad R_{B,z} = -2507.65\,\text{N}$$

(6) 彎曲力矩

依前面所得之負荷及參考 3-2 節之內容，相信讀者可輕易地計算得到兩軸承處之彎矩分別為

$$M_A = 250 \times 160/1000 = 40\,(\text{N-m})$$

$$M_B = \frac{1432.94 \times 225}{1000} \cdot \sqrt{2} = 455.96\,(\text{N-m})$$

3. 傳動軸之材質及強度

若選用正常化處理之 AISI 1040 碳鋼(相當於 JIS S40C)，則依第二章表 5，可查得最大抗拉強度及降伏強度分別為

$$S_u = 590\,\text{MPa}$$

$$S_y = 374\,\text{MPa}$$

因此，最大剪應力損壞理論並取安全因數 $N = 2.5$ 時，則依(4.14)式

$$\tau_{\text{allow}} = \frac{0.5 S_y}{N} = \frac{0.5 \times 374}{2.5} = 74.8\,(\text{MPa})$$

4. 傳動軸之軸徑

(1) 軸承 A 處

觀察前小節之負荷分析，位於軸承 A 處應歸類屬於 4.3.5 節之狀態，或 $M = M_A = 40\,\text{N-m}$，$T = 35.6\,\text{N-m}$，及 $F = R_{A,x} = 800\,\text{N}$ 代入(4.29)式，即

$$\tau = \frac{2}{\pi d_A^3}\left[\left(8M + F \cdot d_A\right)^2 + \left(8T\right)^2 \right]^{\frac{1}{2}} < \tau_{\text{allow}}$$

但由於上式無法直接解出直徑 d_A，而且軸向負荷之影響較小，故可先利用(4.15)式直接先解出不考慮軸向負荷時之直徑，然後再利用該直徑及(4.29)式驗證，看看是否滿足轉動軸之容許強度即可。因此，利用(4.15)式

$$d_A = \left[\frac{32N}{\pi S_y} \sqrt{M^2 + T^2} \right]^{\frac{1}{3}}$$

$$= \left\{ \frac{32 \times 2.5}{\pi \times 374} \left[\left(40 \times 10^3 \right)^2 + \left(35.6 \times 10^3 \right)^2 \right]^{\frac{1}{2}} \right\}^{\frac{1}{3}} = 15.4 (mm)$$

或取 $d_A = 20mm$，代回(4.29)式

$$\tau = \frac{2}{\pi (20)^3} \left[\left(8 \times 40 \times 10^3 + 800 \times 20 \right)^2 + \left(8 \times 35.6 \times 10^3 \right)^2 \right]^{\frac{1}{2}}$$

$$= 35.1 MPa < 74.6 MPa$$

即 $d_A = 20mm$ 也可以滿足(4.29)式之要求。

(2) 軸承 B 處

此處屬於 4.3.3 節之狀態，故以 $M = M_B = 455.96$ N-m 代入(4.15)式，即

$$d_B = \left\{ \frac{32 \times 2.5}{\pi \times 374} \left[\left(455.96 \times 10^3 \right)^2 + \left(35.6 \times 10^3 \right)^2 \right]^{\frac{1}{2}} \right\}^{\frac{1}{3}}$$

$$= 31.5 \Rightarrow 取 d_B = 35 \text{ mm}$$

(3) 軸徑

雖然計算上得到 $d_A = 20mm$ 及 $d_B = 35mm$，不過基於一般軸都是以圓柱鋼棒車削，故以兩軸承處之加工考量，實務上可以直接取兩軸承處之軸徑相同，或 $d_A = d_B = 35mm$。

(四) 軸承

有鑑於軸承選擇與壽命估算較費時，因而現代多數之滾動軸承供應商大多會提供線上之選用流程或電腦輔助工具，如 SKF（代理：新豐貿易，http://www.skf.com.tw），或斯凱孚台灣(http://www.skf.tw)提供有「線上計算」

(http://www.skf.com/portal)及「軸承座選用」(http://www.skf.com/portal/ skf/home/)、NTN(以日文呈現，較不建議使用)，總之，做為現代工程人員，善用電子資料庫及能以 Google 搜尋到之網站公開資料，是絕對必要的。底下之軸承選用例，也將以手算配合網頁之電子資料庫說明。

本案例選用之承軸以較常用之滾動軸承(參閱第 5 章)為原則，而選擇出適當的滾動。

1. 軸承之選用流程

軸承選用，除了成本及壽命之外，另應先掌握軸承於使用之機器裝置特性及部位，甚至於操作環境和條件等，選用之流程參考圖 16-6。一般而言，下列之數據或設計資料是必備的：

(1) 機器裝置的功能，操作狀態(如每天運轉若干小時等)。

(2) 使用軸承之機器部位與配置(configuration)及其大小或空間限制。

(3) 軸承的負荷大小、方向、性質(振動、衝擊等)。

(4) 迴轉速度。

(5) 軸承擬使用之潤滑方式(油或油脂)。

(6) 使用環境(溫度、潔淨程度……等)。

此外，對設計工程師而言，最好也能掌握或儘可能了解下列之條件：

(1) 安裝調整之難易程度(alignment)。

(2) 是否需要預壓安裝。

(3) 要求精度。

(4) 其他：潤滑與密封、軸承間隙選擇，維修與拆卸等。

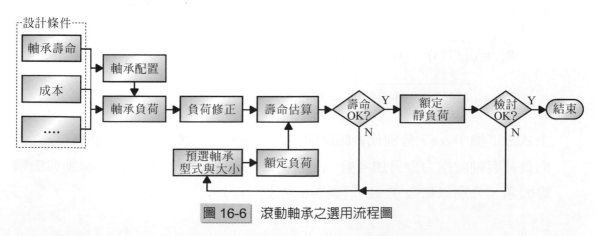

圖 16-6　滾動軸承之選用流程圖

2. 軸承之配置

觀察前述之軸承選用必備條件中，絕大部之數據資料已經在皮帶與軸之設計過程中呈現了，仍然不足的是「軸承配置」問題，其實有關本案例之軸承配置已經或多、或少地出現傳動軸設計中；回憶在計算兩軸承之負荷時，當時直接令軸承 B 之軸向力 $R_{B,x} = 0$ (而 $R_{A,x} = 800\,\text{N}$)，讀者可以比較圖 4-2 與圖 16-5 之兩支承點，就可以明白其中的理由：軸承 A 即一般所謂的「固定側」、軸承 B 則為「自由側」(用以吸收膨脹及安裝之間隔誤差)，也即軸承 A 處必須是一可以承載軸向推力之軸承，而軸承 B 處則可以選用承載軸向推力較弱之軸承類型。

另一方面參考圖 16-5，並比較兩軸承處之軸承徑向反作用力大小，讀者也可以迅速知道：軸承 B 之總徑向負荷能力必須遠大於軸承 A 者，且明顯地該徑向負荷需求是由於皮帶拉力而來。

有了前項之資訊後，參考東培之技術資料(http://www.tungpei.com/UserFiles/File/6412 軸承的配置.pdf)[1]但考量軸承 B 之負荷需大於軸承 A，故最後選擇表中之例 II 作為本案例之配置方式，即以油脂潤滑之：

● 固定側(軸承 A)：深溝滾珠軸承(型式記號為 6 者)

● 自由側(軸承 B)：單列滾柱軸承(型式記號為 N)

3. 軸承的負荷

參考傳動軸設計處之承軸實際之支承力負荷，或

$$R_{A,a} = R_{A,x} = 800(\text{N}) \qquad R_{B,a} = 0(\text{N})$$

及

$$R_{A,r} = \sqrt{(-718)^2 + (1102)^2} \doteqdot 1315(\text{N})$$

$$R_{B,r} = \sqrt{(2437.4)^2 + (-2571)^2} \doteqdot 3543(\text{N})$$

上式之下標中 a、r 分別代表軸向與徑向。基於安全設計考量，前面實際之徑向負荷與軸向推力會另加考慮：(1)負荷之傳遞狀態、及(2)負荷之振動與衝擊等因素，分別以係數 f_b 及 f_w (表 5-6 之 $K_S = f_w$)。

以本案例之三角皮帶傳動及送風機而言，得分別考慮此二因素之負荷分別為 f_b=1.5 及 f_w=1.0 故

$$\begin{cases} F_{A,a} = 1.5 \times 1.0 \times 800 = 1200(\text{N}) \\ F_{A,r} = 1.5 \times 1.0 \times 1315 \doteqdot 1973(\text{N}) \end{cases}$$

及

$$\begin{cases} F_{B,a} = 0 \\ F_{B,r} = 1.5 \times 1.0 \times 3543 \doteqdot 5315(\text{N}) \end{cases}$$

4. 軸承的選擇

(1) 固定側之等效徑向負荷

參考前面之傳動軸徑尺寸，軸承 A 之內徑必須配合該處之軸徑，故軸承 A 之內徑號碼應為「07」，記號「6×07」，此處之 "×" 應為尚未決定之直徑(外徑)系列記號，若考慮使用國產之東培軸承 (TPI, http://www.tungpei.com)，"×" 記號共有 8、9、0、2、3 五種，本案例直接先以 TPI 6207 當作選用之基準，故由該公司之網頁可查得 TPI 6207 軸承之規格特性如下(部分摘錄於圖 16-7)[2]：

- $D \times B$ = 72×17mm

- C_r = 25,700N

- C_{or} = 15,300N

- $N_{\max}$ = 9,800rpm(油脂潤滑)

及其他安裝配合尺寸之關係，參考圖 16-7。

由這些資料及軸承 A 之實際負荷，可進一步計算

$$\frac{F_{A,a}}{C_{or}} = \frac{1200}{15300} = 0.0784$$

主要尺寸 (mm) Boundary dimensions (mm)				基本額定負荷 (N) Basic load ratings (N)		容許迴轉速 (rpm) Limiting speeds (rpm)				軸承規格類別 Bearing numbers Type						
內徑	外徑	寬度	倒角	動額定 dyn.	靜額定 stat.	滑脂 Grease			潤滑油 Oil	開放型	遮蓋型	密封型 非接觸式	低轉矩	密封型 接觸式	附環溝	附扣環
d	D	B	$r_{s\,min}$	C_r	C_{or}	Open Z、ZZ LB、LLB	LLH	LU LLU	Open Z LB	Open	Shield ZZ	Seal non-contact LLB	Low torque type LLH	Seal contact LLU	Snap ring groove	Snap ring
	47	7	0.3	4900	4050	13000	-	-	16000	6807*	ZZ	LLB	-	LLU	N	NR
	55	10	0.6	9550	6850	12000	-	7100	15000	6907*	ZZ	LLB	-	LLU	N	NR
35	62	9	0.3	11700	8200	12000	-	-	14000	16007*	-	-	-	-	-	-
	62	14	1	16000	10300	12000	8200	6800	14000	6007	ZZ	LLB	LLH	LLU	N	NR
	72	17	1.1	25700	15300	9800	7600	6300	11000	6207	ZZ	LLB	LLH	LLU	N	NR
	80	21	1.5	33500	19100	8800	7300	6000	10000	6307	ZZ	LLB	LLH	LLU	N	NR

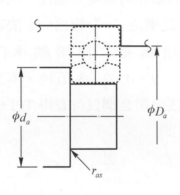

安 裝 相 關 尺 寸 (mm) Abutment and dimensions (mm)								重量 (kg) Weight (kg)
軸肩部 直徑		軸箱肩部 直徑	倒角					開放型 (約)
d_a		D_a	r_{as}	D_x	C_r	C_z	r_{Nas}	Open
min	max	max	max	(approx.)	max	max	max	(Approx)
37	38	45	0.3	50.5	1.9	0.9	0.3	0.029
39	40	51	0.6	58.8	2.3	0.9	0.5	0.074
37	-	60	0.3	-	-	-	-	0.110
40	42	57	1	68.5	3.4	1.7	0.5	0.155
41.5	45	65.5	1	80	4.6	1.7	0.5	0.288
43	47	72	1.5	88	4.6	1.7	0.5	0.457

圖 16-7 東培(TPI)軸承[2]

再由圖 16-8 東培軸承產品之等效動負荷表[1] 內插可得 $e = 0.28$ 及 $X = 0.56$、$Y = 1.55$，等效徑向負荷 P_r 為

$$P_r = \begin{cases} F_a & \text{if } \dfrac{F_a}{F_r} \le e \\[2mm] XF_r + YF_a & \text{if } \dfrac{F_a}{F_r} > e \end{cases}$$

---

[1] 註：SKF 之計算方式，略有不同請自行參考 SKF 型錄。

由於本軸承之

$$\frac{F_a}{F} = \frac{1200}{1973} = 0.61 > e$$

故等效徑向負荷

$$P_r = 0.56 \times 1973 + 1.55 \times 1200 = 2965 \text{(N)}$$

Equivalent bearing load dynamic

$P_r = XF_r + YF_a$

$\dfrac{F_a}{C_{or}}$	e	$\dfrac{F_a}{F_r} \leq e$		$\dfrac{F_a}{F_r} > e$	
		X	Y	X	Y
0.010	0.18				2.46
0.020	0.20				2.14
0.040	0.24				1.83
0.070	0.27				1.61
0.10	0.29	1	0	0.56	1.48
0.15	0.32				1.35
0.20	0.35				1.25
0.30	0.38				1.13
0.40	0.41				1.05
0.50	0.44				1.00

static

$P_{or} = 0.6F_r + 0.5F_a$

When $P_{or} < F_r$ use $P_{or} = F_r$

圖 16-8　東培(TPI)軸承之等效徑向負荷[2]

(2) 自由側之等效徑向負荷

與固定側非常類似地，軸承 B 之內徑也為 35mm 或內徑號碼「07」，但由於此處將選用可軸向滑動之單列滾柱軸承，故選擇 SKF NU207。查台灣斯凱孚之線上型錄(http://www.skf.tw)查得下列規格資料[3]：

- $D \times B = 72 \times 17\,\text{mm}$

- $C = 56,000\text{N}$

- $C_0 = 48,000\text{N}$

- $P_u\,(疲勞限) = 6100\text{N}$

- $N_{\max} = 12,000\,\text{rpm}$

由於軸承 B 沒有軸向負荷,等效之徑向負荷直接等於軸承之實際負荷,故等效徑向負荷

$$P_r = F_r = 5315\text{N}$$

(3) 軸承之 L_{10} 壽命

兩選用軸承之估計基本額定壽命,以 10^6 轉計,分別為

$$L_{10,A} = \left(\frac{25700}{2965}\right)^3 = 651.2 \qquad 10^6\,轉$$

$$L_{10,B} = \left(\frac{56000}{5315}\right)^{\frac{10}{3}} = 2564.2 \qquad 10^6\,轉$$

分別相當於 90% 之機率,選用之 A、B 兩軸承可運轉約 5,426.7 及 21,368.3 小時,或 542 及 2,136 天之壽命。

(4) 檢討容許等效靜負荷

A. 固定側軸承:6207

$$P_0 = 0.6 \times 1973 + 0.5 \times 1200 = 1784(\text{N})$$

$S_0 =$ 安全係數

$$= \frac{C_0}{P_0} = \frac{15300}{1784} = 8.6 \gg 1.0\,(需普通等級迴轉精度者)$$

故滿足。

B. 自由側之軸承:NU207

$$S_0 = \frac{C_0}{P_0} = \frac{48000}{5315} = 9.03 \gg 1.0$$

滿足普通等級迴轉精度之需求。

(5) 傳動軸及軸承安裝之幾何尺寸

依軸承型錄之建議，以東培軸承爲例，其內環(軸)及外環之安裝幾何尺寸(肩部)如圖 16-9 所示，即軸承 6207 軸肩之軸徑應在 41.5~45mm 之間，相同地，軸承 NU 207 軸肩之軸徑應在 42~62mm 之間，故選擇 42~45mm 應爲較合理之尺寸，本案例決定選擇 42mm。

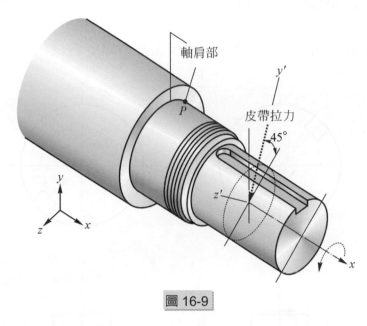

圖 16-9

(五) 檢討傳動軸之應力集中與疲勞

1. 反覆應力 σ_r

由前節之結果，軸承 B(自由側)肩部與軸承部之傳動軸徑都已經決定，由於自由側之軸端乃是承載皮帶拉力端，若考慮軸肩部軸面上某點 P，如圖 16-9 所示，當時間 t 時，該點受到拉力產生之彎曲力矩，故其平面應力元素(參考圖 3-15(b))可以由圖 16-10(a)表示；當皮帶將點帶動 180°後，該 P 點對彎矩正好是壓縮應力旋轉，如圖 16-10(b)所示，因此，參考第 3.3 節之內容，可由(3.8)式及(3.17)式分別計算出 P 點處之應力(未考慮應力集中)：

$$\sigma_x = \frac{32 \times (\pm 455{,}960)}{\pi (35)^3} = \pm 108.32 \, \text{MPa}$$

及

$$\tau_{xz'} = \frac{16 \times 35600}{\pi (35)^3} = 4.2 \, \text{MPa}$$

或再依(3.20)式，對應之主應力分別為

$$\sigma_{1,2} = \frac{108.32}{2} \pm \sqrt{\left(\frac{108.32}{2}\right)^2 + 4.2^2}$$
$$= 108.48, \ -0.16 \, \text{MPa}$$

及 $\sigma_{1,2} = -108.48 + 0.16 \, \text{MPa}$

如圖 16-10(a)及(b)所示，也即最大之反覆應力幅度為 ±108.48 MPa。

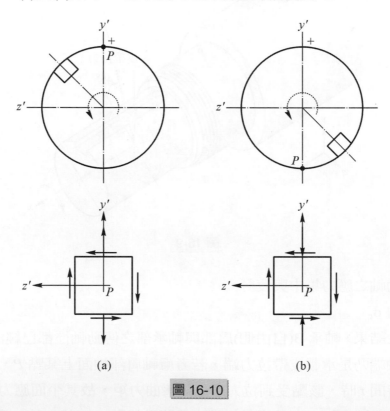

圖 16-10

2. 疲勞強度

依前述，本案例傳動軸之材質為正常化處理之 1040 碳鋼，且由第二章附表 5 查得之強度資料為 $S_u = 590 \, \text{MPa}$ 及 $S_y = 374 \, \text{MPa}$，再由第十四章之內容說明，實驗試片之彎曲疲勞強度 S_e' 為

$$S_e' = 0.5 S_u = \frac{590}{2} = 295 \, \text{MPa}$$

再者由於標準試片之尺寸爲 0.3″ (7.62mm)，故考慮 0.75 之尺寸修正因數後，可得疲勞強度 S_e，即

$$S_e = 0.75 \times 295 = 220 \, \text{MPa}$$

也即在不考慮應力集中之情況下，在疲勞強度 $S_e > \sigma_r = 108\text{MPa}$，傳動軸之設計是安全的。

3. 應力集中因數

參考完成軸肩之軸徑選用及確定安裝軸承之尺寸分別爲 $\phi\,42$ 及 $\phi\,35\text{mm}$，如圖 16-11 所示，故 $\dfrac{D}{d} = \dfrac{42}{35} = 1.2$，另軸肩部之倒角半徑爲 1mm、軸肩高 $h = 3.5\text{mm}$，計算可得靜力之應力集中因數[2] 約 $K = 1.73$[4]，本計算例暫以此集中因數替代疲勞者。

4. 檢討傳動軸之疲勞應力

本案例之 $\sigma_{av} = 0$，故變動負荷屬於完全反覆應力，或 $\sigma_r = 108$ MPa，若採用 Goodman 之疲勞破壞理論，即參考(14.5)式

$$\frac{\sigma_{av}}{S_u} + \frac{K\sigma_r}{S_e} = \frac{1}{\text{F.S.}}$$

或

$$\frac{0}{590} + \frac{1.73 \times 108}{220} = \frac{1}{\text{F.S.}}$$

2　應力集中因數(適用於 $0.25 \le h/r \le 4.0$)

$$K = k_1 + k_2\left(\frac{D-d}{D}\right) + k_3\left(\frac{D-d}{D}\right)^2 + k_4\left(\frac{D-d}{D}\right)^3$$

$$k_1 = 0.953 + 0.680\sqrt{h/r} - 0.053(h/r)$$

$$k_2 = -0.493 - 1.820\sqrt{h/r} + 0.517(h/r)$$

$$k_3 = 1.621 + 0.908\sqrt{h/r} - 0.529(h/r)$$

$$k_4 = -1.081 + 0.232\sqrt{h/r} + 0.065(h/r)$$

及軸肩高

$$h = \frac{D-d}{2}$$

解得 F.S. = 1.18 > 1.0 疲勞應力落在圖 14-7 之「線內」區域(實際位置於縱軸略低於該圖之 A 點處)，故傳動軸之設計在圖 16-11 之 r 處雖有應力集中，但不會因疲勞而損壞。

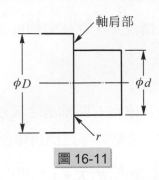

軸肩部

ϕD ϕd

r

圖 16-11

(六) 其他

1. 檢討臨界轉速

設計案例之系統臨界轉速，除應包括第 4.5 節所說明之傳動軸外，尚應包括如皮帶輪、風機葉輪和皮帶等不同元件，也分別有不同之材質、物性和幾何，故遠較單一傳動軸複雜很多，建議應以 3D 有限元素分析之 CAE 套裝軟體進行模擬，較為妥適。

2. 檢討公差與配合

(1) 軸承與傳動軸之配合

有關軸承與傳動軸之配合精度要求，事實上與風機本身、於選用軸承精度時就必須合理考量，一般軸承之精度等級是依照 ISO 492 之規定，分成 0 級(normal class)、6、5、4、2 等五級，精度依序增加，價格當然也越高。本案例之風機葉輪轉速為 2000rpm，並無特殊要求之處，故選擇普通 0 級之軸承，已經可以符合要求了，因此，本案例 0 級軸承之內、外環之平均徑公差分別為：

- 內徑：$35^{+0.016}_{+0.002}$ mm

- 外徑：$72^{+0}_{-0.015}$ mm

本設計案例屬於軸承之「內環旋轉負荷、外環靜止負荷」之使用狀況，而且對軸承而言，雖然可能有風機葉輪因不平衡而產生之小幅度方向變

動之負荷，但基本上負荷方向是固定不變的，故依軸承廠商型錄之建議，可以採「內環緊、外環鬆」之配合，故若採過渡配合時，軸徑之公差可以為 k5 或 k6 較佳，即傳動軸於軸承配合處之軸徑為 $35^{+0.013}_{+0.002}$ 或 $35^{+0.018}_{+0.002}$ mm 。

(2)　皮帶輪與傳動軸之配合

與軸承配合不同，一般皮帶輪轂與傳動軸之配合會偏向採用留隙或略鬆之配合，若傳動軸與皮帶輪轂都是自行加工製造，那麼採用基軸制或基孔制之配合，基本上是一樣的，選擇其中之一即可。假定本案例之工程師決定採用基孔制之配合，參考表 12-5，較適當之配合選擇有 H6/f6 或 H7/f6。

▊ A.3　結語

1. **題目分析與範疇**：由本案例中，相信讀者已經掌握到一個大原則：任何設計問題在開始動手進行之前，最好依據所學的專業知識，先將整個設計問題總整理、分析，類似於本案例之「題目分析」一般，明白問題的範疇，以及哪些是已知的資訊、彼此相關的資料，而哪些又是最終的答案需求後，才能知道設計之切入點，否則解題容易繞圈圈、浪費時間。所幸，機械工程類之設計問題大都非常相近，熟讀、多讀些案例與範例，一定有所幫助。

2. **善用現代化之網路工具**：在整個案例說明過程中，多次地以網路搜尋引擎(如 Google、Yahoo、Bing、……)或其他之資訊(如 Wikipedia、Yahoo 的「知識+」等)，特別是 Google 的搜尋引擎，非常值得推薦，作為一個現代的工程師，一定得多加運用電腦、網路所帶來的便利性，相對地，如何以最恰當的關鍵字來迅速地搜尋出需要的資訊，也必須運用這些電子資訊的過程中，自我學習。

3. **功率數的設計基準**：在本設計案例之解題過程中，在選用三角皮帶、計算傳動扭矩需求時，都是以「馬達輸出功率」為基準，一般而言，這樣的方式會呈現較保守之設計結果，如果可以有風機所需的「軸馬力」或 BHP 資訊，那

麼設計會更經濟。主要原因是在於選擇馬達需求時，都會另加考量功率容許裕度，換言之，通常馬達輸出功率至少都是眞正需求的 110% ~ 115%以上，因此，如果資料容許，應盡可能以「軸馬力」爲設計基準，整體效率、成本都會更合理。

參考書目

[1] 東培軸承，技術資料，網頁：http://www.tungpei.com/UserFiles /File/6412 軸承的配置.pdf。

[2] 東培軸承網頁：http://www.tungpei.com/UserFiles/File/product_01_22~35mm(2).pdf。

[3] 台 灣 斯 凱 孚 線 上 型 錄 ， Cylindrical Roller Bearing, Single row ： http://www.skf.com/skf/productcatalogue/jsp/viewers/productTableViewer.jsp?&lang=en&tableName=1_4_1&presentationType=3&startnum=5。

[4] R.J. Roark and W.C. Young, Formulas for Stress and Strain, p.600(Case 17c), McGraw-Hill, 1975。

附錄 B

設計案例二

本章提供兩件精密傳動元件之工業應用案例：

1. 單軸滾珠螺桿定位平台：一般工廠自動化應用

2. 線性馬達定位平台：潔淨環境面板檢查設備

案例所使用元件資料參見第 7.3 節，其詳細技術規格可從相關網頁下載。[1]

B.1　單軸滾珠螺桿定位平台應用案例

本案例說明大銀微系統 KA14 單軸滾珠螺桿定位平台(圖 17-1)之設計應用，此一平台常用於一般自動化設備，如：平面顯示器與電路板生產自動化設備等。

圖 17-1　KA14 單軸滾珠螺桿定位平台

KA14 單軸滾珠螺桿定位平台之內部主要元件及設計特徵如下(圖 17-2)：

1. 上銀科技導程 20(mm)SUPER-S 轉造級滾珠螺桿[2]

2. 上銀科技 HG15 線性滑軌[3]

3. 三菱電機 HC-KFS43 交流伺服馬達[4]

4. 螺桿兩端軸承安裝方式：靠近馬達端為固定，另一端為支撐

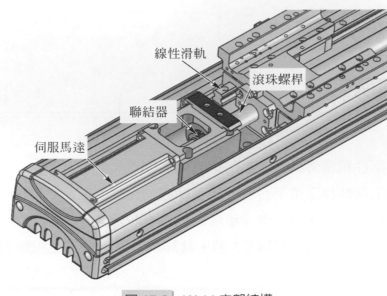

線性滑軌

滾珠螺桿

聯結器

伺服馬達

圖 17-2　KA14 內部結構

本案例應用規格如下：

1.　移動負荷：10 kg

2.　定位重現性：10 μm

3.　行程／速度／加速度分布圖如圖 17-3，工作循環如下：

　　- 前進 0.6(m)，加減速度 5.0(m/s²)，加速到 0.3(m/s)

　　- 等待 0.2(s)

　　- 再前進 0.6(m)，加減速度如前

　　- 等待 0.2(s)

　　- 往回走 1.2(m)，加減速度 10.0(m/s²)，加速到 0.3(m/s)

　　- 等待 0.2(s)後重複之前的工作

4.　安裝方式：水平置於機架

5.　使用壽命：80,000 小時

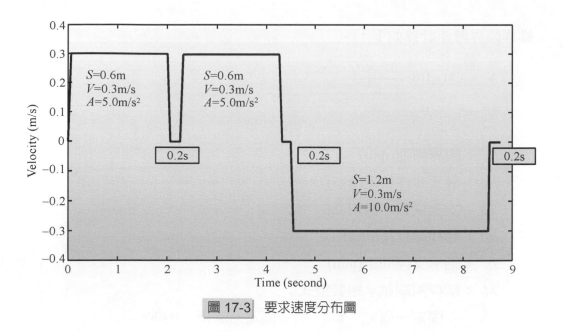

圖 17-3 要求速度分布圖

我們透過下列流程確認 KA14 是否合乎需求：

1. 確認可以達到要求的速度
2. 確認可以滿足要求的加速度
3. 驗算負荷／馬達慣性矩比率
4. 評估壽命
5. 確認精度

確認步驟一：可以達到要求速度

在 KA14 有兩項元件限制了平台速度：

1. 伺服馬達
2. 滾珠螺桿

首先，馬達的速限是來自於三菱伺服馬達 HC-KFS43 所提供之額定轉速為 N=3000(rpm)，螺桿導程為 hsp=20(mm)，因此由於馬達所造成的平台速限為

$$Vm\_max = N / 60 \times hsp = 1000 \ (mm/s)$$

其次，滾珠螺桿的速限來源有二：

1. 螺桿臨界轉速(critical speed)
2. 螺桿旋轉 DN 值

螺桿臨界轉速計算如下：

$$N_c = 2.71 \times 10^8 \times \frac{M_f \times d_r}{L_t^2}$$

$$N_p = S_{bsc} \times N_c$$

N_c ：臨界轉速(rpm)

N_p ：最大容許轉速(rpm)

S_{bsc} ：安全係數，採用 0.8

d_r ：螺桿軸根徑(mm)

L_t ：軸承支撐間距(mm)

M_f ：螺桿兩端軸承組裝型式：

固定－固定　1　　　　固定－支撐　0.689

支撐－支撐　0.441　　固定－自由　0.157

計算 KA 螺桿容許最大轉速的參數如下：

1. 螺桿軸根徑 d_r = 17.084(mm)

2. 軸承支撐間距 L_t = 1600(mm)

3. 螺桿兩端軸承組裝型式：固定－支撐，如圖 17-4，M_f = 0.689

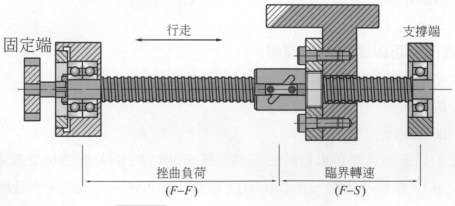

行走

固定端　　　　　　　　　　　　　　　　　　　　支撐端

挫曲負荷　　　　　　　　　臨界轉速

(F–F)　　　　　　　　　　(F–S)

圖 17-4　軸承組裝型式：固定－支撐

KA 螺桿容許最大轉速：

$$N_p = S_{bsc} \times N_c = 0.8 \times 2.71 \times 10^8 \times \frac{0.689 \times 17.084}{1600^2} = 996(\text{rpm})$$

KA 螺桿因馬達臨界轉速的速限：

$$Vc\_max = N_p / 60 \times hsp = 332(mm/s)$$

第二種螺桿速限來自於 DN 值限制，

$$DN = (dpcd \times Ndn) < 70000$$

　　dpcd：螺桿節圓直徑，KA14 為 20.36(mm)
　　Ndn　：DN 限制下轉速(rpm)

因 DN 限制的轉速：

$$Ndn < \frac{70000}{20.36} = 3438(rpm)$$

KA 螺桿因 DN 值的速限：

$$Vdn\_max = Ndn / 60 \times hsp = 1146 (mm/s)$$

由以上得知螺桿臨界轉速限制了 KA14 的速度不可大於 332(mm/s)。這值比應用要求速度 300(mm/s)大，故滿足需求。

確認步驟二：要求加速度可滿足

本案例應用要求最大加速度為 $a\_max = 10(m/s^2)$，KA14 必須提供以下推力：

$$F\max = \mu \times m\_mv \times g + m\_mv \times a\_max$$

　　μ　　：線性滑軌摩擦係數，在此取較保守的值 0.01
　　m_mv：移動質量 11.74(kg)，為以下質量之總和
　　m_bs　：螺桿螺帽質量 0.380(kg)
　　m_stg　：KA 滑座的質量 0.640(kg)
　　m　　：應用負荷 10(kg)
　　m_gw　：滑軌滑塊質量 0.18(kg)，KA14 總共用了 4 塊
　　g　　：重力加速度 9.81(m/s²)
　　a_max：應用中最大加速度 10(m/s²)

由以上公式計算所需推力 $F\max=118.55(N)$。

KA14 是否能輸出所需的推力，其限制有二項：

1. 螺桿挫曲(buckling)負荷限制

2. 伺服馬達輸出扭矩

螺桿挫曲負荷限制計算：

$$F_k = 40720 \times \frac{N_f d_r^4}{L_t^2}$$

$$F_p = S_{bsb} \times F_k$$

F_k ：容許負荷(kgf)

F_p ：最大容許負荷(kgf)

S_{bsb}：安全係數，採用 0.5

d_r ：螺桿軸根徑(mm)

L_t ：軸承支撐間距(mm)

N_f ：螺桿兩端軸承組裝型式：

　　　　固定－固定　$N_f = 1$　　　　　固定－支撐　$N_f = 0.5$

　　　　支撐－支撐　$N_f = 0.25$　　　　固定－自由　$N_f = 0.0625$

依上公式計算要使螺桿挫曲最大容許軸向力 $F_p = 399.56$(kgf)，遠大於所需的推力 $F_{max} = 118.55$(N)，所以螺桿不會發生挫曲。

　　為提供以上推力伺服馬達必須輸出以下扭矩：

$$Tm = Tn + Tr + Tbr + Tbs$$

Tm ：馬達總輸出扭矩(N-m)

Tn ：馬達推動元件進行旋轉運動所需扭矩(N-m)

Tbr：馬達克服螺桿兩端軸承所需的扭矩(N-m)

Tbs：馬達克服螺帽預壓所需的扭矩(N-m)

在此 Tbr 與 Tbs 省略不計，推動 KA14 元件進行線性運動所需扭矩 Tn

$$Tn = \frac{F \times hsp}{2 \times \pi \times \eta}$$

F　：推動 KA14 元件進行線性運動所需推力(N)

hsp：螺桿導程

η　：螺桿運轉機械效率

由之前計算所需最大推力為 Fmax=118.55(N)，螺桿導程 hsp=20mm，運轉機械效率取 0.9，則 Tn 算得為 0.419(N-m)。

推動 KA14 元件進行旋轉運動所需扭矩 Tr

$$Tr = (Jm + Jsp + Jc) \times a \times \frac{2 \times \pi}{hsp}$$

Jm　：馬達慣性矩$(kg \cdot m^2)$

Jsp　：螺桿慣性矩$(kg \cdot m^2)$

Jc　：聯結器慣性矩$(kg \cdot m^2)$

a　：加速度(m/s^2)

hsp：螺桿導程(m)

伺服馬達慣性矩 $Jm = 6.7 \times 10^{-5}(kg \cdot m^2)$，螺桿慣性矩 $Jsp = 1.226 \times 10^{-4}(kg \cdot m^2)$，聯結器慣性矩 $Jc = 1.93 \times 10^{-5}(kg \cdot m^2)$，應用最大加速度為 $10(m/s^2)$，算得 $Tr = 0.656(N \cdot m)$。

由以上 Tn 與 Tr，可得馬達總要求扭矩 Tm=1.076$(N \cdot m)$。三菱伺服馬達 HC-KFS43 額定輸出扭矩 1.3$(N \cdot m)$，最大輸出扭矩 3.8$(N \cdot m)$，大於所需的扭矩，足可勝任應用。

馬達輸出的扭矩 $Tm = 1.076(N \cdot m)$須透過軸聯結器傳導，所選軸聯結器可承接的扭矩為 $Tc = 6.0(N \cdot m)$，此值為應用扭矩的 3 倍以上可勝任。一般需求扭矩與所選聯結器扭矩的規則如下：

$Tc = K \times Tm$

K 為 1.5~3 間的安全係數與負載變動程度、運轉率、起動停止頻率及環境溫度有關。

確認步驟三：驗算負荷／馬達慣性矩比率

馬達選用時要注意慣性矩比不要超過馬達廠商所建議值，例如本案廠商建議值不要超過 15，若超過此值，伺服定位整定(settling)反應較慢，系統較不穩定，不易控制。

慣性矩比計算如下：

$$\frac{(Jsp + Jc + Jw)}{Jm}$$

Jsp：螺桿慣性矩(kg.m^2)

Jc：聯結器慣性矩(kg.m^2)

Jw：平台移動質量轉換成等價的旋轉慣性矩(kg.m^2)

Jm：馬達慣性矩(kg.m^2)

平台移動質量等價的慣性矩計算如下：

$$Jw = m\_mv \times (\frac{hsp}{2 \times \pi})^2$$

m_mv：移動質量 11.74(kg)，總和以下質量

m_bs：螺桿螺帽質量 0.380(kg)

m_stg：KA 滑座的質量 0.640(kg)

m　　：應用負荷 10(kg)

m_gw：滑軌滑塊質量 0.18(kg)，KA14 總共用了 4 塊

hsp　：螺桿導程 0.020(m)

所得慣性矩 $Jw = 1.190e{-}04(\text{kg} \cdot \text{m}^2)$，馬達慣性矩 $Jm = 6.7e^{-5}(\text{kg} \cdot \text{m}^2)$，螺桿慣性矩 $Jsp = 1.226e^{-4}(\text{kg} \cdot \text{m}^2)$，聯結器慣性矩 $Jc = 1.93 \times 10^{-5}(\text{kg} \cdot \text{m}^2)$。依此計算慣性矩比率為 3.894 低於 15 的限制，伺服定位穩定可確保。

確認步驟四：壽命估算

KA14 中有兩項關鍵元件與壽命計算相關：滾珠螺桿與滑軌。螺桿使用壽命 L_bs 計算如下：

$$L\_bs = \left(\frac{Ca}{Fm}\right)^3 \times \frac{1}{60 \times Nm} \times 10^6 (h)$$

Ca　：螺桿動負荷(N)

Fm　：螺桿軸方向平均推力(N)

Nm　：螺桿平均轉速(rpm)

　　KA 中使用螺桿動負荷 Ca 值為 6900(N)，平均推力 Fm 與平均轉速 Nm 的計算公式如下：

$$Fm = \left(\frac{F_1^3 \times N_1 \times t_1 + F_2^3 \times N_2 \times t_2 \ldots + F_n^3 \times N_n \times t_n}{N_1 \times t_1 + N_2 \times t_2 \ldots + N_n \times t_n} \right)^{1/3}$$

$$Nm = \frac{N_1 \times t_1 + N_2 \times t_2 \ldots + N_n \times t_n}{t_1 + t_2 \ldots + t_n}$$

$F_1, F_2 \cdots F_n$：為圖 17-3 速度分布圖中每一時段的螺桿軸方向的推力(N)

$N_1, N_2 \cdots N_n$：每一時段的螺桿平均轉速(rpm)

$t_1, t_2 \cdots t_n$　：每一時段時間長度(s)

　　每一時段的螺桿軸方向的推力計算如下：

　　加速度時段推力

$F = \mu \times m\_mv \times g + m\_mv \times a + Fgwb$ 　　　　　　加速度時段推力

$F = \mu \times m\_mv \times g - m\_mv \times a + Fgwb$ 　　　　　　減速度時段推力

$F = \mu \times m\_mv \times g + Fgwb$ 　　　　　　　　　等速度時段推力

μ　　：線性滑軌摩擦係數，在此取 0.01

m_mv：螺桿螺帽、KA 滑座質量與應用負荷的總和(kg)

g　　：重力加速度 9.81(m/s^2)

a　　：此時段的加速度(m/s^2)

Fgwb　：線性滑軌滑塊防塵刮油片的阻力

　　　　　HG15 每片 1.177(N)，4 個滑塊共 8 片

每一時段的螺桿平均轉速 Nm 為時段前後轉速的平均值。依上式計算 KA14 在本應用的平均推力為 Fm=20.88(N)，平均轉速 Nm=822.86(rpm)，所得壽命 L_bs 遠超過使用要求的壽命 80000 小時。

線性滑軌的使用壽命 L_gw 計算公式如下：

$$L\_gw = \left(\frac{fh \times ft \times C}{fw \times P} \right)^3 \times 50(km)$$

C ：動額定負荷　　HG15 11380(N)

P ：每一個滑塊工作負荷，KA4 共 4 塊　　28.79(N)

fh ：硬度係數　　　在此取 1.0

ft ：溫度係數　　　在此取 1.0

fw ：負荷係數　　　在此取 1.3

以上行走距離壽命再換算成小時壽命

$$L\_gw\_h = \frac{L\_gw \times 10^3}{V \times 60}$$

V 為最大應用速度，在此取 worst-case，即應用中最大速度 0.3(m/s) 所得壽命值亦遠大於 80000(h)所求。

確認步驟五：定位重現性

本應用要求定位重現性 10(μm)，馬達位置編碼器解析度一轉輸出 131072 個脈波(17bits)，理論上一個脈波相當定位平台往前移動

$$dX = \frac{hsp}{131072} = \frac{20000(\mu m)}{131072} = 0.1526(\mu m)$$

實際上由於傳動元件的摩擦力與伺服控制調整因素，最小可移動的距離遠大於此。我們使用雷射干涉儀量測定位重現性，如圖 17-5，確認重現性 5.4(μm)滿足要求。

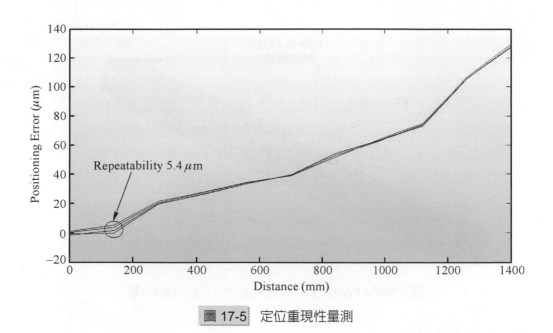

圖 17-5　定位重現性量測

B.2　單軸線型馬達定位平台應用案例

本節說明大銀微系統 LMC 線性馬達定位平台應用案例。此平台內部主要關鍵傳動元件(圖 17-6)：

1. 線性馬達：HIWIN LMCC7 無鐵心型線性馬達[5]。
2. 線性滑軌：HIWIN HG15[3]。
3. 光學尺：RENISHAW RGH41X[6]。
4. 馬達驅動器：COPLEY XENUS(未顯示於圖中)[7]，使用位置控制模式(position control mode)。

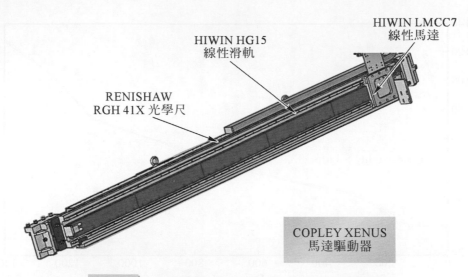

COPLEY XENUS
馬達驅動器

圖 17-6 HIWIN LMC 線性馬達定位平台內部結構

其使用要求如下：

1. 應用：面板檢查設備。

2. 使用環境：1000 等級潔淨室。

3. 移動負荷：10(kg)，平台本身移動質量加上應用的負荷。

4. 行程：2200(mm)。

5. 定位重現性(repeatability)：5(μm)。

6. 速度分布圖(motion profile)如圖 17-7，整個工作循環：

   - 前進 1.0(m)，加減速度 10.0(m/s^2)，加速到 1.5(m/s)

   - 等待 0.1(s)

   - 再前進 1.0(m)，加減速度如前

   - 等待 0.1(s)

   - 往回走 2.0(m)，加減速度 15.0(m/s^2)，加速到 3.0(m/s)

   - 等待 0.1(s)後重複之前的工作

7. 使用壽命：每天 24(h)，一年工作 340 天，8 年。

8. 驅動器輸入電源：220(V)。

9. 安裝方式：水平置於機架。

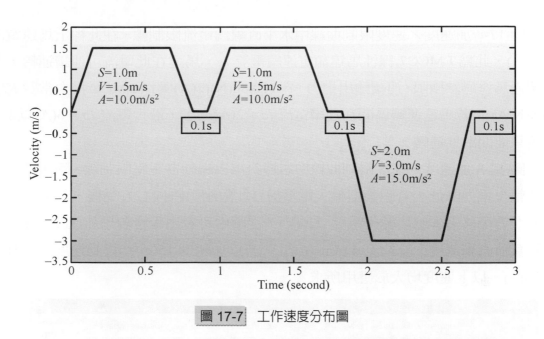

圖 17-7　工作速度分布圖

我們透過下列流程確認所選 HIWIN LMCC7 線性馬達合乎需求：

1. 確認光學尺與驅動器間連接訊號頻寬是否足夠支援要求的速度。
2. 以 LMCC7 線性馬達推力／速度特性曲線估算可達到所求的速度與加速度。
3. 透過計算等效推力確認運轉時馬達不會過熱。
4. 壽命評估。
5. 精度確認。

確認步驟一：光學尺與驅動器間連接訊號頻寬是否足夠

RENISHAW RGH41X 輸出 1(μm)脈波訊號，COPLEY XENUS 驅動器接受光學尺脈波訊號頻寬為 20(M count/s)，可支援最大速度 20(m/s)，大於要求的 3(m/s)。

確認步驟二：從馬達推力／速度特性曲線估算是否可達需求的速度與加速度

我們使用大銀 LM WIZARD 的軟體，選擇 LMCC7 馬達，輸入移動負荷 10(kg) 與驅動器輸入電壓 220(V)，求得推力／速度與加速度／速度特性曲線，如圖 17-8。依據要求的速度分布圖，我們在加速度／速度曲線上標示了兩個工作點，其落點都在加速度／速度限制曲線內，所以要求的速度與加速度可以確保。

圖 17-8 加速度／速度限制曲線中水平直線為電流限制線，在此線上馬達電流為 2(A)，此為 LMCC7 線性馬達額定連續電流 Ic，馬達在此電流可連續運轉，不會超過馬達過熱極限，連續輸出推力 Fc=170.80(N)(2(A)乘以 LMCC 推力常數 Kf=85.4(N/A))。若馬達運轉區間在連續電流 Ic = 2(A)之上，最大電流 Ip = 6(A)以下，馬達只能間歇性運轉。

圖 17-8 加速度／速度限制曲線中右邊斜線為驅動器電壓限制線，隨速度上升馬達輸出推力降低。若驅動器輸入電壓提昇此限制線將向右方平移，降低電壓此線向左方平移。本應用輸入電壓 220(V)，從圖中可看出平台若以加速度 10(m/s^2)推動負荷直到速度上升約至 4.6(m/s)為止，若以加速度 15(m/s^2)推動速度可上升至4.2(m/s)。以上速度均大於應用所求。

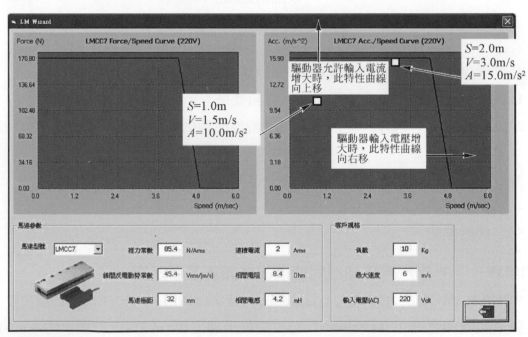

圖 17-8　LMCC7 推力／速度–速度／加速度特性曲線圖

確認步驟三：計算等效推力確認運轉時馬達不會過熱

從以上步驟已知馬達操作點均在馬達連續運轉界限內，線性馬達應該不會過熱，此步驟可省略，但在此我們還是進行此步驟做一說明，馬達等效推力計算如下：

$$F_{\text{eff}} = \sqrt{\left(\frac{F_1^{\,2} \times t_1 + F_2^{\,2} \times t_2 \cdots\cdots + F_n^{\,2} \times t_n}{t_1 + t_2 \cdots\cdots + t_n} \right)}$$

$F_1, F_2 \cdots F_n$：為圖 17-7 速度分布圖中每一時段的馬達推力

$t_1, t_2 \cdots t_n$：速度分布圖中每一時段的時間長度

例如第一時段所需馬達推力 F_1 計算如下：

$$F_1 = \mu \times m\_mv \times g + m\_mv \times a + Fgwb$$

μ　　：線性滑軌摩擦係數，在此取 0.01

m_mv：平台本身移動質量加上應用的負荷 10(kg)

g　　：重力加速度 9.81(m/s^2)

a　　：此時段的加速度(m/s^2)

$Fgwb$　：線性滑軌滑塊防塵刮油片的阻力

　　　　每片 1.177(N)，4 個滑塊共 8 片

前進加速度所需推力為

$$F_1 = \mu \times m\_mv \times g + m\_mv \times a + Fgwb$$
$$= 0.01 \times 10 \times 9.81 + 10 \times 10 + 1.177 \times 8 = 110.397(\text{N})$$

前進等速行進所需推力為

$$F_2 = \mu \times m\_mv \times g + Fgwb = 0.01 \times 10 \times 9.81 + 1.177 \times 8 = 10.397(\text{N})$$

前進減速度所需推力為

$$F_3 = \mu \times m\_mv \times g - m\_mv \times a + Fgwb$$
$$= 0.01 \times 10 \times 9.81 - 10 \times 10 + 1.177 \times 8 = -89.603(\text{N})$$

依此類推可算出各時段所需推力，如圖 17-9。

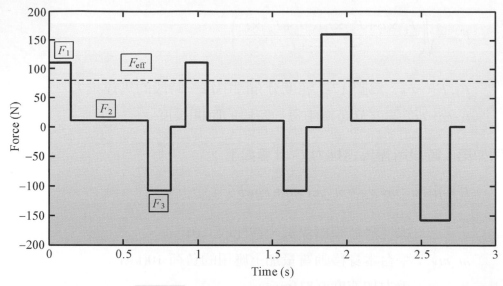

圖 17-9　等效推力計算所用之推力分布

計算所得等效推力 F_{eff}＝79.083(N)，等效電流

$$I_{\text{eff}} = \frac{F_{\text{eff}}}{Kf}$$

其中 Kf 為馬達推力常數，LMCC7 Kf = 85.4(N/A)

由上公式 I_{eff} = 0.926(A)小於 LMCC7 馬達額定連續電流 Ic = 2.0(A)，再次確認運轉期間馬達不會有過熱的問題。

確認步驟四：壽命預估

要求壽命：每天 24(h)，一年工作 340 天，8 年，總共 65280(h)。

LMCC7 線性馬達定位平台壽命影響最關鍵的為線性滑軌，線性馬達由於非接觸驅動，無磨損的問題，其壽命較前者長。線性滑軌的使用壽命 L_gw 計算公式如下：

$$L\_gw = \left(\frac{fh \times ft \times C}{fw \times P} \right)^3 \times 50(\text{km})$$

C：動額定負荷，HG15 11380(N)

P：工作負荷，每個滑塊 24.5(N)

fh：硬度係數，在此取 1.0

ft ：溫度係數，在此取 1.0

fw ：負荷係數，在此取 1.3

以上行走距離壽命換算成小時壽命

$$L\_gw\_h = \frac{L\_gw \times 10^3}{V \times 60}$$

上式中 V 為最大應用速度，在此取 worst-case，即應用中最高速 3(m/s)
由以上公式估算之壽命遠大於所要求。

確認步驟五：定位重現性

本應用要求定位重現性 5(μm)，LMCC7 定位平台採用 RENISHAW RGH41X1
1(μm)解析度的光學尺，平台靜態伺服剛性

$$Ks = \frac{Fc}{dx} \text{ (N/μm)}$$

Fc ：LMCC7 連續推力 170.8(N)(參見確認步驟二)

dx ：光學尺解析度 1(μm)

評估伺服剛性可充分克服摩擦力 10.393(N)(參見確認步驟三)，所要求定位重現性
5(μm)可以確保。我們使用雷射干涉儀量測定位精度與重現性，如圖 17-10，確認
重現性 1.1(μm)滿足要求。

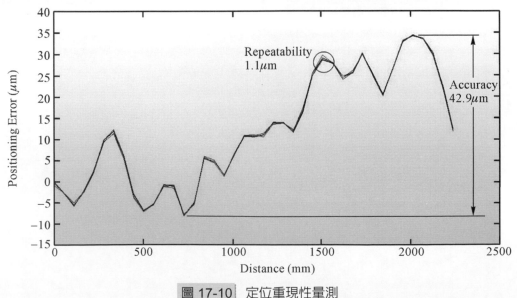

圖 17-10　定位重現性量測

B.3 案例比較檢討

由以上案例可知同樣負荷下線性馬達較傳統螺桿驅動的優點：

1. 速度與精度高：無螺桿臨界轉速速度限制，且採用光學尺直接量測。

2. 潔淨環境使用：線性馬達採非接觸驅動，塵粒產生減少。

3. 均勻剛性：驅動時螺桿剛性值隨螺帽位置變動，線性馬達不會有此現象。

4. 可靠性：使用零件少，非接觸驅動，低磨損。

由於以上優點，線性馬達定位平台廣泛用於高精密半導體與面板設備中。

線性馬達較傳統驅動的缺點：

1. 發熱：線性馬達較接近工作區，馬達發熱影響工件精度。

2. 電源線磨損：須採耐撓曲電線，並要避免高速運動時電線間相互的磨擦與干擾。

3. 成本高：光學尺、耐撓曲電線。

案例中沒有談到：

1. 定位方向靜、動態剛性(static/dynamic stiffness)、定位整定(settling)及動態循跡誤差(dynamic tracking error)的計算，這方面的估算對有切削力金屬加工應用非常關鍵。

2. 線性滑軌壽命計算，只考慮作用在滑軌靜態力，加速度力省略未計。

參考書目

[1]　大銀微系統單軸機器人技術手冊。

[2]　上銀科技滾珠螺桿技術手冊。

[3]　上銀科技線性滑軌技術手冊。

[4]　三菱電機伺服馬達目錄。

[5]　大銀微系統線性馬達技術手冊。

[6]　RENISHAW RGH41 光學尺型錄。

[7]　COPLEY XENUS 馬達驅動器型錄。

國家圖書館出版品預行編目資料

機械設計 / 蔡忠杓等編著. – 四版. -- 新北市:
　　全華圖書, 2018.12
　　　　面 ；　　公分
　　ISBN 978-986-503-011-7(平裝)

　　1.機械設計

446.19　　　　　　　　　　　　107022085

機械設計

作者 / 蔡忠杓、光灼華、江卓培、宋震國、李正國、李維楨、林維新、邱顯俊
　　　絲國一、馮展華、潘正堂、蔡志成、蔡習訓、蔡穎堅、黎文龍、顏鴻森

發行人 / 陳本源

執行編輯 / 林昱先

出版者 / 全華圖書股份有限公司

郵政帳號 / 0100836-1 號

印刷者 / 宏懋打字印刷股份有限公司

圖書編號 / 0608903

四版二刷 / 2020 年 04 月

定價 / 新台幣 540 元

ISBN / 978-957-21-9765-3 (平裝)

全華圖書 / www.chwa.com.tw

全華網路書店 Open Tech / www.opentech.com.tw

若您對書籍內容、排版印刷有任何問題，歡迎來信指導 book@chwa.com.tw

臺北總公司(北區營業處)
地址：23671 新北市土城區忠義路 21 號
電話：(02) 2262-5666
傳真：(02) 6637-3695、6637-3696

南區營業處
地址：80769 高雄市三民區應安街 12 號
電話：(07) 381-1377
傳真：(07) 862-5562

中區營業處
地址：40256 臺中市南區樹義一巷 26 號
電話：(04) 2261-8485
傳真：(04) 3600-9806

歡迎加入 全華會員

● 會員獨享

會員享購書折扣、紅利積點、生日禮金、不定期優惠活動⋯等。

● 如何加入會員

填妥讀者回函卡直接傳真 (02) 2262-0900 或寄回，將由專人協助登入會員資料，待收到 E-MAIL 通知後即可成為會員。

如何購買 全華書籍

1. 網路購書

全華網路書店「http://www.opentech.com.tw」，加入會員購書更便利，並享有紅利積點回饋等各式優惠。

2. 全華門市、全省書局

歡迎至全華門市（新北市土城區忠義路 21 號）或全省各大書局、連鎖書店選購。

3. 來電訂購

(1) 訂購專線：(02) 2262-5666 轉 321-324

(2) 傳真專線：(02) 6637-3696

(3) 郵局劃撥（帳號：0100836-1　戶名：全華圖書股份有限公司）

※ 購書未滿一千元者，酌收運費 70 元。

OpenTech 全華網路書店.com.tw

全華網路書店 www.opentech.com.tw
E-mail：service@chwa.com.tw

※ 本會員制如有變更則以最新修訂制度為準，造成不便請見諒。